METHODS
MATTER

量化研究的设计与方法

教育和社会科学研究中的因果推断

Improving Causal
Inference
in Educational
and Social
Science Research

［美］理查德·J. 默南　约翰·B. 威利特　著

杜育红　梁文艳　译

北京师范大学出版集团
BEIJING NORMAL UNIVERSITY PUBLISHING GROUP
北京师范大学出版社

赞誉之辞

当今对政策的讨论通常要求以证据为基础，能否真正理解证据背后的可靠性和有效性很重要。本书在帮助教育项目的决策者和参与者理解什么是好的证据，以及如何通过基于因果推断的研究设计获得证据方面作出了非常出色的工作。本书清楚地解释了如何使用一系列创新的经验方法从定量数据中估计教育和社会干预项目的因果影响效应。

——埃里克·哈努谢克(Eric A. Hanushek)，斯坦福大学资深教授

本书是关于如何通过严谨的研究设计和统计分析方法，利用现实问题所采集的数据获得有效和可靠因果推论的重要著作。这本书最突出的特点在于，它不仅仅是方法和技术的介绍，还针对每种方法引入了教育领域实证研究的例子。结合高水平教育领域项目评估研究案例引出相关方法，有助于读者快速理解和学习相关方法。我相信来自相关领域的研究人员通过阅读本书能学到很多东西，并且会享受这一过程。

——霍华德·布鲁姆(Howard S. Bloom)，
美国人力资源研究公司首席社会科学家

理查德·J. 默南和约翰·B. 威利特对在教育和社会学科研究中引入因果推断进行了全面的介绍。他们不仅介绍了因果推断研究设计的基本原则，包括如何定义因果效应、因果问题的框架以及实验设计等，还介绍了过去对非专业人士来说模糊却重要的主题，如整群随机实验、自然实验、工具变量、断点回归和倾向分数匹配等。作者引入了丰富的案例，帮助读者更好地理解关于识别教育干预项目有效性背后的关键假设和调整。本书将通过启发研究

人员和政策制定者更严格地思考他们工作背后的证据和假设，进而改善教育领域的学术研究和政策实践。

——斯蒂芬·W. 劳登布什(Stephen W. Raudenbush)，
芝加哥大学社会学系杰出教授

我强烈推荐任何打算对教育项目和政策的因果影响进行研究的人阅读本书。可以说，有关教育研究方法的研究生课程都必须引入因果推断的方法学习。对于那些想要学习和阅读高水平教育研究成果的相关人员，本书同样应该作为首先阅读和学习的关键材料。方法非常重要，这本书也非常重要。这是一本非常好的书，标志着这个领域将更加走向成熟。

——格罗弗·怀特赫斯特(Grover Whitehurst)，
美国布鲁金斯学会布朗教育政策中心主任

为了更有效地改进决策，教育领域的研究者必须更多地了解教育资源如何能够更好地促进学生学习、带来更多的知识和技能产出。在本书中，理查德·J. 默南和约翰·B. 威利特讨论了一系列估计因果关系的经验方法，并回顾了它们在教育研究中的应用。他们将复杂的统计概念转化为清晰易懂的语言，并提供研究生或年轻研究人员只有在拥有多年使用这些方法的经验后才能获得的分析指导。对于学习任意一本统计学教科书或者学习任意一个实施评价的统计软件的人来说，本书都是极具可读性和实用性的配套教材。

——伊丽莎白·M. 金(Elizabeth M. King)，世界银行教育局局长

前　言

我们两人已经合作了近 25 年，在这期间，通常每周二我们都要见上一
面。就在哈佛大学教育研究生院古特曼图书馆的四楼，在这个狭小无窗的研
究间里，我们会待上两三个钟头。我们分别住在马萨诸塞州的两端，所以夏
天的时候我们不间断地用电话和邮件互相联系。周二见面时，有时只有我们
两个人，有时我们还邀请其他人来参与讨论。有时我们的想法一致，但多数
时间我们意见相悖。有时我们会互相争论，争论过后我们很少会达成共识，
但通常会相互理解。其中有一些问题，我们甚至花了很多年才解决。但是，
有两件事总是会在我们的讨论中出现，甚至出现在我们更大型的合作研究中，
那就是我们无比深厚的友谊和意见碰撞的灵感瞬间带给我们的兴奋。每一次
的探索发现之旅，我们两人都享受其中，每踏出一步，都会学到一些新的
东西。

就个人角度来说，我们对我们的合作十分满意；从专业性上看，我们的
研究成果十分丰富。你手里拿着的这本书是我们合作的第二本书。在出版第
一本书和这本书的许多年里，我们在同行评议期刊上合作发表了 30 多篇学术
论文。在这期间，许多聪明而又充满热忱的博士生加入了我们。他们在踏上
自己独立又充满光明的学术道路之前，和我们一起工作、研究，为我们大多
数论文的完成做出了贡献。多年的合作研究给了我们两条宝贵的经验。第一，
如果你不停地面对难题、迎接挑战，跳出自己的舒适区，你会不断地学习到
新的东西。第二，在一个人的职业生涯中，如果有幸能与好朋友和将来的同
事一起合作钻研，那是最值得珍惜和享受的事情。我们有一份很长的核心研
究成员名单，十分感谢他们的辛勤工作和询问过我们的很多难题。接下来，
我将按照与我们合作的先后顺序列出他们的名字，他们是：吉姆·开普勒
（Jim Kemple），凯瑟琳·博迪特（Kathryn Boudett），布莱恩·雅各布（Brian

Jacob)，埃米利亚纳·维加斯（Emiliana Vegas），约翰·泰勒（John Tyler），玛丽-安德蕾·萨默斯（Marie-Andrée Somers），米歇尔·库兰齐德尔（Michal Kurlaender），克里斯丁·布勃（Kristen Bub），雷根·米勒（Raegen Miller），詹尼弗·斯蒂尔（Jennifer Steele），林赛·佩奇（Lindsay Page），约翰·帕佩（John Papay）。

我们经常会询问对方，究竟是什么造就了我们学术合作上的成功。对我们来说，这显然不是因为我们想法上的一致。事实上，正是学术上的分歧推动了我们的合作更加深入，成果更加丰富。关键的一点是，不要让学术和专业问题上的分歧造成彼此的情感隔阂。任何合作的核心都是深沉而持久的友谊。所以无论当下我们在为什么问题进行争论，不管是针对问题的形式、功能抑或是方法进行争论，我们彼此间的友谊都值得珍惜、不可破坏。

但学术合作成功的原因不止上面这一点，我们之间巨大的差异也在其中扮演了很重要的角色。我们来自不同的地区，接受了不同的训练。虽然我们早期都曾担任过中学的数学和科学教师，但之后的经历却大相径庭。一个（默南）受过经济学的训练，另一个（威利特）接受了统计学的训练。尽管在很多人看来，这两个学科在思考方式和研究方法上十分相近，但我们却逐渐发现我们的背景、技巧和训练都有很多的不同之处，这让我们感到惊奇。有时我们会用不同的方式去理解同一件事情，有时我们认为不同的事情实际上是相同的。所以学术合作无疑给了我们很好的机会，去共同重新审视我们的学科信仰和惯例（用"学科的交锋"来描述或许更贴切）。这些"程式化"的概念和事实占据了我们学术领域的中心，曾帮助我们在学术研究上取得一定的成果。

我们能够合作成功还有另一个原因。我们在哈佛大学教育研究生院工作。这是一个十分杰出、能够为研究者提供专业性学术支持的研究院。这里有优秀的同事和卓越的学生，还有顶尖的学术和物质资源。更重要的是，我们两人都没有忘了我们是中学教师出身，我们想让全世界的儿童都接受好的教育。我们相信，基于因果关系分析对教育政策干预效果研究的发展可以为未来的政策制定做出贡献。如果新的研究设计和分析方法不能直接帮助解决教育事

业中的实际问题与困难，那么它们就是没有意义的。正是因为这一点，我们
努力使我们的工作更加贴近问题的实质，关注政策制定者所关心的问题。实
际需求才是研究设计和数据分析方法发展进步的催化剂。实际问题与理论方
法间的相互作用给了我们广阔的学术天地，同时我们也致力于在研究中将理
论方法与实际问题相结合。只有发现了实际问题，理论方法才真正有意义。

我们一直在谈论为什么要进行学术合作。但我们又为什么写这本书呢？
一开始，我们对写书没有很明确的想法，事实上，这个想法可能是在我们合
作研究过程中逐渐形成的，而不是一开始就决定下来的。在过去的 15 年中，
实验设计和分析方法在不断发展革新，并且逐渐延伸到社会科学和统计领域
中。我们发现这些因果推断的新方法可能会帮助解决困扰教育研究的重要问
题。那么，难道我们不想通过收集相关数据来找到促进教育发展的重要因素，
从而对教育政策的制定做出贡献吗？

但是我们发现在所谓对教育政策有指导意义的学术文献中，其中多数量
化研究甚至不能支持可信的因果陈述。因此，把因果推断的新方法应用到教
育和社会科学研究中大有裨益。我们想要告诉学者、政策制定者和实践工作
者的是，其实已经有了一些实际有效的方法可以改进教育和社会科学研究领
域中的因果性研究。教师的从业经历告诉我们，如果想把一个创新的想法推
广到其他学科，那么只把这个想法表述清楚还不够，还要把它放到特定的学
科情境里。只有这样，教育和社会科学领域的学者、政策制定者和实践工作
者才会相信有一些其他学科的有价值的科学方法能为他们所用。因此，在过
去的 15 年中，随着我们的想法目标逐渐清晰，我们便试着邀请学校里一批已
经在学术领域崭露头角的优秀的年轻学者组成高级博士研讨会来共同探讨因
果推断的相关问题。研讨会的学术成果为这本书的完成做出了很大贡献。

在我们的研讨会和这本书中，我们的教育教学过程都尝试把因果推断的
一些创新方法融入实际情境中。我们收集了其他学科领域的经典实证研究论
文，主要是经济学领域（因为我们之中至少有一个人十分了解这个领域）。而
后我们介绍并解释说明如何将新的方法应用到这些文章中。我们和学生一起

仔细研读这些论文。同时，我们尝试帮助他们建立清晰合理的知识框架去应用因果推断的新方法。在这个知识框架体系中，我们尝试用概念解释、图表和以数据为基础的分析手段代替大量的数学和统计运算。这样可以让那些没有足够数理背景的学者接受我们的方法。于是，他们便也成为这些新方法早期的开发者和使用者。我们的尝试取得了一定的成功，所以现在把它引进到这本书中。在整本书里，我们设法把这些因果推断的新方法放到教育和社会问题的背景中来帮助读者进行理解和掌握。我们希望，读者不仅能在其研究中使用这些方法，而且能利用书中的标准来判断其他研究论文的质量。

在本书的创作期间，同事们给了我们很大的帮助。他们解答我们的疑问，为我们提供数据支持并仔细阅读草稿提出反馈意见。在这里，我将逐一列出帮助过我们的同事的名字，感谢他们对本书的贡献。他们是：乔舒亚·安格里斯特（Joshua Angrist），大卫·奥特尔（David Autor），费利佩·巴雷拉-奥索里奥（Felipe Barrera-Osorio），霍华德·布卢姆（Howard Bloom），杰弗里·博尔曼（Geoffrey Borman），凯瑟琳·博迪特（Kathryn Boudett），莎拉·孔迪思（Sarah Cohodes），汤姆·迪伊（Tom Dee），苏珊·戴纳斯基（Susan Dynarski），帕特里夏·格雷厄姆（Patricia Graham），瑞玛·汉娜（Rema Hanna），卡罗琳·霍克斯比（Caroline Hoxby），吉多·因本斯（Guido Imbens），布莱恩·雅各布（Brian Jacob），拉里·卡茨（Larry Katz），吉姆·克穆珀利（Jim Kemple），杰夫·克林（Jeff Kling），彼得·坎伯（Peter Kemper），丹尼尔·克瑞兹（Daniel Koretz），维克多·拉维（Victor Lavy），弗兰克·利维（Frank Levy），利·林登（Leigh Linden），延斯·路德维希（Jens Ludwig），道格拉斯·米勒（Douglas Miller），理查德·纳尔逊（Richard Nelson），爱德华·保利（Edward Pauly），斯蒂芬·劳登巴什（Stephen Raudenbush），乔纳·罗考夫（Jonah Rockoff），胡安·萨维德拉（Juan Saavedra），朱迪·辛格（Judy Singer），米格尔·奥奇拉（Miguel Urquiola），埃米莉亚娜·维加斯（Emiliana Vegas）。当然，上述名单也可能遗漏一些曾经帮助过我们的人。还要感谢"因果推断"博士课程的参与者。尤其感谢林赛·佩奇和约翰·帕佩。他们仔细地阅读了本书的原稿，并且提出了大量的改进意见。

　　哈佛大学教育研究生院学习技术中心的工作人员们竭力为我们提供计算支持，并及时周到地帮助我们解决了许多问题。感谢我们十分优秀高效的助手温迪·安格斯（Wendy Angus）。他承担了我们的后期处理工作，比如，统一表格格式、解决文字处理中的特殊问题等，同时为本书的出版提供了大量的帮助。最后，我十分感激斯宾塞基金会，其为我们的研究提供了资金支持，为本书的出版做出了贡献。

　　当然还要感谢我们在纽约的牛津大学出版社的出版团队，另外特别感谢编辑主任琼·博塞特（Joan Bossert），她听取我们的意见并把编辑艾比·格罗斯（Abby Gross）介绍给我们。同时感谢助理编辑乔迪·内德（Jodi Narde）、出版编辑马克·奥马利（Mark O'Malley）和班加罗尔 Glyph 国际生产服务公司的项目经理维斯瓦纳斯·拉桑纳（Viswanath Prasanna）。他们为我们提供了极大的支持与帮助。

xv

　　最后，感谢我们的爱人玛丽·乔（Mary Jo）和杰瑞（Jerri），还有已经成年的孩子们，丹（Dan）、约翰（John）和卡拉（Kara）。他们始终爱着我们，给我们带来欢笑与快乐，当然偶尔也会有一些挑战。

　　作为本书的共同作者，我们将两人的名字按照字母顺序列出。

理查德·J. 默南

（Richard J. Murnane）

约翰·B. 威利特

（John B. Willett）

目　录

第一章

教育研究面临的挑战

教育是扩大经济机会、增强社会流动性、培养有技能劳动力以及帮助年 3
轻人为参与社会做好准备的重要路径，这点得到全世界的认可。因此，各国
政府都重视提升教育系统的质量。但是，公共资源是稀缺的，公共教育部门
必须与医疗卫生部门、住房保障部门等竞争。在资源约束下，投资于教育的
资源如果不能被证实起到了提升学生学业成就的作用，那么，政策制定者就
很难为教育部门争取更多的资源。正因为如此，教育决策者必须合理、有效
地使用可获得的资源，同时能够证明他们不仅这样做了，而且达到了相应的
政策目标。换句话说，政府必须获得特定政策对学生学业发展所产生影响的
有效信息。不幸的是，在过去很长一段时期，这类政策效用的信息很难获得。

一、一个长期的问题

如何基于更好的经验证据以支撑有效的教育决策？这一问题由来已久。
哈佛大学教育研究生院首任院长保罗·哈努斯（Paul Hanus）教授在 1913 年美
国国家教育协会（National Educational Association，NEA）的演讲中强调，
"要避免将一些常识性错误应用到教育实践中，唯一的办法是使用非常识的结
果——用有效性毋庸置疑的技术信息去推翻它"（Hanus，1920，p.12）。具体 4
而言，哈努斯的观点是，教育领域必须开展系统的研究，并将研究结论应用
于教育决策，他认为："我们不会再去争论教育决策是否需要以科学为基础；
因为，我们正在努力探寻这个基础。"在哈努斯的这次演讲中，他列举了一系
列需要科学依据的学校教育决策。例如，为了招聘经过良好训练的、令人满
意的教育工作者，筛选标准的设计，教学课程的设置以及课堂教学方法的改

进等，都必须基于科学论证。上述问题在今天可能有着不同的表述方式，但其本质问题一直是全球教育决策者关注的重点：如何吸引和留住高质量的教师？学生接受学校教育后应该掌握的关键技能是哪些？教授上述技能采用何种教学方法最有效？

对于哈努斯同时代及之后的教育研究者来说，"开展科学研究"意味着应用科学管理的思想。科学管理的思想是由弗雷德里克·W.泰勒（Frederick W. Taylor）在其 1911 年的著作《科学管理原理》（*Principles of Scientific Management*）中首次提出的，其核心观点是：对工人工作时间和行为进行观察能够揭示完成特定工作的最优方法。换句话说，管理者的任务是为工人开展工作提供标准化的规则，并提供培训、激励以及过程性监管，以确保工人在工作过程中严格执行了相关规则。

尽管泰勒对于其思想的推广非常谨慎，并没有将其应用到教育领域，但是许多教育研究者却没那么谨慎。其中一个极力推进将科学管理思想应用到教育领域的学者是弗兰克·斯波尔丁（Frank Spaulding）。斯波尔丁于 1894 年从德国莱比锡大学（University of Leipzig）博士毕业，20 世纪前 20 年一直在美国担任学区主管，后来成为耶鲁大学教育系主任。在与哈努斯共同参加的国家教育协会的演讲中，斯波尔丁描述了将科学管理思想应用到教育领域的三个关键要点：①可以测量的结果；②在结果可得的基础上，比较条件和方法；③始终采取能产生最优结果的条件和方法（Callahan，1962，pp. 65-68）。

即使在今天，仍然有很多教育者会赞同这些要点，虽然其中有的地方违背了"泰勒主义"思想的本质。然而，正是这些要点在教育领域的应用引起了极大的争议。斯波尔丁在研究中使用的"结果"包括"各个年份学区中各年龄段儿童的入学率，每个学生每年平均出勤天数，每个学生完成指定的每单位的任务所需要的平均时间"（Callahan，1962，p. 69）。斯波尔丁关注上述结果指标的原因在于，这些指标的测量相对容易且准确。但事实上，这些指标并不能很好地反映学校提供给学生的教育质量。因此，尽管斯波尔丁的观点有大量拥护者，但一些有思想的教育者认为，其观点对于能否真正起到提高教育质量特别是促进学生发展的作用仍然值得怀疑。

在斯波尔丁发表演讲后的几十年，随着标准化多选测试的创立以及项目反应理论的发展，以相对较低的成本测量学生在阅读和数学等学习领域所掌握的技能和知识成为可能。同时，计算机和人性化数据处理软件等信息技术的发展，使得大规模数据的运行和管理成为可能。统计方法的改进，如多元回归技术的发展，使得更好地描述数据、总结规律以及验证假设成为可能。

1966 年《教育机会平等》(*Equality of Education Opportunity*)一书的出版，被视为美国教育研究领域具有里程碑意义的事件。此项研究是美国国会执行《1964 年民权法案》(Civic Right Act of 1964)工作的一部分。《1964 年民权法案》要求美国教育委员会进行一项研究，分析"公共教育机构是否向不同种族、不同肤色、不同宗教信仰、不同出生地的儿童，在各个层次教育水平均提供了公平的教育机会"(Coleman et al.，1966，p. iii)。从项目的用词顺序——种族、肤色、宗教信仰、出生地——来看，国会认为，与白人孩子相比，处境不利的少数族裔孩子获得的教育资源数量更少、质量更低，而在教育资源获得上的差距最终会导致孩子未来在学业成绩上的差距。

该项研究由杰出的社会学家詹姆斯·科尔曼(James Coleman)主持。科尔曼及其团队不仅出色地完成了既定任务，还开展了量化研究，从家庭背景、学校两个方面解释学生间学业成绩的差异。科尔曼的研究设计主要借鉴了农业领域一项估计不同资源组合对产出水平影响的研究。科尔曼将这种被称为生产函数的方法用于研究不同教育投入组合对特定教育产出的影响效应。

《科尔曼报告》(Coleman Report)在 1966 年 6 月 4 日美国独立日假期前的一个星期五对外正式发布，它引起了极大的关注。报告指出，平均而言，黑人学生与白人学生在学业成绩上存在显著差距，这符合大众的预期。令人惊讶的是，研究发现，学校资源的差异，如班级规模、教师资质等，几乎不能够解释学生之间的成绩差异。美国教育部人员哈罗德·豪(Harold Howe)将《科尔曼报告》的发现总结为"家庭背景比学校更重要"。[①] 事实上，当时美国总统林登·约翰逊(Lyndon Johnson)致力于通过提高黑人学生的学校教育质量，

---

① 参见赫伯斯(Herbers，1966)的报告。

从而减少基于种族差异的经济不平等，最终实现构建伟大世界的目标；然而，《科尔曼报告》的发布使得这种想法受挫。因此，一些政策制定者要求更加深入地分析数据。

哈佛大学两位著名的教授——莫斯特勒（Mosteller）和莫伊尼汉（Moynihan）组成了一个工作小组来重新分析科尔曼研究所使用的数据。两位教授在著作《论教育机会均等》（*On Equality of Educational Opportunity*）中，汇总了大量关于美国儿童学业成绩和接受学校教育关系的学术论文（Mosteller & Moynihan，1972）。他们认为，受限于科尔曼团队所使用数据的横截面特征，并不能获得学校教育资源对学生学业成绩的因果（causal）影响。因此，他们呼吁引入更好的研究设计以及收集更具代表性的纵向数据，以便更好地理解学校资源投入对学生的因果影响。

经济学家埃里克·哈努谢克（Eric Hanushek）是最早对上述呼吁做出回应的社会科学家之一。哈努谢克是莫斯特勒和莫伊尼汉研究团队中的一员，他意识到了《科尔曼报告》的局限性，并认为有必要收集学生个体成绩的面板数据。他在加利福尼亚学区，不仅收集了数百名小学生的数据，而且收集了学生就读班级任课教师的关键性特征数据，以及学生所在班级的特征数据（如班级规模等）。与科尔曼一样，哈努谢克同样使用多元回归的方法开展研究，他致力于回答下述两个问题。

第一个问题是：在学年初始成绩和其他非学校特征相同的情况下，三年级部分班级学生的期末成绩是否会高于其他班级学生的期末成绩？哈努谢克（1971）的研究证实，班级之间的学生成绩差异的确非常明显。这项研究是《科尔曼报告》之后的另一项重要研究，因为它验证了家长和教育者的常识——学校质量确实在学生发展中起着重要的作用。然而，由于数据限制，这一常识在《科尔曼报告》中没有得到证实。

第二个问题是：在预算资源约束下，学区内不同学校获得教育资源投入的差异能否解释学校之间学生学业成绩的差异？为了回答这个问题，哈努谢克聚焦于学校教育资源中的教师要素，即教师的工作年限和学历，因为这两项因素在全球绝大部分公立学校教师薪酬设置标准中均受到重视。然而，哈努谢克研究发现，不管是教师的工作年限，还是教师是否拥有硕士学位，都不能够解释授课班级间学生学业成绩的差异。同样的，班级规模，抑或班级其他资源的差异也不能对班级间学生学业差异进行有效解释。因此，哈努谢克得出的结论是，学校教育对学生学业的发展有作用，然而，学校却将大量的资源投入不能有效提升学生学业成绩的要素中，如缩小班级规模、招聘资历较高的教师、招聘拥有高学历的教师等。

教育研究者对哈努谢克的研究结果无疑是兴奋的，因为这至少证明学校质量对学生学业发展是有用的，尽管如此，有学者质疑哈努谢克的学校生产无效率的观点（Hedges et al.，1994）。例如，这些学者指出，许多学校对有特殊需要的儿童实行小班教学。很自然的结果是，小班学生的学业成绩更低，但是，这并不能说明小规模教学不重要。相反地，从促进均衡的角度来看，学校有必要为这类有特殊需要的学生提供额外的教育资源。由此可见，根据哈努谢克的研究结果，仍然不能为以下问题提供因果推断：缩小班级规模、用老教师替代新教师等措施，是否对有特殊需要的学生学业发展存在积极影响？事实上，要更加准确地回答上述问题，还有待研究设计和分析方法的发展，相关内容将在本书后续章节中予以介绍。

推动教育研究进步的另一个重要事件是，20 世纪 60 年代，美国联邦政府增加了对 K-12 阶段教育的经费投入。1965 年，美国《初等和中等教育法案》（Elementary and Secondary Education Act，ESEA）第一次明确规定了联邦政府需要对美国 K-12 阶段的公立学校提供充足的资金支持。法案的第一章规定，联邦资金将用于改善经济上处于不利地位的儿童的学校教育。由于担心不断增加的教育资金投入并不会起到改善贫困学生学业发展的作用，议员罗伯特·肯尼迪（Robert Kennedy）坚持认为，《初等和中等教育法案》需要定期评估相关投资项目是否真正带来学生学业成绩的提高（McLaughlin，1975，p.3）。从本质上讲，肯尼迪议员期望获得项目干预效果的因果推断。

为了开展更加系统的教育研究，时任总统国内事务委员会主席丹尼尔·莫伊尼汉（Daniel Moynihan）提议、理查德·尼克松（Richard Nixon）总统宣布成立美国国家教育学院（National Institute of Education，NIE）。自成立以来，

NIE 被视为通过开展系统性学术研究以解决国家教育问题的重要机构。NIE 在 1972 年开始正式运行，每年的经费预算是 1.1 亿美元。在当时卫生、教育和福利部（Department of Health，Education，and Welfare，HEW）部长埃利奥特·理查德森（Elliott Richardson）提交给国会的预算中，NIE 五年经费预算需求是 4 亿美元（Sproull，Wolf，& Weiner，1978，p. 65）。

　　20 世纪 70 年代末，对于实证研究解决教育领域中存在争议问题的能力，相关各界的态度从乐观转为悲观，这意味着 NIE 成立的基础受到了动摇。很快，随着罗纳德·里根（Ronald Reagan）总统在 1980 年就职，NIE 宣布解散。NIE 解散的原因之一是，国家环境发生了巨大的变化。自 20 世纪 60 年代中期美国进入经济快速增长时期，美国联邦政府财政收入由此迅速增加，进而推进了里根政府的大社会计划（Great Society program）；但在 1973 年之后，美国进入了为期 10 年的经济增长低迷期。在经济形势乐观的 20 世纪 60 年代，美国政府派兵参与越南战争。就像亨利·阿伦（Henry Aaron）在《政治和教授》（*Politics and Professors*）一书中所描述的，大量美国公民不再期望政府能够提高美国人的生活，而认为政府是造成经济混乱的主要原因。

　　尽管如此，也不能将 NIE 的解散全部归结于国家环境的变化。NIE 解散的另一个原因是，该机构存在不切实际的预期。在成立之初，大部分支持者援引国家健康学院（National Institutes of Health，NIH）的成绩作为 NIE 可能达到的目标。事实上，NIH 在当时是非常成功的典范。例如，NIH 研制了用于预防小儿麻痹症的新型药物，基于农业方面的科研推进了绿色革命。因此，当 NIE 的研究项目不能帮助教育领域开展看得见的成功项目时，它就被大众视为一种失败。几乎没有支持者能够意识到，要回答政策制定者和家长提出的有关教育资源有效使用的相关问题本质上是非常困难的。

　　此外，NIE 解散，以及美国联邦教育部教育研究发展办公室的继任者减少投入资金的另一个可能原因是，人们普遍认为教育研究质量低。常见的指责在于，教育研究者没有有效使用社会科学研究领域不断改进的技术和方法，特别是没有应用有关因果推断（causal inferences）的一些创新性策略。

　　为了回应社会大众对教育研究低质量的关注，美国国会在 2002 年成立了教育科学研究所(Institute of Education Sciences，IES)，旨在推进教育领域进行严格的科学研究。IES 很好地落实了上述目标，重要的标志是，在其成立的前六年中，它资助了超过 100 项关于教育干预有效性研究的随机实地研究。[①] 正如我们在第四章将具体说明的，随机实验是进行无偏因果推断研究设计的"黄金准则"。

二、问题是全球性的

尽管在本书中我们对教育政策所带来的影响进行因果推断的例子主要发生在美国，但事实上，其他很多国家的研究者也通过使用新方法、提出新问题开展了大量类似的研究。例如，欧内斯托·席费尔拜因(Ernesto Schiefel-bein)和约瑟夫·法雷尔(Joseph Farrell)开展了一项重要的研究，他们在 20 世纪 70 年代长期跟踪智利青少年的发展，并收集了学生从 8 年级(小学最后一年)到进入劳动力市场(或进入大学)期间的相关信息。他们出版的著作《他们的八年生活》(*Eight Years of Their Lives*)在当时是一部了不起的杰作。研究证明，即使在经历着非同寻常政治动乱的一些发展中国家，仍然可以追踪一批样本收集长期的数据，纵向追踪数据比截面数据能够提供更有意义的发现。事实上，这项研究证明了智利当时的正规教育系统已成为基于学生家庭社会经济地位对其进行阶层固化的工具；同时，也为智利在 1989 年恢复民主后设计公共教育系统提供了有效的证据。

10

在迈克尔·拉特(Michael Rutter)1979 年出版的《一万五千小时》(*Fifteen Thousand Hours*)一书中，描述了另一项具有开创性的纵向追踪数据研究。研究团队在 1971—1974 年的三年内跟踪了伦敦市中心贫民区 12 所初中的学生，在剥离其他因素影响后，不同学校学生的平均成绩存在显著差异。该研究的第一个方法的贡献是测量了多元学生产出，包括不良行为、基于课程的学业测试成绩、离开学校后一年的就业状况。该研究的第二个方法的贡献是，收

①　参见 Whitehurst，2008a，2008b。我们要感谢拉斯·怀特赫斯特(Russ Whitehurst)对 IES 资助的随机实地实验设计研究项目进行解释。

集的影响因素指标信息更加多元，不仅包括学校资源投入，还包括学校作为社会组织的一些特征，如使用的奖惩制度、教师授课方式、教师对学生的期望等。作者发现，学校组织特征与学生学业发展的差异存在重要关联。

即使收集了丰富的面板数据，上述两项重要研究的作者们仍然认为，要在教育研究领域做出因果推断非常困难。例如，席费尔拜因和法雷尔认为："我们需要再次强调本项研究并不是设计来做假设检验的练习，这点非常重要。我们的方法一直是探索性的和启发性的。而且必须这样。"(p.35)在《一万五千小时》的结论一章中，拉特及其合作者写道，"我们的研究发现只能表明，学校过程和学生产出之间具有很强的相关性，或者在一定程度上是因果关系"(p.179)。为什么这些天才研究者，即使拥有丰富的数据，也不能就教育政策中的争议性问题做出肯定性的因果推断？做出合理的因果推断需要些什么呢？我们将会在以后的章节中回答这些问题。

三、本书主要关注点

最近几十年以来，因果推断研究的数据收集、实证研究设计以及统计方法都取得了巨大进步。这为研究者开展关于揭示促进学生学业发展各类项目所取得效果的研究提供了机会，而这些研究结果是政策制定者一直关注的。但是，新方法和数据如何才能最有效率地运用到教育和社会科学研究中？什么样的研究设计是最合适的？需要什么样的数据？哪种统计方法能最好地处理数据？应该如何解释结果，才能使决策者更好地获得信息？

本书介绍的各类研究设计和方法都比较复杂和新颖，且通常并不来源于教育学科。尽管如此，我们还是主要介绍它们在教育情境下的应用，期望不仅能让读者更容易地接受它们在教育领域研究中的应用，还能帮助读者将相关方法应用于自己的研究中。

本书的一个创新之处在于，在对前沿研究设计和创新统计方法进行技术性讨论的过程中，所列举的案例不仅是最新的，而且都是全球教育决策者普遍关注的问题。我们不仅介绍了各个案例具体的研究设计和开展过程，在适当的时候，还会应用其数据向读者展现前沿统计方法的使用。与此同时，我们也指出，即使在这些经典的研究案例中，解释研究发现时同样面临挑战，谨慎解释研究发现在进行决策咨询的过程中非常关键。

本书包含了教育领域中的一系列因果推断问题，例如：

- 对学生提供资助会影响学生和家庭的教育决策吗？
- 资助学生以帮助他们选择私立学校，能否提高学生的学业产出？
- 早教项目是否对儿童发展存在长期影响？
- 班级规模会影响学生的学业产出吗？
- 一些教育干预项目是否比另一些更有效？

回答以上问题所涉及的研究案例，都是应用前沿研究设计和创新统计方法开展的高质量研究。在本书后续章节中，我们将以上文所列举的一系列高质量研究为案例，阐释如何利用调查数据和创新性的实证方法开展因果推断研究。事实上，读完全书你会发现，"高质量"成了相关研究设计和统计方法的代名词。

需要注意，上述教育政策问题涉及一个或多个教育产出所受到的影响。*12*
例如：对学生提供资助是否会影响家庭让子女接受中学教育的决策？这类问题是因果问题，学习如何回答这些因果问题是本书的重要内容。在本书中，我们将要学会区分因果问题和描述性问题。描述性问题的典型例子是：在20世纪80年代，黑人学生和白人学生之间平均阅读成绩的差距是否缩小？尽管描述性问题的回答也不容易，但是回答因果问题显然更加困难。

本书不仅适用于期望在教育等社会科学领域开展因果推断的研究者，也适用于期望对因果研究的结果做出正确解释、理解因果推断的结果如何影响政策制定的学者。在介绍前沿设计和方法的过程中，我们假定读者拥有较好的量化方法基础，熟悉统计推断和统计方法，如普通最小二乘（OLS）回归等。尽管如此，本书的技术性并不高，相反，本书的重点不是数学，而是对关键的想法和过程进行直观解释（intuitive explanations）。我们相信，通过使用来自经典研究中的数据和案例来介绍方法、技术，能够使本书的受众更广。

我们期望你能够通过仔细阅读本书得到一些直接的收获。第一，你能够学会在建立因果推断模型中如何选择研究设计，并能够理解每一种前沿方法的优点和局限。第二，你能够学会对使用前沿方法和设计所开展研究的结论进行解释，并能够理解将研究结果应用于决策中应当非常小心。

四、拓展阅读材料

在每一章的最后，我们都会提供一些拓展阅读材料，以满足部分读者想更加深入地理解和学习各章内容的需要。本章的拓展阅读材料主要涉及教育研究的历史，而后面各章的拓展阅读材料主要是应用各章所涉及的特定技术方法开展研究的学术文献。

13　　　为了更好地理解 NIE 不能够满足公众期望的原因，我们推荐阅读 1978 年由李·斯普劳尔（Lee Sproull）和他的同事撰写的《组织一个无政府状态》（*Organizing an Anarchy*）一书。乔纳·罗克夫（Jonah Rockoff）的论文《20 世纪早期以来关于班级规模的实地实验》（"Field Experiments in Class Size from the Early Twentieth Century"）则提供了关于班级规模对学生学业成绩因果影响这一问题的有趣和简短的研究历史。此外，针对教育科学研究所在 2003—2008 年开展的研究项目，怀特赫斯特就项目的工作议程撰写了报告。报告深入地描述了相关项目在开展过程中面临的挑战，这些挑战不仅是严格的，而且与提高儿童教育质量存在直接或间接的关系（Whitehurst，2008a，2008b）。

第二章

理论的重要性

各国政府总在反复询问这样一个问题：将稀缺的公共资源用于儿童教育是不是一项好的社会投资？20世纪50年代后期以来，在诺贝尔奖得主西奥多·舒尔茨(Theodore Schultz)和加里·贝克尔(Gary Becker)开创性工作的启发下，经济学家开发了一个理论框架来解决该问题。这一框架就是著名的人力资本理论(human capital theory)，它成为后来大量定量研究的理论基础。基于人力资本理论开展的实证研究得出了许多重要的发现：教育在促进一国经济增长中扮演着重要角色；在技术急剧变革的经济体中，教育投资在劳动力市场中的回报率最高；雇主更愿意为工人的特殊技能培训(specific training)买单，而通常不愿意为提高员工推理能力和写作能力等一般技能培训(general training)付费。①

在随后的几十年里，社会科学家以多种方式对人力资本理论进行了完善。这些完善产生了一系列新的假说，并为教育投资回报提供了新的证据，本书后续章节将会对其中的一些假说进行说明。此处的重点在于，人力资本理论有力地阐释了理论在指导研究尤其是因果研究中的作用。本章后续部分将回到人力资本理论。然而，我们首先要解释理论(theory)的含义及其在指导社会科学和教育领域研究中的作用。

一、什么是理论

根据《牛津英语词典》(*Oxford English Dictionary*)(OED，1989)的解释，

---

① 关于教育促进经济增长证据的大量参考文献，可参见 Hanushek and Woessman (2008)；关于技术变革环境下教育在提高生产力方面作用尤其突出的证据，可参见 Jamison and Lau (1982)；关于雇主愿意为特殊培训买单而不愿意为一般培训付费的原因，可参见 Becker(1964)的经典文献。

理论的定义包含三部分："利用框架性或系统性的观点或陈述，对一系列事实或现象进行解释或说明；通过观察或实验并证实或建立的一个假设，该假设可对已知事实或所观察事物进行解释；关于已知事实或所观察事物的一般规律、原理或原因的表述。"定义的三个部分都包含这样一个概念：在理论中，某种形式的一般原理——《牛津英语词典》称之为组合（scheme）、系统（system）、一般规律（general laws）——旨在"解释"或"说明"我们在日常观察基础上产生的特定事实。

理论在社会科学和教育领域的经验研究中发挥着重要作用，它为研究问题的提出、关键概念的测量和概念之间关系的假设等方面提供指导。例如，人力资本理论的一个核心观点在于，在做出是否继续接受教育的决策时，个人需要比较收益和成本。这一框架引导研究者关注额外接受教育包含哪些收益和成本、如何测量不同个体或不同时间上这些收益和成本的差异和变化。此外，理论也对关系方向的假设做出了暗示。例如，该理论指出，如果大学毕业生和高中毕业生之间的相对工资收入下降，那么高中毕业生决定就读大学的比例也会随之降低。

当然，理论从来都不是一成不变的（never static）。比如，在进行第一轮研究时，研究问题往往宽泛笼统（broad and undifferentiated），任何假设的干预也只能被视为"黑箱"。然而，在第一阶段的研究问题得到回答以后，研究者便能够完善其理论并提出更加复杂也更为细致的问题，而这些问题有时能使"黑箱"中的因果机制逐渐浮出水面。

人力资本理论的发展就很好地阐明了这个道理。针对在许多国家普遍存在的"工人完成的正规教育越多，其在劳动力市场的工资就越高"这一现象，人力资本理论试图对其进行解释。在 20 世纪 50 年代后期人力资本理论的最初表述中，经济学家将"正规学校教育"的干预/影响视为一个"黑箱"——增加正规学校教育会提升工人的生产力进而提高其工资。在 1966 年的一篇文章中，理查德·纳尔逊（Richard Nelson）和埃德蒙·费尔普斯（Edmund Phelps）指出，接受额外的教育增强了工人理解和使用信息的能力从而提高了其生产力，这就解释了最初的简单观点并改进了人力资本理论。这也引导他们进一步假设，相比于技术稳定的环境，技术变革环境中教育对工人生产力的影响更大。

随后的量化研究检验并支持了这一新假设。例如，贾米森和劳（Jamison & Lau，1982）发现，相比于技术稳定且世代口头相传的环境，在绿色革命种子和化肥改变农业手段的环境中，教育对农业生产力的影响更大。之后其对人力资本理论的贡献形成这样一种观点：如果额外的教育确实能提升个人在加工处理和利用新信息方面的能力，那么教育不仅能提高工人的生产力，也会改善其健康状况并提升其育儿水平。[①] 后续的这些理论完善并催生了大量关于教育回报的量化研究。

好的理论常常引导研究者提出新的观点，进而对现有理论的原理质疑。例如，在肯尼思·阿罗（Kenneth Arrow）和其他学者研究的基础上，迈克尔·斯彭斯（Michael Spence，1974）对人力资本理论提出了挑战。斯彭斯提出了另一个他称为市场信号（market signaling）的理论。在简单的市场信号模型中，高生产力的个人接受额外的学校教育并不是因为教育能提高他们的技能，而是因为教育能向潜在的雇主发送他们拥有非凡品质并应该获得比其他求职者更高工资的信号。因此，即使教育没有提高学生的技能，受教育水平和劳动力市场工资之间的正向关系也能通过市场信号模型进行解释。在一些情况下，市场信号理论可以代替人力资本理论对教育和工资之间的关系进行解释。遗憾的是，事实已经证明，很难设计定量研究来明确地检验教育与工资间的关系到底源自哪种理论。许多社会科学家认为，人力资本理论和市场信号理论在解释许多社会的工资模式上起着重要作用。例如，知名大学毕业生享受的工资溢价（earnings premium），部分源于其大学期间的技能习得，部分源于其进入并毕业于知名大学所传递的高能力信号。[②]

法国社会学家皮埃尔·布尔迪厄（Pierre Bourdieu）提出了有别于人力资本理论的另一个理论，用以解释教育在西方社会中的作用。在布尔迪厄的理论

---

① 在第十章中，我们将介绍珍妮特·柯里和恩里科·莫雷蒂（Janet Currie and Enrico Moretti）（2003）关于该领域研究的一篇重要论文。
② 关于人力资本和市场信号传送模型的讨论，可参见 Weiss（1995）。

框架中，教育以有利于现有社会阶层再生产的方式选拔学生。富裕家庭的孩子毕业于最好的学校，并获得享有声望和报酬丰厚的职业；与之相比，来自较低阶层家庭的孩子只能接受较差的教育，并获得没有声望且薪水微薄的工作。在布尔迪厄的理论中，许多选拔机制造成了这种模式。一个是基于标准化测试分数来分配教育机会的模式，这种模式对能够在家为子女提供教育支持的家庭更加有利。另一个是更加偏好于那些来自已经拥有经济资源家庭学生的教育财政系统。大多数社会科学家认识到，布尔迪厄的社会再生产理论阐明了教育在许多社会中的作用。[1] 然而，正如市场信号理论一样，对布尔迪厄的社会再生产理论和人力资本理论进行比较也很困难。事实上，这两种理论对解释多种环境中教育的作用是互补的。

科学哲学家区分了两种探究模式（modes of inquiry），一种基于演绎逻辑（deductive logic），另一种基于归纳逻辑（inductive logic）。演绎推理从一般理论原理中发展具体假设；而归纳推理与之正好相反，从观察到一个意想不到的模式/现象开始，并试图概括和解释所观察到的模式/现象。也就是说，归纳推理是从特定观察到一般性原理。许多重要理论源于这两种推理方式的结合。归纳很重要，因为理论家总是尝试去理解他/她观察或了解到的模式/现象。同时，原有的、初步的（rudimentary）理论会指引着理论家去关注模式（pattern）。一旦理论形成，在基于新理论开展研究设计与实施的过程中，演绎的探究模式会变得非常重要。相对而言，归纳的探究模式往往提供了有助于现有理论完善的事后洞察力（post-hoc insight）。

演绎推理和归纳推理在人力资本理论的发展过程中都发挥了重要作用。例如，基于人力资本理论的一般表述，经济学家利用演绎推理的探究模式提出了许多具体假设。其中一个假设是，高中毕业生需要支付大学学费贷款的利率越低，他就越可能去上大学。经济学家也基于人力资本理论进行研究设计，来估计教育投资的社会回报率。在大多数发展中国家，得到的一致结论是，普及小学教育的社会收益远超社会成本。的确，在大多数国家，政府资

---

[1]　关于布尔迪厄理论的介绍，可参见 Lane（2000）。

源投资小学教育的社会收益率远高于投资其他可能的使用领域，如物质基础设施投资（Psacharopoulos，2006）。

尽管小学教育在许多国家是一项好的社会投资，这点得到强有力的证据支持；但是，社会科学家观察到，在发展中国家，许多家庭仍然选择不送孩子上学。对于以上观察现象，研究者使用归纳推理的方式形成了一些可能的解释。第一个解释是，家庭无法接触到小学——这是一个供给的问题。第二个解释是，家庭没有意识到教育的回报——这是一个信息的问题。第三个解释是，家庭无法以合理的利率借钱来支付上学的费用，可能还包括取代孩子在家劳动的机会成本——这是一个资本市场失灵的问题。此外，还有一个假设是，在那些缺乏子女赡养父母义务文化的社会中，为子女上学付费就不是一项好的私人投资——这是一种文化的解释。这些全部来自对大量家庭教育投资决策的假设，似乎有悖于人力资本理论的现象的观察，使得人力资本理论更加关注学校供给、家长信息可得性、家长以合理利率借款的能力以及子女对父母责任的文化规范。反过来，上述假设的提出又促使相关学者开展了大量研究，以探究对于父母教育投资决策进行不同解释的相对重要性。

二、教育中的理论

每一个教育系统都涉及大量的、不同类型的行动者，他们的决策在许多方面相互作用。政府将决定何种类型的组织可以提供学校教育服务，以及何种类型的组织有资格从税收中获得对其服务的部分或全部支付。父母将决定子女上哪所学校，以及在家要花多少时间和精力来培养孩子的技能和价值观。孩子将决定投入多少注意力到与学校相关的任务以及同伴互动中。教师将决定他们在何处工作，如何教学，投入多少注意力到个体学生身上。上述行动者的决策在许多方面存在重要的相互作用。例如，父母的选择不仅会受到孩子学习努力程度的影响，也会受到当地学校质量和资源的影响。政策制定者在教师许可认证要求或薪酬结构上的决策则会影响教师职业潜在人群的职业选择决策。[1]

由于不同行动者对教育同时产生影响，且他们的相互作用非常复杂，这使得构建一个简洁、有力的理论来说明特定教育政策的影响效应非常困难。与之形成鲜明对比的是物理学，这是一个具有很强理论的领域，该学科以数学术语来表示一般的规律，同时，这些规律背后的假设能够被清晰地定义和验证。然而，在思考社会科学和教育领域中的理论时，需要记住，物理学不过是特例而非准则，这一点很重要。事实上，在大多数科学领域中，理论普遍以文字而不是数学的形式表达，而且一般规律也不像物理学那样清晰地定义。提到这一点是要鼓励研究者广泛地定义理论，这样，理论不仅包括对所评估的政策干预的描述，也包括对政策干预可能产生的影响效应及其影响机制的猜想［一些作者使用行动理论（theory of action）来指代这些步骤］。这样的描述很少用数学术语来表达，实际上也不需要。重要的是清晰的思考，它的形成需要深入了解相关领域的已有研究，并具备社会学科领域的坚实基础。

使用理论设计经验研究以分析教育和社会科学领域内因果关系的一个重要部分在于，对关键概念的测量。举个例子，在许多国家备受关注的一个假设是，缩减小学的班级规模会提高学生成绩。稍加思考就会意识到，这一假设的关键变量——班级规模和学生成绩——能够以多种不同的方式进行测量，对这些方式的选择也会影响研究结果。例如，使用班级花名册上的学生数或者使用任意一天出勤学生数是班级规模的两种测量方式，但在学生人数发生变化的学校，上述测量方式得到的结果非常不同。学生成绩测量中出现的问题甚至更严重。标准化阅读测试分数能有效地测量读写能力吗？选择其他的学生成绩测量方式，如下一阶段学校教育效果，会使研究结果产生差异吗？在我们看来，对这些测量问题进行思考的过程，是将理论运用到经验研究设计任务中的一部分。

通常而言，对教育和社会科学领域中因果研究设计涉及的两种理论进行区分很有必要。一方面，局部均衡理论（partial equilibrium theories）可以用于

---

[1]　本段描述的观点来自 Shavelson and Towne（eds.，2002）。

揭示特定环境下实施的、对小规模样本进行干预的政策影响效应。例如，应用人力资本理论来预测向特定社区低收入家庭高中毕业生提供大学学费零利息贷款这一政策干预的影响。由于只有数量不多的学生会受到该项政策的影响，这时，假设贷款项目不会对高中毕业生和大学毕业生的相对工资产生影响就是合理的。另一方面，在考虑向美国所有低收入家庭学生提供零利息大学贷款政策干预的影响时，就有必要考虑大学毕业生供给增加会造成其余高中毕业生相对工资的降低。这时，就需要用到一般均衡理论(general equilibrium theories)来解释相关联的间接效应。

在选择特定理论框架来指导教育因果研究设计时，一个重要的问题是：局部均衡方法是否足够？一般均衡方法是否必需？通常而言，局部均衡框架的优势在于相对简洁。然而，简洁性依赖的假设是干预规模足够小以至于可以忽略其间接效应。与之相反，一般均衡框架的优势在于，它为检验这些间接效应提供了工具，政策干预规模越大，这些间接效应可能越重要，但随之而来的是存在更大的复杂性。采用一般均衡框架作为社会科学实验基础的一个更大的成本在于，如果干预的间接效应分布很广，那么研究者就很难定义不受干预间接影响的、合适的对照组或控制组。出于这个原因，我们认可许多方法论研究者的观点，即随机分组实验以及本书中提到的其他分析技术不能反映大规模政策干预的全部一般均衡效应(Duflo, Glennerster, & Kremer, 2008)。

接下来，我们将提供一个实例来说明有关教育券(educational vouchers)的重要理论是如何随着时间推移而不断改进和完善的。我们还展示了研究者如何使用局部均衡理论和一般均衡理论来阐释特定教育券政策的影响。

三、教育券理论

近年来，使用公共税收为儿童就读私立学校付费的举措所产生的影响，是全世界争论较激烈的教育政策问题之一。美国经济学家、诺贝尔奖得主米尔顿·弗里德曼(Milton Friedman)在 20 世纪 60 年代早期的一篇文章(Friedman，1962)中写道，美国现行的公立学校制度限制了父母选择对其子女最有利学校的自由。他提倡引入"教育券"制度，在他看来，该制度既能扩大选择的自由，又能提升美国教育的质量。弗里德曼对教育券理论最初的描述很简洁。关键的政策建议是政府应该给所有学龄儿童的家长提供同等面值的教育券。然后，父母可使用教育券为孩子支付公立学校或私立学校的部分或全部学费。

弗里德曼想象了普及教育券系统的几种可能结果，一些结果的测量相对容易(如提高学生成绩、降低上学成本)，而另一些则很难测量(如促进自由)。教育券制度实现这些结果的机制是市场竞争。弗里德曼认为，引进教育券制度对低收入家庭孩子所获教育的质量的正向影响最大，因为这些孩子在现行教育制度下很少能自主地选择学校。

弗里德曼教育券理论暗含两个重要的假设，这两个假设都来源于将经济学中竞争性市场(competitive markets)的理论运用于教育领域。第一个假设是消费者可以自由选择任何他们能支付起学费的学校。第二个假设是家长为子女做出的学校选择独立于其他家长的学校选择。这些假设在面包等消费品的竞争市场中是合理的。一般而言，消费者可以购买任何品牌的面包，只要他们认为价格合适，而且他们的选择不会直接受到其他消费者选择的影响。这些假设对预测竞争市场运营方式的理论进行了极大简化。

然而，在弗里德曼教育券理论提出后的几十年里，越来越多的研究指出该理论的两个关键假设是不成立的。第一个挑战在于，教育一些学生比教育其他学生耗费更大。例如，需要额外的资源来帮助诸如有阅读障碍或者听力障碍的残障学生掌握重要技能(Duncombe & Yinger，1999)。如果规定学校向所有学生都收取相同的学费，并且如果政府给所有学生都提供同等面值的教育券，学校管理者就会避免接收这类需要投入资源更多的学生。

第二个挑战在于，父母意识到其子女在特定学校中所受教育的质量取决于同一所学校中其他孩子的技能和行为(Graham，2008；Hoxby，2000)。这被社会学家称为"同伴效应"，被经济学家称为"外部性"。这类效应的存在会使教育券制度的现实运转方式变得复杂。特别是，试图吸引来自特定类型家庭

（如父母受过良好教育和富有）学生的学校将设法拒绝录取那些被"优质顾客"认为不适合成为自己孩子同伴的学生。

得益于电脑模拟技术的进步，许多社会科学家开发了包含成本差异化和同伴效应的理论模型。许多模型还包含公立学校财政体系中的相关信息。这些复杂的一般均衡模型认为，家庭的择校决策并不是独立的，而是与其他要素相互依赖的。研究者不仅使用这些理论模型来探索引入特定设计的教育券计划如何影响家庭的学校选择，而且用这些理论模型来分析这些计划如何影响诸如房价和家庭定居决策等问题。① 从这些理论模型和政策模拟中得到的一个假设是，给所有学生相同面值的、普及性的教育券将会把特定背景的学生筛选到特定的学校。随后，智利（Hsieh & Urquiola，2006）和新西兰（Fiske & Ladd，2000）实施了给所有学生相同面值的、普及性的教育券制度，基于这些国家样本开展的一些研究为上述假设提供了经验证据。例如，谢和乌尔基奥拉（Hsieh & Urquiola，2006）发现，智利最贫穷家庭的孩子往往集中于表现较差的公立学校，而相对富裕家庭的孩子集中于特定的私立学校。②

有关成本差异化和同伴效应重要性的证据使教育券理论从两个方面进行了完善。第一个完善是构建了一个用来预测教育券制度所产生后果的理论模型，即学生领取的教育券面值应该取决于学生特征。③ 该模型的逻辑是，适当区分教育券面值的制度可以避免智利和新西兰在实施单一面值教育券制度时出现的、依据社会经济地位对学生进行的筛选。第二个完善是建立并检验了相对简单的局部均衡模型，在这个模型中只有低收入家庭的学生有资格获得教育券。这类模型背后的潜在逻辑是，通过收入限定教育券参与的家庭数量可以降低依据社会经济地位对样本进行筛选的威胁。在第四章中，我们将对

① 关于一般均衡模型对了解特定教育券计划后果的重要性的讨论，可参见：Hoxby（2003），Nechyba（2003）。关于此类均衡模型的例子，可参见：Nechyba（2003，pp. 387-414），Epple and Romano（1998，pp. 33-62），Hoxby（2001），Fernandez and Rogerson（2003，pp. 195-226）。

② 考虑到等额面值教育券制度中依据社会经济地位筛选的发生，智利政府在 2008 年对国家教育券制度进行了修改。在新的系统下，发放给最穷 1/3 家庭学生（称为"优先学生"）的教育券面值要比发放给更富有家庭学生的教育券面值高 50%。接收高额面值教育券的私立学校禁止向"优先学生"收取超过其教育券价值的任何学费或其他费用。

③ 例子可参见：Hoxby（2001），Fernandez and Rogerson（2003）。

这类教育券项目的一个实验评估进行讨论。

自 1962 年弗里德曼《资本主义与自由》（*Capitalism and Freedom*）一书出版至今，关于教育券影响的争论始终激烈。然而，争论已经变得越来越复杂，这主要是因为理论发展和最新证据的相互作用促使我们的理解日益进步。今天的人们普遍认同以下现象：一些学生的教育成本比另一些学生更高，同伴效应会影响学生的成绩，很多家长在收集如何做出最优学校选择必需的信息时需要获得帮助。对上述现象的理解，全都影响着未来教育券制度的设计以及对其影响效应的评估。科学的齿轮继续前行，我们的理论也将继续发展！

四、什么样的理论

在所有社会科学学科中我们对经济学最了解，因此本章主要选择了经济学案例。然而，其他社会科学学科的理论也可以指导教育因果研究的设计。这样的例子包括社会学中的社会资本理论和心理学中的儿童发展理论。量化研究设计中理论框架的选择取决于有待回答的因果问题的性质以及研究者的知识基础。

然而，我们确实想要强调社会科学理论与统计理论之间的差异。近几十年来，统计理论取得了重要进步，并引出了本书后续章节将要呈现的最新研究设计和分析方法。例如，开展假设检验的、最新的再抽样方法，以及当个体嵌套于班级和（或）学校时估计统计功效的新方法，就是源于统计理论进步而产生新方法的例子。我们这里想强调的是，统计理论及其产生的统计方法是对处于核心地位的社会科学理论的补充而非替代。

五、拓展阅读材料

对于有兴趣进一步了解一般因果研究，尤其是教育因果研究中理论作用的读者，有很多值得一读的资料。美国国家研究委员会（National Research Council Committee）的一份具有思想性的报告——《教育科学研究》（*Scientific*

Research in Education ）的概要卷可以作为相关研究的入门（Shavelson & Towne，2002）。在 2003 年一篇题为《资源、教学与研究》（"Resources，Instruction，and Research"）的文章中，戴维·科恩（David Cohen）、斯蒂芬·劳登布什（Stephen Raudenbush）和德博拉·洛温伯格-鲍尔（Deborah Loewenberg-Ball）就学校资源影响学生学习的条件提出了一个富有见地的理论。20 世纪教育研究领域的一位重要人物对理论的作用提出了一个具有挑衅意味的（provocative）看法，请参见约翰·杜威（John Dewey）1929 年所著《教育科学之资源》（*The Sources of a Science of Education*）。

第三章

因果研究设计

26　　在教育科学研究所第一任所长怀特赫斯特 2002 年上任后启动的首批工作中，有一项便是调查教育实践工作者和政策制定者，调查他们想要从教育研究中了解什么。[1] 调查结果显示，被调查者优先考虑的事项取决于他们的职责，这一点不足为奇。地区教育主管和其他地方教育官员对特定课程和教学技术能否有效提高学生成绩的证据最感兴趣。州层面政策制定者想了解基于标准的教育改革的结果以及具体学校干预策略的影响。国会工作人员想了解提升教师质量所实施的不同策略的有效性。不同资源（如班级规模）对学生成绩的影响效应，是各个层次教育界人员共同关注的问题。

尽管教育界人员关注的优先事项取决于他们的职责，但他们回应的突出共同点都在于：各个层级的实践工作者和政策制定者都想知道因果问题的答案。他们想知道 A 是否造成了 B，并期望教育科学研究所可以通过开展研究以提供答案。在这一章，我们将讨论在教育领域中有效解决这类因果问题所必须满足的条件，并引入本书后续部分将使用的一些主要概念和术语。

一、所有研究共同追求的条件

27　　在开始讨论怎样最好地解决备受教育界人员关注的因果问题之前，我们先简单介绍社会科学和教育领域中高水平研究设计的经典构成要素。这是因为，我们在设计因果研究时需要关注所有好研究共同遵循的核心原则（central tenets）。那么，从更广泛的意义上来讲，因果研究必须满足一组额外的约束，

---

[1]　参见 Huang et al. (2003)。

正是这些约束构成了本书余下部分的中心话题。本部分标题中使用"追求"（strive for）这一表述是因为，我们描述的所有这些原则或约束通常情况下很难得到满足。整本书都在使用例子阐明这样一个问题，即在开展研究设计时，没能满足有效研究设计所需的特定要素会造成什么样的后果。正如你将看到的，对于其中的一些设计原则，如果没有得到满足，将无法对教育政策或干预的后果做出可靠的因果推断；而对于另一些原则，如果没有得到满足，虽然不会对做出因果推断的能力形成威胁，但会限制研究结果应用的可推广性。在下一部分，我们将回到这些问题，现在我们首先要指出好设计的经典构成要素。

首先，在所有高质量研究中，无论是纯描述性的研究还是能支持因果推断的研究，都需要在研究开始时清晰地描述推动项目的研究问题和指导项目框架的理论，这一点至关重要。上述两个关键要素最终驱动了研究设计的方方面面，因为它们对你最终做出的每一个设计决策都提供了动力和理论基础。它们也是本书前两章讨论的话题，正如我们所论述的那样，两者完全交织在一起。随着理论的完善，有可能提出更复杂的问题，而这些问题反过来也会促进对理论的进一步完善。莱特等人（Light et al.，1990）将这一过程称为科学之轮（wheel of science）。

只有清晰地表述研究问题，才能使得准确界定感兴趣的研究总体成为可能。这在任何研究中都至关重要。如果没有做到这一点，我们不仅无法建立一个合适的抽样框（sampling frame），也无法知道研究结论可推广或应用的对象。此外，清楚地了解感兴趣的总体的性质也是有好处的。比如，在研究班级规模对学生阅读技能的影响时，将感兴趣的总体界定为"美国城市公立学校中没有特殊需求的所有一年级学生"而不是"学生"，这样的界定很重要。对于有特定关注目标群体（如班级规模对孤独症儿童学习的影响）的读者，明确界定总体将使他们能够判断研究结果与其关注点的相关性。

一旦准确界定感兴趣的研究总体，我们就必须努力从该总体中进行代表性抽样。因此，在之前界定的总体（即美国城市公立学校中没有特殊需求的所有一年级学生）中研究班级规模对学生成绩的影响时，我们需要确定能否从该总体中获得学生的随机抽样样本。或者，我们可能决定使用一套更加复杂的抽样方 *28*

案，如对学区、学校和年级进行多阶段整群抽样(multistage cluster sample)。无论怎样抽样，研究使用的分析样本能否完全代表总体都至关重要。它保证了将研究发现可靠地推广到已知感兴趣总体的能力，这被方法论学者称为研究的外部效度(external validity)。

然后，研究项目的一个重要步骤在于，为核心研究变量进行合理的测量，并在被调查总体中保证这些变量的结构效度(construct validity)和信度(reliability)。我们应该基于对研究问题的了解和相关支持性理论来区分三类重要变量：①结果变量(the outcome variable)；②主要的问题预测变量(the principal question predictor)，该变量为我们提供了研究问题；③协变量或控制变量(the covariates or control predictors)。[①] 在我们对因果研究进行解释的整个过程中，这些区别将会一再出现，如同它们确实贯穿了任何高质量的描述性研究项目一样。举个例子，在一项关于班级规模和学业成绩之间关系的假想研究中，我们决定关注两类具体的学业产出，即学生阅读成绩和数学成绩。主要的问题预测变量将是班级规模。协变量或控制变量可能包括学生人口统计学特征和教师工作经验。我们需要慎重确定如何测量每一个变量。比如，我们需要确定是通过特定日期班上出勤的学生数还是几个事先确定日期班上出勤学生数的平均值来测量班级规模。我们还希望通过使用符合年龄的、大规模的测试来测量每名学生的阅读成绩和数学成绩。对此，我们需要在研究问题、理论框架及背景文献的基础上做决定。

这里，我们想明确指出描述性研究和因果研究的唯一差别。这涉及构成研究设计核心要素的主要问题预测变量取值的确定。因果研究的主要问题是，如何确定样本中每一位参与者在问题预测变量上的取值。在班级规模的例子中，如果学生、教师、父母或者学校管理者的行动决定了每名学生所进入的班级的规模，各个主体所做的不可观测的选择会削弱我们推断班级规模对学生成绩因果影响的能力。反之，如果我们将学生和教师随机分配到不同规模

---

① 本书中，对于回归模型中的因变量(dependent variable)，当指代关注的最终产出时，也被译为结果变量或产出变量(outcome variable)或因变量。对于回归模型中的自变量(independent variable)，当该变量为关注的干预变量时，将其翻译为自变量或预测变量(predictor variable)或问题预测变量(question predictor variable)，当变量为其他非干预变量时，将其翻译为协变量或控制变量。

的班级中，这样不仅决定了样本在主要问题预测变量上的取值，我们也能对样本所在总体中班级规模对学生成绩的因果影响进行可靠的估计。上述两种状况的差别仅仅在于，样本中每名学生和每位教师在问题预测变量（"班级规模"）上的取值方式。问题预测变量的取值方式及其对研究设计、数据分析、结果解释的可能影响，可以将可靠的因果研究与其他所有研究区分开来。这是本书余下部分的核心关注点。

最后一步是确认研究可在相同总体的不同样本中复制。这一点很重要，因为测量存在不确定性，而统计推断的概率本质决定了这种不确定性。我们将在本书中投入大量精力来描述不同类型的统计误差（statistical errors）如何影响统计分析的结果。

二、因果推断

在沙迪什、坎贝尔和库克（Shadish，Campbell，& Cook，2002，p. 6）关于社会科学研究设计的优秀著作中，他们引用了 19 世纪哲学家约翰·斯图尔特·密尔（John Stuart Mill）关于某一事物是另一事物的原因必须满足三个关键条件的描述。第一个条件是，假设的"因"（cause）必须在时间上"先于"（precede）预期的"果"（effect）发生。比如，在研究学生成绩是否取决于班级中学生数时，确保成绩测量之前学生在特定规模的班级环境下学习是很重要的。

密尔的第二个条件是，如果"因"的水平在某种系统方式上出现差异，那么"果"必然会有相应的变动。比如，如果理论上表明学生数较少的班级中学生成绩更高，我们将预期随着班上学生数变少，学生的平均成绩将会升高。

密尔的第三个条件是迄今为止最重要的，同时也是现实中最难得到满足的。该条件规定，除了预设的因果解释，研究者必须能够排除对所观察的"因"与"果"之间关系的所有其他可能的解释。例如，在研究班级规模对学生成绩影响的例子中，我们必须能够令人信服地论证，班级规模与随后学生成绩之间任何观察到的关联都不是家长选择子女何处上学或学校管理者决定将特定特征学生分到特定规模班级的结果。

30

对研究者来说，开展实验是满足密尔的三个条件并因此成功解决因果问题的最有说服力的方式。在沙迪什、坎贝尔和库克（Shadish，Campbell，& Cook，2002，p. 511）的基础上，我们将实验（experiment）界定为一项经验调查（empirical investigation），其中"因"的潜在水平由独立于被调查者的外部人士控制，并对重要的结果变量进行测量。

另外，我们在图 3-1 中区分了两类实验：随机实验（randomized experiments）和准实验（quasi-experiments）。因果归因最有说服力的证据通常来自随机实验，这类实验通过随机程序将研究对象分配到实验状态，比如掷一枚质地均匀的硬币（Shadish，Campbell，& Cook，2002，p. 12）。注意，实施良好的随机实验满足密尔因果推断的三个条件：①"因"先于"果"；②不同水平的"因"将导致不同水平的"果"；③随机分配排除了对结果差异的其他所有可能的解释。事实上，一名独立的研究者随机将学生和教师分到不同规模的班级中，这一过程确保了实验开始前不同班级规模干预（treatment）状态下的学生和教师在所有特征上平均相等。由于随机化，实验干预前不同组之间任何小的、特殊的差异都将被解释为分析结果数据所采用的统计方法所自然造成的噪声。我们在第四章中会进行更加全面的描述，当个体被随机分到不同实验条件时，就说这样形成的组间样本满足期望值相等（equal in expectation）假设。

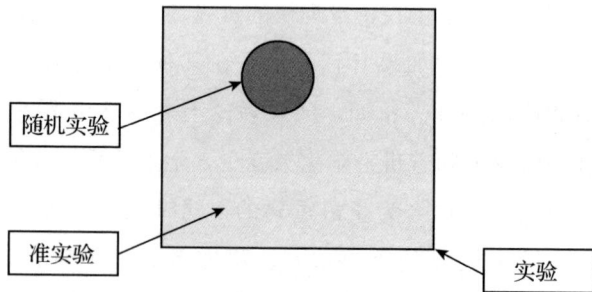

图 3-1　两种实验类型

准实验并没有将实验对象随机分配到实验状态（Shadish，Campbell，& Cook，2002，p. 12）。使用准实验数据在某些时候也可能做出合理的因果推断。

事实上，本书也用了几章来专门介绍这些方法。然而，正如我们使用的许多案例所阐释的，研究者需要做好准备来解决基于准实验数据所开展的研究在内部效度上所面临的威胁(threats to the internal validity)。根据我们在第四章中更加详细的讨论可知，内部效度所面临的威胁，具体指两个变量间的关系为因果关系这一表述是否有效的威胁(Shadish，Campbell，& Cook，2002，pp. 53-61)。

尽管对任何实验证据的解读都取决于特定情况下的细节，我们还是想强调一个具有一般性的要点。通常，随机实验和准实验所估计的，都是一项政策干预对一个或多个结果的总效应(total effect)，而不是其他投入水平恒定时的干预效应(Todd & Wolpin，2003)。这点很重要，因为家庭经常会通过不同方式对一项政策干预做出反应，实验提供了所有反应对结果变量产生的净影响(net impact)。举个例子，我们将介绍几个实验，如给父母提供奖学金来帮助其支付某个孩子就读私立学校的学费。这类实验的一个常见结果变量是衡量儿童在未来某个时间点的认知技能。父母对该项政策的一个反应是，提高将获得奖学金的儿童送进私立学校的可能性。但是父母可能同时出现的另一个反应是，减少为该孩子提供学业辅导和其他课外活动(tutoring and enrichment activities)的花费以便释放资源用于其他孩子。这一实验提供了这两种反应(甚至更多其他反应)所产生的总体净影响的证据。但它不能估计在父母用于学业辅导和其他课外活动上资源水平恒定时，提供奖学金对儿童未来学业成绩影响的效应。

三、教育因果问题的传统解决方法

不幸的是，大多数教育研究者直到最近都没有通过开展随机实验或采用创造性的方法分析准实验数据这两种方式来解决因果问题。相反，他们通常开展的是观察研究(observational studies)。在观察研究中，分析数据涉及的所有变量(包括那些描述样本所处干预状态的变量)都是通过直接观察进行测量的，而不是在外部人员将样本随机分配到干预状态的情境中进行测量的

(Shadish，Campbell，& Cook，2002，p. 510)。例如，成百上千的观察研究使用学区正常运转期间收集的学生成绩数据来分析班级规模和学业成绩之间的关系。在上述情境中，不同班级中的学生人数因人口统计特征、父母居住决策和学校管理者分班决策而各有不同。

在观察研究中，即使不考虑班级规模本身可能对学生成绩造成的最终影响，小班学生的学习技巧和动机也可能与大班学生不同。不同规模班级学生成绩的差异，可能是多种机制共同作用的结果。比如，有资源投资子女教育的家庭可能在以拥有小班而闻名的学校附近买房或租房。其结果是，班额相对较小的学校的学生的平均成绩可能高于那些班额较大的学校的学生的平均成绩，即使班级规模对学生成绩没有因果影响。原因可能是，在拥有小班的学校附近居住的父母使用他们的资源向子女提供更加丰富的家庭教育环境。这是一个被方法论学者称为"内生分配参与者到干预状态"(endogenous assignment of participants to treatments)的经典案例。我们使用这一术语的意思是，干预状态的分配是研究系统中参与者行动的结果——在这个例子中，有资源的父母利用特定学校提供的相对较小的班级的决定(影响了处理水平的分配)。

当然，训练有素的定量研究者承认，父母和学校管理者的决策造成了分配到不同规模班级中的学生在很多不可观测或可观测的指标上存在差异。多年来，研究者以两种方式对该困境做出回应。一个普遍的回应方式是，在估计干预对结果影响效应的统计模型中加入更多更丰富的描述学生及其家庭特征的协变量集合。这样做是希望通过加入这些控制变量剥离所有不可观测的且内生的不同规模的班级之间学生的差异所导致的结果差异。社会学家斯蒂芬·摩根和克里斯托弗·温希普(Morgan & Winship，2007，p. 10)将研究者依赖这种策略的时代称为回归的时代(the age of regression)。但 20 世纪 80 年代出版的开创性研究(seminal studies)向这一"控制一切"的策略泼了冷水，这些研究指出，包含大量协变量的回归分析并不能获得与将个体随机分配到不同实验条件下的实验研究相一致的结果。[1]

_____

[1]　关于对这一证据的讨论，可参见 Angrist and Pischke (2009，pp. 86-91)。

　　研究者的第二个回应方式在发展心理学家中尤为普遍，它接受观察数据分析不能支持因果推断的事实，在研究问题建构和研究结果解释时也避免使用因果性术语。比如，研究者想要调查，在可观测特征相似的前提下，相对于基于家庭的儿童保育模式（family-based child care），基于保育中心的儿童保育模式（center-based child care）是否能给儿童带来更好的认知测试表现。对此，研究者只是谨慎地指出，基于他们的发现不能得出因果结论。在我们看来，这一方法至少存在两个问题。第一，在研究论文"方法"（methods）和"结果"（results）部分中呈现的谨慎通常会在"讨论"（discussion）部分被忽视，研究者会在"讨论"部分基于对研究发现的一个不可靠的因果解释来给出政策建议。第二，这些研究者对非因果性术语的使用也意味着，他们不习惯于清楚地考虑所观察的统计关系的其他解释。

　　幸运的是，最近几年来，社会科学家开发了大量新的研究设计和分析方法，这为解决教育政策影响的因果问题带来了更大的希望。这些新方法中的大多数也利用了多元回归分析，但以新的方式加以应用。解释这些策略并且阐明其用途，这是本书的核心目标。

四、因果研究的关键挑战

　　在教育和社会科学领域中开展因果研究时，我们的核心目的是要确定个体接受干预与其不接受干预时的结果如何不同。我们将研究对象本来可能处于的不接受实验处理的状态称为"反事实"（counterfactual）。从理论上来看，获得理想的反事实的方法是，在干预组（treatment group，如"小"班额）和控制组（control group，如"正常"班额）中都使用相同的参与者，并且要在参与者经历任何一种情况之前重置所有的内外部条件以使他们的初始值相等。这样一来，你便可以从总体中抽取一个代表性样本实施干预，随后测量其结果变量。接下来，为测量反事实条件下的结果变量，你需要使这些参与者重新处于研究开始之前的状态，并将所有的干预经历以及结果变量取值从其记忆中清除，进而在他们处于控制状态后再次测量结果变量。如果这是可能的，你

34

就能够令人信服地认为，每一个参与者在两种状态下的结果变量的差异必定只源于干预经历。

由于你拥有了每一个个体在"事实"和"反事实"两种情况下结果变量的取值，你就能够为每一个参与者估计干预效应。我们将其称为"个体干预效应"（individual treatment effect，ITE）。从干预状态下结果变量的取值中减去反事实状态下结果变量的取值即可。在这个假想世界中，随后你可以对所有样本的个体干预效应取均值来为整个群组估计"平均干预效应"（average treatment effect，ATE）。最后，使用简单配对 t 检验这样的统计技术就可以尝试拒绝干预状态下和反事实状态下参与者结果变量的总体平均差异为零的零假设。一旦拒绝零假设，你便可以使用平均干预效应的估计值作为参与者所代表总体中干预的因果效应进行"无偏"（unbiased）估计。

由于时间跨越和选择性记忆清除只存在于假想世界而非现实中，现实中你总会面临着"数据缺失"（missing data）问题。在表3-1中，你永远无法确切地知道个体同时处于干预组和控制组两种状态下的结果。对于干预组的成员而言，你缺失了其在控制组状态下结果变量的取值；而对于控制组的成员而言，你缺失了其在干预组状态下结果变量的取值。因此，你既不能估计个体干预效应，也无法通过对个体干预效应取均值来得到平均干预效应。

表 3-1　反事实的挑战

	……干预组的结果 变量取值是……	……控制组的结果 变量取值是……
对于干预组成员而言……	已知	缺失
对于控制组成员而言……	缺失	已知

因此，你必须设计出另外一个可行的策略来估计平均干预效应。这在实践中是很困难的，因为教育系统中的不同行动主体非常关心实验对象（无论他们是学生、教师还是学校）在特定教育干预中的分配，所以他们会有目的地采取行动来影响这些分配。换句话讲，教育研究中参与对象的分配通常都是内生的（endogenous）。这样产生的一个结果是，在关于班级规模对学业成绩影

响的研究中，被内生地分到不同规模班级的学生之间不但在可观测的维度（如性别、年龄和社会经济地位）上存在差异，而且在不可观测的维度（如内在动机、父母承诺，这两者都可能与成绩产出有关系）上也存在差异。

重申这一点（满足密尔因果推断的第三个条件）的一个积极办法是，强调参与者是外生分配到干预状态而不是内生分配的。根据《牛津英语词典》，"外生"（exogenous）意指"与外部原因相关"（relating to external causes），"内生"则正好相反，意思是"与内部原因或起源相关"（relating to an internal cause or origin）。在本书中，这些词语具有类似但更加完善和具体的含义。当我们说学生接受的教育干预有"外生变动"（exogenous variation）时，意思是学生处于干预状态的分配不取决于教育系统内的参与者（亦即学生、父母、教师或管理者）本身。相反，他们在特定干预状态中的位置取决于由研究者或其他一些独立代理人"外在地"（externally）决定。

当然，你可能认为，干预状态的分配仅仅外生还不够好。例如，外部代理人也可能在其分配参与者到处理条件的过程中存在偏见或腐败（biased or corrupt）。尽管如此，我们通常在说实验条件的外生分配时，我们就假定外部代理人以直接支持因果推断的方式分配了参与者。实验条件中，创造这种外生变动的一个非常简单且有用的方法在于将参与者随机分配到实验干预之中。美国田纳西州的"学生/教师成就比"（Student/Teacher Achievement Ratio，STAR）实验就采用了这样的方法（Krueger，1999）。

20世纪80年代中期，田纳西州议会给一项随机实验拨付资金来评价班级规模缩减对小学生阅读和数学成绩的影响。全州79所公立学校的11 000多名学生和1 300多名教师参加了这项被称为"STAR项目"的实验。在每所参与学校中，研究者将1985年秋季进入幼儿园的儿童随机分配到三种班级类型中的一种：①13～17名学生的小班；②22～25名学生的普通班；③配备一名教师和全职教师助手的普通班。每所学校的教师也被随机分到不同班级。最后，该研究设计要求学生直到三年级都要留在最初制定的班级类型之中。

本书的一个重要主题是，研究对象分配到干预状态的过程中一些外生性要素对于做出干预效应的因果推断是必需的。用统计学家和量化社会学家使

36

用的正式术语进行表示，研究对象外生分配到干预状态对于"识别"（identify）干预的因果效应是必需的。因此，当社会科学家询问一项研究所使用的"识别策略"（identification strategy）是什么时，就是指研究对象分配到干预状态的外生性来源。随后的章节中我们将指出，随机化并不是获得干预状态有效外生性来源进而识别干预因果效应的唯一途径。有时，基于准实验数据也可能做到这一点。有时，基于观察研究数据使用我们在第十章介绍的被称为"工具变量估计"（instrumental-variables estimation，IVE）的统计方法甚至也是可能的。

田纳西州 STAR 实验被哈佛大学统计学家弗雷德里克·莫斯特勒（Frederick Mosteller）称为"有史以来开展的最重要的教育调查之一"（Mosteller，1995，p. 113），它也阐释了要满足本章第一部分所描述的高质量研究的所有条件有多么困难。在 1985 年田纳西州议会授权实验以后，州教育局局长邀请了全州所有的公立教育系统和小学来申请参与实验。大约 180 所学校提交了申请，其中 100 所学校的规模足够大，满足从幼儿园到三年级的每一个年级水平都有三个班级的标准。研究团队随后选择了 79 所学校参与实验。

选择学校参与 STAR 实验的过程说明，即便计划非常好的实验有时也必须在最优研究实践上做出一些妥协。第一，研究的学校样本是从自愿参加的学校集合中选择的。自愿参加的学校可能在领导力质量等维度上与没有自愿参加的学校有所不同。第二，只有规模足够大的学校才满足设计要求，因此 STAR 实验不能为小规模学校中班级规模对学生成绩的影响提供证据。第三，尽管研究团队很谨慎地在城市学校、郊区学校和乡村学校中抽取样本，但是，根据授权立法的规定，79 所学校并不是从自愿参加实验且满足规模标准的 100 所学校中随机选出的。上述样本选择过程造成的一个后果是，对实验结果可推广的学校的总体界定并不完全清晰。至多可以说，研究结果适合于田纳西州自愿参加班级规模实验的规模较大的小学。不清楚样本来自的总体是一个"外部效度"（external validity）问题，理解这一点很重要。抽样策略不会对实验的"内部效度"（internal validity）构成威胁，因为参与学校中的学生和教师都是随机分配到处理条件的。

STAR 实验也面临着对内部效度的挑战。即使参与学校中的学生最初是被随机且外生分配到不同规模的班级中的，第二学年开始时一些家长还是成功地将其子女从普通班转到了小班。这一内生操作可能违反支撑随机实验的主要假设，即普通规模班级中的学生的平均成绩可以作为小班学生在没有接受干预情况下的平均成绩的可信的估计。因此，这类家长的行为的存在，对根据 STAR 实验数据就第二年在小班学习对学生学业成绩的影响做出因果推断的内部效度造成了威胁。

"内部效度威胁"(threat to internal validity)这一术语在因果研究的发展史中很重要，也是开发因果推断方法的先驱坎贝尔(Campbell，1957)在半个多世纪以前提出的四种效度威胁之一。正如前面所提到的，它指的是对教育干预和结果之间观察到的统计关系的竞争性解释(rival explanations)。如果能排除所有的内部效度威胁，我们就排除了"因果"之间联系的所有其他解释，并满足了密尔所提出的第三个条件。设计研究策略来回应内部效度威胁是高质量社会科学研究的一个关键部分。当然，在准实验和观察研究中，为"因"和"果"之间的假设联系排除所有可能的竞争性解释是极其困难的。你如何知道何时才能列出并排除了(enumerated and dismissed)所有可能的竞争性解释？简单的回答就是，你永远不会确切地知道(随着你成功地排除每一个竞争性解释，你宣称的干预和结果之间存在因果关系的可能性就会增强，即使在准实验和观察研究中)。正如我们在下一章要解释的，经典随机实验设计(参与者样本被随机分配到不同的处理条件)的一个巨大优势在于，这一过程排除了对班级规模和学生成绩之间关系所有的其他解释。但是，即便是随机实验也可能存在问题，你必须为研究的内部效度提供证据。在第五章中，我们描述在随机实验中可能出现的一些问题并说明研究者如何对其进行解决。

我们从这一章吸取的最重要的教训或许是，教育系统中参与者(教师、管理者、家长和学生)的主动行为会对特定学校和班级的教育质量产生巨大影响。这些主动行为通常使得难以评价教育干预所产生影响的内部有效性，无论这些干预是安排学生到小班之中、使用新的课程和教学方法、采取培养教师的新方法，还是创造新的治理结构。在接下来的几章中，我们将说明新的数据来源、新的研究设计方法和新的数据分析方法如何改善我们就教育措施对学生产出的因果影响开展内部有效研究的能力。并且，我们将使用本章介绍的术语，包括随机实验、准实验、基于观察数据的研究、外生、内生以及内外部效度威胁。读完本书时，你将对这些术语再熟悉不过。

39　五、拓展阅读材料

对于希望进一步了解本章所提观点的读者，我们推荐沙迪什、坎贝尔和库克(Shadish，Campbell，& Cook，2002)关于研究设计的综合性图书——《实验和准实验设计》(*Experimental and Quasi-Experimental Designs*)，以及摩根和温希普(Morgan & Winship，2007)富有见解的书——《反事实和因果推断》(*Counterfactuals and Causal Inference*)。

第四章

研究者设计的随机实验

学校选择资助基金会(School Choice Scholarships Foundation，SCSF)在 1997 年 2 月宣布，将面向 1 300 名当时在纽约市公立小学就读的、来自贫困家庭的孩子提供持续三年、每年 1 400 美元/人的奖学金。奖学金将以教育券的形式发放，用于学生支付进入私立小学的学费，私立小学可以是宗教学校，也可以是普通私立学校。得益于这项奖学金计划，当对居住地附近公立学校不满意时，贫困家庭的父母也可以像富裕家庭的父母一样将孩子送进心仪的私立学校。SCSF 开展的这一奖学金项目备受居民的欢迎，项目公布后在三个月的时间内就收到了 10 000 多份申请。

因为申请人数太多，SCSF 在 1997 年 5 月以随机抽签的方式在奖学金申请人中进行分配。采用抽签的方式分配奖学金最大的优势在于，每个人都很容易理解分配的规则，且更容易认同分配过程的公平性。与此同时，这种分配方式为学术研究者提供了一次基于随机实验数据开展因果推断研究的机会，即评价奖学金项目对儿童学业成绩影响的因果效应。事实上，通过抽签决定奖学金分配，本质是在开展一项随机实验，因而可以很好地保证回归模型的前提假设得到满足，最终就获得教育券对儿童学业成绩的影响进行因果推断。[①] 在本章中，我们基于 SCSF 提供的原始数据，即纽约奖学金项目(New York Scholarship Program，NYSP)的数据，具体介绍使用随机实验数据开展研究的过程。

本章结构安排如下：第一部分将展示实验研究设计的框架，它通常也被

---

① 需要注意的是，这个随机实验的干预是"获得私立学校教育券"，而不是"进入私立学校就读"，因为只有获得教育券这个过程是随机的，但家长获得教育券后其子女是否进入私立学校并使用这个教育券不是随机的。

称为"潜在结果框架"(potential outcome framework)。第二部分将介绍基于随机实验数据进行分析的简单统计方法，当然，我们会以 NYSP 数据为例详细介绍这些方法。同时，我们要重点关注干预效果估计的两个统计指标——精度(precision)和偏度(bias)，它们对于实验研究设计及之后的数据分析都至关重要。需要说明的是，我们在本章中对随机实验设计的呈现，将为后续章节中更加高深的统计方法的学习奠定基础。

一、随机实验的开展

(一)潜在的结果框架

最近数十年来，社会科学家指向因果问题的研究设计越来越多地基于潜在结果框架，有时也被称作鲁宾因果模型(Rubin's Causal Model，Holland，1986)。尽管我们在前一章提到过这个框架，但本章将正式介绍这个框架。在 NYSP 项目中，鲁宾框架要描述的是一个良好设计的干预所产生的影响效果，即获得私立学校奖学金教育券这项干预对一年后样本儿童阅读成绩的影响效果。正如我们在第三章中所描述的，我们要进行真正的因果推断几乎不可能。因为真正的因果推断，需要同时观察同一个孩子在获得教育券与没有获得教育券两种状况——①干预状况(获得教育券)，②反事实或控制状况(没有获得教育券)——的学业产出并进行比较。幸运的是，鲁宾因果模型给我们提供了一种替代方案。

在开展随机实验之前，每个孩子阅读成绩都有两种可能的取值。我们用 $Y_i(1)$ 表示第 i 个学生在接受干预状况下("1")的阅读成绩，用 $Y_i(0)$ 表示同一个学生在没有接受干预的反事实状况下("0")的阅读成绩。尽管每一类产出都是教育券分配之前所设定的潜在的观察结果(这也是为什么鲁宾将其称为潜在的产出)，但最后我们只能观察到其中一类结果——取决于第 i 个学生是否接受干预。虽然如此，我们仍然可以假设，存在上述两类潜在的产出结果——$Y_i(0)$ 和 $Y_i(1)$，并根据两类潜在结果的差异得到个体干预效应(individual treatment effect，ITE_i)：

42

$$\text{ITE}_i = Y_i(1) - Y_i(0) \tag{4.1}$$

接下来，根据上述假设，进一步计算得到平均干预效应（ATE），即全体儿童个体干预效应的期望值或均值：

$$\text{ATE} = \text{E}[Y_i(1) - Y_i(0)] \tag{4.2}$$

但是，一旦分配了教育券，即儿童获得教育券与否的分配机制被确定，上述估计模型中一半的数据将会缺失。具体而言，对于获得教育券的儿童，我们无法获得 $Y_i(0)$；对于没有获得教育券的儿童，我们则无法获得 $Y_i(1)$。尽管如此，鲁宾经过推断得到，在参与者是被随机分配到干预组的假定下，基于实验数据仍然可以有效估算 ATE，上述假定是非常严格的，也被称为"个体干预效应稳定假设（stable unit treatment value assumption，SUTVA）"。在满足 SUTVA 假定的情况下，我们可以利用干预组和控制组结果变量均值的差值来计算 ATE：

$$\widehat{\text{ATE}} = \left(\frac{\sum_{i=1}^{n_1} Y_i}{n_1}\right) - \left(\frac{\sum_{i=1}^{n_0} Y_i}{n_0}\right) \tag{4.3}$$

这里，n_0 和 n_1 分别表示分配到控制组和干预组的样本个数，Y_i 是每个儿童被观测得到的真实阅读成绩。[①]

我们可以通过首字母的缩写更好地理解"个体干预效应稳定假设"——SUTVA，即干预值（treatment value，TV）对所有个体（units，U）都是稳定的（stable，S）假设（assumption，A）的首字母缩写。在 SCSF 所开展的干预项目中，每个个体的潜在产出——$Y_i(0)$ 和 $Y_i(1)$ 不依赖于其他儿童的干预分配方案。然而，在评价教育方案时，同伴群体效应（peer-group effect）经常会造成 SUTVA 被违背。例如，如果教育券获得对第 i 名儿童阅读成绩的影响取决于这名儿童的邻居或者好朋友是否也获得教育券（因为只有同时获得教育券，这名儿童才会和邻居或好朋友一起从公立学校转入私立学校）。在第七章，我们

43

---

① 本书关于鲁宾反事实推导的资料主要参考 Imbens and Wooldridge(2009)。

将专门讨论评价教育干预项目影响效应过程中面临的同伴群体问题。

接下来，我们要讨论开展一个两组（包含控制组和干预组）随机实验的实施步骤，如图 4-1 所示。第一步，我们要从一个明确定义的总体（well-defined population）中随机抽取（randomly sampled）一定规模的参与者。[①] 第二步，将抽取的样本随机分配（randomly assigned）到干预状态。在本章的实验中，个体要么处于接受干预状态，要么处于不接受干预状态。第三步，基于设定好的干预活动对干预组样本实施干预，同时，控制组样本不接受干预。第四步，测量每一个抽取的样本的结果指标，分别在干预组样本和控制组样本中计算结果变量的平均值。第五步，用干预组均值减去控制组均值，该差值即ATE。使用标准的统计方法进行检验，如以"控制组和干预组没有差异"为零假设执行 t 检验，如果拒绝零假设，则我们得到实验干预会对结果产生因果影响的结论。不论假设检验的产出是什么，ATE 是一个对总体抽样所获得干预效应的无偏估计。

通过上述五个步骤就可以得到干预效应的无偏估计，其理由在于：当从总体中随机抽取的样本被完全随机地分配到实验干预状态时，除干预状况以外的其他因素在干预组和控制组之间都可以视为没有统计意义上的差异。不仅是可观测个人特征在两组间不存在差异（如性别、种族、年龄），也包括不可观测个人特征在两组之间不存在差异（如动机）。正因为如此，除了所实施的干预项目以外，其他可能造成两组样本结果差异的原因都可以被拒绝，而ATE 则被认为是项目干预所产生因果效应的可靠估计。

上述推论实际上要比表面看起来复杂得多，因为真正重要的并不是所有个体特征在干预组和控制组样本之间保持一致。事实上，抽样过程的特异性很难保证干预组和控制组样本拥有的特征都一致，特别是当实验所选择的参与样本较少时。相反，由于随机抽样和随机分配，我们期望就总体（population）而言，潜在的（potential）干预组样本和控制组样本在可观测和不可观测特征的平均值上保持一致。方法学家（methodologist）可能会说，控制组和干

---

① 正如我们在接下来的章节中将要介绍的，需要依据统计功效确定样本规模。

预组的期望相等。这意味着，干预组和控制组在任何特征上表现出的差异都源于抽样过程的特异性。而抽样过程的特异性可以被建立在统计分析随机性质上的误差所解释，进而得到 ATE 反映了干预因果效应的结论。

需要注意的是，随机化（randomization）在实验设计的逻辑中扮演了两个独特的、重要的作用。即参与者被随机地从总体中抽取出来，再被随机地分配到干预状态。[①] 每一个过程都对实验的成功至关重要：①第一个随机过程，即从总体中随机抽取参与样本，能够保证所选择样本真实代表我们所关注的总体，这是所有高质量研究的共同要求，不论是实验研究还是描述性研究，而且能够保证我们基于抽取样本得到的结果推广到总体中，即保证了实验研究的外部效度。②第二个随机过程，即将所抽取样本随机分配到干预组和控制组中，能够保证我们得到的干预组和控制组在结果变量均值上的差异是干预因果影响的可靠估计，即确保了研究的内部效度。

正如我们在第三章所提到的，对教育干预影响效应进行因果推断的必要条件是确保学生被分配到干预组和控制组的过程是外生的。在图 4-1 所描述的实验过程中，我们保证外生性的办法是通过随机抽样和随机分配来实现的。在随机分配的过程中，每个个体都有相同的概率被分配到干预组，这一概率与个体的特征、背景、选择、动机无关。样本不能自行选择接受干预或不接受干预，并且一旦被分配到干预组或控制组，他们的状况就不能被改变。换个角度来思考，如果我们不能保证分配过程的随机性，或者说外生性，我们就不能保证两组样本在干预之前的结果变量上没有差异。那么，从研究结果中得到无偏因果推断的能力将会受到挑战，即内部效度不能保证。

（二）一个两组实验的例子

为了更好地说明随机实验的设计和执行过程，我们选择 SCSF 针对纽约市小学阶段来自贫困家庭学生实施的奖学金计划作为案例。受资金的约束，

[①]　从纯技术的（technical）角度来看，这两个随机化发生的顺序并不重要。例如，为了论述这一点，同样有效的做法是，将每个群体成员随机标记为潜在的"干预"或"控制"群体成员，然后从这些新标记的子群体中随机抽取样本进入干预组和控制组。结果将是相同的。当然，这种"给总体贴标签"的做法是相当不切实际的。然而，以这种方式设想随机选择和分配的过程，确实更好地了解了干预组和控制组成员的期望是如何相等的——也就是说，平均而言，在总体中是相等的（equal, on average, in the population）。

NYSP能够覆盖的学生人数是有限的，威廉·豪威尔（William Howell）以及保罗·彼得森（Paul Peterson）团队建议采取抽签的方式决定奖学金的分配。豪威尔与彼得森选择了执行随机分配经验非常丰富的数学政策研究公司（Mathematica Policy Research），来执行这一抽签分配的任务。同时，对每一个参与的家庭进行为期三年的跟踪，收集评估教育券分配对学生后续学业成绩影响所需的相关数据。[①] 数学政策研究公司随机选择了1 300个家庭作为干预组、960个家庭作为控制组，干预组家庭获得教育券，控制组家庭没有获得教育券。[②]

46

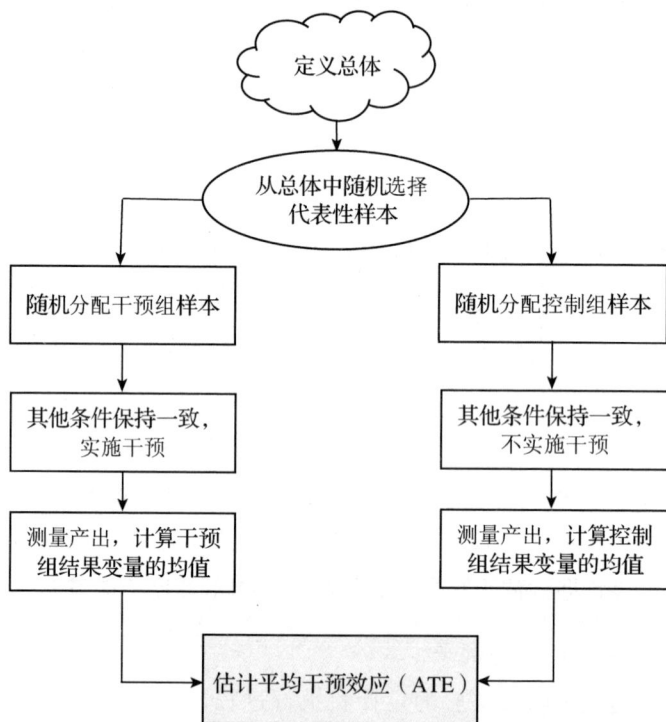

图 4-1 两组随机实验的开展

要解释 NYSP 的实验干预结果，首先需要理解一个家庭被分配到干预组 *47* 或者控制组样本的真实含义。被分配到干预组，意味着家庭能够获得 1 400 美元/年的奖学金，用以支付私立学校的学费；被分配到控制组，则意味着家庭不能够获得教育券。但是，这既不是说干预组中每一个家庭最终都会选择将孩子送入私立学校，也不是说控制组中每一个家庭最终都不会选择送孩子进入私立学校。事实上，获得教育券的父母如果要将孩子送入私立学校，需要依次经过以下步骤：为孩子选择一所心仪的私立学校，向学校登记，支付学校实际收取学费和所获得教育券的差额，处理后续的细节性问题（包括上学的交通问题）。由于过程较为复杂，大约有 20％的干预组家庭最终没有将孩子送入私立学校。与之相对应的是，被分配到控制组的家庭同样有自愿参与实验前各种教育选择的机会。具体来说，控制组家庭仍然可以将他们的孩子送进私立学校，实际上，大约有 5％的控制组家庭将孩子送进了私立学校。①

从表面上看，NYSP 项目评价符合经典的、两组随机实验的所有特征。尽管如此，清楚这项实验所能回答的问题，以及研究结果所能推广的总体非常重要。一方面，NYSP 项目研究所得到的结果并不能推广到纽约市公立学校系统中所有贫困家庭的孩子。NYSP 项目的总体并不是纽约市所有贫困家庭的孩子，而是纽约市公立学校系统中、父母递交了参与奖学金计划申请书的 11 105 名学生，即实验研究所涉及的 2 260 名学生的抽样框是递交了申请的 11 105 名学生。也就是说，实验参与者是从 11 105 名学生中随机抽取了 2 260 名学生，并将他们随机分配到干预组（获得教育券）和控制组（没有获得教育券）。提交申请的家庭和不提交申请的家庭可能会在一些不可观测的关键特征上存在差异。例如，提交申请的家庭更可能会隐藏财富、动机和承诺，进而造成提交申请的家庭和不提交申请的家庭存在本质上的差异。因此，NYSP 项目的外部推广性受到制约，只能推广到 11 105 名提交申请的孩子，并非纽约市公立学校系统中所有贫困家庭的孩子。

另一方面，该实验所能回答的问题是家庭获得教育券对学生最终学业成 *48*

---

① 参见 Howell and Peterson（2006，p. 204）。

就的影响，但不能回答进入私立学校而不是公立学校对学生最终学业成绩的影响。在第十一章中，我们将使用工具变量的估计方法，使用来自随机分配实验数据中的"抽签—产出"信息来估计后一类影响。尽管如此，在本章中，我们的讨论仅针对前一个问题，也就是估计家庭获得教育券对孩子学业成就的影响。

二、随机实验数据的分析

(一)研究设计越好，数据分析越简单

利用随机实验设计研究的优势在于，数据分析可以非常直接。理由在于，随机抽样和随机分配的过程，保证了干预组样本和控制组样本在可观测和不可观测特征上的一致性，因而你不需要设计复杂的统计分析技术以剥离非项目干预因素所造成的结果差异。

例如，在 NYSP 项目中，通过比较获得教育券的干预组样本和没有获得教育券的控制组样本在阅读成绩平均分上的差异，可以很简单地获得该项目对学生未来学业成就的因果影响效应，我们将以表 4-1 所呈现的结果为例进行说明。[①] 为了简单地呈现，我们关注 NYSP 项目中 521 名非洲裔美国儿童，评价教育券干预对他们学业成绩的影响，这些学生在实验干预前和干预后三年均接受了测试。其中，291 名儿童是"获得教育券"的干预组样本，230 名儿童是"没有获得教育券"的控制组样本。采用豪威尔等（Howell et al.，2002）的实施步骤，我们计算了实验开展前两组学生的测试成绩数据（PRE_ACH）以及三年后测试成绩数据（$POST\_ACH$）。

在表 4-1 的最上面部分，我们呈现的是在实验条件下，对干预组与控制组三年后学业成绩的 t 检验结果。[②] 结果显示，干预组和控制组的非洲裔美国学生三年后的平均学业成绩分别为 26.03 和 21.13，ATE 接近 5 分且在 0.05 水平显著（$t=2.911$，$df=519$，p 值 $=0.004$，双侧检验）。因此，我们可以得到，获得教育券确实能够显著提高总体中非洲裔美国学生的学业成绩。

---

① 感谢数学政策研究公司行政主管唐·拉拉（Don Lara）提供 NYSP 数据。
② 使用的是成对 t 检验（pooled t-test），即假定干预组和控制组学业成绩的方差都相同，均等于总体方差。

49

50

表 4-1　估计教育券干预项目($VOUCHER$)对 521 名三年级非洲裔美国

学生成绩($POST\_ACH$)影响效应的备选分析方案

方案 1：两组样本 t 检验				
	观测样本	样本成绩均值	样本标准差	标准误
$VOUCHER=1$	291	26.029	19.754	1.158
$VOUCHER=0$	230	21.130	18.172	1.198
差值		4.899		1.683
t 统计量		2.911		
自由度(df)		519		
p 值		0.004		
方案 2：线性回归[$POST\_ACH=f(VOUCHER)$]				
	参数	参数估计	标准误	t 统计量	p 值
截距项	β_0	21.130	1.258	16.80	0.000
$VOUCHER$	β_1	4.899	1.683	2.911	0.004
R^2		0.016			
残差方差		19.072			
方案 3：线性回归[$POST\_ACH=f(VOUCHER，PRE\_ACH)$]				
	参数	参数估计	标准误	t 统计量	p 值
$INTERCEPT$	β_0	7.719	1.163	6.64	0.000
$VOUCHER$	β_1	4.098	1.269	3.23	0.001
PRE_ACH	γ	0.687	0.035	19.90	0.000
R^2		0.442			
残差方差		14.373			

当然，要检验学业成绩在干预组样本和控制组样本之间是否相等，我们也可以使用普通最小二乘法(OLS)，得到的结果与 t 检验相同。在 NYSP 子样本——非洲裔美国学生样本中，我们以是否获得教育券($VOUCHER$，1＝获得，0＝没有)对第三年学业成绩($POST\_ACH$)进行回归，即构建回归模型 4.4。

$$POST\_ACH_i = \beta_0 + \beta_1 VOUCHER_i + \varepsilon_i \tag{4.4}$$

在模型 4.4 中，$POST\_ACH_i$ 是第 i 个学生在第三年的学业测试成绩，β_0 和 β_1 分别为回归截距项和回归斜率，ε_i 是随机误差项，且模型符合 OLS 模型假设要求。[①] 因为模型的自变量只有 1 个，且是二分变量，常数项代表了控制组（没有获得教育券）样本在第三年的平均测试成绩。斜率 β_1 则表示平均干预效应——ATE，即获得教育券对学生学业成绩的提升效果，因此，该参数是模型的关注重点。[②] 我们在非洲裔美国学生这一子样本中估计了模型 4.4，在表 4-1 的中间部分呈现了模型估计结果。

仔细观察可以发现，OLS 回归模型得到的结果和 t 检验得到的结果本质上是相同的。在回归分析中，估计的斜率系数 β_1 等于 4.899，和先前 t 检验得到的两组样本平均分的差异完全一致。此外，统计推断参数也相同，标准误均为 1.683，t 统计量均为 2.911，p 值同样为 0.004。因此，不管是 t 检验，还是回归分析，都可以得到：对于总体而言，学生的学业成绩会因为"获得教育券"和"没有获得教育券"而带来显著差异（$\alpha = 0.05$）。

当然，你也可以将前面分析两组实验数据时所使用的简单统计分析方法进一步拓展，即使用更加复杂的统计技术。例如，你可以用 t 检验和回归方法以外的方法，在除控制组之外的、多个干预组之间进行比较。我们假定，NYSP 实验同时执行了两种教育券干预项目，尽管每一种都是对学生提供私立学校教育券，其不同之处在于，教育券的面值不同——分为 1 400 美元/年和 4 200 美元/年两种。家庭及其孩子同样是通过抽签的方式被随机分配到不同类型的干预组或控制组中。

为了回答更为复杂的研究问题，接下来的数据分析将会在上文所定义的

[①] 通常来说，OLS 模型要求随机误差项满足零条件均值假定和同方差假定。

[②] 虽然我们区分了两个实验条件——"获得教育券"和"没有获得教育券"，但像往常一样，我们只需要一个虚拟变量就可以将这两组学生分开。我们可以创建两个虚拟预测变量来表示它们，例如：（A）*VOUCHER*，当参与者在干预组时编码为 1；（B）*NOVOUCHER*，当参与者在对照组时编码为 1。然而，众所周知，没有必要在回归模型中包含这两个预测因子，因为干预组和对照组的成员资格是相互排斥的，这意味着预测因子 *VOUCHER* 和 *NOVOUCHER* 是完全共线的。因此，可以从模型中省略一个并将其定义为"参照组"。在方程 4.1 的模型中，我们省略了识别控制组成员的虚拟变量。

三组样本之间进行比较。比如，研究者可以使用多元回归分析，即引入两个二分变量 $VOUCHER1$ 和 $VOUCHER2$，它们取值为 1 分别表示接受 1 400 美元/年的干预和 4 200 美元/年的干预，同时取值为 0 则表示不接受干预的控制组样本。基于这一模型，我们不仅可以回答一个综合性问题：提供教育券是否会影响学生学业成绩？即检验 $VOUCHER1$ 和 $VOUCHER2$ 的回归系数是否同时为零（联合显著性检验）。此外，我们还可以回答：提供高额教育券对学生学业成绩产生的影响效果是否高于提供低额教育券？回答这一问题的零假设是，$VOUCHER1$ 和 $VOUCHER2$ 的回归系数相同。通常的统计分析手册均会为上述统计分析提供详细说明。

最后，如果一些干预组或控制组的学生之后进入了同一所学校，我们还需要调整分析以适应因为集群（clustering）所带来的、更为复杂的误差协方差结构。随机效应分析、多水平模型以及广义最小二乘模型（GLS）都是可以采用的分析技术，当然，每一类分析技术都面临不同的约束与假设。在本章中，我们对集群问题的解决方法仅仅是点到为止，而将会在第七章中详细地分析集群——班级、学校、学区——可能带来的估计问题。这里，我们仅仅是要证明 OLS 回归分析是实验数据研究中可以接受的方法，尽管是最初级的。

52

（二）实验效果估计的偏误和精度

当我们在 NYSP 子样本（非洲裔美国学生）中估计获得教育券对学生学业成绩产生的因果效应时，$VOUCHER$ 的回归系数是关注的焦点。由于回归系数是正的、统计显著的取值接近 5 分，我们因而可以认为获得教育券确实能够在很大程度上提高学生的学业成绩。

尽管我们通常采用上述分析方法进行因果推断，但很重要的一点是，我们所得到的估计指标——如 OLS 的回归系数，应该拥有最佳的统计特性。在几乎所有的统计分析中，包括使用实验数据开展的统计分析，有两项非常重要的统计特性，即估计结果的偏误和精度。在使用统计分析方法，以验证提供教育券能够有效提升非洲裔美国学生学业产出的假设时，我们期望使用 OLS 估计得到的系数是无偏且最优的。

对估计指标偏误和精度的技术性定义根植于统计分析的根本原理。为了从概念上更好地理解它们，你首先必须回顾统计推断过程中包含明确定义的步骤。在这个过程中，你首先需要从界定的总体中抽取有代表性的参与者，其次把参与者分配到不同的干预状态中，然后需要测量他们的产出，并利用所获得数据估算你最感兴趣的参数，最后执行统计检验方法去验证你从抽取样本中估算得到的结果能够有效推广到总体中。

53

我们可以使用适当的标准统计推断技术开展思维实验（thought experiment）。可以假定，我们可以无数次地重复抽样，并进行估计和推断，其中的每次抽样都能被放回，且样本可以不保留曾经被干预的记忆（即回到初始状态）。那么，基于上面的假定所设计的重复过程，可以为回答研究问题提供无数次的、合理的参数估计。比如，在本章 NYSP 的评价例子中，我们可以无数次地估计 $VOUCHER$ 的系数。每一次的重复，我们可以从总体中获得新的、完全不同的样本，对这些样本重复进行发放教育券的干预实验，收集每个样本的学业产出数据并进行参数估计。由于随机抽样的特性，每一次估计得到 $VOUCHER$ 的系数并不相同。例如，基于某一次重复抽样得到的数据，OLS 估计得到 $VOUCHER$ 的系数等于 4.899，接下来的另一次重复抽样，我们得到的估计结果是 2.7，而在第三次的重复抽样中，我们得到的估计结果是 6.2。

如果你能够真正地执行上述复杂的重复抽样过程，你可以将基于无数次抽样所得到的估计值的联合分布绘制成直方图。如果每一次重复的过程都精心设计并估计有效，那么，想象一下这个直方图的样子，直方图的中心会在哪里？直方图的分布怎么样？这两个问题是很容易回答的。为了保证基于良好设计的估计量可以有效地估计总体平均干预效应，你需要假定无数次重复抽样所得到的估计值的分布满足以下两个重要的特性。

第一，由于随机抽样的特性，尽管每一次重复抽样得到的估计值都是分散的，但你期望它们分布在"正确的"（correct）结果周围，即满足无偏性（unbiasedness）。换句话说，期望无数次重复抽样的估计结果以总体真实值为中心分布。我们可以假定，提供教育券对总体实施干预产生的平均干预效应是学生成绩提高 4.5 分，因而执行无数次重复抽样所得到的估计结果理论上应该分布在 4.5 分周围。事实上，如果你有时间和精力开展无数次重复抽样和干预，那么，你必然期望估计得到的 *VOUCHER* 系数平均值是 4.5 分。如果均值确实是 4.5 分，你可以说 OLS 估计得到 *VOUCHER* 的系数是无偏估计量。上述推断告诉我们，尽管执行任何一次特定抽样所得到的估计结果不可能真正等于总体真实值，但基于无数次重复抽样估计结果的均值可以逼近真实值。总结一下，无偏性是这样一种状况：如果你开展一次实验研究并进行分析，利用 OLS 回归系数估计的关键参数，从平均意义上是等于真实值（on target）的。

第二，你期望的另一项重要的统计特征是精度。回到上面所呈现的无数次重复抽样过程，如果估计值的散点分布更加集中（半径更小），我们就会说估计结果更精确。回到 NYSP 的例子中，基于无数次重复抽样和干预可以估计得到无数个 *VOUCHER* 回归系数，如果这无数个系数的分布是紧密的，那么，相对于发散的分布，我们可以认为紧密分布状况得到的结果更可靠。综上所述，精度的概念是有关重复抽样估计结果分布状况集中程度的统计描述，参数估计结果越分散，精度越低，反之，估计结果越集中，精度越高。

有关精度比较合理的度量指标是重复抽样估计结果的标准差。事实上，根据统计量的标准误（standard error），我们得到了基于总体中无数次重复抽样和干预的估计量的标准差。[①] 因此，若 OLS 估计得到 *VOUCHER* 系数的标准误很小（small），你可以认为，对总体开展无数次重复抽样所得到的统计估计量会紧密地集合在一起。也就是说，OLS 估计得到 *VOUCHER* 的系数的标准误越小，估计得到系数的精度越高，是对总体真实平均干预效应的更加精确估计，反之，标准误越大，估计得到系数的精度越低。

当然，我们通常不可能为了估计某一个关键参数的标准差而无数次地重复研究过程。幸运的是，当给定了一系列特定的假设以后，你并不需要投入上述单调乏味的重复过程。这些假定均关注于一个判断——可以观测的抽样数据可以为不可观测的总体数据提供好的估计。如果上述假设成立，你不仅

54

55

---

① 从技术来说，标准误是从零假设成立的总体中获得的无限次重复抽样估计结果的标准差。

可以从一次简单的研究中获得感兴趣的参数（如 OLS 模型估计的 *VOUCHER*
系数），而且可以估计它的标准误。[1]

在表 4-1 的中间部分，我们呈现了采用 OLS 回归分析估计得到的、发放教
育券对非洲裔美国学生学业成绩的平均干预效应。同时，我们可以看到平均估
计效应的标准误是 1.683（大约是斜率的 1/3，斜率为 4.9）。由于我们完全随机
地分配控制组和干预组，可以严格保证 OLS 前提假设得到了满足，在此情况
下，上述标准误（1.683）使我们更加确信，平均干预效果（4.9 分）并不是偶然得
到的，而可以被认为是真实值。

显然，使用无偏的以及尽可能精确的估计参数是有意义的。得益于过去
100 年统计理论中相关技术工作的突破，方法学家证明了，在 OLS 模型的前
提假设得以满足的情况下，在给定数据中利用 OLS 模型得到的系数是影响效
应最佳的、无偏的估计。[2] 这意味着，OLS 提供的估计系数不仅是无偏的，
而且是所有估计方法中得到标准误最小的技术——精度最高。因此，要保证
估计回归系数的实证研究有意义，我们不仅需要保证 OLS 方法能够回答研究
问题，而且更为重要的是，我们需要保证 OLS 模型的前提假设成立。后一点
是本书后续章节所关注的。

但是，OLS 模型的关键假设是什么呢？这些假设又是如何影响 OLS 模型
估计结果的无偏性和精度的呢？在特定的回归模型中，比如模型 4.1，我们需
要同时设定模型的结构部分（structural part）以及模型的随机误差项部分（sto-
chastic parts）。在模型的结构部分（截距项、自变量以及系数），你需要假设
因变量和自变量之间存在线性关系，即在因变量的任何取值水平上，自变量
对因变量的影响效应都是相同的。如果你认为上述假设不合理，你可以将非

---

[1] 在今天，基于高速计算机技术，有很多方法可以估计标准误，如刀切法（jackknife）（Miller，1974）以及自
助法（bootstrap）（Efron & Tibshirani，1998）。这两种方法都是非参数的方法，它们不需要做出有关分布
的强假设，但是要执行一个"从样本中再抽样（resampling from the sample）"的过程，这一过程符合我们
文中所列举的"思维实验"，可以估计大量的参数并计算标准差。当你应用这些非参数方法进行估计时，
你需要放弃标准 OLS 模型的参数假设，而使用计算机的原始力量来重复抽样，当然，重复抽样时基于已经
从总体选定的样本，而不是总体本身。上述过程合理性的逻辑在于，对总体中随机抽取样本的随机再抽样，
等同于对总体的随机再抽样。

[2] 还有其他的一些回归系数的估计方法，包括最小化平均绝对偏差（mean absolute deviation），这一方法经
常用于估计分位数回归。

线性的关系转化为线性结构。在 NYSP 的例子中，我们并不关心自变量和因变量之间的线性关系假设，因为自变量是 0、1 二分变量，这意味着模型关注的自变量只会发生 1 个单位的变化，也就是干预组和控制组的变化。如果自变量为连续数据，在设定线性化参数假设时应该更加谨慎。

　　注意回归模型 4.1 中的残差项 ε_i，它同样体现了总体的特征，尽管是随机性特征，而不是结构性特征。ε_i 的存在告诉我们，因变量的变化可以由很多其他没有控制的变量所解释，而不仅仅是模型所引入的自变量——VOUCHER。那么，正如前面所指出的，利用对一次简单随机抽样数据的分析进行统计推断，我们必须接受一系列可行的假设。在 OLS 模型中，我们假定 ε_i 是从一个满足零均值、方差固定但分布未知的总体分布中随机独立抽取的。[①] ε_i 的每一个特征都会对 OLS 估计过程产生不同的影响。例如，从总体中进行"随机独立抽取"，这是 OLS 估计结果无偏性的关键假设，该假设得到满足，意味着随机项与模型所包含的任何自变量完全不相关。反之，如果随机性的假设不能得到满足，如方程 4.4 中 ε_i 与 VOUCHER 相关，那么估计得到的 β_1 就是偏误估计的，其期望不等于真实值。

　　回到 OLS 估计量第二个重要的性质，即精度。正如前面所指出的，在前提假设得到满足的情况下，OLS 估计量是基于给定数据所能得到的参数最精确的估计量，在这里我们引入估计参数标准误来度量精度大小。事实上，标准误的大小不仅取决于数据，也取决于回归模型对于总体误差项分布的设定——同方差（homoscedastic），通常是正态分布。事实上，在满足独立随机抽样以及同方差的假定下，VOUCHER 系数的标准误可以写为式 4.5：

$$\hat{\beta}_i \text{ 的标准误} = \sqrt{\frac{\hat{\sigma}_\varepsilon^2}{\sum_{i=1}^{n}(VOUCHER_i - \overline{VOUCHER \cdot})^2}} \tag{4.5}$$

① 这里我们并没有说 ε_i 的抽样总体服从正态分布，尽管我们通常开展回归分析时会假定它服从正态分布。本书没有给定分布的理由在于，OLS 估计的代数计算过程以及无偏性特征的保障，都仅仅依赖于最小化残差平方和，和残差的分布无关。但我们需要知道的是，开展统计推断的辅助指标——临界值（critical value）和 p 值主要依赖于正态分布的理论假设（normal theory assumption）。而且在正态分布理论假设下，OLS 估计和极大似然估计得到的结果是一样的。因此，通常来说，标准回归分析模型一般会同时设定总体残差服从正态分布的假设。

方程 4.5 右边的平方根内，分子是估计残差项的方差，分母为每个观测样本在 VOUCHER 变量上的取值减去全样本 VOUCHER 均值之差的平方和。如果模型中有多个自变量，也可以用类似的形式给出 $\hat{\beta}_i$ 的标准误方程，从本书的目的出发，我们仅以一元回归模型为例进行讲解。

58观察方程 4.5 给出的标准误表达式，我们可以进一步理解回归斜率 OLS 估计量的精度。根据方程 4.5，我们知道估计精度取决于残差方差，因此根据数据所得到的残差分布越广，估计参数的精度越低。这告诉我们，可以通过设计研究尽可能降低残差的方差，进而提高斜率估计量的精度。进一步，精度的提高带来 t 统计量[①]的增加，我们更可能拒绝在总体中干预没有效果的零假设。正如我们在第六章将要讲到的，在其他条件保持一致的情况下，我们更有能力拒绝零假设，也就是提高了分析的统计功效（statistic power）。综上所述，我们在利用已有的数据开展 OLS 分析时，需要尽可能降低残差方差，这不仅能够提高估计得到平均干预效应的精度，而且能有效地回答实施教育券干预能否带来学生学业成绩的提升的问题。

因此，从提高估计精度的角度出发，即使使用的是实验数据，我们也会在回归模型中引入更多的协变量以降低残差方差。回到表 4-1 中，仔细观察中间部分和下面部分的估计结果，你会发现一些有趣的差别。在中间部分，我们以 VOUCHER 作为自变量、第三年学业成绩作为因变量建立一元回归模型，由于干预组和控制组是基于抽签方法的随机分配，这能够保证自变量和随机误差项的不相关，即估计量的无偏性，因此，基于回归结果我们可以推断：获得私立学校的教育券可以显著提升学生学业成绩 5 分左右（$p < 0.004$，双侧检验）。在表格的下部，我们引入实验开始之前的学生测试成绩（PRE_ACH）作为控制变量重新估计模型，VOUCHER 的系数略微有所下降，但仍然大于 4 且显著（$p < 0.001$，双尾检验）。

59我们其实并不关心上面两类模型估计系数的差异，事实上，在保证教育券分配过程完全随机的前提下，两种估计方法的无偏性都是可以得到保证

---

① t 统计量等于斜率除以标准误。

的。[1] 相反，我们想回答的问题是：既然我们基于随机实验数据、建立一元回归模型估计得到的系数是无偏的，那么，我们引入控制变量构建回归模型的优势是什么？答案是：提高精度。可以看到，在引入控制变量的模型中，残差方差从 19.072 下降到 14.373，下降了 25%。[2] 出现这一变化的原因在于，实验开始前的测试成绩是第三年测试成绩非常重要的预测指标，引入该变量作为控制变量可以降低因变量不能被模型所解释部分的变异——残差方差。

残差方差的下降直接带来 VOUCHER 回归系数标准误的下降（从一元回归模型中的 1.683 下降到 1.269），t 统计量则从 2.911 上升到 3.23[3]，于是，我们可以以更低的 p 值拒绝发放教育券没有效果的零假设。因此，通过引入控制变量，我们在样本容量完全相同的情况下，不仅同样获得了无偏的估计结果，而且有效地提高了统计功效。统计功效的提升可以从 p 值的下降表现出来，即 p 值从 0.004 下降到 0.001。

根据上文的论述，我们可以知道在分析实验数据的回归模型中仍然需要引入更多的控制变量，并不旨在降低估计量的偏误。因为在随机干预的前提下，你即使只包含是否接受干预这一个自变量，得到的系数——平均干预效应同样是无偏的。反之，如果你的干预设定存在缺陷，不是随机的，即使引入更多控制变量也不能降低偏误。在后一种情况下，不管你加入多少控制变量，不管你对引入控制变量的理由说得多充分，你也很难说服你的读者，你排除了所有可能产生的干扰。你很难通过分析来修正设计上存在缺陷的东西（Light，Singer，&Willett，1990）。总之，在实验数据分析中引入相关协变量的目的只是减少残差，进而减少标准误，最终提高统计功效。

60

在分析实验数据时，我们所选择的适当的控制变量通常包括个人不随时间变化的外生特征（如性别、种族）或者在实验干预之前可以获得数据的变量

---

[1] 不同的无偏估计方法会对总体参数给出不同的估计结果，这并不罕见，也不存在问题，因为不同的估计方法有自己独特的推断逻辑。例如，在对称分布中，均值、中位数、众数都是对总体分布中心的无偏估计指标，但是每一种估计方法对样本构成要素赋予的权重不同，因此，三种估计方法得到的中心值并不一定相同，即使是在同一个抽样数据中。

[2] 判断系数 R^2 从 0.016 提高到 0.442。

[3] 需要注意的是，在估计斜率从 4.899 下降到 4.098 的情况下，t 统计量仍然增加。

（如豪威尔与彼得森在回归模型中引入的前测成绩）。非常重要的是，我们所引入的控制变量不应该包括随时间变化且只有在实验开展之后才能获得数据的变量，因为它们会带来内生性问题。例如，实验开展一年后的学生测试成绩就不应该作为协变量放入模型中，因为该变量本身受到了 *VOUCHER* 的影响，将它作为控制变量会降低 *VOUCHER* 对三年后学生学业成绩影响的估计系数，即降低平均影响效应。在本书接下来的章节中我们将继续讨论这一问题，因为解决这一问题直接关系到我们能否基于丰富的研究设计开展研究并获得无偏的因果推断。

三、拓展阅读材料

拉里·奥尔（Larry Orr）1999 年的著作《社会实验》（*Social Experiments*），介绍了使用随机实验评价公共项目干预效果可能面临的挑战。这本书也提供了一些在美国开展的有趣的随机实验案例。霍华德·布卢姆（Howard Bloom）2005 年的著作《从社会实验中学到更多》（*Learn More from Social Experiments*），针对对不同地点开展随机实验的数据进行分析得到不同平均影响效应这一现象给出了深刻的解释，同时，解释了公共项目产生影响的内在机制。

第五章

随机实验设计、实施以及推理中
面临的挑战

为了考察现有评价教育项目、实践以及政策实施效果的相关研究的有效 *61*
性，美国联邦政府教育科学研究所（IES）于 2002 年成立了有效教育策略资料
中心（What Works Clearinghouse，WWC）。为了做到信息公开，WWC 将其
评估结果在互联网上发布。[①] 截至 2009 年 5 月，WWC 针对七个专题领域一
共评审了超过 2 100 项研究，其中一个专题领域为小学数学。具体来看，
WWC 评审了 301 项小学数学专题领域的研究，这些研究评估了 73 项不同的
干预措施对提升小学生数学能力的干预效果。但 WWC 发现，有 97％的研究
（即其中的 292 项）不能满足因果推断的标准，换句话说，这 292 项研究并不
能提供所评估项目干预效果的有效证据。[②] 尽管 WWC 承诺为教育决策者提供
决策所需的资料，但由于它并不能为教育政策和实践的实施效果提供可靠的
证据，这在很大程度上限制了它存在的价值。

在突破上述局限和解决上述困难的过程中，随机分配实验（random-assign-
ment experiments）因为其具有概念易懂（conceptual transparency）、证据可信的优
点，在相关研究中拥有巨大的潜力。尽管如此，开展随机分配实验要求研究 *62*
者拥有很好的技能和判断力。原因在于：第一，在设计和执行随机分配实验
的过程中，会涉及大量关键的决策；第二，随机实验执行过程中会面临诸多
对内外部效度的威胁，且这些威胁大多数是实验被试不可预判的行为和反应；

---

① National Board for Education Science，2008，pp. 25-27.
② 相关数据来自 WWC 网站。我们感谢数学政策研究中心的罗伯托•阿戈迪尼（Roberto Agodini），他也是
WWC 审查小学数学干预项目评价研究的首席研究员，他为我们提供了他们团队已经开展的评审的最新
数据和信息。

53

第三，要求研究者拥有和不同群体开展高水平合作的能力，即拥有相应的高水平的交流技能、谈判技能以及对突发事件的创造性反应能力。幸运的是，有关随机分配实验设计和执行的知识体系日渐完备，同样地，拥有相应知识体系并能够实际应用的研究者的数量也在稳步增长。

在本章中，我们将介绍随机实验设计过程中所涉及的关键决策、研究效度面临的威胁以及一些可以获得来自利益相关者支持实验开展的可行策略。有关关键决策和威胁的例子，全部来自几项高质量的随机分配实验研究。其中的一些研究在前几章中有所提及，如有关纽约奖学金项目（NYSP）、田纳西州学生/教师成就比（STAR）的实验设计及其因果效应评价研究。此外，本章还会介绍一些新的随机实验研究，包括关注美国中学教育创新性改革——职业生涯学院（career academies）项目的研究，以及评价印度开展的两项教育政策效果的随机实验研究。接下来，我们将首先围绕职业生涯学院项目的研究介绍随机分配实验研究的关键决策。

一、实验设计中的关键决策

世界上几乎所有的国家都在为办好中学教育而努力。大多数国家的中学教育是双轨制，即学生要么选择进入普通中学为升大学做准备，要么选择职业中学为特定职业的工作做准备。对于职业中学教育最大的批评在于，它不能培养学生应对未来劳动力市场变化的能力，且关闭了这部分学生进入高等教育的"通道"。一些学者认为，要解决传统职业教育项目中存在的问题，并不需要放弃"双轨制"的设计，即让职业中学的学生进入普通中学，而应该改进现有的职业教育项目。

针对呼吁不同类型教育改革的一种回应是成立职业生涯学院，主要面向那些在传统学校教育中不能获得成功的学生。该模式诞生于 20 世纪 60 年代末的美国费城，源于由查尔斯·鲍泽（Charles Bowser）担任执行主任，并与两位私营部门的雇主开展合作创立的城市联盟项目（Urban Coalition）。最早的职业生涯学院是 1969 年在费城爱迪生高中（Edison High School）建立的应用电子科学学院(Academy of Applied Electrical Science),并于当年录取了30名十年级的学生。自此以后,该模式的理念便迅速传播,尤其是在加利福尼亚州。2011年,全美共有超过2 500家职业生涯学院,其中超过750家位于加州。

　　一般而言,职业生涯学院在组织架构和运营中遵照三个主要原则:①它们是嵌入大规模高中的小型学习共同体。在至少三年的时间内,来自不同学科的教师团队将对学生进行集中授课。②不仅为学生提供职业技术教育课程,还提供为升大学做准备的通识教育课程。③与当地企业雇主合作,由企业提供基于工作的学习机会、指导和实习职位。

　　职业生涯学院发展飞速的原因之一是,早期基于观察的描述性研究发现,相对于传统的职业教育模式,就读于职业生涯学院的学生的学业表现更好(如更高的学业分数/测评等级、毕业率以及升学率等)。在这些基于观察的描述性研究中,就读于职业生涯学院的学生构成了干预组,而参加传统职业高中教育项目的学生构成了控制组,当然,研究者需要保证两组学生在可观测的特征上大体(on average)相同。如此一来,对于这类研究最大的批评在于,干预组和控制组学生在不可观测特征(如内在教育动机)上可能存在差异。因此,描述性研究所得到的结论可能存在差异,因为两类学生学业表现的差异可能不是职业生涯学院造成的,而是源自其他不可观测的特征。

　　1993年,美国研究教育与社会政策的非营利组织——人力示范研究公司(Manpower Demonstration Research Corporation,MDRC)开展了一项评价职业生涯学院效果的实验研究。由于MDRC开展的是实验研究,因而它的研究结论不仅在教育政策领域引起了极大的关注,而且,针对那些不能适应传统以升学为目标的高中课程的学生而言,能为高中教育的优化提供参考。在设计实验之初,MDRC研究团队在下述四个方面做出了会影响最终研究发现的决策:①如何定义要评价的干预(组)(treatment);②如何定义抽样的总体(population);③对于每一个研究样本,要测量的产出指标包含哪些;④对于每一个研究样本,需要追踪观察多长的周期。事实上,在实验研究的计划和执行之初,所有的研究者都需要在上述四个方面做出决策。接下来,我们以

64

评估职业生涯学院效果的实验研究为例，逐一介绍 MDRC 研究团队是如何在上述四个方面做出决策并对研究结果产生影响的。

(一)定义干预

非常清楚的是，准确定义干预非常重要。在最初的研究设计阶段，MDRC 的研究者发现，对于美国现有的数千家职业生涯学院，它们在组织架构、实践以及运营时长等诸多方面都存在很大的异质性。例如：有的学院已经运营超过了 10 年时间，而有的学院却是一两年内新成立的；有的学院在组织架构和运营中全面遵照上文所指出的三个原则，而有的学院仅遵照其中一个或两个原则；有的学院非常受欢迎，其提供的入学名额供不应求，而有的学院则在为争取生源而努力。正因为如此，研究者首先需要确定：重点需要关注的是哪一类特定的职业生涯学院。这一类学院将成为未来发展的潜在范例。

在开展大量的实地考察后，MDRC 研究团队最终按照以下三个标准选择研究样本：①运营时间超过 2 年；②在组织架构和运营中全面遵照上文所指出的三个原则；③招生指标供不应求，依靠抽签的方式确定录取学生名单。需要注意的是，按上述标准选择样本会对 MDRC 研究结果的启示性带来影响，即仅适用于成熟的职业生涯学院，而不适用于新近成立的学院。最终，来自美国 6 个州的 10 家职业生涯学院符合标准且愿意参加 MDRC 的研究。这 10 家职业生涯学院全部位于城市学区，辍学率高于平均水平，且学生中非洲裔、西班牙裔以及低收入家庭学生样本占比很高。从学院关注的职业技术科目来看，除了 3 家学院重点关注电子学外，其他学院关注了卫生职业、商业和金融、公共服务、观光旅游以及摄影技术。从学院覆盖的学生年级来看，除了 2 家学院覆盖了从九年级到十二年级的所有学生外，其余学院都只覆盖了十年级到十二年级的高中阶段学生。

类似于第四章所介绍的 NYSP 项目的干预是提供奖学金以帮助学生支付私立学校学费，MDRC 所开展的实验研究的干预实际上指提供给学生进入职业生涯学院的入学名额，理解这一点非常关键。具体来看，由于样本学校名额供不应求，通过随机抽签，一部分学生因为运气好被分配到干预组，获得了进入职业生涯学院的名额，但并不要求他们必须接受这一分配。相反，另一部分学生因为运气不好被分配到控制组，没能获得进入职业生涯学院的名额，而只能接受高中提供的其他类型的教育课程。由于职业生涯学院本身就是自愿参与的项目，因此 MDRC 开展的研究设计是合理的。

更进一步，理解干预的界定非常重要。事实上，如果所有分配到干预组的学生都选择进入职业生涯学院，并且没有一名控制组的学生设法获得进入职业生涯学院的名额，那么，评价名额分配产生的影响等价于评价接受职业生涯学院教育的影响。然而，在实际研究过程中，干预组中有 16% 的学生没有进入职业生涯学院。尽管如此，他们仍然是在评价"提供名额"这一干预所产生因果影响效应过程中的干预组样本。由于干预组同时包含了获得入学名额且接受职业生涯学院教育的样本以及获得名额但最终放弃的样本，造成的后果是，干预组的产出变量是上述两类样本的均值。按照实验设计的专业术语来讲，MDRC 实验评估的是获得进入职业生涯学院的名额对学生产出的影响效应，而不是就读职业生涯学院的影响效应。因此，在使用评估结果时明确这一点非常重要。

总体来说，仔细地定义实验执行过程中的"干预"不仅包括一些取舍（tradeoffs），而且定义本身会带来很重要的结果。在 MDRC 开展的干预实验中，研究并不能回答相对一般性的问题：对于城市学区而言，职业生涯学院是不是一项好的投资？而只能回答更为具体的问题：为城市学区特定学生群体提供一个秉持设计理念、申请人数超过需求的职业生涯学院入学机会，能否为学生带来更好的学业产出以及未来进入劳动力市场后的表现？

(二)定义抽样总体

毫无疑问，研究者对于抽样总体的选择将会决定实验研究结果可以被推广和应用的总体。在具体的实践中，当实验干预是提供特定项目的参与机会时，定义抽样总体涉及非常困难的取舍。以 MDRC 项目中提供就读职业生涯学院入学名额的干预实验为例，研究者面临两种选择：第一种是将高中阶段所有九年级学生定义为抽样总体；第二种是在告知有关职业生涯学院的机会（opportunities）和责任（obligations）后，将九年级学生中对该项目表现出积极兴趣和选择意向的学生定义为抽样总体。

在第一种总体的定义方案下，将从学校设有职业生涯学院的九年级学生中随机抽取一组学生样本，并且通过随机抽样的方式，将这组学生随机分配到干预组和控制组中。相应地，项目为干预组学生提供进入职业生涯学院的入学资格。而对于控制组学生，他们会被告知没有在以抽签方式决定的入学名额分配中被抽中，因而不能进入职业生涯学院。他们可以在本校或其他高中提供的其他学业项目中自由选择。

接下来，我们来思考上述抽样总体的定义可能带来的后果。由于随机抽取的干预组群体中会包括这样一类学生，他们更偏好接受传统的、以升大学为目标的教学课程，而对进入职业生涯学院不感兴趣，因此，干预组样本真正进入职业生涯学院的比例[被称为入学资格接受率（take-up rate）]会很低（估计仅会达到 10%）。在绝大部分（90%）干预组学生放弃了职业生涯学院的入学资格的情况下，可以认为干预组和控制组学生基本是在接受传统的学校教育。这样一来，通过对比干预组和控制组两类学生的结果表现差异来评价项目效果时，则不能拒绝两组样本表现相同的零假设。即使职业生涯学院确实对干预组样本中接受入学资格的那 10% 的学生的学业成绩和劳动力市场表现产生了提升作用，但过低的入学资格接受率造成干预无效的结论。针对上述问题，唯一的补救措施是扩大抽样总体，但这不可避免地会极大地增加研究成本。

接下来，我们考虑第二种总体定义方案。在该类定义方案下，学校会对所有九年级的学生介绍职业生涯学院这一教育项目信息，并告知项目入学名额将在对项目感兴趣且参与了面试并完成申报的学生中通过抽签的方式进行分配。其结果是，随机分配的干预组样本对入学资格的接受率可以达到 80%。进一步，职业生涯学院入学资格的高接受率，极大地提高了评估项目实施效果时拒绝零假设的概率。

通过上述分析，我们不难看出每一种研究总体的定义方案都存在权衡取舍的问题。在预算规模保持不变的前提下，按第二种定义规则定义研究总体，即对就读职业生涯学院感兴趣的九年级学生，将会提高通过统计分析证实项目干预有效的机会，即更可能得到职业生涯学院能够显著提升学生学业产出和劳动力市场表现的结论。但是，上述研究总体定义方案的代价在于，研究结论仅能推广到对就读职业生涯学院感兴趣的九年级学生中，而不能推广到更多的高中学生中。与之相对应，如果我们按第一种定义规则定义研究总体，即所有高中九年级学生，尽管研究结论能够适用于对就读职业生涯学院感兴趣的九年级学生，但最大的问题在于，干预组样本很低的入学资格接受率制约了研究统计功效，即不能拒绝零假设并得到了干预无效果的结论。解决该问题的手段是扩大样本规模。然而，在开展随机实验成本很高的情况下，我们不难理解 MDRC 研究者最终决定采取第二种研究总体定义方案的原因。

(三)确定结果变量

我们从一开始就很清楚，MDRC 研究的结果变量包括学生测试成绩、高中毕业率、大学生学历，这些指标在已有描述性研究中被发现受到职业教育的影响。更为困难的问题在于，是否要衡量其他非学业产出。通过调查一些职业生涯学院，和教师围绕职业生涯学院的学生在实习期内所需掌握的相关技能这一问题开展交流后，MDRC 的研究人员决定增加两类结果变量。第一类是劳动力市场中的结果变量，如就业率和工资收入。第二类是家庭相关的结果变量，如结婚率和子女抚养费用(child support)。其逻辑在于，提高劳动力市场中的收入水平，将会带来更好的婚姻并拥有更多的资源以支持孩子发展。

当然，与其他类型的研究设计一样，增加结果变量的决策需要付出相应的代价。一方面是经济成本，研究者收集数据、编码等都需要投入资源。另一方面是在追踪调查中要求参与者在很长的时期里提供大量的信息，这会增加他们退出研究的概率。即收集更多信息将会放大跨期研究中的样本磨损(attrition)问题，而样本磨损问题将会对研究的内部效度和外部效度产生影响。因此，研究者在确定结果变量以及数据收集方式的过程中必须尽可能降低参与者的负担，以减少样本磨损问题。

(四)确定追踪时长

认识到某项特定的干预对学生产出具有长期影响非常重要，这是对研究样本开展追踪调查的原因所在。MDRC 的最初研究设计中，计划对参与样本追踪调查 4 年，这是考察职业生涯学院项目对学生高中学业表现以及高中毕业后升入大学影响所需数据的收集期。尽管如此，4 年追踪调查能够提供的信息仍然是有限的，难以就项目对参与者在劳动力市场和家庭相关表现影响效应做出评价。为了开展更深入的研究，MDRC 最终的研究设计将追踪调查期确定为 11 年(高中 3 年＋高中毕业后 8 年)。

最终的研究结果证实，将样本的追踪时长确定为 11 年是非常有必要的。通过分析在 4 年追踪调查中获得的产出指标，平均测试成绩、高中毕业率以及大学升学率在干预组和控制组之间不存在显著的差异。尽管如此，通过分析项目开展 11 年(即高中毕业后 8 年)后追踪获得的产出指标，工资收入、结婚率以及拥有监护权的父母这 3 项在干预组和控制组之间存在显著的差异。在实施职业生涯学院项目 11 年后，干预组样本的年工资收入比控制组样本平均高 2 000 美元(11％)(Kemple，2008)。同时，相对控制组中的男性，干预组中男性样本的结婚率更高、成为拥有监护权父亲的比例也更高。由此可见，基于 4 年追踪数据和 11 年追踪数据得到的研究结论的不同，为延长追踪时间提供了强有力的支持。

但是，正如前文所提到的，延长追踪时间同样需要付出成本，不仅有经济成本，而且有样本磨损问题。样本磨损问题存在于所有的研究中，可能的原因很多：学生从一个镇搬家到另一个镇，但没有留下详细的新地址；学生认为研究者的调查打搅了他们，而拒绝参与调查，即使他们可以获得金钱的补偿。样本磨损带来的最大问题是，这会破坏最初干预组和控制组的随机分配，进而对实验干预的内部效度和外部效度产生威胁。具体而言，对内部效度的威胁在于，在一些不可观测的指标上，那些退出调查的干预组学生可能和接受追踪调查的干预组学生存在区别，同理，上述差异也存在于控制组样本中。这种差异破坏了因果推断所依赖的期望相等假定，并造成了内生性问题。对外部效度的威胁在于，研究样本的选择性退出，造成了基于追踪调查样本得到的结论并不能推广到最初设计的总体中。

毫无疑问，追踪时间越长，样本磨损问题越严重。因此，当且仅当研究经费足以支持准确找到搬家/转学学生样本并开展持续调查，以及招聘的调查人员精通与调查对象维持良好的调查合作关系这两项条件都能得到满足的前提下，开展长期追踪调查才有意义。MDRC的实验研究就满足上述两项条件，最初抽取的样本中有高达81％的样本在职业生涯学院项目干预开展11年后还提供他们在劳动力市场中的收入信息。毫无疑问，开展长期追踪调查的经济成本是高昂的。MDRC的实验研究就花费了接近1 200万美元。尽管如此，相对于高中阶段各种教育项目的花费，以及为决策者提供有关职业生涯学院这项热门教育项目改进的精确而可信的参考信息，MDRC的实验研究成本显得并不高。

二、随机实验效度的威胁

在这一部分，我们将说明并解释威胁随机实验内部效度和外部效度的一些例子。当然，这部分内容不可能穷尽所有威胁随机实验效度的例子，我们还会在后面的章节中陆续介绍。之所以安排这部分内容，是因为要向读者们强调，尽管随机实验是当前评价教育干预因果效应最为有效的方式，但并不意味着其效度完全不存在威胁。那么，在考虑是否采取随机干预实验手段评价特定教育项目的影响效应时，研究者首先必须列出对实验内部效度和外部效度产生威胁的一系列可能要素，并分析是否可能在实验中设计出将上述威胁最小化的方案。

(一)干预组对控制组的污染

对随机干预实验内部效度的一种威胁在于，由于控制组样本和干预组样本之间存在相互联系，控制组的行为受到了干预组行为的影响，进而削弱了控制组和干预组在结果变量对比上的差异。具体而言，在MDRC随机干预评价中，10个职业生涯学院项目被随机分配到10所较大的综合性高中里。由于在职业生涯学院项目中授课的教师必然会和其所在高中的其他教师交流，获得职业生涯学院入学资格的学生(干预组样本)也必然会和所在高中那些申请了职业生涯学院项目但没有获得入学资格的其他同学(控制组样本)交流，教师间、学生间的交流很可能造成控制组样本获得的教育发生改变。例如：在和职业生涯学院项目的教师进行交流后，非职业生涯学院项目的教师了解到开展项目教学法的效果很好，他们可能同样采用该教学手段；和职业生涯学院项目的学生进行交流后，非职业生涯学院项目的学生了解到在当地企业参加暑期实习的作用和价值，他们可能努力获得暑期实习的机会。MDRC 研究者对干预组和控制组样本受教育过程的调查发现，尽管干预组样本中接受项目教学法和参与暑期实习的比例高于控制组样本，但一些控制组样本同样接受了项目教学法和参与了暑期实习。针对上述现象，研究者并不能确定控制组样本接受项目教学法和参与暑期实习在多大程度上源于所在学校开展职业生涯学院项目(Kemple，2008)。

(二)干预组—控制组的身份转换

对两组随机干预实验内部效度的一个常见威胁在于，在随机分配结束后，控制组样本"转变"(cross over)为干预组样本，抑或相反。以 STAR 项目为例，在年级上升的过程中，大约有10％的学生在小班和常规班级之间转换了班级。干预组样本和控制组样本身份的转换损害了研究的内部效度，即破坏了样本最初随机分配的外生性以及两组样本期望相等假定这两项因果推断的前提条件。事实上，在样本间存在身份转换的情况下，小班平均成绩高于总体平均成绩的原因可能源于拒绝最初班级分配方案的学生与接受分配方案的学生在不可观测的某些指标上存在差异。尽管如此，克鲁格(Krueger，1999)认为，在 STAR 项目的实施中，干预组—控制组样本的身份转换并没有对该实验项目的估计结果产生特别大的影响。克鲁格(Krueger，1999)给出的有力证据是，小班教学影响效应的最大值出现在实验开展的第一年，此时并没有发生干预组—控制组样本的身份转换。在第十一章中，我们将进一步描述如何使用工具变量的估计方法来解决样本身份转变对研究内部效度产生威胁的问题。

(三)样本磨损

同样地，研究样本在参与过程中的退出也对随机干预实验内部效度产生了重要的威胁。原因在于，在一些不可观测的指标上，选择退出研究的样本和选择继续参与研究的样本可能存在差异，而这些不可观测的指标可能对结果变量产生影响。在尝试长期追踪调查的实验中，样本磨损的问题尤其严重。上文所介绍的三项在美国开展的实验全部为追踪调查：MDRC 项目开展了 11 年的追踪调查，STAR 项目开展了 4 年的追踪调查①，NYSP 项目开展了 3 年的追踪调查。在如此长时期的追踪调查中，样本磨损基本是不可避免的。STAR 项目幼儿园班级参与调查的学生样本中，有 50％在之后 3 年追踪调查的过程中退出。在 NYSP 项目中，最初参与调查的样本中，有 33％的样本没有参加项目开展 3 年后的学业测试，因而他们没有结果指标（Howell & Peterson，2006）。在 MDRC 项目中，19％的学生没有完成 11 年的追踪调查（Kemple，2008；Kemple & Willner，2008）。

样本磨损究竟对研究效度产生了哪些影响？一方面，从样本自身来说，72 不管磨损是来自干预组，还是来自控制组，都会降低样本对抽样总体的代表性，进而威胁到实验研究的外部效度。另一方面，由于参与实验的干预组样本和控制组样本很可能并不满足期望相等假定，因而干预组样本和控制组样本在结果变量上的差异，包含了不可观测的、非项目干预因素所带来的差异，从而威胁到实验研究的内部效度。

评估样本磨损对实验研究内部效度威胁程度的一个相对合理的方法是，比较控制组和干预组的样本磨损率是否相等。例如，在 STAR 项目中，幼儿园阶段被分配到小规模班级的干预组中有 49％的孩子在项目实施 4 年期内选择离开，被分配到常规班级的控制组中有 52％的孩子在项目实施 4 年期内选择离开，这些中途离开的孩子都没有完成实验（Krueger，1999）。在 NYSP 项目中，项目实施 2 年后继续接受学业测试的比例，控制组比干预组低 7 个百分点。尽管如此，项目实施 3 年后继续接受学业测试的比例，控制组和干预组基本一致（Howell & Peterson，2006）。在职业生涯学院实验中，获得进入

① 在按计划完成 STAR 项目后，阿兰·克鲁格（Alan Kruege）和黛安·惠特莫尔·尚茨泽恩巴赫（Diane Whitmore Schanzenbach）筹集资金，对 STAR 项目参与者进行了从小学到高中的跟踪调查（Krueger & Whitmore，2000）。

职业生涯学院项目机会的干预组样本中，有82％的学生没有完成跨期11年的调查，而没有获得参与职业生涯学院项目机会的控制组样本中，有80％的学生没有完成跨期11年的调查(Kemple & Willner，2008)。

尽管上述三个例子中的样本磨损率在干预组和控制组中基本一致——这一点令人欣慰，但两组样本产生磨损的具体原因可能差别很大，这也可能威胁到内部效度。为此，需要一一比较四类关键群体在基线数据的、可观测变量上的分布差异，进而检验两组样本产生磨损的具体原因是否相似。四类关键群体包括，离开干预组或控制组的样本(磨损群体)，以及留在干预组或控制组的样本(完成实验群体)。如果证据显示，四类关键群体在这些变量上的分布具有相似性，那么，可以接受内部效度并没有因为样本磨损受到严重的威胁的结论。虽然这样的证据并不是绝对明确的，因为它更多体现了磨损没有造成样本在那些基线数据可测指标的分布上发生变化。事实上，为了提供研究因果推断可信的证据，三项实验研究(STAR、NYSP以及职业生涯学院实验)的评估者均详尽地比较了四类群体在基线可测指标上的分布。

(四)参与实验本身对参与者行为的影响

我们在教育和社会科学领域开展随机实验，旨在研究某项干预对明确定义总体(学生、教师、管理者或父母等)的产出所产生的因果影响效应。实验研究设计中的隐含假定是，参与实验本身并不会影响参与者的行为和产出。然而，因为霍桑效应(Hawthorne effect)和约翰·亨利效应(John Henry effect)的存在，上述假定常常被拒绝。具体来说，霍桑效应是指，参与者的行为会因为他们成为实验研究对象而发生改变。约翰·亨利效应是指，控制组样本因为不乐意被分配到控制组，即没有获得接受干预的机会，因而他们会将干预组样本视为竞争对象，并加倍努力工作以获得更佳的产出。

我们来看教育实验中霍桑效应的例子。事实上，对STAR实验存在的一些批评就在于，其研究结果可能因为霍桑效应而受到污染。[①] 例如，当参与实验的教师知道他们的教学行为会被研究者观察时，他们会格外努力地工作。

———————

① 其中一个批评的例子详见 Hoxby (2000, p. 1241)。

进一步，如果教学行为因为被观察而改变的程度在干预组教师中大于控制组，那么，霍桑效应对实验内部效度的威胁更为严重。具体而言，如果在小班授课的教师准确地认识到，一旦实验结果支持小班教学能显著提高学生成绩的结论，政府会因此拨付更多的资金用于缩小田纳西州的班级规模，那么，为了能够改变未来的教学条件，干预组教师在实验期内会格外努力和用心地工作以提高学生的成绩。如果上述现象确实存在，研究者得到的干预组和控制组样本在产出变量上的差异，就不仅仅源于班级规模的差异，换句话说，实验的内部效度受到了影响。

基于对 STAR 实验数据的深入分析，克鲁格(Krueger, 1999)认为，参与实验本身对参与者行为的改变，并没有对干预组和控制组学生平均产出的差异产生重要影响，即 STAR 实验中的霍桑效应并不明显。克鲁格给出的证据是，在由常规规模班级构成的控制组样本中，学生的学业成绩与班级规模之间同样成反比，并且该负相关效应与基于比较(干预组 vs 控制组)得到的效应基本相同。由于控制组教师的行为不会因为霍桑效应而改变，即控制组教师不会因为在相对规模较小的班级上课而加倍努力地教学，克鲁格认为，基于非实验数据得到的结果，STAR 实验并没有存在严重的霍桑效应。

我们再来看教育实验中约翰·亨利效应的例子。在职业生涯学院实验这个例子中，由于没有被随机抽中获得职业生涯学院项目的入学资格，控制组学生可能会因为运气不佳而生气，并比平时加倍地努力学习以证明自己，其结果很可能造成研究者低估提供职业生涯学院资格对学生发展的真实效应。尽管研究者不可能将实验中的约翰·亨利效应完全排除，但是职业生涯学院实验长期开展的特征使得该问题不会太严重。事实上，因落选所带来的愤怒情绪进而加倍努力的学习行为往往发生在没有被抽中的短时间内，这些心理感受和爆发行为不大可能在长时间内持续存在，由于职业生涯学院实验持续跟踪了 11 年，因此，约翰·亨利效应对估计结果的污染不会太严重。

三、获得支持开展随机实验：来自印度的例子

尽管精心设计的随机实验能够为教育干预对学生产出的因果影响给出最

可信的证据，但它并没有在教育领域受到特别的欢迎和重视。造成教育者对实验感到不舒服的一类原因在于：一方面，开展实验前需要邀请家长为他们的孩子申请某一特定教育项目(如申请获得进入职业生涯学院的资格或为进入私立学校提供的奖学金)；另一方面，要基于随机抽签的程序拒绝其中一些家庭的申请，并把他们分配到控制组。事实上，教育者更偏向于开发与特定项目可提供名额数量相等的申报名额，以避免发生拒绝申请者的行为出现。即使当需求超过名额供给时，教育者更偏向于向那些更有可能从项目干预中受益的学生提供参与机会。造成教育者对实验感到不舒服的另一类原因在于，必须严格保证控制组样本在实验开始后不能获得参与项目的机会(如获得进入职业生涯学院的资格或为进入私立学校提供的奖学金等)，即使后来因为样本磨损等原因造成干预组样本的名额空缺。在接下来的部分，我们将介绍阿卜杜勒·拉蒂夫·贾米勒贫困行为实验室(Abdul Latif Jameel Poverty Action Lab，J-PAL)开展的两项随机实验研究。第一项实验发生在两个大城市，评价了一项创新教育投入项目对学生学业产生的影响效应；第二项实验发生在印度农村地区，评价了一项农村小学教师激励计划对学生学业的影响效应。我们试图通过描述这两项实验，向读者呈现在开展随机干预实验过程中可能碰到的实践性挑战，以及应对挑战的一些可行策略。

(一)对创新性教育投入手段的评估

2005年的研究显示，在印度7~12岁的在校儿童中，44%的儿童不能阅读基本段落，50%的儿童不会做简单的加减运算。[1] 不管在印度，还是在其他的发展中国家，提升处境不利群体所在学校教育质量的主要策略是提供更多教育资源和提高教育投入的质量，如更多的教学设施(图书、黑板以及活动挂图等)、更小的班级规模或者更高学历的教师。但是，这类教育改进策略在执行时碰到的最大障碍在于：第一，资金短缺；第二，难以识别相关投入增加是否真正提高了学生学业成绩。事实上，这两类障碍是紧密相关的，因为如果不能提供确凿的证据证明过去增加的教育投入确实促进了学生学业进步，

---

[1] 参见 Banerjee et al. (2007)。

那么教育部门向财政部门提出的增加教育投入的申请将更加难以得到支持。

为了改善印度贫困人口受教育状况，联合国儿童基金会（United Nations Children's Fund，UNICEF）在 1994 年提供资金资助成立了一个被称为布拉罕协会（Pratham）的非政府组织，与印度政府部门一起改进印度学校质量。布拉罕协会最初的方案是在城市小学实施教育补救项目（remedial-education program），也被称为 Balsakhi 项目（Balsakhi 的字面意思是"孩子的朋友"）。该项目通过在社区中招聘为城市公立学校增加一名教师，即 Balsakhi 教师。绝大多数 Balsakhi 教师是年轻的、已完成中学教育的女性，她们需要在学年初接受为期两周的培训，此外，需要定期参加每月一次的焦点小组活动，并在其中讨论班级管理问题以及在使用布拉罕协会所开发的教具的过程中遇到的问题。Balsakhi 教师的工作任务是，在每个常规工作日为三、四年级中成绩落后的学生开展两小时的标准化课程授课。授课内容专门针对学生在一、二年级没能掌握的课程内容，即关注基本读写能力和算术技能。

Balsakhi 项目在印度城市备受欢迎，因而发展迅速。普通教师支持该项目，原因在于，在每个常规工作日，班上成绩最差的学生都能够因为该项目而被转移出课堂一定时间。参加 Balsakhi 项目的儿童支持该项目，原因在于，相对于学校普通教师，Balsakhi 教师来自儿童居住地所在社区，对儿童学习过程中遇到的问题更加了解。此外，Balsakhi 项目备受支持的原因还在于，成本低且易于操作和推广：第一，在印度城市，有大量中学毕业的年轻女性在寻找工作，她们都可以成为潜在的 Balsakhi 教师，即 Balsakhi 教师的供给充足。第二，为 Balsakhi 教师支付的工资仅为 10～15 美元/月，相当于普通小学教师的 1/10。第三，考虑到 Balsakhi 教师的入职培训仅需两周时间，因此，较高的人员变动率并不会阻碍项目的推广。第四，教室的短缺也不会对项目的推广产生阻碍，因为 Balsakhi 教师可以在任意可使用的空间内为学生提供教学，如操场或者走廊。

布拉罕协会设计并开展 Balsakhi 项目的理由在于，他们相信该项目能够促进学生技能的发展。例如：该项目针对成绩落后学生理解三年级和四年级课程所必需的、最基础的读写算技能进行重点教学辅导；与之不同，学校三年级和四年级的普通教师通常关注于完成本学年教学任务，一般不会关注学习落后学生前期基础的不足。因而布拉罕协会的研究人员认为，将学习落后学生"请出"常规课堂，转而由 Balsakhi 教师授课是合理的。尽管上述理由对于广大学校管理者和政府官员来说都是极具说服力的，但是它并不能为项目有效性提供充分的证据。[①]

　　在 20 世纪 90 年代末期，布拉罕协会请 J-PAL 的研究人员评价 Balsakhi 项目在提高学生学业成绩中的效果。包括阿比吉特·班纳吉（Abhijit Banerjee）、肖恩·科尔（Shawn Cole）、埃斯特·迪弗洛（Esther Duflo）以及利·林登（Leigh Linden）在内的研究团队一致认为，满足布拉罕协会所提出要求的最佳手段是开展随机干预实验。布拉罕协会接受了 J-PAL 研究者的建议，此后，研究团队在 2001—2002 学年和 2002—2003 学年设计并开展了一项随机实验研究。

　　由于该项目是为那些招收低收入儿童群体的学校提供 Balsakhi 教师，从逻辑上看，实验设计时应该在选择好满足条件的学校样本之后，随机选择其中一半的学校并提供 Balsakhi 教师使之成为干预组样本，剩下一半的学校则不提供 Balsakhi 教师并使之成为控制组样本。但研究团队认为，尽管上述设计在逻辑上是合理的，但在印度西部的两个城市——瓦尔道拉和孟买——开展实验的过程中，学校管理者参与的积极性有所保留，特别是控制组学校样本，因为他们不仅没有获得该项目的帮助，而且要因为实验的需要额外开展学生测试和调查等工作。

　　考虑到控制组学校因为不能获益而不配合实验开展的问题后，J-PAL 的研究人员采取了一个完全不同的实验设计方案：①在对学校管理者进行咨询后，将样本学校设定为所有满足资质（招收低收入家庭儿童）且自愿申请参与评估项目的学校；②给所有的样本学校提供一名 Balsakhi 教师；③该 Balsakhi 教师被随机分配到三年级或者四年级。在该设计方案下，实验开展的第一学年（2001—2002 学年），瓦尔道拉市自愿参与实验的小学中有 50％的学校会

---

① 我们感谢阿卜杜勒·拉蒂夫·贾米勒贫困行为实验室参与评价 Balsakhi 项目有效性的研究人员利·林登，感谢他为我们介绍和描述了实施评价过程中的具体细节。

获得服务于三年级学生的 Balsakhi 教师，另外 50％的学校则会获得服务于四年级学生的 Balsakhi 教师。到实验开展的第二学年(2002—2003 学年)，样本学校将会相互调换 Balsakhi 教师所在年级。即在第一学年仅获得服务于三年级学生的 Balsakhi 教师的学校，将在第二学年仅获得服务于四年级学生的 Balsakhi 教师；而在第一学年仅获得服务于四年级学生的 Balsakhi 教师的学校，将在第二学年仅获得服务于三年级学生的 Balsakhi 教师。

表 5-1 是改编自班纳吉等人(Banerjee et al.，2007)的文献，呈现了 J-PAL 研究者的巧妙设计。为了评价 Balsakhi 项目在第一学年对三年级学生的影响效应，A 组的学校构成了干预组样本，B 组的学校构成了控制组样本。与之相对应的是，为了评价 Balsakhi 项目在第一学年对四年级学生的影响效应，A 组的学校构成了控制组样本，B 组的学校构成了干预组样本。在孟买，也采取了与瓦尔道拉一样的实验设计。

表 5-1　Balsakhi 项目评价实验设计的说明

	第一学年 (2001—2002)		第二学年 (2002—2003)	
A 组	49 所学校的 5 264 名学生		61 所学校的 6 344 名学生	
	三年级学生获得 Balsakhi 教师	四年级学生没有获得 Balsakhi 教师	三年级学生没有获得 Balsakhi 教师	四年级学生获得 Balsakhi 教师
B 组	49 所学校的 4 934 名学生		61 所学校的 6 071 名学生	
	三年级学生没有获得 Balsakhi 教师	四年级学生获得 Balsakhi 教师	三年级学生获得 Balsakhi 教师	四年级学生没有获得 Balsakhi 教师

J-PAL 研究人员所设计的方案的优势还在于，它可以评估项目持续干预的影响效应是否具有累积性和扩大优势，即 Balsakhi 项目长期(持续两年)干预的因果影响效应是否大于短期(一年)因果影响效应的累加。原因在于，Balsakhi 教师在年级间跨年交换的设计机制，使得在第一学年获得 Balsakhi 教师的 A 组三年级学生，会在第二学年升入四年级以后仍然获得 Balsakhi 教师；而那些在第一学年没有获得 Balsakhi 教师的 B 组三年级学生，在第二学年升入四年级后仍然不能获得 Balsakhi 教师。比较这两组学生在第一学年末(完成

三年级时)学业成绩的差异，即可以得到 Balsakhi 短期(一年)开展对学生学业成绩的影响效应；比较这两组学生在第二学年末(完成四年级时)学业成绩的差异，即可以得到 Balsakhi 长期(两年)开展对学生学业成绩的影响效应；进一步比较前面所得到的短期影响效应和长期影响效应，即能回答 Balsakhi 项目的长期影响效应是否大于短期影响效应的累加。

　　Balsakhi 项目的评估结果无疑是令人振奋的。经过第一学年的干预，Balsakhi 项目平均能够提高学生测试成绩 0.14 个标准差。经过第二学年的干预，Balsakhi 项目平均能够提高学生测试成绩 0.28 个标准差，而且提升效果在不同年级、不同地区、不同科目基本相似。第二学年项目影响效应增加的原因在于，Balsakhi 项目在实施过程中有所改进。

　　此外，对于长期(持续两年)干预效果是否大于短期(一年)影响效应累加的问题，研究结果是谨慎乐观的(cautiously optimistic)。孟买的研究显示，Balsakhi 项目的长期(持续两年)效果是 0.6 个标准差，基本等于一年干预效果的两倍。[①]

　　研究团队还评价了 Balsakhi 项目影响效应的持续性。在 Balsakhi 项目结束一年以后，Balsakhi 项目的影响效应下降为 0.1 个标准差。这表明，Balsakhi 项目更应该被视为一种维生素，即一种学生需要持续获得的干预，而不是一种疫苗，一旦获得即可以使学生终身受益。尽管如此，J-PAL 研究团队所得到的结论具有非常重要的意义，因为它对提供 Balsakhi 教师这项印度城市所开展的低成本教育项目在提升学生学业成绩中所起到的重要效果给出了确凿的证据。而这一证据支持 Balsakhi 项目获得更多财政投入，进而持续开展和快速扩张，迄今为止，Balsakhi 项目已经使印度无数的儿童获益。

(二)对创新性教育激励政策的评估

　　这部分将要描述的由 J-PAL 开展的第二项随机干预实验发生在印度农村，这些地区的教师的缺勤率居高不下是一个重要的问题。例如，在一些印度的

---

① 班纳吉等人(Banerjee et al.，2007)在研究中指出，瓦尔道拉市出现暴乱，从而不能对 Balsakhi 项目两年干预的效果进行评估。

农村学校，教师在常规学校工作日的缺勤天数可达到一半。公立学校解决上述教师缺勤问题在政治上非常困难，因为在包括印度在内的很多国家，公共部门的教师工会非常强大。尽管如此，在印度农村，非政府组织（NGOs）开设了很多非正式的教育中心，它们从当地社区的成年人中雇用员工。这些被雇用者通常只有高中学历，非政府组织会给他们提供岗前培训，并与之签订报酬率较低的短期雇用合同。虽然雇用合同中会明确规定，一旦缺勤率过高，他们将被解雇，但由于教师薪酬与其缺席情况无关，因此与在政府举办的公立学校工作的教师一样，在非政府组织开设的非正式教育中心（下文同样称为学校）工作的教师也存在严重的缺勤问题。尽管如此，两类教师间的一个重要差异在于，受非政府组织雇用的农村教师缺乏公共部门教师工会的政治权利，这为管理者采取措施以解决教师缺席问题提供了较大的可能性。

在 2001 年，一个名叫塞瓦·曼迪（Seva Mandir）的非政府组织在西印度的拉贾斯坦邦（Rajasthan）开设了大量"一间屋"（one-room）非正式学校，向 J-PAL 的研究团队［埃斯特·迪弗洛（Esther Duflo）、雷马·汉纳（Rema Hanna）和斯蒂芬·瑞安（Stephen Ryan）］求助以解决教师缺勤问题。J-PAL 的研究团队建议开展随机干预实验，以评价教师的行为是否因为重新设计的教师薪酬方案而改变。在新的薪酬方案下，教师不会像在传统薪酬体制下那样每月获取相同的工资，而是按照实际来学校授课的天数发放工资。塞瓦·迪曼的官员决定尝试执行 J-PAL 研究团队提出的教师薪酬方案，而且请他们设计随机干预实验并评价薪酬激励项目的实施效果。

研究团队在开展实验时面对两个重要的挑战。第一个挑战是必须得到教师的配合与支持。为此，在咨询研究团队后，塞瓦·迪曼的工作人员出面向教师说明情况，让教师知道：①为了解尝试开展的一项新政策的实施效果，需要教师给予配合。②教师将通过抽签程序被随机分配为两组——干预组和控制组，不管被分配到哪一组都会有成本和收益。③对于控制组教师，他们的薪酬发放方式与之前保持不变，即每月获得 1 000 卢比（大约 23 美元）的固定收入，该收入不取决于他们的出勤率。但对于干预组教师，他们按照每天 *80* 50 卢比的方式获得报酬（每来学校工作一天，即获得 50 卢比）。因此，干预组教师如果全勤则能获得 1 300 卢比的月收入，这高于传统工资水平。但如果缺勤过多，他们只能获得 500 卢比的保底月工资，相当于传统工资的一半。

一旦潜在的参与者理解了激励薪酬方案并理解抽签过程，教师非常关注干预组教师分配过程的公平性。在项目开展的焦点小组会议中，一些教师询问 J-PAL 的研究者，为什么不能在所有的教师中实施激励薪酬方案。研究人员解释道，塞瓦·迪曼提供的经费仅供在 60 名教师中尝试新方案，因此，以抽签的方式决定新薪酬方案的配置机会是最优的。

第二个挑战是在偏远的农村学校如何监测教师的出勤情况。因为成本高昂，塞瓦·迪曼的工作人员亲自监测教师出勤状况并不科学，事实上，农村学校不仅偏远而且非常分散。此外，突然的监测检查，可能引起参与教师的反感，进而影响教学行为和质量。针对测量困难的挑战，研究团队的解决方案是：①为每一名样本教师提供一个能够记录照片日期和时间并且防篡改的相机；②教师每天要拍摄两张照片，第一张是在上课前拍摄，第二张则是至少 5 小时以后、在接近放学的时间拍摄，并且每张照片上除了教师以外至少还要有 8 名学生。研究人员每月收集一次教师所拍摄的照片，通过分析汇总后的数据来决定教师实际月工资。[①] 这种数据收集的程序受到了教师的支持，因为它不仅公平，而且不会因为塞瓦·迪曼的工作人员的突然检查而造成教师压力。

为期 27 个月的实验结束后，研究显示，相对于传统的薪酬制度，新的激励薪酬制度能够显著地降低教师缺勤率，从 42% 下降到了 21%。更为重要的是，该薪酬制度还显著提高了 0.2 个标准差的学生成绩（语文和数学）。该影响效应仅仅比代价高昂的 STAR 实验略低一点（Duflo, Hanna, & Ryan, 2008）。

81

---

① 感谢雷马·汉纳为我们提供了本部分的草稿，并提供了有关 J-PAL 研究团队在执行实验过程中的细节性材料。

四、拓展阅读材料

如果想进一步了解开展随机现场实验(randomized field trials),我们推荐两份补充阅读材料。一是由埃斯特·迪弗洛、雷切尔·格伦内斯特和迈克尔·克雷默(Esther Duflo, Rachel Glennerster, & Michael Kremer, 2008)撰写的题为《在发展经济学研究中使用随机实验:一个工具包》("Using Randomization in Development Economics Research: A Toolkit")的章节。二是由约翰·利斯特、萨莉·萨多夫和马西斯·瓦格纳(John List, Sally Sadoff, & Mathis Wagner, 2010)撰写的美国国家经济研究局(NBER)工作论文《你想做个实验现在怎么办?优化实验设计的几个简单经验法则》("So You Want to Run an Experiment, Now What? Some Simple Rules of Thumb for Optimal Experimental Design")。

第六章

统计功效和样本容量

　　借用 WWC 的一组统计数据，本章一开始就要告诉广大读者，尽管迄今为止研究者已经开展了大量的、以评价教育干预效果为目标的实证研究，但现有研究绝大多数没能得到符合因果推断的结论。举个例子，WWC 分析了 301 项评价小学数学干预活动有效性的实证研究后认为，其中的 97% 没能获得因果推论。造成因果推断失败最常见的原因在于，相关研究不能保证干预组和控制组样本在各项指标上满足期望相等(equal in expectation)假定。

　　此外，即便某些研究将样本随机分配到干预组和控制组以满足期望相等假定，但又因为样本规模不足而影响了因果识别。在一些设计精良但参与者数量很少的实验研究中，虽然能够得出干预存在正向影响的结论，但不能在总体中拒绝零假设，最终得到干预在总体中仍然无效的结论。例如，在 WWC 认为对小学数学干预活动有效性的评价符合因果推断标准的研究中，一项名为"数学改进 2006"(Progress in Mathematics 2006)课程项目的干预效果的研究，在保证其他条件不变的情况下，仅是扩大研究样本的规模，就得到干预效应在统计上显著的结论。

　　因此，在开展研究设计的早期阶段，为了能够恰好地识别总体中可能存在的效应，研究者必须合理确定参与实验研究的样本规模。要合理地确定样本规模，研究者在研究设计阶段需要执行一个被称为统计功效分析(statistical power analysis)的过程。本章将对这一分析过程进行详细的介绍。正如你接下来将看到的，一个重要的指导性原则是，你必须处理好每一个研究设计阶段的每一个重要的事项。例如，确定好样本规模能为你识别效应提供强大的"放大镜"，这能够帮助你在研究中识别细微的细节。

　　考虑到大多数社会科学研究者在开展研究设计阶段，基本忽视了对样本容量的真实要求，因而本章和下一章将致力于解释如何有效开展统计功效分析。事实上，正是因为对统计功效分析的忽略，当前教育和社会科学领域开展的大量实证研究不能得到干预有效的结论。在本章中，我们不仅将描述统计功效和样本规模的关系，还将建立一个开展高质量实证研究必须遵守的基本指导原则。本章内容安排如下：第一，给出统计功效（statistical power）的概念界定。第二，描述统计功效和样本容量的关系，以及统计功效和研究设计中其他一些关键特征的关系。需要说明的是，本章是在因果研究"黄金标准"（gold standard）得到满足的背景下，即基于干预组和控制组样本随机分配的随机实验中介绍所涉及的相关内容。在第十一章中，我们则会将其扩展到更加复杂的情况，即样本不是在个体层面随机分配的，而是在群组层面（班级或学校层面）被随机分配的。

一、统计功效

（一）回顾统计推断的过程

在介绍统计功效的概念时，我们仍然以第四章所介绍的纽约奖学金项目（NYSP）为例。正如我们前面所介绍的，NYSP 是一个两组实验，即参与个体被随机分配到干预组或控制组，干预组样本能够获得抵偿私立学校学费的教育券，而控制组样本不能获得该教育券。为使统计功效的概念更容易解释，本章在一开始将把关注的范围缩小，并使用最简单的分析技术以回答 NYSP 的研究问题。即使用两组样本 t 检验以验证零假设，在总体中，干预组（获得教育券）和控制组（未获得教育券）非洲裔美国学生的平均学业成绩也不存在差异。

为了进一步简化对统计功效概念的解释，本章的内容都基于单尾 t 检验展开。也就是说，零假设（null hypothesis）是"干预组和控制组非洲裔美国学生的平均学业成绩相等"；备择假设（alternative hypothesis）是"干预组学生的平均学业成绩高于控制组"。使用单尾检验是出于教育学的需要，这有助于我们简化有关技术问题的讲解。事实上，本书在第四章详细介绍 NYSP 项目分

84

析和研究发现过程中，我们采用的是双尾 t 检验，即如果零假设被拒绝，说明在总体中，两组学生平均成绩不相等，即干预组学生的平均成绩高于或低于控制组，因此，单尾 t 检验与双尾 t 检验形成了鲜明对比。事实上，单尾检验只适用于研究者能够进行先验假设，即研究者非常确信干预确实对结果变量产生了效果，两组样本在结果变量上存在差异的方向非常明确。但上述假定在现实情境中很少成立，我们同样也不能相信分析 NYSP 数据时单尾检验的假定能够得到满足。尽管如此，也有使用单尾检验更加恰当的例子，比如第八章所列举的考察大学奖学金对高中生入学决定影响效应的案例：由于提供奖学金能够降低大学入学成本，如果奖学金对高中毕业生的大学升学率有影响，那么，假定该影响效应为正似乎比较令人信服。

幸运的是，在假设检验时不管选择方向确定[①]还是方向不确定[②]的备择假设，并不会影响本章所介绍的技术概念及其相关性，尤其是统计功效的概念。在本章的几个小节中，我们会依次介绍研究设计的关键特征、变量测量以及数据分析方法选择将会如何影响特定实验中的统计功效。届时，我们将会重新讨论选择方向确定或方向不确定的备择假设对统计功效可能产生的影响。

85　　首先，回顾表 4-1 最上面部分统计推断过程的五个步骤非常有用。第一，我们设定待检验的零假设，即相对于没有获得 NYSP 教育券的学生，获得教育券学生在三年后的平均学业成绩与他们并不存在差异。第二，我们选择了一个 α 水平(0.05)，即设定犯第一类错误的概率为 5%。接下来，我们使用公式 6.1 计算观测数据的 t 值为 2.911。

$$t_{observed} = \frac{(\overline{POST\_ACH_V} - \overline{POST\_ACH_{NV}})}{\sqrt{s^2\left(\dfrac{1}{n_V} + \dfrac{1}{n_{NV}}\right)}} \tag{6.1}$$

在公式 6.1 中，下标 V 和 NV 分别表示获得教育券的和没有获得教育券的两组样本，s^2 表示两组样本在三年后测试成绩合并方差(pooled vari-

---

① 即单尾检验。——译者注
② 即双尾检验。——译者注

ance)①，n 表示各组样本中非洲裔美国学生数量。第三，在零假设下，基于设定的 α 水平以及自由度（本例中为 519）②，我们确定 t 的临界值。通常而言，在单尾检验中，t 的临界值为 1.648。第四，由于公式 6.1 计算得到的 t 值（2.911）大于临界值（1.648），因而我们在非洲裔美国学生的总体中拒绝了"干预组和控制组非洲裔美国学生的平均学业成绩相等"的零假设。由于研究设计是随机实验，因此，我们可以认为：获得教育券带来了干预组和控制组样本学业成绩存在 5 分左右的差异。③

注意公式 6.1 所给出的 t 统计量的计算方法，它在概念上非常有趣：分子 *86* 等于获得教育券和没有获得教育券两组样本各自平均成绩之差；分母等于组间均值差异的标准误，即该式中分子估计量的标准误。④ 简单来说，估计得到的 t 统计量恰好是干预组和控制组组间均值差异与组间均值差异标准误之比。理论研究表明，当初始学业成绩服从正态分布时，利用公式 6.1 等公式得到的统计量都满足 t 分布。基于此，我们可以利用 t 统计量的分布知识来确定一个临界值 $t_{critical}$，并将其与计算得到的 t 统计量 $t_{observed}$ 进行比较，以完成假设检验。

正如你所知道的，通过对潜在总体的抽样过程，我们计算感兴趣的、可观测的 t 统计量——就是说，在 NYSP 分析中得到取值为 2.911 的 t 统计量，它的价值体现在：是衡量总体中获得教育券和没有获得教育券两组非洲裔美国学生学业成绩平均值差异的极其重要的参数。我们将总体均值差异记为 $(\mu_V - \mu_{NV})$，下标 V 和 NV 分别表示实验中获得教育券和没有获得教育券的两组样本。简便起见，在接下来的内容中，上式简记为 $\Delta\mu$。如果总体均值差异 $\Delta\mu$

---

① 当两组样本标准差 s_1 和 s_2 已知时，合并方差 $s^2 = \dfrac{(n_1-1)s_1^2+(n_2-1)s_2^2}{n_1+n_2-2}$。——译者注

② 总共有 521 个样本。

③ 你同样还可以通过计算与感兴趣的统计量相关的 p 值来进行统计推断。具体而言，针对你估计得到的参数值，你需要计算它来自参数等于零（即满足零假设）的总体的概率。在本例中，t 检验得到 p 值等于 0.004（参见表 4-1 的上半部分），这意味着，我们在经验上要获得干预组和控制组平均成绩差异为 4.899 分、t 统计量为 2.911 的概率非常低（0.4%），或者说，如果在满足零假设的总体抽样中估计参数得到上述结果，这完全是一种意外。基于此，我们可以得到的结论是，实验的样本基本不可能来自满足零假设的总体，相反，更可能是来自教育券获得与否与学业成绩确实存在相关的总体。

④ 在两组样本的总体残差方差满足方差齐性的假定下。

很大，从总体随机抽样得到样本组间均值差异也会很大，进而计算得到的 t 统计量也会很大。当然，一些随机抽样的特殊情况会偶尔得到与真实情况截然不同的 t 值。相反，如果总体均值差异 $\Delta\mu$ 接近于 0，从总体抽样中得到的样本组间均值差异同样会很小，计算得到的 t 统计量则近似等于 0，其中随机抽样的偶尔性可能造成结果的除外。

假设检验完整的逻辑实际上会更复杂，而统计功效的概念正是源于这一复杂性。当我们开展一个假设检验，我们实际上是在对比基于经验数据得到的观测结果和基于一对对立假设设定得到的期望结果。在对立假设中，第一个假设也被称作零假设 H_0，即我们假定存在一个总体均值差异 $\Delta\mu$ 实际等于零的"零"假设总体（记为 $H_0: \Delta\mu=0$）。第二个假设也被称作备择假设 H_A，即我们假定存在一个总体，其总体均值差异 $\Delta\mu$ 不等于零，进一步假定其等于某个非零数值 δ（记为 $H_A: \Delta\mu=\delta$）。在开展定量研究的过程中，我们通常感兴趣的是拒绝零假设而支持备择假设。

经典的假设检验实际上是在比较基于经验数据获得的统计量的观测值（如一次抽样的经验数据中得到的 t 统计量观测值 $t_{observed}$）与从零假设或备择假设成立的总体中进行独立、有放回抽样样本中获得统计量的可能取值。当然，因为抽样的偶然性（idiosyncrasies of sampling），我们预期，重复抽样所得到的 $t_{observed}$ 也会随机分布。进一步，如果抽样发生在零假设成立的总体中，我们预期，$t_{observed}$ 以 0 为中心随机分布；相反，如果抽样发生在备择假设成立的总体中，我们预期，$t_{observed}$ 以非零数值 δ 为中心随机分布。[①] 因此，如果实验研究中得到的 t 统计量 $t_{observed}$ 接近于 0，且落在一个我们预期为"自然散布于零值周围"情形下的取值区间里，我们倾向于接受"真实情况为 H_0"的结论，即认为 $\Delta\mu=0$。与之相对应的是，如果实验研究中得到的 t 统计量 $t_{observed}$ 取

① 在我们的例子中，文中提到的"某个非零数值"并不是 δ 本身，而是它的线性函数。这是因为，在备择假设下，观测得到的 t 统计量实际上是非中心化的 t 分布（a non-central t-distribution），其总体均值等于 δ 乘以一个取值为 $\sqrt{\dfrac{v}{2}}\left(\dfrac{\Gamma(v-1)/2}{\Gamma(v)/2}\right)$ 的常数，其中，v 表示分布的自由度，$\Gamma(\ )$ 表示伽马函数（gamma function）。

值很大，看起来更像是来自"自然散布于非零值"的分布中，我们则倾向于接受"真实情况为 H_A"的结论，即认为 $\Delta\mu=\delta$。选择一个合适的 α 水平，是决定我们接受哪一种假定的关键。

我们在图 6-1 中全面总结了假设检验过程。在图 6-1 的上半部分，我们通过对称的山形"包络线"（hill-shaped "envelope"）描绘了从服从零均值假设（$\Delta\mu$ $=0$）的总体中进行无限次随机抽样计算得到 t 统计量（$t_{observed}$）的分布情况。需要说明的是，尽管有时候我们并不一定期望最终总体产出的均值差异 $\Delta\mu$ 等于零（在实际研究中通常更期望它不等于零），但这里，我们用从零均值总体中重复随机抽样的假定可以为接下来的比较提供非常有用的基础（baseline），也更直观和便于理解。从概念上讲，上半部分图中的包络线可以通过对总体进行无数次重复随机抽样分别计算 t 统计量，对 t 统计量绘制直方图得到，其前提是能够保证总体服从零假设，并且重复随机抽样的次数足够多。和任意一个直方图一样，横轴表示 $t_{observed}$ 可能的取值[$t_{observed}\in(-\infty，+\infty)$]，纵轴表示在随机可重复抽样过程中每一可能出现的统计量 $t_{observed}$ 的出现频率。然而，我们必须通过无穷次重复抽样并计算无穷次 t 统计量，才能得到 $t_{observed}$ 在负无穷和正无穷取值区间内的连续分布。因此，图中的包络线实际上呈现的是直方图被重新缩放后的概率密度函数（probability density function，pdf），包络线下的面积为 1。包络线下的区域表示，在从满足零假设的总体中进行无穷次重复随机抽样中计算得到 $t_{observed}$ 来自特定取值区间内的概率。例如，$t_{observed}$ 可能取任意值（$-\infty，+\infty$）的总概率为 1，即概率密度函数 pdf 下的总面积。[①] 相似地，由于 pdf 是以 0 为中心的对称分布，那么，从服从零假设的总体中进行无穷次可重复随机抽样得到 t 统计量（$t_{observed}$）大于 0 的概率等于 50%，当然，小于 0 的概率也等于 50%。[②]

在图 6-1 的下半部分，我们呈现了备择假设成立（H_A：$\Delta\mu=\delta$）的情形。

88

89

---

① t 分布曲线下的面积是有限的，等于 1，是因为它的两侧（左尾和右尾）取值均接近于 0。

② 在现实中，并不是所有检验统计量的分布都以零为中心并呈对称分布。尽管如此，我们讨论的逻辑并不依赖于所选择特定 pdf 形状的真实性，所要求的只是要检验统计量的 pdf 服从 H_0 的假定。在此基础上，我们的讨论同样能够应用到 pdf 不对称分布的例子中（如 F 分布和 χ^2 分布）。

从理论上讲，该图与上半部分服从 H_0 假设的图形应该是相同的，仅仅是将 $t_{observed}$ 分布向右平移了 δ 个单位，δ 等于 H_A 成立情况下，干预组和控制组的总体产出均值差异。[①] 同样地，pdf 表示从服从 H_A 总体中进行可重复随机抽样计算得到的 $t_{observed}$ 的分布。

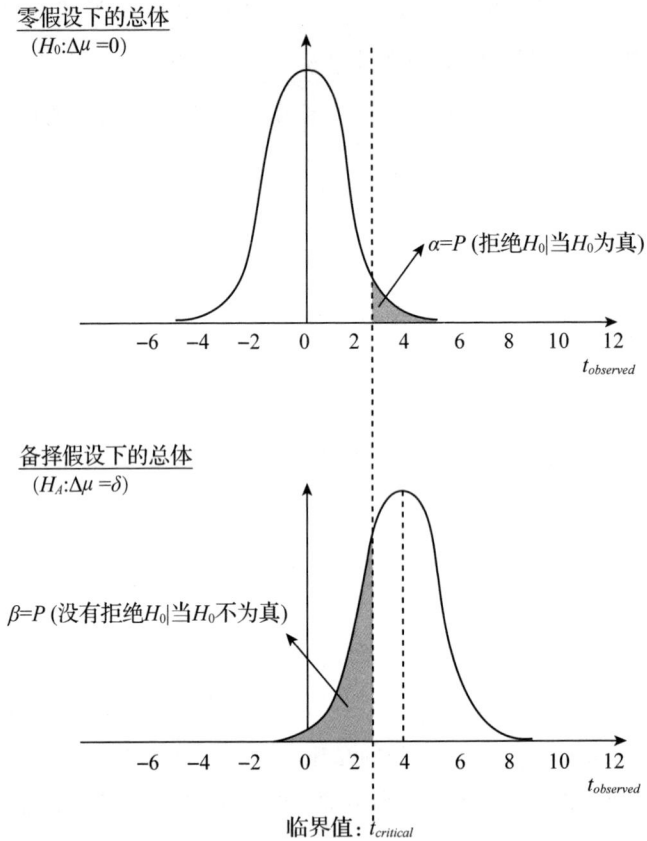

图 6-1 对干预组和控制组样本开展总体产出均值差异的单尾检验，观测 t 统计量 $(t_{observed})$ 分别在零假设 (H_0) 和备择假设 (H_A) 下的分布，呈现了犯第一类错误 (α) 和第二类错误 (β) 的概率，以及 t 统计量的临界值 $(t_{critical})$

为了完成检验，基于将第一类错误的概率设置为 5% 的决定，我们制定了

---

① 需要再次说明，在备择假设下，观测得到 t 统计量的概率密度函数 pdf 并不是以 δ 为中心，而是 δ 乘上一个系数得到的值。具体参见第 78 页脚注①。

决策规则(decision rule)。根据这个设置,我们可以计算临界值 $t_{critical}$,将实际计算得到的 t 统计量与临界值进行比较以开展假设检验。事实上,在零假设成立的情形下,临界值将 t 统计量的 pdf 垂直地划分为两部分,其中临界值右边包络线下方的面积占 5%,临界值左边包络线下方的面积占 95%。[①] 具体到图 6-1 上半部分图形中,我们用一条垂直虚线表示上述分割。垂直虚线与横轴相交的点就是进行统计推断时用到的 t 统计量的临界值 $t_{critical}$。接下来要进行的决策是很直接的:一方面,如果基于抽样样本得到的 $t_{observed}$ 大于临界值 $t_{critical}$,我们认为该观测值几乎不可能来自服从零假设的总体中,因而拒绝 H_0 并接受 H_A,即认为抽样总体的 $\Delta\mu$ 等于 δ 而不是 0;另一方面,如果基于抽样样本得到的 $t_{observed}$ 小于临界值 $t_{critical}$,我们认为该观测值很可能是从零假设成立下总体的抽样中获得,因此接受 H_0,即抽样总体的 $\Delta\mu$ 等于 0。换句话说,通过选择特定的 α 水平(例如 5%)来固定第一类错误的水平,并将其与零假设条件下 t 统计量 pdf 形状的理论知识相结合,我们就可以开展假设检验。总之,一旦选定第一类错误的水平,我们就获得了开展假设检验所需的标准。

现在我们看图 6-1 下半部分的图形。正如我们前面所指出的,下面这张图表征的是备择假设成立情形下 t 统计量的概率分布。该图呈现了从服从备择假设的总体中进行无数次有放回的、随机抽样并计算得到的 t 统计量的概率分布,这时,组间均值之差 $\Delta\mu$ 等于非零数值 δ。由于抽样的随机性,即便在备择假设 H_A 成立的情况下,某次抽样得到的 $t_{observed}$ 完全可能取值非常小,甚至小于临界值 $t_{critical}$,即基于零假设成立的总体计算的临界值。如果现实中的确根据一个小规模的实证研究得到了上述非常小的 $t_{observed}$,我们就会接受零假设;但事实上这是不正确的。因此,这产生了另一类错误——第二类错误(Type II Error),即在备择假设为真时错误地接受了零假设。当备择假设成立时,$t_{observed}$ 小于 $t_{critical}$ 的概率可以用图 6-1 下半部分图形中临界值左边的区域面积表示。类似于用 α 代表第一类错误的程度,我们通常用 β 代表第二类错误的程度。

最后,在图 6-1 中,我们注意到假设 H_0 和 H_A 分别成立时各自 pdf 中心

---

① 再次提醒,我们进行的是单侧 t 检验。

91   位置间的水平距离，该距离反映了潜在 $\Delta\mu$ 的取值。[1] 方法学家将 $\Delta\mu$，即 δ 称为效应量（effect size）。如果在执行统计检验后，你拒绝了 H_0 且接受了 H_A，则可以认为，总体中产出均值的差异等于 δ，而不是 0。换句话说，你已经识别出了干预的效果。以 NYSP 实验的研究为例，如果拒绝 H_0 而接受 H_A，则认为 $\Delta\mu$ 不等于 0，并且我们可以在备择假设下估计 $\Delta\mu$ 的值—— δ——等于抽取样本中控制组与干预组样本产出的均值之差。

根据上述定义，在 NYSP 实验研究中，我们可以将教育券干预的效应量简单地等同于 δ 的最优估计，其度量单位与学生成绩相同。需要注意，效应量的取值大小可以任意缩放，这取决于研究对产出变量测量标准（metric）的选择。换句话说，如果两位研究者对同一批儿童的学业成绩选择了两种不同的测试工具进行测量，他们所得到的干预效应量很可能完全不同。因此，为了使结果更具有一致性和普遍性，效应量通常会重新计算并以标准差为单位进行度量。[2] 经过标准化处理后，对于不同的测试及其检验统计量，尽管每一次标准化的数学公式不尽相同，但所得到的效应量是相同的。在完成数据标准化的过程以后，研究者将基于研究得到的效应量表述为"效应量等于 0.5 个标准差""效应量等于 0.25 个标准差"等。诸如此类的表述能够更加容易地被熟悉的学术同行或陌生的听众理解，而且不会因为产出变量测量标准选择不同而造成疑惑。

基于这些观点，为了更好地促进交流，研究者倾向于采用雅各布·科恩（Jacob Cohen，1988）提出的用于描述效应量的标准。科恩指出，0.8 个标准差的差异被视为"大"效应，0.5 被视为"中等"效应，0.2 被视为"小"效应。[3]

92   例如，在 NYSP 评价的例子中，在三年级期末，获得教育券的非洲裔美国学生比没有获得教育券的学生高 4.899 分（见第四章表 4-1 最上部分），而标准成绩的标准差是 19.209，因此"0.25 个标准差"的差异事实上很小。根据我们的

---

[1] 同样地，两个概率分布图中心之间的水平距离事实上并不完全等于 δ，而是 δ 乘上一个系数得到的值。具体参见第 78 页脚注①。

[2] 实质就是计算标准分，即 z 分数。——译者注

[3] 另外，效应量也可以通过产出变量与预测变量之间的相关大小进行界定。在 NYSP 的例子中，按照这种方式界定的效应量等于非洲裔美国学生样本中，学生学业测试成绩与教育券获得与否变量之间的相关系数。0.10 的相关系数被视为"小"效应量，0.25 的相关系数被视为"中等"效应量，0.37 的相关系数被视为"大"效应量（Cohen，1988，Table 2.2.1，p.22）。

经验，如果按照科恩的标准，即使是教育和社会科学领域最成功的干预也只能获得"小"的效应量。

(二)定义统计功效

在执行统计检验时，你需要做出两种选择：要么拒绝 H_0，因为观测得到的 $t_{observed}$ 大于临界值 $t_{critical}$；要么接受 H_0，因为观测得到的 $t_{observed}$ 小于临界值 $t_{critical}$。不管做出哪种决策，你都可能犯错。这就是说，检验决策的结果可被放置于一个"2×2"矩阵中，即存在四类决策情形。通过设定第一类错误和第二类错误的水平，我们可以计算各类情形发生的概率。接下来，我们将用图 6-2 中所示的简单二阶交叉表对四种可能的决策情形及其发生概率进行总结。

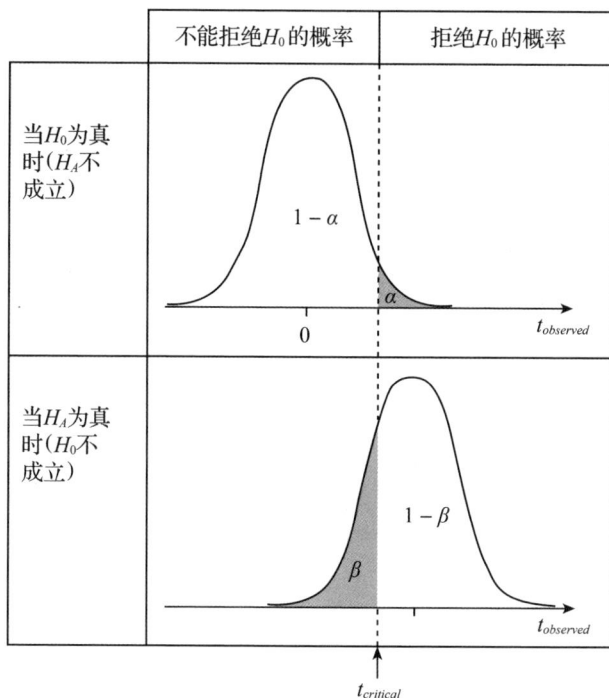

图 6-2 对控制组和干预组总体产出均值差异开展单尾假设检验时的四维决策场景。描述了当 H_0 为真(第一行)或者不成立(第二行)时，不能拒绝 H_0(第一列)或者拒绝 H_0(第二列)的四类场景。图中呈现了第一类错误的水平(α)，第二类错误的水平(β)，以及 t 统计量的临界值($t_{critical}$)所在的位置

在图 6-2 中，我们不仅重新展示了图 6-1 中 H_0 和 H_A 概率密度函数的关键特征，还展示了根据临界值 $t_{critical}$ 所在位置（图中用垂直虚线标示）垂直划分为两部分的相伴概率。交叉表的第一行呈现了当 H_0 为真时，观测得到的 $t_{observed}$ 的概率分布；第二行呈现了当 H_A 为真时，观测得到的 $t_{observed}$ 的概率分布。接下来，我们将从第一行开始，简单评价每一种情形。

1. 当 H_0 为真且 $\Delta\mu$ 等于 0 时（第一行）

● 虚线右边的区域。即使在服从零假设的总体中，即总体中干预组和控制组结果变量的均值不存在差异，你同样可能基于某次抽样计算得到大于临界值 $t_{critical}$ 的观测统计量 $t_{observed}$。那么，你将错误地拒绝 H_0，并错误地认为干预组和控制组结果变量均值的差异等于 δ。在这种情形下，因为当零假设为真时你却错误地拒绝了零假设，我们将之称为第一类错误。抽样过程中的偶然事件有可能造成这种情形的发生。当然，如果实验碰到这种情形，毫无疑问是非常不幸运的。尽管如此，在 H_0 实际为真的情形下，在进行统计检验之前你就可以设定犯第一类错误的水平，即 α，它等于临界值 $t_{critical}$ 右侧概率密度函数下方的区域面积。换句话说，由于你可以直接控制犯第一类错误的概率，因而你有动机在假设检验中选择一个适当小的 α 水平（例如 0.05）。

● 虚线左边的区域。你也有可能会发现基于抽样数据计算得到的观测统计量 $t_{observed}$ 小于图中的临界值 $t_{critical}$。因而你不能拒绝 H_0，并认为干预组和控制组结果变量均值的差异等于 0。当然，你得到了一个正确的结果。在这样的决策情形下，你得到了一个很小的观测值 $t_{observed}$，它小于临界值 $t_{critical}$。这种正确决策发生的概率等于 $t_{critical}$ 左侧概率密度函数下方的区域面积，即 $1-\alpha$。

2. 当 H_A 为真且 $\Delta\mu$ 等于 δ 时（第二行）

● 虚线左边的区域。在这种情形下，即使备择假设是正确的、总体中干预组和控制组在结果变量均值上的差异不等于 0，由于偶然事件造成基于单次抽样计算得到的统计量 $t_{observed}$ 小于临界值 $t_{critical}$，进而得出不能拒绝 H_0 这样一个错误的结论。这就是说，在服从备择假设的总体中进行单次随机抽样，如果计算得到了一个很小的观察统计量 $t_{observed}$，这会导致你得出样本来自服从零假设分布总体的结论，即犯了第二类错误。这种情形发生的概率等于临界值 $t_{critical}$ 左侧、H_A 的总体概率密度函数下方的区域面积。这被称为第二类错误的水平，又被记为 β。与 α 一样，β 也是一个概率。

● **虚线右边的区域。** 最后，你可能得到观测统计量 $t_{observed}$ 大于临界值 $t_{critical}$，进而得出拒绝 H_0 这样一个正确的结论。即在备择假设为真的情况下，你恰好得到 $\Delta\mu$ 等于非零数值 δ 的正确结论。这种情形发生的概率等于 H_A 的概率密度函数下临界值 $t_{critical}$ 右侧区域的面积——与犯第二类错误的概率互为补集，等于 $1-\beta$。

上述决策场景的 2×2 交叉表说明了做出四类决策的概率大小内在相关。为了更加充分地进行说明，回想一下，一旦确定了 t 统计量的概率密度函数来自 H_0 总体，临界值 $t_{critical}$ 就取决于你所选择的 α 水平。具体来说，如果你能够较大程度地容忍第一类错误的发生概率，例如 0.10 的概率，即 H_0 的概率密度函数下有 10% 的面积在临界值右侧，那么，会得到一个相应更小的临界值 $t_{critical}$，那么，计算得到的统计量 $t_{observed}$ 更容易大于这一较小的临界值 $t_{critical}$，因此你也更容易拒绝 H_0。这意味着，如果你对第一类错误的容忍度越大，你就越容易拒绝 H_0，也能越容易得出非零效应的结论。当然，你在更容易得到干预有效果的同时，也会增加犯第一类错误的风险，即在 H_0 为真的情形下，你更可能会错误地拒绝它。与此同时，将临界值 $t_{critical}$ 往左移动到较小的数值后，会降低备择假设 H_A 成立情形下犯第二类错误的概率 β，即在备择假设 H_A 为真的情形下，你更有可能接受它。不难看出，犯第一类错误的程度和犯第二类错误的程度是负向相关的，这也是统计生活中的一个核心事实。如果你想降低犯一类错误的概率，必然会增加犯另一类错误的概率；反之亦然。因此，执行假设检验的过程也可以被视为两种竞争错误类型间权衡取舍的过程。

更为重要的是，在图 6-2 第二行临界值右边的概率密度函数下方区域面积——$(1-\beta)$——是我们实证研究工作中最关键、最重要的部分。即 H_0 不成立的情形下，我们正确拒绝 H_0 的概率。换句话说，这是在备择假设 H_A

成立的情形下，接受它的概率。在绝大多数实证研究中，这是研究者最偏好的结果——当备择假设为真时，我们拒绝零假设、接受备择假设。例如，在NYSP实验中，调查人员期望拒绝教育券与学生产出之间不存在因果关系的零假设，即更希望得到教育券对学生产出存在因果影响效应的结论。图 6-2 中犯第二类错误概率的补集，这一重要的数量被定义为研究的统计功效（statistical power）。换句话说，在已知我们假设检验统计量——如 t 统计量——在零假设和备择假设下的概率密度函数后，一旦我们将第一类错误水平设定为某一合理的数值，就意味着能够估计统计功效，这一点在研究设计和研究完成后都非常重要。在接下来的一部分，我们将继续讨论统计功效。

二、统计功效的影响因素

96 　　根据前面的讨论，一旦我们能够确定下述四项事宜，统计功效就可以提前估计。①效应量。即设定将要识别的效应量大小。例如：你期望识别得到一个小的、中等的还是大的效应量？②统计分析方法。即设定开展假设检验的统计分析方法。例如：你将使用均值 t 检验的方法来检验差异，还是更复杂的数据分析方法？③第一类错误 α 水平。即选择可容忍的第一类错误发生概率。例如：如果第一类错误的发生概率为 0.05，你会满意吗？④样本规模。即确定样本参与者的规模。例如：你是否有能力负担 200 人、300 人、400人，抑或更大规模的样本？在上述四项事宜中做好决策，你就可以计算统计功效，理由在于：首先，通过选择统计分析的方法，你可以确定假设检验将要使用的统计量；其次，确定了统计量和预期样本规模，也就确定了零假设 H_0 下统计量的概率密度函数；再次，确定了效应量大小，也就确定了备择假设 H_A 下统计量的概率密度函数（通常情况下将前一个概率密度函数右移）[①]；最后，根据所确定的第一类错误的 α 水平，可以得到待检验统计量的临界值，并得到统计功效大小。上述过程我们又称之为统计功效分析。

---

① 根据所选择的统计分析方法，备择假设 H_A 下统计量的概率密度函数也可能和 H_0 下统计量的概率密度函数完全不同。

事实上，研究者往往更感兴趣的问题是，在预期效应量、统计分析方法以及统计功效都设定的情形下，如何估算出能够实现研究目标的样本规模。统计功效分析的真正计算过程是复杂的，需要基于不同假设检验统计量在零假设和备择假设下概率密度函数形状的数学理论知识，以及微积分的计算。在这里，我们不多做说明。尽管如此，这些内容在标准的统计学教材中都有详细介绍，并且可以很容易地利用计算机软件估算，这些软件可以从互联网上免费获得。[①] 在本书中，我们的目的是给读者一个大致的概念，即在教育和社会科学领域要成功地开展实验研究设计，你首先应该确定需要的样本规模，以及提供可能的统计功效水平。此外，我们希望指导你做出设计决策，使得你能够达到调查研究中识别因果关系和效应的目标。

为了就成功开展两组实验研究所需样本的规模提供一些直观案例，在呈现估计一项实验的统计功效的过程之前，我们做出三项设定：①假定干预组和控制组是随机分配的，并且规模相同。②采用单尾 t 检验。③零假设为总体中两组样本的产出均值没有差异。图 6-3 的纵坐标为统计功效，横坐标为样本规模。在该图中，我们用不同的曲线分别呈现了在效应量不同设定水平和 α 不同设定水平下，统计功效和样本规模之间的关系。其中，上方两条曲线表示小效应量($ES=0.5$)下 α 水平分别等于 0.05(实线)和等于 0.1(虚线)的统计功效和样本规模之间的相关关系曲线，下方两条曲线表示中等效应量($ES=0.2$)下 α 水平分别等于 0.05(实线)和等于 0.1(虚线)的统计功效和样本规模之间的相关关系曲线。我们没有呈现大效应量($ES=0.8$)下统计功效和样本规模之间的相关关系曲线，因为在教育和社会科学领域的实验研究中很难出现如此高的效应量。同时，你可以通过下载标准统计功效分析软件，并输入相应的效应量和 α 水平取值，重复绘制图 6-3。观察图 6-3，你可以识别出统计功效和其他要素之间的三种重要关系。

第一，当你在统计检验中使用一个更大的 α 水平时，你通常会得到一个更高的统计功效。具体来看，当给定效应量 ES 和样本规模后，α 水平等于 0.10

---

① 本章使用免费软件 GPower 进行功效分析。*GPOWER：A-Priori，Post-Hoc and Compromise Power Analyses for MS-DOS*，德国伯恩大学心理系。

时绘制的曲线一定高于 α 水平等于 0.05 时绘制的曲线。例如，如果你想在一个规模为 300 的样本中识别出小的效应量（$ES=0.2$），当 α 水平从 0.05 提高到 0.1 时，你的统计功效将大约从 0.53 提高到 0.67（提高超过 25%）。我们之前对统计功效特征的描述可以对此提供解释。回到图 6-2 中的第一行，你会发现所选择的 α 水平决定了临界值 $t_{critical}$ 并将 H_0 下的 t 统计量的概率密度函数分成两部分。当 α 从 0.05 提高到 0.1，临界值 $t_{critical}$ 将往左移动，相应地，H_A 下的概率密度函数被临界值划分的两部分区域面积也会发生变动：临界值左边的面积减少，即第二类错误的发生概率 β 下降，因而其补集——统计功效提高。

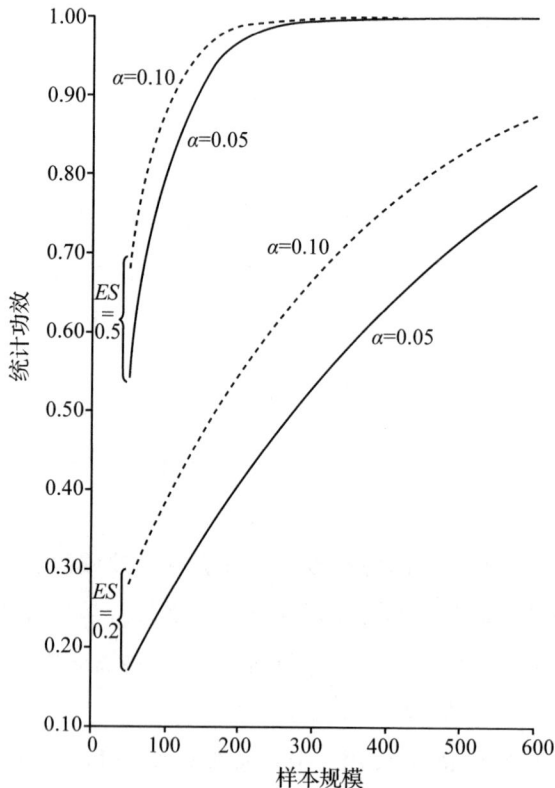

图 6-3 样本规模、效应量（0.2 和 0.5）和 α 水平（0.05 和 0.10）如何影响对干预组和控制组的总体产出均值差异进行单尾 t 检验的统计功效

第二，在其他条件保持不变的情况下，随着效应量的增大，统计功效也 *99* 随之提高。在图 6-3 中，当给定样本规模为 100 人、α 水平等于 0.05 时，如果效应量 $ES=0.2$，你仅能得到稍高于 0.25 的统计功效，而效应量增大到 $ES=0.5$，你将得到接近 0.8 的统计功效。上述关系的原因同样可以从图 6-2 中推理得到。正如我们前面所指出的，效应量决定了 H_0 和 H_A 下检验统计量概率密度函数中心的水平距离。这意味着，随着效应量的增大，H_0 和 H_A 下的概率密度函数中心会更加分离。事实上，在图 6-2 的第一行，H_0 下概率密度函数中心取值为 0（因为 0 代表了效应量"等于零"的状况）。那么，随着效应量增大，在图 6-2 的第二行，H_A 下的概率密度函数中心会右移，而第一行 H_0 下概率密度函数在 α 水平下得到的临界值 $t_{critical}$ 将第二行概率密度函数所划分出的两部分中的左边的区域面积，即第二类错误的发生概率 β 会降低，因而统计功效（$1-\beta$）随之提高。

第三，在其他条件保持不变的情况下，随着样本规模的扩大，统计功效也随之提高。这是一个非常显著的效果，正如图 6-3 中所呈现的统计功效和样本规模之间的关系。例如，在一项以 0.05 显著性水平上要识别中等效应量（$ES=0.5$）的研究中，当样本规模从 50 增加到 100，统计功效将从 0.55 提高到 0.8。尽管其原因相对更加复杂，但是我们同样可以通过图 6-2 进行解释。从图中可以看到，随着样本量的增加，任何统计量的概率密度函数都将会更"瘦"和更"高"，原因在于：样本规模越大，可重复抽样得到的统计量会更加集中在真实值周围。当然，概率密度函数的中心位置不会发生改变。[①] 由于 H_0 和 H_A 下的概率密度函数分布图都会变得更瘦、更尖，因而带来两个重要的结果：第一，在第一行 H_0 下的概率密度函数分布图中，一旦给定 α 水平，临界值 $t_{critical}$ 将会向左移动，即 $t_{critical}$ 数值变得更小，那么，基于观测样本计 *100* 算得到的统计量更可能在 $t_{critical}$ 右边。第二，在第二行 H_A 下的概率密度函数分布图中，不断集中的 H_A 的概率密度函数会使得由临界值 $t_{critical}$ 划分的两部分面积重新分配，即 $t_{critical}$ 左边的面积不断减小、右边的面积不断增大。因

---

① 你可以用从互联网上获得的不同规模的数据模拟重复抽样对上述结论进行检验。

此，在第二类错误的发生概率 β 下降的同时，统计功效$(1-\beta)$随之增大。我们建议读者从互联网上下载一些计算统计功效的软件，并根据你自己实际研究领域中可能感兴趣的实验，尝试调整样本规模并模拟计算统计功效。

作为社会科学研究者和方法者，我们最关心的一个问题是，大部分调查者对于开展有统计功效研究真正需要的样本规模没有实际的设想。通常的情况是，研究者低估了成功开展实证研究所需的参与样本量。例如，在估计私立学校学费教育券对获得者学业成绩影响的研究中，你猜想会得到一个小的效应量（正如 NSYP 实验中一样），你将 α 水平设定为通常的 0.05 水平，并且尝试得到一个 0.8 的统计功效。基于上述设定，从图 6-3 中你可以看到，你需要样本总规模达到 620——他们被随机分配到干预组和控制组，以成功识别 0.2 的效应量。但是，如果你不满意在零假设不成立的情况下你却得出零假设这一错误结论的机会为 20%（即认为第二类错误的发生概率等于 0.2 太高），而期望获得一个更高的统计功效——0.9，为此，样本规模必须达到 860。因此，当样本规模仅有 521 个学生时，在 NYSP 实验中，要识别教育券对非洲裔美国学生的因果影响效应会在一定程度上存在统计功效过低的问题。

如果你需要提高统计功效，或者识别比 0.2 更小的效应量，或者你期望在子群体中（如不同种族的子样本中）同样能够识别 0.2 的效应量，你的样本规模都需要扩大。千万不要低估了你研究需要的样本规模。在一个统计功效较低的研究中，你永远不可能知道，你是因为零假设真正成立而不能拒绝它，还是因为你没有充足的样本而不能验证备择假设。这一问题在 WWC 评审的许多试图识别小学数学干预的研究中成为困扰。

（一）参数检验的优势和局限

101 我们还需要记住，在特定的调查研究中，统计功效还取决于数据分析所选择的统计技术。在上文所提到的例子中，为了更好地呈现粗略估计统计功效和样本规模的技术和过程，在对两组对照实验的数据进行分析时，我们选择了最简单可行的统计分析手段——两组样本 t 检验。针对这一简单的分析技术，我们打算提供一个在研究设计中有关样本规模和统计功效的基本建议。

尽管我们以 t 检验为例，但其实很多统计技术同样适用于数据分析，即便在对两组对照实验的数据进行分析时，其他的一些技术往往更加有效。研究者应该知道的一个指导性原则是，统计技术包含的信息量越大，其统计功效往往越高。事实上，除了收集更多的样本，要提高统计功效有两种直接的做法：要么对数据和分析所使用的数据和统计模型给出更强的假设，要么在分析中增加协变量。通常而言，基于强假设的分析技术比基于弱假设的分析技术更加具有统计功效，这是因为强假设本身已经构成了融入分析中的一类信息。因此，在比较干预组和控制组均值的分析技术中，t 检验本质上比非参数威尔科克森秩检验（Wilcoxon rank test）更加具有统计功效。这里要指出的是，作为一个总体性原则，参数统计检验总是比相应的非参数检验更加具有统计功效。在分析中，t 检验、普通最小二乘回归分析、方差分析等传统参数检验方法，均会对分析中结果变量的分布给出很强的假设。以 t 检验为例，它假定干预组和控制组样本中，结果变量服从独立正态分布且方差相同。[①] 这些更加严格的假定因为提供额外的信息，可以在很大程度上影响统计功效。当然，要有所得，就得有所付出。当你选择 t 检验而不是威尔科克森秩检验时，你对于参数假设的有效性有着很强的假定，那么，这也意味着，要保证分析的正确性首先必须保证假设的有效性。如果违背假设，不管你所选择的技术多么强大，你的研究结果都可能是错误的。

102

(二)使用协变量的好处

在分析中提高统计功效的第二个方法是，在统计模型中增加协变量。就像多元回归分析这类技术一样，它比 t 检验这样的简单技术往往更具统计功效。正如我们在第四章所列举的例子中，要考察获得教育券与没有获得教育券样本在平均学业成绩上是否相等，我们既可以使用 t 检验技术比较样本均值，也可以以成绩作为因变量，以二分变量——在干预组还是在控制组——作为自变量构建回归模型。如果回归模型不包含控制变量，那么 t 检验和回

---

① 一些版本的 t 检验中放松了有关总体方差齐性假设。

归分析得到的研究结论以及统计功效应该相同。

尽管如此，回归分析的方法使你能够引入更多的控制变量，如学生的人口统计学特征、家庭生活以及前期测试成绩，而不需要增加样本规模。如果控制变量是恰当的——确实和结果变量线性相关、和干预变量不相关[①]，以及模型中残差项是独立的——引入这些控制变量会增加产出变量变异的解释力度（即带来 R^2 的提高），从而会降低残差方差。残差方差的下降必然会带来估计回归参数时标准误的减小，以及与自变量相关的 t 统计量的增加（与标准误成反比）。更大的 t 统计量意味着你更有可能拒绝零假设，且在相同样本的分析过程中你会拥有更高的统计功效。正如表 4-1 第三部分所呈现的结果，我们在引入学生前期测试成绩作为控制变量后，自变量 VOUCHER 的标准误从 1.683 下降到 1.269，与干预影响相关的 t 统计量则从 2.911 提升到 3.23。总体来说，引入协变量对于统计功效的影响是很大的。例如，莱特、辛格和威利特（Light，Singer，& Willett，1990）指出，如果你在回归分析中能够包含一系列的协变量并且它们对产出变量变异的解释力度能够达到 50%，那么，即使样本规模减小一半也能确保你得到同样的统计功效。

结果是清楚的。相对于简单的统计分析技术，偏好复杂的统计分析技术在实际研究中是具有优势的，因为研究者可以引入协变量以提高精度。更高的精度能够提高统计功效，进而可以在相同的样本规模下识别出更小的效应。尽管如此，正确使用复杂的统计分析方法对研究者知识的掌握要求很高。研究者不仅更加依赖于统计模型的假设结构，而且需要确保更多的假设得到满足。从分析的角度来说（analytically speaking），你要引入高质量的协变量，需要考虑以下几方面：确保所引入协变量的测量质量达到要求，正确设定协变量与因变量之间的函数关系、协变量与模型中其他自变量的相关关系、协变量与误差项的相关关系等。总之，天下没有免费的午餐。尽管如此，如果价格是你能够支付的，那么，回报是巨大的。

---

① 如果干预状态是由研究者随机指定的，那么干预预测因子将必然与所有其他外生协变量不相关。

(三)产出指标的测量信度

在讨论研究所需要的样本规模时，你还需要考虑的一个因素是产出指标的测量信度(reliability)。关于这一点，我们之前假设产出变量的测量是完全可信的，但在实践中，该假设是很难得到满足的。由于存在随机测量误差，所有观测变量的测量都或多或少存在一定的不可靠性。一些指标的测量信度很高，例如，由政府执行的 NYSP 实验对学生学业成绩的标准化测试，可能具有超过 0.9 的信度。而大多数指标的测量信度并不高，尤其那些缺乏精确定义的指标，或者那些试图记录参与者自我报告的信念或观点的指标，其测量信度可能非常低，大约只有 0.6。

尽管心理测量学家将信度定义为总体的真实方差除以样本的观测方差(Koretz，2008)，你可以将其理解为在产出变量中造成其真实信息模糊的随机"噪声"。测量方法越不可靠，真实信息被"噪声"掩盖的程度越高，进而造成研究者识别干预效果的难度越大。因此，要评价产出指标测量信度对统计功效所产生的影响，一个较为简单的办法是从效应量的角度来分析。其结果是，由于我们开展研究是为了能识别真实效应，因此，从估算统计功效的目的出发，设定观测效应量时必须考虑产出指标测量不可靠性所产生的影响。换句话说，因为测量的易错性会削弱我们识别效应的能力，那么，在制订研究计划时，需要将可能估计得到的效应量设计为比基于完美测量数据能够得到真实值更小的值。

特别是，如果想要识别一个特定取值的真实效应，在做研究设计时，你对效应量的设定应小于其真实值，即等于真实效应值与产出指标测量信度平方根的乘积。在此基础上，你再将这个新的、经过"衰减"的效应量代入统计功效的计算公式并开展相关估计。接下来，为了更加直观地呈现上述修正过程，我们将举例说明。假设要开展一个两组对照随机实验，设定的统计显著性水平是 0.05，需要在 0.80 的统计功效下识别一个小的效应量($ES=0.2$)。在产出指标没有测量误差的情形下，可以计算出样本容量为上文所提到的 620 个参与者。但是，如果产出指标的测量并不可靠，参考已有文献，产出指标的测量信度大约为 0.95，那么，在统计功效的公式中需要引入的效应量为 0.195（即 $0.2 \times \sqrt{0.95}$）。为了识别这一"衰减"效应量，应该增加 32 个参与者，即样本容量为 652。如果产出指标的测量信度进一步下降到 0.85，则需要增加 112 个参与者，使样本容量达到 732。需要注意的是，在进行新的统计功效分析之前，因为我们使用的是产出指标测量信度的平方根而非测量信度本身，这使得测量信度所产生的影响得到缓和，在信度典型取值范围（0.85～0.95）内样本规模的影响大约会小几个百分点。如果产出变量的信度进一步下降到 0.16，面对如此不可靠的产出变量测量结果，需要你将研究从"中等"效应量重新定义为"小"效应量。

当产出变量的测量相当可靠时，测量信度对统计功效和样本容量的影响都不大，但需要重视测量信度对统计功效分析的潜在影响。特别是，我们建议你在研究设计中引入两个步骤以解决测量信度可能带来的问题。第一，你应该通过预研究、详细的项目分析以及调查工具的编辑和完善，以确保所使用的调查工具能够在特定结构、样本和情境下进行可靠的测量。第二，在评价效应量和开展统计功效分析的过程中，特别是当效应量较小时，你需要考虑产出变量的测量误差。幸运的是，伴随着更加精心构造和合理可靠的测量，测量误差对统计功效和样本规模产生的影响越来越小。通常来说，测量误差的存在，仅仅会使样本规模扩大几个百分点。

（四）单尾检验和双尾检验的选择

下面，我们要回答究竟应该选择单尾检验（有方向的）还是双尾检验（没有方向的）的问题。第四章中，在对 NYSP 数据的原始分析进行复制的过程中，我们使用的是双尾检验。之所以选择没有方向性的双尾检验，其原因在于，我们想要保持一种开放的心态和过程，事实上，相关立法机构仍然对教育券的有效性争论不休。换句话说，即使我们最终拒绝了零假设——随机分配得到的获得教育券和没有获得教育券两组群体在学业表现上没有差异，我们仍不想预先判断差异的方向。

与第四章的选择所不同，在第六章讨论假设检验和引入统计功效时，我们使用的是单尾检验。我们这样做的目的仅仅是使得第一类错误和第二类错误的教学解释更加简单。特别是，在图 6-1 和图 6-2 中，选择单尾检验使我们只需要关注 H_0 成立时概率密度函数中临界值的右侧，以及 H_A 成立时概率密度函数中临界值的左侧。现在既然已经介绍了相关概念，从统计功效分析出发在没有方向（双尾）和有方向（单尾）的检验中做出选择，答案非常简单。

当开展单尾检验时，大体上我们将第一类错误的发生概率设定为 5%，即在 H_0 成立时检验统计量概率密度函数中临界值右边区域。这是我们在图 6-2 第一行所展示的内容。为了接受 5% 的 α 水平，并坚持使用单尾检验，我们在图中已经固定了 t 统计量的临界值。

如果我们现在要改变想法，即采用双尾 t 检验，需要计算 t 统计量新的临界值，这会影响到第二类错误的发生概率以及统计功效。例如，在没有方向（non-directional）的检验选择中，我们需要接受的第一类错误的发生区域可以在 H_0 下检验统计量概率密度函数的两侧。考虑这种情况：因为抽样的偶然性造成检验统计量 $t_{observed}$ 过大或者过小，可能导致我们错误地拒绝零假设。换句话说，我们会错误地拒绝 H_0，并犯第一类错误。结果是，我们需要将犯第一类错误的区域分为两等分，如果仍然将第一类错误发生的概率设定为 5%，那么，该区域将为两个等分的区域（左右各 2.5%）。这意味着，我们会 *106* 得到一个新的 t 统计量的临界值，位于该临界值右边、t 统计量（在 H_0 下）概率密度函数下方区域的面积占 2.5%。[①] 其结果是，新的 $t_{critical}$ 将会大于上文单尾检验下的临界值。

相对于当前基于单尾检验得到的 t 统计量，利用双尾检验将会得到更大的、新的 t 统计量，此时，图 6-2 中垂直虚线将会右移。这会造成犯第二类错误的概率（β）增大，即图 6-2 第二行 H_A 下检验统计量概率密度函数位于垂直虚线左边的区域面积增大。与此同时，统计功效——检验统计量概率密度函

---

① 换句话说，在双尾检验中，因为 t 统计量（H_0 假设下）的概率密度函数是对称的，因此临界值将取绝对值相等的两个数——即互为相反数的正临界值和负临界值——它们到 pdf 中心的距离是完全相同的。在接下来的检验中，如果计算得到的 t 统计量为正，我们将会拿它与正临界值比较，反之，如果计算得到的 t 统计量为负，我们将会拿它与负临界值比较。

数位于垂直虚线右边的区域面积——一定会减小。因此，在其他条件不变的情况下，当我们从单尾检验转变为双尾检验，我们将会以减小统计功效为代价。

最后，我们要提醒读者，在大多数研究中，双尾检验是规定的、默认的程序，即使相对于单尾检验其统计功效会较小。当且仅当你能提出足够充分的证据证明某一特定的政策（干预）对感兴趣的产出产生特定方向（正向或者负向）的影响时，使用单尾检验才是合理的。

三、拓展阅读材料

如果你想学习更多有关统计功效的知识，我们推荐阅读雅各布·科恩的经典著作《行为科学中的统计功效分析》（*Statistic Power Analysis for the Behavioral Sciences*）在 1988 年的第二版。

第七章

分层数据与整群随机实验

许多贫困家庭的子女在小学阅读上很吃力，这是全球教育领域面临的一 *107*
个紧迫问题。这导致其进入中学后无法理解主修课程的教材知识、成绩较差、
灰心失望、辍学率居高不下等一系列恶果。针对这一普遍问题，约翰斯·霍
普金斯大学的罗伯特·斯莱文（Robert Slavin）等人设计开发了一项全校综合
性干预项目——"全体成功"（Success for All，SFA），旨在确保每名学生到三
年级结束时阅读水平达标并在未来获得保证学业成功所必需的高阶阅读技能。

与其他的小学阅读课程相比，SFA 项目具有许多不同的特征。它具有高
度结构化的学校课程。幼儿园至一年级阶段强调"语言和理解技巧、语音、混
音以及共享故事使用"（language and comprehension skills, phonics, sound
blending, and use of shared stories），二至六年级阶段强调在"以同伴阅读为
中心的合作性学习活动"（cooperative learning activities built around partner
reading）中对小说和初级读物的使用（Borman et al., 2005a, p. 19）。与传统小
学通常以年龄队列为标准形成的班级结构不同，SFA 项目常常跨越年龄和年
级界限对学生重新进行分组，以便在阅读技能相似的合作性学习小组中进行
教学。此外，学生每晚必须在家进行 20 分钟的自由选择阅读，教师指导父母
学会给学生提供合适的监督。学校首次引进 SFA 项目时，SFA 项目的工作人
员将对学校校长、项目主持人和项目实施教师进行培训。最后，每个季度对
一至六年级参与学生的阅读成绩进行正式的、系统的评估，评估结果将用于 *108*
对学生后续的定位和指导。

1987 年，马里兰州巴尔的摩市的公立学校首次引入 SFA 项目。在随后的

二十年里，该项目得到了迅速推广。目前[①]，1 200多所学校(大多存在家庭经济困难学生群体)使用该方法来提升学生的阅读技巧。SFA项目早期的迅速扩张得益于20世纪90年代进行的几十个非实验干预评价项目。这些评价项目发现，在使用SFA项目课程的学校中，学生的阅读技巧要好于使用其他阅读课程的"控制组"学校。然而，这些研究并非随机实验。相反，开展评价的研究者非随机地寻找并选择了几个"控制组"学校，他们认为这些"控制组"学校与SFA项目学校不仅在学生人口统计特征上相似，并且学生的阅读成绩都较低。

正如你从第三章和第四章所了解到的，对SFA项目的因果影响进行评价，能够获得无偏估计必须满足的一个条件是：在实施项目干预前，干预组和控制组必须在与学生阅读产出相关的所有不可观测维度上"期望相等"。有两个理由来质疑SFA项目早期非实验评估并不能充分满足该条件：第一，实施SFA项目的学校要为SFA基金会提供的材料和培训付费，项目实施第一年大约为75 000美元，第二年大约为35 000美元，第三年大约为25 000美元(Borman，2007，p.709)。能够获得利益相关方同意将如此大规模的资金用于单独一个项目的学校可能与其他学校在一些重要维度(如领导质量)上存在差异。第二，在学校引进SFA项目之前，SFA基金会要求该校4/5的教职工投票通过实施这一全校干预项目。这一要求所产生的一个可能结果是，平均而言，相对于采用传统阅读课程的学校，投票通过并引入SFA项目的学校拥有更大的共同目标感(sense of common purpose)。那么即使SFA项目本身并不优于其他方案，这种在改善学生阅读技巧承诺上的差异本身也可能会对学生产出有积极影响。

鉴于发展处境不利儿童阅读技能的重要性，大量学校通过开展SFA项目，以期实现提高儿童阅读技能的目标，但对SFA项目的相对有效性却缺乏证据，因而美国联邦教育部于2000年提供了资金支持，以对SFA项目进行随机实验评估。正如你从第四章所知，这一研究设计的优点在于，给参与者

109

---

① 作者写作的年份。——译者注

随机分配实验条件之后，在干预开始之前，干预组和控制组在所有维度（包括那些不可观测的维度）上都"期望相等"。这一条件对于如下论断很关键，即项目开展后干预组和控制组在学生产出上的任何差异都源于是否接受干预的差异。

　　然而，相对于第四章所介绍的纽约奖学金项目（NYSP），SFA 项目评估随机实验存在的一个显著差异在于：SFA 项目是将整个学校而不是在每个学校内将学生个体随机分配到不同实验条件下。在教育领域中，这类整群随机（cluster-randomized）实验研究设计要比给个体随机分配实验条件的研究设计更为常见，原因包括：第一，就读于特定学校的学生组合是由难以改变的社会力量预先决定的。第二，通常而言，在学校水平上（而不是在学生水平上）随机分配干预条件更容易被学生父母和教育管理者接受。第三，教育干预本身（即创新教育干预）往往是在班级、教师、学校或学区水平而非学生个体水平上进行的政策变革。第四，回顾第四章可知，同伴效应是随机分配实验内部效度的主要威胁之一。在这种情况下，干预对一名学生的影响可能取决于特定的其他学生是否被分配到同一组中。这样的相互作用（interaction）违背了个体干预效应稳定假设（SUTVA）。然而，正如因本斯和伍德里奇（Imbens & Wooldridge，2009）所解释的那样，如果所有潜在的相互作用都只是发生在同一所学校内的不同学生间，那么将学校整体随机分配到干预组或控制组，就使得令人厌恶的交互效应被"内化"为干预概念本身，进而不再成为问题。因此，我们仍然有可能获得干预对学校中学生平均成绩所产生因果影响的无偏估计，因为这时的干预概念包括由干预产生的特定学校内学生之间的相互作用。①

　　本章将讨论整群随机分配实验条件可能对评估研究产生的影响。本章第一部分，我们将描述参与者整群分配过程将如何影响随后的实验数据分析。本质上，我们认为，如果这些分析的结果（尤其是统计推断）要想可靠，它们所根据的统计模型必须合理地吸纳数据中自然呈现的社会层级（social hierarchies）信息。这里我们引入一个多水平（随机截距）回归模型［multilevel（ran-

---

① 因本斯和伍德里奇（Imbens & Wooldridge，2009）解释道，通常不可能将干预对个体造成的直接影响同干预通过个体与学校内其他学生的相互作用造成的间接影响区分开来。

dom-intercepts）regression model]，它在方程中包含了整群随机效应，我们将对该模型可以合理地处理所出现问题的原因进行解释。接下来的部分将解释参与者整群分配条件下的统计功效以及如何进行修正。这两部分都使用杰弗里·博尔曼（Geoffrey Borman）等人开展的 SFA 项目随机分配实验的评估数据来介绍技术性内容。本章最后一部分将介绍实验研究设计中解决参与者集群问题的另外一个很流行的统计模型——群组固定效应多水平回归模型（fixed-effects of groups multilevel regression model）。我们将会对比该模型与随机截距模型，并简要描述两者的优缺点。

一、整群随机实验的效应量估计：随机截距多水平模型

参与者自然地形成群组，且这些群组被随机分配干预条件和控制条件，此时统计分析就会更加复杂。在杰弗里·博尔曼及其同事（2005a）开展的 SFA 项目评价中就出现了这一情况。他们首先确定了一批希望引入 SFA 项目的小学。他们最初计划给这些学校随机分配 SFA 项目的干预条件或控制条件（后者继续使用之前的阅读项目）。然而，研究者只能找到 6 所学校自愿参加该实验。其中 3 所学校被随机分配到干预组，并从 2001—2002 学年开始在所有年级实施 SFA 项目；其余 3 所保持现有的阅读项目并作为控制组学校。我们将在本章后面部分看到，不管效应量和每所学校的学生数如何，将 6 所学校随机分配到干预组和控制组在开展后续分析时的统计功效其实都非常有限。

因此，为了吸引更多学校参与下一学年的评估，评估团队改变了激励措施。在 2002—2003 学年开始时，同意参与评估的所有学校都被允许在其部分年级中使用 SFA 项目。接下来，将使用随机化手段来决定新增的、同意参与评估的 35 所学校是在幼儿园至二年级还是三至五年级实施 SFA 项目。那么，被分到在三至五年级实施 SFA 项目的学校中的幼儿园至二年级的学生，他们可视为被分到在幼儿园至二年级实施 SFA 项目学校中的幼儿园至二年级学生的控制组，反之亦然。在对幼儿园至二年级阶段实施 SFA 项目实验的效果评估中，干预组样本共包括 21 所学校（3 所在所有年级均实施 SFA 项目，18 所

仅在幼儿园至二年级实施 SFA 项目）。控制组包括 20 所学校（3 所学校在任何年级都没有实施 SFA 项目，17 所学校仅在三至五年级实施 SFA 项目）。对 699 名存在缺失数据的学生进行列删除（list-wise deletion）后，幼儿园至二年级阶段的最终分析样本由 41 所学校中的 2 593 名 SFA 项目干预组学生和 2 444 名控制组学生构成（Borman et al.，2005a）。我们这里的分析纳入了所有这些学校的学生数据。然而，考虑到简化教学（for pedagogic simplicity）的需要，在这里，我们只关注参与第一次评估的 6 所样本学校中的一年级学生。[①]同时，我们只关注单独的一个阅读产出——学生的"猜词"（Word-Attack）考试分数，于第一年结束时在参与研究的每所学校进行测量。[②]

当然，"天下没有免费的午餐"（one cannot get something for nothing）。如果你采用了整群随机实验设计并因此获得了给学校而非学生随机分配实验条件的相对便利，你就必须接受分析复杂性提高以及最终统计功效降低的"惩罚"。惩罚大小取决于整群内学生间产出行为的同质性程度。在 SFA 项目评估中，每一年级的、就读同一所学校的同伴之间具有不可观测的相同经历。这些共同的、无法观测的经历使得我们很难判断同一学校内部学生的反应是不是独立的，甚至会降低干预的共同效应。因此，由于学校是以整体为单位参与研究设计，我们就很难认为在学校内可以获得参与学生个体的随机样本，也很难认为标准统计模型中相应的学生水平残差在学校内相互独立。相反，由于他们在一学年或更长的时间周期内具有相同的、无法观测的经历，我们将预期就读同一所学校的学生个体间的残差是相关的。合理地说明每一所学校内部学生间潜在的残差不完全独立，这是接下来统计分析（以及研究设计中开展任何统计功效分析）面临的挑战。

估计干预影响并解决整群内参与者之间不完全独立问题的一个简单而直接的分析方法是，指定一个随机截距多水平模型（random-intercepts multilev-

112

---

① 感谢杰弗里·博尔曼为我们提供数据。尽管我们的研究发现与原始研究差别不大，我们仍然推荐对 SFA 项目评价感兴趣的读者参阅博尔曼等人发表的论文。其中一篇论文（Borman et al.，2005a）是我们陈述的基础，它描述了该项评估第一年的结果。第二篇论文（Borman，Slavin，& Cheung，2005b）描述了该项评估第二年的结果，第三篇（Borman et al.，2007）描述了该项评估第三年以及最后一年的结果。

② 该产出变量也是原作者发现在评估第一年中受到影响最大的产出。

el model)来描述结果变量和预测变量间的关系。这只是本书之前介绍的标准普通最小二乘(OLS)回归方法的一个直接而简单的拓展。比如，在 SFA 项目评估的例子中，我们可以为第 j 所学校中的第 i 名学生设定一个多水平模型来表示儿童猜词分数(用连续变量 $WATTACK$ 表示)与区分学生所在学校是随机分配到 SFA 项目干预组($SFA = 1$)还是控制组($SFA = 0$)的一个二分预测变量之间的因果关系，如下所示：[1]

$$WATTACK_{ij} = \gamma_0 + \gamma_1 SFA_j + (\varepsilon_{ij} + \mu_j) \qquad (7.1)$$

113　　　为了简化我们的陈述，我们去掉了博尔曼等人在其统计模型中放入的两个重要的控制变量。第一个没有放入的变量为学生所在年级。由于我们将分析样本限定在一年级，不放入该变量并不重要。第二个没有放入的变量是学生在皮博迪图片词汇测验(Peabody Picture Vocabulary Test，PPVT)中前测分数的学校均值。我们将在稍后的介绍中保留第二个控制变量。

　　　注意，与标准 OLS 回归模型所不同的是，方程 7.1 中的随机截距多水平模型包含一个"复合"残差，它等于两个不同的误差项之和。我们以这种方式建构模型的目的在于，在模型内提供一个机制以解释假定存在的、学校内的、学生表现不可预测部分的不完全独立性。第一项是"学生水平"残差(ε_{ij})，第

---

[1]　博尔曼等人(2005a)使用著名的多水平模型"第一层/第二层"设定来说明他们的随机截距多水平模型。在这一方法中，他们指定了该模型的学校内成分("第一层")和学校间成分("第二层")。举个例子，他们学校内模型(没有任何控制变量)的一个简化版本是：

$$第一层：WATTACK_{ij} = \beta_{0j} + \varepsilon_{ij}$$

相应的学校间模型(还是没有任何协变量)是：

$$第二层：\beta_{0j} = \gamma_{00} + \gamma_{01} SFA_j + \mu_{0j}$$

第一层的截距 β_{0j} 表示学校 j 中结果变量的学校内均值，其随学校变化而变化。在第二层模型中，学校水平上的残差 μ_{0j} 是总体截距 γ_{00} 的随机扰动项，它带来了学校的随机截距。使用第二层代替第一层模型中的 β_{0j}，可将该第一层/第二层模型设定改写为一个"复合"(composite)模型，如下所示：

$$WATTACK_{ij} = \gamma_{00} + \gamma_{01} SFA_j + (\mu_{0j} + \varepsilon_{ij})$$

注意，多水平模型的第一层/第二层设定与方程 7.1 中的随机截距回归模型在代数上是相同的，两者只在符号上有些许差异。在多水平建模中，所有的第一层/第二层设定都可以改写成一个单独的复合模型。我们在方程 7.1 中呈现的正是这种组合模型设定。

二项是"学校水平"残差(μ_j)。在我们假设的随机截距多水平模型中，同一学校内的所有学生都具有相同取值的学校水平残差(μ_j)，这便使得他们的复合残差相关。因此，该模型并未限定这些学生的复合残差像标准 OLS 模型要求的那样相互独立。在使用该随机截距多水平模型来拟合数据时，我们假定每一个子误差项(constituent error terms)(ε_{ij} 和 μ_j)都满足通常的残差正态理论(residual normal-theory)假设。因此，我们假定总体中的学生水平残差和学校水平残差都为独立分布，学生水平残差总体均值为 0、方差为 σ_ε^2，学校水平残差总体均值为 0、方差为 σ_μ^2。

为更好地理解这一多水平模型为何被称为"随机截距"模型，我们可以将模型中的变量位置进行简单的重新排序，原因就会很明显：

$$WATTACK_{ij} = (\gamma_0 + \mu_j) + \gamma_1 SFA_j + \varepsilon_{ij} \tag{7.2}$$

可以看到，通过在模型中加入学校水平残差(来捕捉数据的分层属性)，我们基本上就为每所学校提供了自己的"随机"截距(用 $\gamma_0 + \mu_j$ 表示)。当使用该多水平模型拟合数据时，我们并不估计每一所学校的截距项。相反，我们估计其均值 γ_0 和方差 σ_μ^2(假定学校水平残差是从均值为 γ_0、方差为 σ_μ^2 的总体分布中随机抽取的)。

我们使用方程 7.1 中设定的随机截距多水平模型拟合了 SFA 评估中的子样本数据。结果见表 7-1 第三列中模型 2 的数据。[1] 在表格中，我们列出了模型中每一个回归参数的估计值，及其标准误和近似的 p 值。此外，我们还在该列的底部列出了学生水平残差方差、学校水平残差方差、拟合模型的总体 R^2 以及一个新参数(组内相关系数 ρ)的估计值。在本章的后面，我们将界定这一新参数并解释其在这类研究设计的统计功效分析中的重要作用。除了该拟合模型之外，表格还包括另外两个拟合模型：一个是完全不包括预测变量的无条件模型；另一个是条件模型，我们加入一个感兴趣的学校水平协变

114

115

---

[1]　随机截距多水平模型很容易通过广泛使用的统计软件包中的标准程序进行拟合，如 SAS 中的 Proc Mixed 和 Stata 中的 xtreg。也可以使用专门软件进行拟合，如 HLM (Raudenbush & Bryk, 2002)和 MLWIN (Rasbash, Steele, Browne, & Goldstein, 2009)。尽管这些程序中的一些使用不同的估计算法，但在舍入误差(rounding error)范围内它们的结果基本相同。博尔曼等人(2005a)在其分析中使用了 HLM 软件包。

量——干预开始前学生 PPVT 前测分数的学校均值。

表 7-1 描述在研究第一年结束时，一年级学生词汇测试分数与所在学校
是否分配到 SFA 干预条件之间关系的三个随机效应多水平模型：参数估计、
近似 p 值、标准误、部分拟合优度统计量（$n_{schools}=41；n_{students}=2\ 334$）

	拟合的随机效应多水平模型		
	模型 1	模型 2	模型 3
	无条件模型	包括 SFA 主效应的条件模型	模型 2 中加入协变量 SCH_PPVT 主效应的条件模型
截距项	477.54***	475.30***	419.82***
	(1.447)	(2.046)	(12.558)
SFA		4.363	3.572
		(2.859)	(2.340)
SCH_PPVT			0.623***
			(0.140)
$\hat{\sigma}_{\epsilon}^2$	314.20	314.20	314.20
$\hat{\sigma}_{\mu}^2$	78.69	76.61	48.57
R_{total}^2	0.000	0.032	0.091
组内相关系数，$\hat{\rho}$	0.200	0.196	0.134

注：$^{\sim}p<0.10$；$^{*}p<0.05$；$^{**}p<0.01$；$^{***}p<0.001$。

在分析评估结果本身之前（见拟合模型 2 和模型 3），我们首先关注拟合模型 1（"无条件"多水平模型）的结果。很容易对拟合模型 1 的参数估计进行解释，因为其没有明确的预测变量。举个例子，无条件模型中截距的估计值告诉我们，对于一年级学生子样本中的所有学生和学校而言，平均词汇测试分数是 477.54 分（$p<0.001$）。我们感兴趣的是，学生水平残差和学校水平残差的方差，其估计值分别为 314.20 和 78.69。我们如何理解这两个残差方差？

和常规的 OLS 拟合回归模型一样，当模型不包括任何预测变量时，残差变异等同于结果变量变异，理解这一点很重要。如果结果变量的任何部分都没有得到预测，那么结果变量变异必然等于残差变异。因为我们已经将多水平残差表示为两个独立部分之和，结果变量的变异被有效地划分为学生部分和学校部分。在无条件多水平模型中，"学校水平残差的方差"是对不同学校间"结果变量学校均值"变动的描述。通常将其称为"学校间方差"，它描述了结果变量在学校间的分散状况。"学生水平残差的方差"是在结果变量总变异中剥离学校水平方差后的剩余部分。在无条件多水平模型中，它是将学校混合后结果变量在每一所学校内的学生间的方差，通常将其称为"学校内方差"。它描述了各所学校内学生间的结果变量分散情况。

　　从表 7-1 拟合的无条件模型可知，结果变量即词汇测试分数的样本总方差（392.89）等于学校内方差（314.20）和学校间方差（78.69）之和。比较这两个方差，我们注意到样本结果变量变异主要由学生水平变动而非学校水平变动引起。通过一个总方差的分数形式表述（该分数等于 78.69/392.89 或 0.20），我们可以估计结果变量的样本总方差源于学校水平变异的比例。你会在表 7-1 中拟合无条件模型的最后一行发现后面这个统计量（0.20），其标签为"组内相关"（Intraclass Correlation）。这是一个重要的概括统计量（summary statistic），它在随后包括统计功效分析在内的分析中都有重要作用。它概括了这样 *116* 一个事实：在当前一年级学生的学校整群抽样数据中，结果变量总变异的 20％可以归因为结果变量学校均值的学校间变异，剩余部分是由学校内不同学生间的异质性造成的。因此，根据随机截距多水平模型呈现的总体残差方差，我们可以将总体的组内相关系数定义如下[①]：

$$\rho = \frac{\sigma_{between}^2}{\sigma_{within}^2 + \sigma_{between}^2} = \frac{\sigma_\mu^2}{\sigma_\varepsilon^2 + \sigma_\mu^2} \tag{7.3}$$

　　从上式可知，组内相关系数只能取 0 到 1 之间的数。通过拟合无条件模型 1，我们在子样本中获得了它的一个估计值（没有控制其他任何预测变量或协变量）：

---

① 该指数的另一个版本可以很容易地定义为子方差之和位于学校内的比例，或者两个子方差的比值。然而，按惯例采用方程 7.3 的定义是因为其映射了（mapping onto）传统方差分析和回归分析中定义的重要参数。

$$\hat{\rho} = \frac{\hat{\rho}^2_{between}}{\hat{\rho}^2_{within} + \hat{\rho}^2_{between}} = \frac{78.69}{314.20 + 78.69} = 0.20$$

通过考虑结果变量的组内变异和组间变异，你就能理解整群参与者的不完全独立性可能造成的潜在问题。考虑最终纳入 SFA 项目评估的学生所在集群（即学校），设想这样一个虚构的场景（a fictitious scenario），学年开始时每个学生实际上都被随机分配到了他或她的学校。在这种情况中，所有学生之间的阅读成绩会存在相当大的自然变动。然而，由于他们最初被随机分配到学校，各所学校中学生的阅读成绩的平均值就不会因学校的不同而不同。换言之，在学年开始时，如果学生最初是相互独立的，不同学校阅读成绩的平均值就不会存在差异——因而不存在"学校间"变动。相反，阅读成绩上所有观察到的变动仅出现在学校内的学生间，这使得组内相关系数等于 0。[1]

当然，一旦学生在学校内开始互动，这种情况便不会持续太久。随着学年的推进，不可观测的、同一学校内部的经历将会使学校内学生的不可观测反应趋于同化（homogenize）。举个例子，在一些学校中，校长能力较强或者同伴质量较好（strong school directors or constructive peer groups），可能会提升所有学生的成绩。而在另一些学校，校长能力较弱或同伴群体具有破坏性（weak school directors or destructive peer groups），可能会降低所有学生的成绩。在这种情形下，样本中所有学生阅读成绩的总体变动就将在学年末以不同的方式进行划分（partitioned differently）。具体而言，平均阅读成绩可能出现相当大的校际变动，并造成组内相关系数不再为 0。事实上，在最极端假设的情况下，假设学校的影响非常大，以至于同一学校内所有学生在学年末阅读考试中的表现都相同。在这种情况下，阅读成绩的所有变动都存在于"学校

---

[1] 当然，这种情况在现实中不会发生，因为学生在入学前总是会自然地以社区的形式集聚。即使相同社区内的学生被随机分到学校，学生也不会被随机分配到社区。事实上，社区中不可观测的力量早在学生上学之前的很长时间就会使学生的反应相互依存，因为学校就是来自（draw from）那些学生在许多不可观测的机会和经历上相同的招生地区（catchment areas）。通常来说，学生会进入一所已经相互依存的学校（亦即组内相关系数不为零），但这种相互依存可能通过他们随后在学校的不可观测的相同经历随着学年的推移而加深。在设计有效的研究设计时，同时考虑这两点并在评估结果变量最终取值得到测量的时候及时关注组内相关可能的表现至关重要。在本例中，这一时间点是学年末。

间"，而"学校内"变动则完全消失，这时的组内相关系数取值为1。

通过对上述两种极端情况的考虑，我们可以清晰地知道，将阅读成绩的净变动（net variation）划分为学校内变动或学校间变动，能较好地反映结果变量上学生反应的相对同质性（relative homogeneity）。原因在于，一方面，如果所有的结果变量变异都在学校内，我们便可视学生的行为相互独立，而不管他们所归属的学校。另一方面，当结果变量的变动全部出现在学校间时，同一学校内的学生将会完全地相互依存并表现得如同彼此的克隆物。当然，在真实的学生和学校的世界中，结果变量变动的划分通常落在这两种极端情形之间。为了估计将参与者整群随机分配到实验条件下的研究设计的统计功效，我们必须理解结果变量变动中组内贡献和组间贡献的相对重要性。组内相关系数的大小为我们提供了对这一划分的重要总结。它在我们随后对整群随机分配的研究设计中估计统计功效时起至关重要的作用。

118

正如我们所指出的，当结果变量在学校间的变异等于零时，组内相关系数的大小为零（因为其分子为零）。这种情况下，学校间不存在差异，结果变量的所有变异都归因为学校内的学生个体间的差异。因此我们可将学校内的学生行为视为完全地相互独立，他们整群进入学校不会对任何数据分析结果（包括统计功效的估计）产生影响。事实上，当组内相关系数为零时，全体学生样本可被视为一个简单随机样本（而不是一个整群随机样本），统计分析中的有效样本容量将等于样本中所有学校的学生总人数。

与之相反的是，当结果变量的学校间变异（与学校内变异相比）非常大时，组内相关系数的取值接近于1。这种情况下，同一所学校内的学生将会表现得非常相似，因此学生在学校内的集群将会在数据分析结果或统计功效计算中起主导作用。事实上，随着组内相关系数的大小趋近于1，任何统计分析中的有效样本容量都将接近于样本中的学校总数（而不是学生总数）。你可以想象，这对统计功效分析的影响巨大。

此时，回顾一下通常在经验环境（empirical settings）中获得组内相关系数的各类取值似乎是很自然的。结果发现，我们这里得到的组内相关系数具体估计数值（模型1中是0.20）相对较大。在大多数学生整群分配到学校的经验研究中，组内相关系数的数值通常很小（通常不超过 0.20，并且很多时候小于 0.05）。事实上，作为一个标尺（yardstick），方法学家往往把 0.01 左右的组内相关系数的取值视为"小"数值，把 0.09 左右视为"中等"数值，把 0.25 左右视为"大"数值。[①]

现在我们转向对 SFA 项目干预效果的评估。在表 7-1 的模型 2 中，我们呈现了第一个"条件"模型（包括关键预测变量 SFA）的拟合结果。注意，该模型的学生水平残差方差 $\hat{\sigma}_\epsilon^2$ 的估计值（取值为 314.20）并不比拟合无条件模型得到的相应值小。这是有道理的，因为我们此处引入模型的关键解释变量 SFA 是一个学校水平的预测变量——SFA 项目评估中学校被整体随机分配到干预组或控制组。在多水平建模中，学校水平的预测变量往往解释学校水平上的结果变量的变动，学生水平的预测变量往往解释学生水平上的变动，尽管这一区分并不总是互斥的。[②] 同时我们注意到，模型 2 中学校水平残差方差 $\hat{\sigma}_\mu^2$ 的估计值比无条件模型的相应值大约要小 2。拟合的学校残差方差下降所带来的结果是，模型 2 中组内相关系数的估计值（现在控制了学生干预条件的分配）为 0.196，比无条件模型 1 中相应的取值稍微有所下降。从本质上来讲，学校水平上 SFA 预测变量的引入解释了一小部分结果变量在学校间的变异，降低了相应残差中不可预测的学校水平变异。进而，这又导致了组内相关系数估计值的略微下降。换句话讲，组内相关系数现在描述了除分配到实验条件的影响之外，可归因为所有不可观测力量和效应的学校内学生相互依存。

与学校水平上结果变量变异的预测相一致，预测变量 SFA 的回归系数估计值为正的 4.363。[③] 和对实验数据的常规回归分析一样，这一系数估计了干预效应。它告诉我们，平均而言，实验第一年结束时 SFA 干预组学生的词汇测试分数要比控制组的学生高 4.4 分。该取值略微高于结果变量标准差的

---

① 注意，这些值近似等于皮尔逊相关系数相对应的标准"小"值、"中等"值、"大"值的平方。

② 个体水平变量与总体均值之间的离差可以写作以下两部分之和：个体得分与群组得分均值之间的离差，群组得分均值与总体均值之间的离差。除非后者等于零，否则个体层面变量总包含了个体层面变动和群组层面变动两个部分，因此在多水平模型中加入个体水平变量既能预测个体水平上的结果变量变动，又能预测群组水平上的结果变量变动。

③ 也要注意模型的总体 R^2 统计量从 0 上升到了 0.03。

1/5，是一个相当大数量的效应量(effect size)。[1]

遗憾的是，出于教学的需要，本书只关注一年级子样本的数据，我们对干预效应的估计并没有达到标准的统计显著性水平。博尔曼及其同事(Borman et al.，2005a)使用更大的数据集进行研究，因此能够拒绝相应的零假设并得出结论：平均而言，SFA 项目干预的确成功地使得实验第一年结束时学生的词汇测试分数高于(没有参加 SFA 项目的)控制组学生的词汇测试分数。本章后面将在统计功效分析的情境下讨论拟合的模型 3。

二、参与者整群分配实验条件下的统计功效

毫无疑问，你肯定会从上一部分的内容中猜测，群组内参与者的同质性(用组内相关系数表示)对整群随机分配参与者实验研究的统计功效有直接且重要的影响。因此，为了给这类研究确定一个合适的样本容量，除了设定通常所需的三个要素(α 水平、预期效应量和必需的统计功效)以外，你还必须设定预期的、在整群随机分配到实验条件下的组内相关系数的取值。重要的是，你需要在测量结果变量取值的时候获得组内相关系数的估计值。在本节中，我们将以代数和图形两种方法研究并阐述这一依存性(dependence)。举个例子，设想我们被要求设计一个评估 SFA 项目第一年影响效果的研究。既然我们打算从学校层面进行整体随机分配，就有必要提前搞清楚群组(即学校)数量、每一个群组内的学生数量和组内相关系数取值将如何影响研究设计的统计功效。

通过考察回归参数 γ_1(它在方程 7.1 中表示 SFA 项目的影响效应)估计值的总体抽样方差的一个表达式，你可以深入了解统计功效对群组内参与者聚集的依赖程度。在一个简化假设中，将 J(偶数)个群组(学校)等额地随机分配到干预组或控制组，并且每所学校中参与者(学生)数量均为 n，我们可以将该情形下 γ_1 估计值的总体抽样方差写作两部分之和：

_121_

---

[1] 结果变量的样本标准差为 19.88。

$$Var(\hat{\gamma}_1) = \left(\frac{\sigma_\epsilon^2}{nJ/4}\right) + \left(\frac{4\sigma_\epsilon^2\left[\rho/(1-\rho)\right]}{J}\right) \tag{7.4}$$

考察 $\hat{\gamma}_1$ 的总体抽样方差如何取决于 n、J 和 ρ，是深入了解这些数量与统计功效之间关系的一个合理方法，因为使用样本数据估计方程 7.4 所示总体抽样方差并取平方根后，便可以估计出整群随机实验评价设计中 $\hat{\gamma}_1$ 的标准误。当然，在检验回归参数 γ_1 为 0 的虚拟假设时，t 统计量的分母也正是这个标准误。也就是说，在评估 SFA 项目干预对一年结束时学生阅读成绩的因果影响时，使用的正是这个标准误。该标准误越大，相应的 t 统计量就越小，我们也就越难拒绝 H_0（在其他条件相等的情况下）。换句话讲，估计干预效应的标准误越大，我们在整群随机实验设计中识别干预效应的统计功效就越小。因此，尽管方程 7.4 中的总体抽样方差表达式并未描述集群随机设计的实际统计功效，对其进行审查，的确可以告诉我们整群随机设计的统计功效将如何取决于研究设计中的组内相关系数、群组（学校）数量和群组内的参与者（学生）数量。下面我们逐一评论并阐述这些重要的依赖关系。

（一）组内相关系数的影响

122 　值得注意的是，当组内相关系数为零（$\rho=0$）时，方程 7.4 中的第二项也为 0。这种情况下，干预效应估计值的总体抽样方差（及标准误）等于将学生总样本量（nJ）在个体水平上随机分配到控制组或干预组的研究设计中得到的相应估计值的抽样方差（及标准误）。[1] 换句话讲，组内相关系数为 0，即学校内学生的行为相互独立时，整群随机实验设计收敛于（converges on）简单个体随机实验设计，二者具有相同的统计功效。然而，随着群组内学生不可观测的反应越来越相互依存，组内相关系数也逐渐变大。这样一来，方程 7.4 右边的第二项对总体抽样方差的重要性就变得越来越大，并在更大程度上决定了整群随机实验设计中干预效应估计值的标准误。组内相关系数的非零取值会使干预效应估计值的总体抽样方差及相应的标准误发生膨胀（inflate），使之高

---

① 必要的 OLS 总体抽样方差由方程 7.4 等号右边的第一项给出，即 $\left(\frac{\sigma_\epsilon^2}{nJ/4}\right)$。

于样本规模相同的简单个体随机实验中得到的估计值。举个例子，当 $\rho=0.1$ 时，方程 7.4 分子中的 $\rho/(1-\rho)$ 将等于 0.1 除以 0.9，即 0.111 1。现在，整群随机设计下干预效应估计值的标准误稍高于个体随机设计下的取值，但这一差异并不大（modest）。但是，如果组内相关系数一路上升到 0.75，这意味着学校内学生的行为高度相互依赖，那么表达式 $\rho/(1-\rho)$ 取值将为 3，整群随机设计中干预效应估计值的标准误就将远远大于在简单个体随机设计中得到的标准误。因此，随着组内相关系数不断增大（代表着学校内部学生间相互依赖程度的提高），整群随机设计的统计功效将相对于简单个体随机设计显著下降。幸运的是，教育领域中的组内相关系数一般很小。很少像我们前面提到的那样上升到 0.2 或 0.25 以上。

尽管如此，个体在群组内的聚集对统计功效产生了重要的影响。为了更加具体地阐述这种依赖关系，我们为一个（类似于 SFA 项目评估中使用的）整群随机实验设计呈现其统计功效的"大概估计"（ballpark estimates）。在图 7-1 中，为了演示整群随机研究设计的统计功效（纵轴）与研究中群组（学校整体）数量（横轴）之间的预期关系，我们以 0.05 的显著性水平在三个典型的组内相关系数取值（0、0.05 和 0.1）上基于单尾检验识别一个小的效应量（0.2）。并且，我们在每所学校包含 50 名学生和 100 名学生两种假定的整群随机实验中，进行了重复演示。[①] 我们加入了组内相关系数为零的情况以便为前一章呈现的功效分析（当时我们为简单个体随机设计的统计功效和样本容量提供了类似的大概估计）建立一个参照点。

对该图前半部分的考察证实了在群组数量和组内样本规模固定时我们就组内相关系数对统计功效影响进行的代数分析。比如，组内相关系数为零时，我们大约需要 13 所学校（共计约 650 名学生）来达到一个中等程度 0.80 的统计功效。组内相关系数为零意味着参与者的行为相互独立，即使他们聚集于整个群组之中，而且这些样本容量与我们在前一章功效分析中所得到的数量

---

① 功效计算采用多水平纵向研究最优设计 0.35 版本（Optimal Design for Multi-Level and Longitudinal Research）（Liu et al.，2005）。软件随附手册是了解集群随机设计中统计功效计算细节的一个好资源。

基本一致(当时我们得出结论，参与者个体随机分配的实验中需要 620 名学生)。[①]

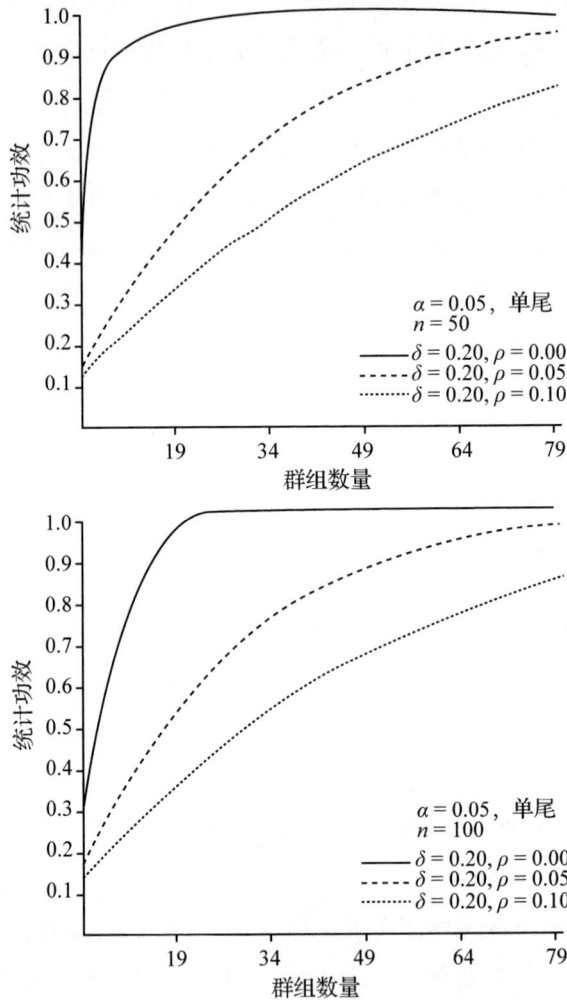

图 7-1　整群随机实验研究设计的统计功效与群组(学校)数量之间的预期关系(效应量为 0.2，组内相关系数分别为 0、0.05 和 0.1，显著性水平为 0.05，单尾检验)。上半部分，每所学校包含 50 名学生；下半部分，每所学校包含 100 名学生

① 有两个因素导致了这里报告的必需样本容量的估计值(650)与前一章描述的估计值(620)之间的微小差异。第一个是我们使用的不同软件在功效计算算法中舍入误差(rounding error)的影响。第二个是你无法使用大小为 50 的整群组成一个容量恰好为 620 的样本。

　　但是，当我们把组内相关系数的假设值从 0 提高到 0.05 时，情况会发生很大的改变。现在，我们需要大约 45 所包括 50 名学生的学校(参与者总数几乎是之前的 4 倍)才能达到 0.80 的统计功效。当组内相关系数取值上升到 0.1 时，其影响甚至更加显著。抽样计划中需要包括大约 75 所学校才能实现中等程度的统计功效，总样本容量为 3 750 名学生。图 7-1 中演示的模式说明，整群随机实验设计的统计功效的确对组内相关系数的取值非常敏感。

(二)群组内参与者数量和群组数量的影响

　　现在考虑群组内参与者数量(在 SFA 评估中即为学校内幼儿园至二年级的学生总数)对整群随机设计统计功效的影响。在方程 7.4 所示干预效应的总体抽样方差(及相应标准误)的表达式中，群组内参与者的数量 n 只与群组数量 J 一同出现以表示总体样本容量 nJ。它只出现在等号右边第一项的分母之中。因此，在计算统计功效时，n 所起的作用在整群随机实验中与在个体随机实验(其中，同样总量的"未集群"参与者被随机分配实验条件)中完全相同。随着群组内参与者数量的增加(群组数量固定)，总样本容量必然增大，干预效应的总体抽样方差(及相应的标准误)必然减小，统计功效随之提升，这一点正是我们所期望的。然而，在方程 7.4 中我们注意到，只有等号右边第一项的大小会随着总样本容量的增大而减小，并不会对第二项产生影响。由此我们预计，在整群随机设计中通过改变群组内参与者数量进而改变统计功效后所带来的好处，完全等同于在简单个体随机设计中通过增加同样数量参与者样本所带来的好处。但在整群随机设计中，增加群组内样本数量的贡献迅速受制于(dominated by)组内相关系数和群组数量(两者都出现在方程 7.4 等号右边的第二项中)增加所带来的影响。

　　在群组数量和组内相关系数相同时，通过比较图 7-1 中两部分相对应的、典型(prototypical)的统计功效取值，你便可以看到整群随机设计的统计功效对群组内参与者数量的依赖程度。举个例子，在一项整群随机设计的研究中，当每所学校内参与者数量从 50 名学生增加到 100 名学生时，对图 7-1 呈现的前景分析(prospective analysis)统计功效只产生了轻微影响。具体来看，每所学校有 50 名学生且组内相关系数为 0.05 时，大约需要 45 所学校(共计 2 250

名学生）即可达到 0.80 的统计功效。而每所学校有 100 名学生且学校数量为 45 所时，统计功效只上升到了 0.85 左右——通过使样本学生总数加倍，统计功效仅上升了 6%。

由此可见，提升整群随机设计统计功效最重要的机制在于，研究者掌控随机化分配群组数量的能力。这在方程 7.4 关于干预效应总体抽样方差的表达式中显而易见。这里，研究设计中的群组数量出现在等号右边第二项的分母之中，随着群组数量增加，第二项对标准误膨胀的贡献迅速降低，而且标准误会不断地靠近简单个体随机设计中相应的取值。在图 7-1 中，我们可以从表示统计功效与群组数量之间关系的趋势线的形状中看到上述依赖关系。在所有情况（组内相关系数为零的情形除外）中，不论组内相关系数和群组内参与者数量的取值如何，随着参与者群组数量的增加，统计功效都会迅速上升。尽管这一关系是非线性的，但很显然的是，在每所学校有 50 名学生且组内相关系数为 0.05 时，你可以通过将抽样的学校数从 15 所增加到 45 所，轻易地将统计功效从 0.40 加倍到 0.80，由此可见，集群随机实验的统计功效更多依赖于群组的数量而非群组内参与者的数量。

（三）协变量的影响

在这部分内容的最后，我们将回到前一章已经讨论过的一个话题，即在实验数据的分析中添加协变量的好处。我们之前获得的信息是，一旦给参与者随机分配实验条件，在分析中添加协变量就总是好的：因为它往往能减小残差方差进而减小干预效应估计值的标准误，这又会增加与之相关的 t 统计量并减小相应的 p 值，最终提升了统计功效。

因此，增加协变量的关键原因是减小残差方差（reduction of residual variance）。如果在任何分析中加入协变量都可以减小残差方差，那么，统计功效就会上升。当然，当参与者聚集为整群时，我们已经知道，使用包含一对残差的随机截距多水平模型来建模是合适的。幸运的是，个体水平或群体水平上残差方差的减小都会减小参数估计值的标准误并提升统计功效。但是，在通常情况下，在组内相关系数非零的条件下（也就是说，当参与者集群的确影响了其不可观测的行为时），引入群组水平的协变量往往比引入个体水平的协

127

变量更好。从提高统计功效的视角来看，加入群组水平协变量以减小群组水平上的残差方差要比引入个体水平的协变量以减小个体水平上的残差方差更为有效。这一结论与我们在上一部分讨论的结论类似，即整群随机设计的统计功效往往对群组数量更加敏感（相比于群组中的参与者数量）。

从本质上讲，组内相关系数的大小对组间残差方差的变化要比对组内残差方差的变化更敏感。这一点很重要，因为统计功效对组内相关系数特别敏感。事实上，组间残差方差的减小总是会比组内残差方差相同数量的减小导致统计功效更大程度的上升。当然这就意味着，当你试图在整群数据的分析中加入协变量时，你最好先找出有效的群组水平协变量。

借鉴博尔曼及其同事（Borman et al.，2005a）的做法，我们在表 7-1 中拟合的模型 2 和模型 3 之间唯一的差异在于后者包括了协变量 SCH _ PPVT，即评估开始前学生 PPVT 分数的学校平均值。[①] 注意，加入学校水平上的协变量后，学校间残差方差的估计值从 76.61 显著下降到 48.57，尽管学校内残差方差保持不变。结果，组内相关系数的估计值从模型 2 中的"大"数值（0.196）减小到了模型 3 中的"中"数值（0.134）。SFA 干预效应估计值的标准误随之从 2.859 减小到 2.340。不巧的是，该例中标准误减小所带来的好处被参数估计效应量的减小（从 4.363 到 3.572）所抵消。结果，t 统计量的取值没有太大差别。这个例子是非典型的（atypical），抛开这个例子我们仍然可以认为：加入群组水平的协变量通常是提高整群随机设计统计功效非常有效的一个途径。

128

三、整群随机实验的效应量估计：固定效应多水平模型

在考虑参与者在群组内聚集所带来的问题时，方程 7.1 中设定的随机截距多水平模型是估计干预效应一个常用且有效的方法。然而，多水平建模领

[①] 我们没有估计子样本中的学生这一前测成绩的平均分并将其作为协变量，而是使用了博尔曼等人（Borman et al.，2005a）在其更大数据库中提供的 PPVT 前测分数学校均值。使用后面这一平均分代替我们子样本中得到的学校内均值并重复我们的分析，结果稍有减弱但仍然类似。

域本身是庞大且复杂的，为了解决参与者集群对效应量估计的影响，我们还有其他设定统计模型的方法。下面，我们将介绍替代随机截距多水平模型的一个常用方案。

(一)固定效应多水平模型的设定

在离开多水平模型话题之前，我们介绍一个简单的替代策略以解决统计分析中参与者集群所带来的影响。这一灵活且稳健的策略被称为固定效应(fixed-effects)方法，其在众多分析环境中大有用处。通过进一步考察方程7.2 所示随机截距模型的替代设定形式，我们很容易理解其起源(origin)，这里再次呈现方程 7.2 如下：

$$WATTACK_{ij} = (\gamma_0 + \mu_j) + \gamma_1 SFA_j + \varepsilon_{ij} \tag{7.5}$$

回想一下，我们使用以上替代设定形式来说明该多水平模型被称为"随机截距"模型的原因。也就是说，我们在模型中引入学校水平残差项相当于给 SFA 项目研究中的每一所学校提供了一个自己的截距($\gamma_0 + \mu_j$)。当然，由于我们假定学校水平残差 μ_j 是从一个潜在的随机分布中抽取的，因而就能使用学校"随机截距"来有效地设定多水平模型，并为该模型进行上述命名。

我们可以将这一观点推进一步并重新改写方程 7.5，以使每所学校都有自己的实际截距 α_j，如下所示：

$$WATTACK_{ij} = \alpha_j + \gamma_1 SFA_j + \varepsilon_{ij} \tag{7.6}$$

129   此处 $\alpha_j = \gamma_0 + \mu_j$。尽管两个模型的设定没有差异，但后一个模型设定引出了一个显而易见的问题：解决整群问题时学校的截距为什么是随机的？它们为什么不能是固定的？也就是说，我们为什么不能在所设定的多水平模型中为每所学校提供一个固定的截距参数？这时，在使用模型拟合 SFA 项目评估数据时，将会出现 41 个这样的截距，每一个都专属于样本中 41 所学校中的一所。

在实践中，通过构造一组虚拟变量来区分每一个学生所在的学校并将这些变量纳入统计模型作为预测变量，你便可以轻而易举地在任何回归模型中

引入这组截距。举个例子，我们可以构造从 S_1 到 S_{41} 的新的虚拟变量表示
SFA 项目子样本中的 41 所学校，当学生是那所学校的一员时相应的虚拟变量
等于 1，否则为 0。具体来看，第一所学校的所有学生在虚拟预测变量 S_1 上
取值为 1，在所有的其他学校虚拟变量上取值为 0，第二所学校的学生将在虚
拟预测变量 S_2 上取值为 1，而在所有的其他学校虚拟变量上取值为 0，以此
类推。那么，为了解决参与者在学校内聚集问题，我们不是使用方程 7.1 中
的模型来拟合 SFA 项目评估数据，而是拟合如下模型：

$$WATTACK_{ij} = (\alpha_0 + \alpha_2 S_{2j} + \alpha_3 S_{3j} + \cdots + \alpha_{41} S_{41j}) + \gamma_1 SFA_j + \varepsilon_{ij} \quad (7.7)$$

　　注意，当用一组虚拟预测变量的向量表示像"学校"这样的整体效应时，
我们按照惯例需要从模型中任意去掉一个虚拟预测变量并将其相应的学校（这
里是第一所学校）定义为"参照"组样本。这时，模型的总体截距（即 α_0）就代表
参照学校中学生词汇测试分数的总体平均值，其余的 α 系数则表示相应各所
学校的总体均值与参照组学校之间的差异。[①] 最后，注意模型中唯一的残差是
学生水平残差 ε_{ij}。由于该残差隐含地（implicitly）满足 OLS 模型的常规假设，
所以我们可以使用 OLS 回归方法来拟合该模型。

　　在方程 7.7 所示的模型中，每一所学校都有自己的截距，该模型被称为
"学校固定效应模型"（fixed-effects of schools model），虚拟预测变量的系数表
示这些固定效应。不幸的是，使用该模型来检验 SFA 项目（回想一下，这是
一个学校层面的阅读教学方法）的干预效果时存在一个问题。如果你试图用
SFA 项目的数据拟合方程 7.7，统计软件通常会出错（balk）。根据软件的编写
方式，程序要么停止运行，要么从模型中去掉一项（可能是预测变量 SFA 的
斜率参数）。在任何一种情况下，分析都将失败，SFA 项目干预对结果变量的
影响效应都不能被估计。其原因在于，预测变量 SFA 与学校虚拟变量组之间
存在完全共线性（perfect collinearity）。回想 SFA 项目在学校间随机分配的过

130

---

① 我们可以通过去除标准截距 α_0 并保留所有的学校虚拟变量及其斜率参数来得到相同的结果。这样，每一
　个参数都表示与之相应学校的猜词分数总体平均值，而没有必要规定一所"参照"学校。两种方法得到的
　结果实质上是相同的。

程可以知道，预测变量 SFA 是一个学校层面的虚拟变量且在学校内的学生间没有任何变动。换句话说，每所学校中幼儿园至二年级的所有学生在预测变量 SFA 上的取值都相同。如此一来，SFA 在本质上就是一个区分两类学校的预测变量。当然，模型设定的学校虚拟变量也起到了同样的作用。例如，我们假设第 21 所学校到第 41 所学校是控制组学校。那么，如果我们知道一个女生在任何一个相应的虚拟预测变量（从 S_{21} 到 S_{41}）上取值为 1，我们就将知道她就读于一所控制组学校，我们就没有必要知道她在变量 SFA 上的取值。或者，如果她在该组学校虚拟变量指标上取值都为 0，我们就知道她一定被分到了干预组。[①] 事实上，一旦在模型中加入学校虚拟变量的给量作为预测变量，这些向量就吸收了结果变量在学校水平上的所有变动，你就不能再给模型加入任何其他学校水平上的预测变量。因此，你不能加入学校水平上关键的问题解释变量 SFA，尽管其相应的回归参数回答了评估核心的研究问题。

考虑到你不能在包括学校固定效应的模型中加入如 SFA 这样的学校水平
131 上的预测变量，你可能会问：这类固定效应模型有何用途？答案在于，如果你想在一个水平上控制结果变量的所有变动并在另一个水平上提出重要的研究问题，这类模型就非常有用。教育研究领域经常发生的一种情形是：学生不仅嵌套于两个水平的层次结构之中，而且嵌套于更多水平的深层次结构之中。例如，学生可能内嵌于班级，然后内嵌于学校，再内嵌于学区，以此类推。那么，尽管我们不能在包含学校固定效应的多水平模型中保留预测变量 SFA，但我们可以纳入学区固定效应来控制结果变量在更高水平群组上的所有变动。当然，我们也可以进一步使用加入学校残差的标准随机效应方法来继续考虑学生在学校内的嵌套。固定效应方法和随机效应方法的结合被证明是解决参与者在多个水平上集群问题的一种灵活分析策略。

---

① 该解释提出了一个即使在变量 SFA 由于完全冗余而被遗漏的学校固定效应模型中也能有效用于估计 SFA 干预效应的策略。对包括所有学校虚拟变量但不含预测变量 SFA 的模型进行拟合之后，你可以使用事后一般线性假设（general linear hypothesis，GLH）检验或线性对比分析（linear-contrast analysis）对所有 SFA 指定学校（SFA-designated schools）的总体截距均值与非 SFA 指定学校（non-SFA-designated schools）的总体截距均值进行比较。

举个例子，在田纳西州学生/教师成就比（STAR）实验中，在 79 所大规模小学中，每一所学校的幼儿园阶段的学生都被随机分配到小班（13～17 名学生）、普通规模班（22～25 名学生）或配有全职教师助手的普通规模班。随后将样本学校幼儿园阶段的教师随机分配到各个班级中。当然，即使学生最初被随机分配到了班级中，他们在实验开展这一学年中不可观测的相同经历还是会"建立"一个相当大的组内相关系数。在评估实验干预对学生学业成绩的影响时，考虑幼儿园学生和教师在每所参与学校内以整个班级为单位被整群随机分配（学生既嵌套于班级又嵌套于学校）实验条件就很重要。通过使用包含班级随机效应和学校固定效应的统计模型来估计干预效应，这样的分析才能够适应上述复杂状况。换句话讲，你可以使用一个班级水平上的残差项来拟合随机截距，而加入一组虚拟控制变量来控制学校层面的变异。

（二）随机效应与固定效应之间的选择

正如我们所描述的那样，如果你将给参与者分配实验条件的水平与参与者整群嵌套的水平存在不完全共线性，你就需要对多水平模型形式进行慎重选择。比如，在分析 STAR 实验的数据时，一个选择是只加入学生（ε）、班级（μ）和学校（υ）的随机效应，如下所示：

$$Y_{ics} = \beta_0 + \beta_1 SMALL_{cs} + \beta_2 REGULAR_{cs} + \beta_3 X_{ics} + (\varepsilon_{ics} + \mu_{cs} + \upsilon_s) \quad (7.8)$$

这里的 Y_{ics} 表示第 s 所学校中第 c 个班级的第 i 名学生的学年末学业成绩，如果学校 s 中的第 c 个班级是小班则该班所有学生在预测变量 $SMALL_{cs}$ 上都等于 1（否则为 0），如果该班级是配有教师助手的普通规模班则该班所有学生在预测变量 $REGULAR_{cs}$ 上都等于 1（否则为 0）。来自没有教师助手的普通规模班的控制组学生则在这两个预测变量上均取值为 0。变量 X_{ics} 表示控制变量的向量。这类模型可通过大多数多水平建模软件进行拟合，学生水平上、班级水平上和学校水平上随机效应的总体方差也可得到估计。另外，你也可以效仿克鲁格（Krueger，1999）的做法，通过加入学校固定效应来捕捉班级在学校内的聚集，如下所示：

$$Y_{ics} = \beta_{0s} + \beta_1 SMALL_{cs} + \beta_2 REGULAR_{cs} + \beta_3 X_{ics} + (\varepsilon_{ics} + \mu_{cs}) \quad (7.9)$$

此处我们去掉了学校水平上的随机残差项而允许每所学校拥有自己的截距 β_{0s}。为了使不同学校的截距得以估计，加入一个学校虚拟变量向量作为解释变量并对模型进行拟合。

当然，是选择包含学校固定效应的多水平模型还是选择包含学校随机效应的多水平模型来分析 STAR 数据，面临这一问题时，你应该如何做出抉择？这个抉择并非微不足道，因为每一种方法都各有利弊。

固定效应法的一个缺点在于，统计模型中为区分研究设计中的每一个群组加入了一组虚拟变量，这可能会大大增加必须估计的回归参数数量，并造成自由度的牺牲。举个例子，克鲁格（Krueger，1999）需要在总体截距项之外加入 78 个学校参数来区分 STAR 研究中包括的 79 所学校。与之形成鲜明对比，随机效应法解决参与者在群组内聚集问题的过程中，只额外加入一个学校水平（即群组聚集水平）的残差方差参数。在 SFA 项目这个例子中，必须估计的是总体学校间残差方差 σ_μ^2。由此可见，随机效应法相对固定效应法的优势在于待估参数更少。

固定效应法相对于随机效应法同样存在重要的优势。通过加入特有的虚拟变量向量来区分分析中出现的群组，固定效应法考虑了群组间所有可观测和不可观测的、不随时间变化的总效应。在任何水平上表示集群的固定效应与模型中其他预测变量是否相关都不重要，因为回归分析允许预测变量间相关。相反，如果你将该群组水平的效应表示为随机效应，就隐含地假设了群组水平上的残差与模型所包含的其他变量都不相关。如果这一假设不成立，那么你的分析结果就将是有偏的。其原因在于，如果残差与回归模型中预测变量相关，偏误就将出现。

博尔曼及其同事在评估 SFA 项目干预时选择学校随机效应模型是合理的，因为随机分配学校确保了残差中的学校成分不会与区分干预组和控制组身份的关键预测变量（SFA）相关。而克鲁格在对 STAR 实验的评估中选择学校固定效应模型也是合理的：因为参与者的随机分配是在班级水平（即学校内）上实施的，学校间不可测量的差异（如校长质量差异）可能与多水平模型中加入的其他控制变量（如教师教龄）相关，在该情况下使用随机效应模型可能产生模型参数的有偏估计。

在你有选择的情况下，采用统计模型的随机效应形式还是固定效应形式取决于你能否捍卫下述假设，即群组间的不可观测变异与模型中其他预测变量无关。如果该假设成立，你应该更偏好于随机效应模型，因为它保存了自由度。然而，这是一个强假设。通常而言，只有在整群随机分配样本到干预组或控制组状态的情况下，这一假设才合理。

幸运的是，豪斯曼（Hausman，1978）开发的一个检验可在两类模型都可能得到拟合的情况下对决定是采用随机效应模型还是固定效应模型提供指导。该检验基于这样的逻辑：如果群组间不可观测的差异与模型中其他预测变量不相关，那么随机效应模型中获得的模型参数估计值将会与固定效应模型中获得的模型参数值非常相似（当然，标准误会因自由度上的差异而不同）。许多统计软件包（包括 Stata）提供了这一检验。

四、拓展阅读材料

如果你想继续深入学习整群随机设计中的多水平数据分析和统计功效估计等内容，劳登布什、马丁内斯和施皮布鲁克（Raudenbush，Martinez，& Spybrook，2007）充满洞察力的论文《改善整集群随机实验精度的策略》（"Strategies for Improving Precision in Group-Randomized Experiments"）将是一个很好的起点。然后你可以转向劳登布什和布雷克（Raudenbush & Bryk，2002）的《多层线性模型：应用和数据分析技术》（*Hierarchical Linear Models：Applications and Data Analysis Methods*）一书。最后，拉里·奥尔于 1999 年出版的《社会实验》（*Social Experiments*）一书深入探讨了研究人员在不同水平上进行随机化的实地实验设计时面临的各种问题。

第八章

自然实验与外生变动

　　家庭在子女教育投资上的成本是全世界共同关注的问题。发展中国家关注的问题在于，中等教育收费是否显著减少了低收入家庭子女的受教育机会。以巴西和墨西哥为代表的一些国家开始重视这一问题，并检验了负向价格收费（即向低收入家庭子女上中学提供现金补贴）能否改善相关人群的入学情况（Fiszbein，Schady，& Ferreira，2009）。以美国为代表的一些发达国家则关注大学成本对高等教育决策的影响。在每一个国家，了解家庭教育决策对教育成本的敏感程度，对于合理的教育政策制定都至关重要。它产生的一个挑战是，找到成本变动与家庭教育决策之间因果关系的证据。

　　我们在第四章已经指出，对于评价学校收费或奖学金政策对家庭教育决策的因果影响这类问题，随机实验可以提供最具说服力的研究策略。的确，正如我们接下来会在第十四章所指出的，已经出现大量随机实验尝试揭示教育成本对家庭教育决策的影响效应。然而，由于实施成本问题以及参与者和教育机构合作等方面的困难，研究者针对这一主题设计随机实验通常比较困难。因此，研究者从自然实验中开展研究的可行性更大。

　　"自然"实验是一些外部力量（可能是自然灾害、地理特征、出生日期特征，或者长期教育政策中未预料的突然变动）将参与者随机"分配"到潜在"干预组"和"控制组"的情形。对研究者的挑战在于，要在自然实验发生时对其进行识别，并利用它们带来的机遇和应对其可能的挑战。

　　本章接下来的部分将解释研究者设计随机实验和自然实验的异同点，并将基于两个著名的数据库，来阐释研究者如何利用自然实验揭示政策因果效应的问题。本章的结构如下：首先，我们会指出已经被证明有效的自然实验的来源，并总结其共同特征。其次，我们会描述内部效度面临的两项重要威胁，它们是处理一类特殊的、被称为"断点设计"(discontinuity design)的自然实验数据时不可分割的组成部分。最后，我们将解释"双重差分估计"(difference-in-differences estimation)方法如何对其中一个效度威胁做出合理的回应。

一、自然实验与研究者设计随机实验的异同

随机实验研究中确保内部效度的核心是给参与者随机分配实验条件。当我们说实验分配是外生的，其含义是，参与者不能对分配结果产生影响，即干预组或控制组成员的身份分配完全独立于参与者的自我动机和决策。换句话说，研究者在实验中给参与者随机分配实验条件时，由于抽签中的公平性，参与者无法影响最终的分配结果，因而分配是外生的。随机分配使得干预组和控制组成员在干预前处于期望相等的状态，那么，利用干预后产出变量平均值检测到的任何组间差异都只能源于干预本身的因果效应。

有时候，将参与者随机分配到不同的项目选项、创新实践或激励方式的外生机制不受研究者直接控制，但仍然提供了满足因果推断所必需的处理前期望相等条件。如果能够令人信服地证明自然分配到"实验"状态的干预组与控制组样本确实满足处理前期望相等的条件，我们就有对干预的因果影响做出无偏推断的逻辑基础。然而，尽管有时可以使用与分析研究者设计随机实验数据相同的方法来处理自然实验数据，但你可能需要修正分析策略以应对处理自然实验数据时可能出现的内部效度威胁。

二、自然实验的两个实例

我们首先描述两个典型的自然实验实例。第一个实例发生在越南战争时期，当时美国国防部(U. S. Department of Defense)在征兵中引入了抽签的策略(military draft lotteries)。经过抽签可以创造两个满足期望相等假定的年轻男性群组，两组样本仅在是否提供兵役服务上存在差异，即被抽中的一组可以被征召入伍，而没有被抽中的一组不被征召入伍。第二个实例发生在1982

年，联邦政府终止了一项为已故社会保障受益人子女提供大学财政援助的项目。这一突然的政策转变也自然形成了两个参与实验的群组：干预组为1981年以前毕业的、父亲为已故社会保障受益人的高中高年级学生；控制组为1981年以后毕业的、父亲为已故社会保障受益人的高中高年级学生。只要这些高中高年级组学生满足期望相等假定，他们就仅在是否获得大学财政援助上存在差异，一对干预组和控制组自然就呈现在我们面前了。

（一）越南战争时期的征兵抽签

服兵役是否会影响男性的长期劳动力市场产出？这是许多政府在制定劳动力政策时会提出的一个问题。正如乔舒亚·安格里斯特（Joshua Angrist，1990）所指出的，这一问题无法通过使用人口普查数据比较服兵役男性和未服兵役男性的长期收入来得到答案。原因在于，通常情况下男性并非随机地被分配到服兵役组。相反，对民用领域（civilian sphere）就业机会相对缺乏兴趣的男性更可能选择进入军队。这意味着，在估计服兵役对男性的长期劳动力市场产出产生的影响效应时，自愿服兵役群体和非自愿服兵役群体之间不可观测的差异就会对估计带来偏误。

138　　越南战争期间发生的一项自然实验为安格里斯特就服兵役对男性的长期劳动力市场产出产生影响效应的无偏估计提供了机会。1970—1975年，美国国防部共5次使用抽签方式决定特定年龄段中男性被征募入伍的资格。1970年，参与抽签的人群为19～26岁的男性，随后四年参与抽签的人群为19～20岁的男性。每次抽签时，将范围从1到365的一个"随机序列数"（random-sequence number，RSN）分配给每个出生日期。随后，美国国防部每年会随机指定一个数字，只有出生日期所分配的随机序列数小于这一外生指定数字的男性才拥有被征募入伍的资格。安格里斯特将这类男性称为"获得征募资格"（draft-eligible）群体。简单比较获得征募资格和没有获得征募资格的群体在20世纪80年代早期的年收入，就能为获得征募资格是否影响未来收入提供无偏估计。

注意，这项自然实验实施的干预是"获得征募资格"，而非实际服兵役。这是因为，尽管年轻男性是否获得征募资格的分配是随机的，但年轻男性最终是否服役的分配并不随机。事实上，在获得征募资格的"干预组"中，一些男性因为上大学、身体不符合服兵役要求或征兵前被逮捕等没有真正地服兵役。据统计，1950 年出生的白人男性中，在抽签得到随机序列数小于指派上限而获得征募资格的男性中，仅有 35% 最终服了兵役，而在没有获得征募资格的男性群体中，也有 19% 实际服了兵役（Angrist，1990；Teble 2，p. 321）。尽管一些获得征募资格的男性最终并未服兵役，而一些未获得征募资格的男性最终服了兵役，但这并不会威胁到估计"获得征募资格"对未来劳动力市场产出所产生影响的无偏性。这一自然实验类似于纽约奖学金项目（NYSP）。在这项研究者设计的随机实验中，干预变量是随机提供帮助支付私立学校学费的教育券。正如第四章所指出的，并非所有获得教育券的家庭都将他们的孩子送到了私立学校。我们将在第十一章介绍一项被称为"工具变量估计"的更加复杂的技术，将最初随机分配的提供（offer）作为"工具变量"，可以巧妙地获得实际服兵役（或实际就读私立学校）的因果影响。然而，本章只将注意力放在估计获得征募资格对随后劳动力市场收入的影响上。

将是否获得征募资格的信息与社会保障部（Social Security Administration）提供的未来收入的信息结合起来，安格里斯特分别以各次抽签所选择年龄群体为样本，依次在白人男性和非白人男性群体中估计了获得征募资格对未来年收入的影响。研究者发现，对于 1950 年出生并在 1970 年抽签中获得征募资格的白人男性，他们在 1984 年（即 34 岁时）的年收入要比同年出生、没有获得征募资格的白人男性大约少 1 100 美元（Angrist，1990；Table 1，p. 318）。[①]

和研究者设计实验一样，对这些数据的统计分析是很直接的。是否获得征募资格的两组男性在 34 岁时的总体平均年收入没有差异的假设可以通过以下几种方式进行检验。比如，我们可以使用标准的普通最小二乘法（OLS），用一个表示男性是否获得征募资格的虚拟变量来对 34 岁时的年收入（$EARN34$）进行回归。另外，我们也可以采取两组样本 t 检验来比较两组男

---

① 安格里斯特报告的所有美元都以 1978 年的美元价值为基准。

性在 34 岁时的平均年收入。我们直接使用安格里斯特论文中表 1 所提供的统计量来呈现检验结果，该表列举了两组样本平均年收入差异的估计值及其标准误，具体如下：

对于 1950 年出生队列：

$$t = \frac{\overline{EARN34_{1.}} - \overline{EARN34_{0.}}}{s.e.(\overline{EARN34_{1.}} - \overline{EARN34_{0.}})} = \frac{-1143.30}{492.2} = -2.323 \qquad (8.1)$$

$\overline{EARN34_{1.}}$ 表示获得征募资格的白人男性（干预组）在 34 岁时的平均年收入，$\overline{EARN34_{0.}}$ 表示没有获得征募资格的白人男性（控制组）的平均年收入。[①] 尽管安格里斯特没有清楚地报告上述比较中所涉及的样本容量，但年收入的组间差异是统计显著的（$p < 0.03$，使用近似正态分布，双尾检验），这说明平均而言，征募资格对未来收入具有显著的负向影响。[②]

注意，这项自然实验拥有着与研究者设计实验几乎相同的所有特征。参与者来自一个被定义的总体，即特定出生队列中特定年龄阶段的所有年轻男性。实验条件（experimental conditions）明确且被良好界定，在我们介绍的安格里斯特的研究实例中，实验条件以是否获得征募资格的形式进行界定。由于使用抽签方式来选择随机序列数，被分配到"获得征募资格"情况和"没有获得征募资格"情况的两组年轻男性最初可被认为符合期望相等条件，选择了恰当的、被假设对干预效应敏感的结果变量（未来年收入）并进行了测量。看起来，研究者设计随机实验研究和安格里斯特使用的征募抽签研究之间的关键区别在于，后者是由美国国防部官员这一外部力量来决定参与者所处实验条件的。

当然，无论是自然实验还是研究者设计随机实验，充分利用实验帮助我们解决研究问题都是很有意义的。如果能够从切实可行的自然实验中获得合适的数据，我们就应该充分利用。然而，使用自然实验数据往往会增加研究的复杂性。最为重要的是，我们必须能够令人信服地论证个体"自然"分配的

① 方程 8.1 通过使用"·"来代替区分组员身份的索引或下标，我们使用的标准统计方法表明平均值是从一个变量在组中所有成员上的取值而得到的。

② 我们认为，对于这个例子，双尾检验是有意义的，因为它代表了理论上的观点，即干预组的平均劳动力市场结果可能比控制组更好也可能更差。我们在第六章讨论了单尾假设检验和双尾假设检验之间的选择。

过程的确是外生的——换言之，经由个人出生日期和抽签结果决定是否获得征募资格的过程完全不受参与者本人的影响。在本例中，这是一个容易解决的问题，因为随机序列数是在远离参与者的政府机构控制下，通过公平抽签的方式被分配给每一个出生日期的。此外，我们还必须能够有说服力地论证分配到不同实验条件下的参与者在实验开始时服从"期望相等"假设。征兵抽签案例也满足这一条件。原因在于，即使特定日期（如在冬天）出生的男性和其他日期（如在夏天）出生的男性可能在一些不可观测的特征上存在差异，通过将随机序列数分配到出生日期，这些不可观测的差异也在不同实验条件上服从随机分布。

近年来，美国在配置公立学校中供不应求的学位时通常也会使用到抽签的方式。这些抽签提供了许多额外自然实验，其设计类似于我们上面描述的兵役"抽签"。研究者已经基于这些抽签分配数据，评估了不同类型学校的学位提供方式对学生未来教育产出的因果影响。这些不同类型的学校包括特许学校（Abdulkadiroglu et al.，2009；Angrist et al.，2010；Dobbie & Fryer，2009；Hoxby & Murarka，2009），小规模中学（Bloom et al.，2010）以及经过筛选后比邻近学校更加有效的公立学校（Deming，2009；Deming et al.，2009）。第十四章将介绍这些研究的证据。

（二）大学资助的影响

尽管学校选择的"抽签"分配方式扩大了具有随机分配设计的潜在自然实验的范围，但具有这种自然发生机制的实验数量仍然不多。相对来说，当自然灾害或政策实践中的外生变动使时间上相邻的个体群组处于不同的实验条件时，自然实验发生得更为频繁。苏珊·戴纳斯基（Susan Dynarski，2003）利用这种"断点"（discontinuity）设计获得的自然实验数据开展了一项研究。她使用了联邦政策的一次突然变动来估计提供高等教育资助对高中毕业班学生是否就读大学决策，以及对就读后成功毕业影响的因果效应。

1965—1982年，美国社会保障遗属津贴项目（Social Security Survivor Benefits Program，SSSB项目）向已故的、残疾或退休社会保障受益人的18～22岁子女上大学提供6 700美元（按2000年的美元现值计算）的资助。1981

年，美国国会取消了 SSSB 项目，不再对 1982 年 5 月后入学的符合条件的学生提供该资助。使用全国青年追踪调查（National Longitudinal Survey of Youth，NLSY）数据库，戴纳斯基找到了在政策改变前后满足 SSSB 项目资格要求的一组高中毕业生群体：他们的父亲都是已经去世的社会保障受益人，如果政策不发生改变，所有学生都符合获得资助的资格。戴纳斯基认为，除了是否获得大学入学资助外，这两组学生最开始符合"期望相等"假设。但由于政策发生改变，在 1982 年以前（即 1979—1981 年）高中毕业的 137 名学生获得了 SSSB 项目提供的大学入学资助，因此成为干预组，而在 1982 年及以后（即 1982—1983 年）高中毕业的 54 名学生则不能获得 SSSB 项目的任何资助，因此成为控制组。由于两组学生在其他所有条件上都相同，将干预组结果变量的平均值减去控制组结果变量的平均值，就可以获得"为父亲已故的学生提供经济资助对学生未来大学就读行为产生影响效应"的无偏估计。通常将上述估计结果称为干预效应的"一阶差分"（first-difference）估计。注意，由于国会取消 SSSB 项目，戴纳斯基才能够研究经济资助对高中毕业生大学就读决策所产生的因果影响，所以不会面临研究者设计随机实验时可能引发的道德问题。

接下来，我们关注戴纳斯基研究所使用的第一个结果变量——学生在 23 岁之前是否上大学？我们定义了一个虚拟结果变量 $COLL_i$，如果第 i 名高中毕业班学生在 23 岁之前上大学则将赋值为 1，否则赋值为 0。我们在表 8-1 的上半部分呈现了结果变量 COLL 的概要性统计分析结果，并且分行区分了干预组学生和控制组学生。[①] 表中上半部分的第一行包含了 1979—1981 年接受 SSSB 项目资助的 137 名高中毕业班学生（即干预组）的基本信息；第二行包含了 1982—1983 年原本有资格获得 SSSB 项目资助，却因为项目取消最终没有获得 SSSB 项目资助的 54 名高中毕业班学生（即控制组）的基本信息。干预组和控制组样本在变量 COLL 上的样本均值分别是 0.560 和 0.352，这意味着获得资助的学生在 23 岁之前上了大学的比例为 56%，而没有获得学费资助的学生在 23 岁之前上了大学的比例为 35%。

[①] 感谢苏珊·戴纳斯基提供数据库。我们对这些数据的所有分析都说明了 NLSY 复杂调查设计中的集群抽样和加权。

表 8-1 提供 6 700 美元(按 2000 年美元现值计算)的经济资助，对父亲已故的美国 *143* 高中毕业班学生在 23 岁之前是否就读大学所产生的因果影响的"一阶差分"估计

(1)直接估计

高中毕业班学生队列	学生人数	学生父亲是否已故	高中毕业班学生是否获得SSSB项目资助	*COLL* 均值(标准误)	*COLL* 均值的组间差异	$H_0: \mu_{OFFER} = \mu_{NO\ OFFER}$	
						t	p
1979—1981	137	是	是(干预组)	0.560 (0.053)	0.208*	2.14	0.017[†]
1982—1983	54	是	否(控制组)	0.352 (0.081)			

(2)线性概率模型(OLS)估计

预测变量	估计值	标准误	$H_0: \beta = 0$	
			t	p
截距项	0.352***	0.081	4.32	0
OFFER	0.208*	0.094	2.23	0.013[†]
R^2	0.036			

注: ~$p < 0.10$; *$p < 0.05$; **$p < 0.01$; ***$p < 0.001$; "†"表示单尾检验。

由于父亲已故且符合 SSSB 项目资格的高中毕业生是"自然"分配到干预组和控制组中的，这意味着两组学生符合期望相等的条件，因而通过比较这两组样本在结果变量上的取值，我们就能对获得资助对这类学生 23 岁前大学就读决策所产生的影响进行无偏估计。我们所使用的方法是简单估计结果变量均值的样本组间差异 D_1:

$$D_1 = \{\overline{COLL}_\cdot^{(父亲已故,1979\to1981)} - \overline{COLL}_\cdot^{(父亲已故,1982\to1983)}\}$$
$$= 0.560 - 0.352 = 0.208 \tag{8.2}$$

在方程 8.2 中，我们使用上标来区分两组样本，即在 1979 年、1980 年和 1981 年高中毕业的干预组学生队列(获得资助)，以及在 1982 年和 1983 年高中毕业的控制组学生队列(没有获得资助)，两组学生都符合 SSSB 项目的资助

资格。可以看出，在 23 岁之前，第一组上大学的比例比第二组高出将近 21 个百分点。根据表 8-1 列出的标准误，我们还可以估计一个 t 统计量，以此来检验总体中经济资助对父亲已故的学生在 23 岁之前就读大学决策不产生影响的零假设，如下所示：[①]

$$t = \frac{\overline{COLL}_{\cdot}^{(父亲已故,1979\to1981)} - \overline{COLL}_{\cdot}^{(父亲已故,1982\to1983)}}{s.e.\left(\overline{COLL}_{\cdot}^{(父亲已故,1979\to1981)} - \overline{COLL}_{\cdot}^{(父亲已故,1982\to1983)}\right)}$$

$$= \frac{\overline{COLL}_{\cdot}^{(父亲已故,1979\to1981)} - \overline{COLL}_{\cdot}^{(父亲已故,1982\to1983)}}{\sqrt{s.e.\left(\overline{COLL}_{\cdot}^{(父亲已故,1979\to1981)}\right)^2 + s.e.\left(\overline{COLL}_{\cdot}^{(父亲已故,1982\to1983)}\right)^2}}$$

$$= \frac{0.560 - 0.352}{\sqrt{(0.053)^2 + (0.081)^2}} = \frac{0.208}{0.097} = 2.14 \tag{8.3}$$

此外，还可以使用 OLS 来拟合一个线性概率模型，或 logistic 回归分析来估计二分预测变量 $OFFER$ 对结果变量 $COLL$ 的回归模型。其中，$OFFER$ 用来区分干预组和控制组的学生，如果学生高中毕业于 1979 年、1980 年或 1981 年并获得 SSSB 项目提供的大学入学资助，则赋值为 1，否则赋值为 0。这时，我们可以用估计研究者设计实验中干预效应类似的手段来估计获得资助对学生大学入学行为的影响。在表 8-1 的下半部分，我们呈现了相对应的线性概率模型估计结果。注意，预测变量的参数估计值与我们在方程 8.2 中的"差分估计值"相同。[②] 使用这两种估计方法中的任何一个，我们都拒绝了零假设并得出结论：对于父亲已故的学生而言，获得经济资助的确能够显著（$p <$ 0.02）提升他们在 23 岁之前上大学的概率。[③]

注意 1981 年联邦政府 SSSB 项目政策的突然变化是自然实验的一个关键

[①] 这里 t 检验的结果只是近似的，因为结果变量 $COLL$ 是一个虚拟变量而非连续变量。

[②] 注意 $OFFER$ 主效应的标准误（0.094）与方程 8.3 所提供的估计值（0.097）稍微有点不同。这是因为，尽管两个统计量都是同一个处理效应的标准误的估计值，它们却基于不同的假设。OLS 估计值的假设更为严格，它要求预测变量 $OFFER$ 每一个取值上的残差都同方差（homoscedastic）——也就是说，本质上，结果变量的组内方差对于干预组和控制组而言是相同的，尽管手动计算的估计值允许这些组内方差不同。

[③] 注意我们使用的是单尾检验，这是因为我们事先就有足够的自信认为提供奖学金资助会提高（而不是降低）就读大学的可能性。

特征，通过该特征可以将样本分为干预组和控制组。我们可以这样来理解：对于沿着高中毕业年份这一潜在时间维度对父亲已故的学生群体进行排序，由外在独立的机构任意地在排序维度上选择了一个截断年（cut-off year）——本例中为 1981 年年底。这时，刚好处于断点左侧的高中毕业班学生被随机分配到干预组，而刚好处于断点右侧的高中毕业班学生被随机分配为控制组。在解读研究发现的因果含义时，我们不仅依赖于政策变动的时间点被外生决定这一假设，还必须清楚研究发现只能推广到抽样所在高中毕业生总体的一个子总体，即父亲已故、在政策变动前后刚好是高中毕业班的那类高中生。这些对于结果解释非常具体的限制，对于任何利用断点设计所开展的因果研究都很重要。

三、自然实验的来源

具有断点设计的自然实验常常会为研究者提供用于估计教育干预或政策因果影响的机会，因此，学会在其出现时快速识别非常重要。理解标准断点设计的共性特征会对研究者有所启示。具有断点设计的所有自然实验都包含以下部分：

- 参与者依据一个潜在的连续变量（an underlying continuum）对样本进行排序。我们将这一连续变量称为"分配（assignment）"变量或"强制（forcing）"变量。
- 强制变量上存在一个外生决定的临界点（cut-point），该临界点将参与者非常明确地划入干预组或控制组。
- 存在一个有意义的结果变量，其概念界定清晰，并可以被较好地测量。

从上文所描述的戴纳斯基开展的有关经济资助对父亲已故的高中毕业班学生大学就读决策影响的研究中，我们可以清楚地看到，政策突变提供了潜在自然实验的一个重要来源。在上述例子中，强制变量为时间的推移，而外生临界点表示政策变更发生时所在的日期/年份。

146

此外，自然灾害不可预料地改变了教育和劳动力市场的运行环境，这也为自然实验提供了另外一类有效来源。比如，为了应对 2005 年卡特里娜飓风和丽塔飓风所造成的巨大破坏，路易斯安那州公立学校的管理人员将奥尔良县和路易斯安那州低教学质量学校的大量学生重新分配到更高教学质量的郊区学校。布鲁斯·萨塞尔多特(Bruce Sacerdote，2008)指出，尽管学生和家庭经历了由未预料到的住处迁移所带来的困扰(disruptions)，但是这类学生却因为就读学校教学质量外生的提高而对长期的平均成绩产生了提升作用。又如，1986 年切尔诺贝利核泄漏事故导致大量生活在瑞典某区的儿童在孕期就受到核辐射的影响。道格拉斯·阿尔蒙德(Douglas Almond)、利纳·埃德隆德(Lena Edlund)和马滕·帕姆(Marten Palme)使用这一悲剧事件前后的数据发现，孕期核辐射降低了受影响儿童的平均受教育水平(Almond, Edlund, & Palme, 2007)。

并不是只有时间推移才可以作为一个可靠的强制变量。相邻地理区域[如学校招生区域(school attendance zones)、学区或省份]之间自然发生的政策、实践或激励上的差异，也可以作为自然实验的另外一个有效来源。在这类例子中，强制变量(即断点设计中排列参与者所依据的连续变量)则变为空间变量(spatial)。桑德拉·布莱克(Sandra Black，1999)使用提供这种类型强制变量的一个自然实验研究，通过比较马萨诸塞州某学区中刚好位于小学招生区域地理边界两边的平均房价，评价了学校质量对房价的因果影响。基本假设是，在控制了房屋物理特征和邻居特征以后，相互靠近但位于学校招生边界两边的房屋，其出售价格差异仅仅源于它们位于不同小学的招生区域。布莱克发现，家长愿意向允许其子女就读平均分数高出 5% 的小学的房屋支付 2.5% 的溢价。伊恩·达维多夫和安德鲁·利(Ian Davidoff & Andrew Leigh，2008)使用澳大利亚的数据开展了一项类似的研究，得到的结论也相似。

利用涉及空间差异产生的自然实验来分析重要教育政策问题的另一个例子是约翰·泰勒、理查德·穆兰和约翰·威利特(John Tyler, Richard Murnane, & John Willett, 2000) 的研究。这些研究者想知道：对于学业成绩较差的高中辍学生，获得普通教育发展(General Educational Development, GED)文凭能否提高其未来的平均收入。这项自然实验源于美国相邻各州在个

147

体为获得 GED 文凭所参加考试中必须达到的最低分数线上的外生差异。泰勒及其同事比较了两类 GED 考试者的未来收入，一类是在最低通过分数线相对较低的州，考试分数恰好过线并获得文凭的考试者，另一类是考试分数与前一类样本相同，但因为所在州的最低通过分数相对较高而没有能够获得文凭的考试者。通过比较这两类群体在未来收入上的差异，即可以获得 GED 文凭能够使学业技能较低的、白人学校辍学学生的长期收入提高 14% 的结论。

除此之外，当政策依据诸如标准化测试分数这类学业维度或社会维度将个体进行排序，并对强制变量上某个外生决定的临界点两侧的学生施加不同教育干预时，自然实验的第三个来源就出现了。芝加哥公立学校实施的一项政策为这类自然实验提供了一个有趣的例子。该地区的一项问责措施（accountability initiative）规定：从 1996—1997 学年开始，三年级学生在学年末参加艾奥瓦基本技能测验（Iowa Test of Basic Skills，ITBS）阅读和数学考试，如果没有取得 2.8 分及以上的等级成绩，就必须强制参加为期六周的暑期学校课程；在强制课程结束后，参加课程的学生将再次参加 ITBS 考试，如果仍旧没有取得 2.8 分及以上等级成绩将被强制留级。

布赖恩·雅各布（Brian Jacob）和拉斯·勒夫格伦（Lars Lefgren）认识到，芝加哥的该项措施可以提供一项自然实验来研究强制暑期学校及相关的学校改进政策（school promotion policy）对学生未来成绩影响的因果效应（Jacob & Lefgren，2004）。在这个例子中，使用 ITBS 数学测试成绩这一强制变量将三年级学生进行排列。该强制变量上有一个被清晰界定的外生临界点，即等级成绩 2.8 分。分数低于该临界点的学生将接受教育干预——强制参加暑期学校课程，而分数等于或高于该临界点的学生不接受干预。存在一个被清晰定义的结果变量，即学生在下一学年结束时的 ITBS 数学测试分数。雅各布和勒夫格伦发现，在芝加哥地区，三年级结束时数学测试分数刚好低于或高于临界点 2.8 分的学生很多。通过比较这两个组在一年后和两年后的平均数学成绩，他们估计了强制暑期学校课程及相关提升政策的因果效应。他们发现这一干预提高了学生的平均成绩，其程度相当于三年级学生在普通芝加哥公立学校学习一学年数学平均效应（平均成绩提高量）的 20%，但该效应在第二年

148

会下降 25%～40%。[1]

约翰·帕佩、理查德·穆兰和约翰·威利特在马萨诸塞州也利用一个结构相似的自然实验开展研究（Papay，Murnane，& Willett，2010）。从 2003 年开始，马萨诸塞州公立学校的学生要获得高中毕业文凭，就必须通过全州范围内的数学考试和英语语言艺术考试。学生在 10 年级结束时需要参加考试，没有通过外生界定的最低分数的学生将在下一年重新参加考试。该研究发现，在城市高中就读的低收入家庭学生群体中，相对于成绩刚好高于最低分数而通过考试的学生，那些成绩刚好低于最低分数而没有通过考试的学生，其高中按时毕业的概率下降了 8 个百分点。由于该研究具有一个断点设计，研究者可以对在强制变量（分数）上刚好低于最低通过分数和刚好高于最低通过分数的两组低收入家庭的城市学生进行对比。

这类自然实验的其他一些例子来自学校和学区对最大班级规模的限定规则。在那些制定了最大班级规模规则的学校，强制变量可以定义为学校中每个年级的注册学生人数，并依据其对学生进行排列。如果年级注册学生数小于或等于最大班级规模限定，如 40 个学生，那么班级规模则等于该年级的注册学生数；然而，如果注册学生数稍微大于最大班级规模限定，如 42 个学生，则必须增加第二个班来执行最大班级规模政策，这时预期班级规模则为 21 个学生。类似于其他自然实验，这类面临最大班级规模限制的学校中的学生将全部按照强制变量（年级水平上的注册学生数）进行排列，定义了一个外生临界点（班级规模限定的最大值），刚好处于临界点两侧的学生将经历不同的教育干预（所在班级的班级规模）。研究者使用许多国家的数据，基于最大班级规模规则开展了班级规模对学生平均成绩影响的断点研究，这包括玻利维亚、丹麦、法国、以色列、荷兰、挪威、南非和美国。[2]

总体来说，在常见的具有断点设计的自然实验中，常见的断点来源一般

---

[1] 详见：Jacob and Lefgren (2004，p. 235)。该项政策也适用于六年级学生，但其干预结果与三年级学生有所不同。

[2] 相关研究包括：Browning and Heinesen (2003)；Leuven, Oosterbeek, and Rønning (2008)；Case and Deaton (1999)；Dobbelsteen, Levin, and Oosterbeek (2002)；Boozer and Rouse (2001)；Angrist and Lavy (1999)；Urquiola (2006)；Hoxby (2000)。

分为以下三种情况：第一，自然灾害或政策突变可将相同地理区域中的个体或组织随机分配到时间上相邻的不同教育干预中。戴纳斯基（Dynarski，2003）利用这类自然实验中的数据进行了研究。第二，不同地理区域在相同时间点上政策的外生差异可将个体或组织根据其位置而随机分配到不同政策条件下。泰勒及其同事（Tyler et al.，2000）利用这样的自然实验开展了研究。第三，特定区域在某一特定时间上的政策也可以依据社会经济地位或学校每个年级的注册学生数将个体随机分配到不同的教育干预中。我们在下一章将通过安格里斯特和拉维（Angrist & Lavy，1999）开展的一项自然实验进一步加以解释。

　　一些自然实验可以同时有多个断点来源。例如，雅各布和勒夫格伦（Jacob & Lefgren，2004）所研究的由芝加哥强制暑期学校政策创造的自然实验就有我们的第一个和第三个断点来源。我们已经描述了该研究有第三个断点来源的原因（强制变量是三年级期末 ITBS 数学成绩分数）。同时，它也有第一个断点来源（强制变量是时间变量），因为 1996—1997 学年中芝加哥的三年级学生是该项政策的对象，但 1995—1996 学年的三年级学生不是。事实上，雅各布和勒夫格伦在其分析策略中巧妙地利用了这两种自然实验特征。

四、分析窗口的带宽选择

　　在研究者设计的 NYSP 随机实验和越南战争时期由征兵抽签创造的自然实验中，参与者都是在特定年份或特定时间点被随机分配到干预组或控制组的。这就使得分配到不同实验条件的两组样本在实验干预前明确地满足期望相等假设。[①] 尽管如此，当我们依靠具有断点设计的实验来做因果比较时，对期望相等假设能否严格保证的担忧同样会出现。在这类研究设计中使用简单 t 检验进行组间比较时，我们必须证明满足下述条件假设：在强制变量临界点两侧狭窄的分析窗口或"带宽"（bandwidth）内，参与者样本所构成的干预组和控制组在实验干预前满足期望相等假设。

150

---

① 　一个例外是参与者没有服从原始分配方案，并"转换"到他们原本没有被分配的实验条件中。在第十一章中我们描述了对这一问题的解决办法。

这就产生了一个新的问题：选择多大的分析窗口才能满足上述假设？当然，临界点附近的分析窗口越窄，我们越有信心认为据此定义的干预组和控制组样本满足期望相等假设，因而对实验比较的内部效度更有信心。也就是说，通过缩小临界点两侧的带宽，我们可以提高期望相等假设得到满足的可能性。但当我们这样做的时候，也会造成干预组和控制组的样本容量同时减小，进而降低统计功效。因此，为了有效利用具有断点设计的自然实验，我们必须通过调整临界点两侧的带宽，最终在内部效度和统计功效之间找到一个合理的平衡点。为了说明这一权衡，我们再次回到戴纳斯基（Dynarski，2003）的研究。

戴纳斯基将 1979 年和 1980 年高中毕业班中父亲已故的学生定义为断点一侧的干预组，干预组样本同时包括了 1981 年高中毕业班的部分符合条件的学生（他们是政策取消前，享受 SSSB 项目资助的最后一批学生）。控制组则不仅包括了 1982 年（没有获得 SSSB 项目资助的第一年）高中毕业班中父亲已故的学生，也包括了 1983 年高中毕业班中父亲已故的学生。事实上，戴纳斯基 [151] 也可以将干预组样本限定为 1981 年高中毕业班中父亲已故的学生，而将控制组样本限定为 1982 年高中毕业班中父亲已故的学生。将关注点集中于临界点年份在时间上最接近的学生样本，可以更好地保证在实验干预前干预组和控制组样本满足期望相等假设。原因在于，取消资助的政策变化是突然发生的，其他可能影响高中毕业班学生升学决策的因素在政策改变前后几乎没有变化。

这一决定没有为其他所有事情的发生提供时间，因而也不会有其他因素影响两组高中毕业班学生的大学就读决策。但是，这也会显著减少干预组和控制组的样本容量，并降低研究的统计功效。即使戴纳斯基使用了更加广泛的标准，干预组也仅有 137 名高中毕业班学生，控制组的样本为 54 名，据此进行比较所获得的统计功效非常有限。当然，戴纳斯基也可以放宽对干预组和控制组的样本界定。比如，她可以将干预组样本限定为 1972—1981 年每一年的高中毕业班中父亲已故的学生，并将控制组样本限定为 1982—1991 年每一年的高中毕业班中父亲已故的学生。显然，在断点任意一侧使用带宽为十年的"窗口"明显增加了样本容量并提升了统计功效。然而，如果放宽了临界点附近的分析窗口，无疑更加难以论证实验开始时干预组和控制组样本满足期望相等假设。理由在于，从长期来看，存在很多无法预料的事件或长期趋势可能对不同年份高中毕业生的大学就读决策产生重大影响。例如，大学毕业生和高中毕业生的平均收入差异在 20 世纪 70 年代急剧下降，随后在 20 世纪 80 年代又迅速上升。[①] 结果，20 世纪 70 年代初高中毕业生进入大学的动力与 80 年代末高中毕业生进入大学的动力相距甚远。这意味着，拓宽分析窗口将会造成"干预组和控制组之间在 23 岁之前就读大学的观测差异仅仅源于取消 SSSB 项目资助所造成的因果影响"的论断受到质疑。

考虑到这些限制情况，似乎可以合理地假定：在政策"中断"点任意一侧范围非常窄的年份内（如在戴纳斯基选择的带宽内），高中毕业班中父亲已故的学生在所有可观测的和不可观测的维度上的确满足期望相等的条件（仅在是否获得资助这个维度上除外）。如果上述假定是合理的，我们就可以将 1979—1981 年高中毕业班中父亲已故的学生看作被随机分配到干预组，而将 1982 年和 1983 年高中毕业班中父亲已故的学生看作被随机分配到控制组。在上述假定下，我们可以认为结果变量的变动源于外生干预的变动，就是说，我们能针对 1981 年年底即政策变动前后不久、高中毕业班中父亲已故的学生的子总体，获得经济资助对大学就读决策因果影响的一个无偏估计。

152

在断点研究设计的应用中，内部效度和统计功效间的权衡取舍是最大的难点和重点。一般而言，需要多窄的分析带宽才能确保基于断点设计获得的分析可靠？这一问题没有唯一的正确答案。事实上，研究者并非选择一个单一的固定带宽作为分析窗口，而通常是对一系列不断扩大或缩小的带宽开展分析，通过评估主要研究发现是否对带宽敏感，最终做出决策。下一章将回到这一问题，那时我们讨论对断点方法的一个延伸，即"断点回归"（regression-discontinuity）设计。

[①]　对大学-高中薪资差异趋势的原因和结果的讨论，可参见：Freeman (1976)，Goldin and Katz (2008)，Murnane and Levy (1996)。

五、断点设计自然实验的效度威胁

如前所述，具有断点设计的因果研究背后存在一个关键假设，即临界点附近"左侧"和"右侧"的参与者群体在所有维度上（实验干预除外）都满足期望相等假设。对于这一假设的有效性，存在着两个关键威胁。第一个涉及结果变量与强制变量之间任何潜在的"长期"关系对估计干预效应的影响。如果上述长期关系存在，那么干预组和控制组在结果变量均值上存在的差异可能来自强制变量上微小的间隔，并非临界点一侧受到实验干预影响而另一侧不受到实验干预影响。第二个威胁涉及参与者自身的行为。如果参与者知道强制变量的性质和临界点的位置，他们或许就采取行动来将其自身从临界点一侧转移到另一侧。这就危及分配过程的外生性并破坏了干预组和控制组样本期望相等的假设。接下来，我们将依次讨论这两个威胁。

（一）结果变量和强制变量的关系

在前一部分中，通过比较 1979—1981 年父亲已故的高中毕业班学生（干预组）和 1982—1983 年这类特征的学生（控制组）的大学入学率，我们估计了提供经济资助对大学入学率的影响。该方法背后存在一个关键假设：干预组和控制组存在的唯一差异在于前者接受了 SSSB 项目资助而后者没有。如果该假设合理，干预组和控制组在大学入学率上的任何差异都将被归因于资助提供的因果性影响。

然而，我们有理由质疑这一关键假设，因为在 1979—1983 年发生的（SSSB 经济资助项目终止以外的）其他事件也可能会影响大学入学率。例如，美国总统吉米·卡特（Jimmy Carter）在 1978 年签署了《中等收入学生援助法案》(Middle-Income Student-Assistance Act，MISAA）。在"担保学生贷款"(Guaranteed Student Loan，GSL)项目下，这一立法使几乎所有学生都有资格获得一项有补贴的联邦贷款。1981 年，即里根政府取消 SSSB 项目的同一年，MISAA 项目也被废除。因此，读大学对父亲已故的学生（即构成我们干预组和控制组总体的学生）的吸引力不仅因为 SSSB 项目终止受到影响，而且也可能因为其他因素受到影响。[①]

注意，这个问题源于断点设计本身，因为我们已经基于强制变量（这里是按时间先后排列的年份）相对于外生临界点的取值而将个体分配到了干预组或控制组。标准的研究者设计随机实验和具有简单随机分配设计的自然实验（如越南战争时期的征兵抽签）都不会面临这个问题。这是因为，每一个年份队列内年轻人到干预组或控制组的随机分配将这一问题缓解了。在随机分配设计中，按时间先后排列的年份只是作为一个分层（stratifier），期望相等假设可通过在每一个年份层内给参与者随机分配不同实验条件得到满足，并因此在总体上得到满足。但在断点设计中，根据定义，干预组和控制组中的参与者来自强制变量取值紧邻（immediately adjacent values）（通过年份邻近、地理邻近、分数邻近或者通过外生临界点所在的任何强制变量定义邻近）的组群。如果结果变量与强制变量之间存在某种潜在的关系（通常也是如此），那么，干预组和控制组在强制变量取值上的微小差异就可能会引起两组样本在结果变量上出现差异。[②]

当具有断点设计的自然实验面临这种内部效度威胁时，研究者通常的回应是，通过使用一种被称为"双重差分"（difference-in-differences）的策略来纠正其对干预效应估计可能带来的偏误。回忆我们在戴纳斯基的实例中仅仅将经济资助的影响估计解释为，获得经济资助机会的干预组学生和没有获得经济资助机会的控制组学生在二分结果变量 COLL 上的样本均值差异。正如前文所示，一旦我们在临界点两侧选择了用以估计结果变量平均值的合适带宽，就能很容易地估计并检验这一差异。在接下来的内容中，我们将其称为"一阶差分"，这在之前的方程 8.2 和表 8-1 中已经有所体现。

预料到干预组和控制组在分配年份上存在的微小的、时间先后的差异可

[①] 可参见 Dynarski(2003)。我的同事布丽奇特·朗（Bridget Long）指出，1978—1983 年影响大学入学率的另外一个因素是大学学费的上涨。

[②] 人们也可能会认为，当强制变量不连续而粗略离散（如戴纳斯基实例中的"年份"变量）的时候，这种"长期趋势（secular trend）"问题就更加严重。如果分配变量连续且选择的临界点外生，那么根据定义，在极限情况下，临界点两侧无穷小的区域（vanishingly small regions）内的参与者在数学上期望相等。然而，这些无穷小区域内的参与者数量及其导致的随后自然实验的样本容量也将小到近乎消失（disappearingly small）。

能对效度造成威胁，现在对一阶差分进行纠正：从一阶差分中减去对同一时期可能影响所有高中毕业班学生（不论是否有资格获得 SSSB 项目资助）在 23 岁之前就读大学的"长期"趋势，这一过程被称为估计"二阶差分"（second difference）。为此，我们需要估计随时间变化的长期趋势，以便能将其"减去"（subtracted out）。在戴纳斯基的经济资助实例中，数据很适合用二阶差分进行设计。如果的确存在影响 23 岁高中毕业班学生就读大学的长期趋势，就可以合理地假定其会以相同的方式影响父亲已故和父亲健在的高中毕业班学生。如果这一假设正确，我们就可以通过估计相关年份之间、父亲健在的高中毕业班学生就读大学行为的差异获得长期趋势，并从之前估计的一阶差分中减掉这一长期趋势，从而获得对干预效应的修正估计。

我们在表 8-2 中呈现了相关的统计量，并在图 8-1 中进行了说明。表 8-2 的前两行是将表 8-1 中一阶差分估计结果复制过来，并将其以图形的方式放在图 8-1 左侧。注意，连接 SSSB 项目取消前后结果变量样本均值的线段的斜率明显为负，结果变量样本均值从项目取消前的 0.560 下降到了取消后的 0.352，即父亲已故的高中毕业班学生在 23 岁之前读大学的百分比因为项目的取消而下降了近 21 个百分点。表 8-2 的第三行和第四行呈现了父亲健在的高中毕业班学生就读大学的趋势信息。对于后一类学生，注意其结果变量 COLL 的样本均值也在下降，但下降程度（0.026）明显小于从干预组样本中得到的一阶差分的数值。我们在图 8-1 右侧呈现了二阶差分，这时连接 SSSB 项目取消前后 COLL 样本均值线段的负向斜率明显变小。

现在，我们有了两个差分估计值。我们可以证明，一阶差分 D_1 估计了取消经济资助项目以及相同时期内就读大学长期趋势下降对高中毕业班学生就读大学决策所产生的总体影响（将其表示为 Δ_1）。二阶差分 D_2 估计了相同时期内就读大学决策的长期下降趋势（将其表示为 Δ_2）。用一阶差分的结果减去二阶差分的结果，我们现在就可以消除长期时间趋势并获得经济资助项目所产生因果效应的估计结果。

$$D = D_1 - D_2$$

$$= \{\overline{COLL.}^{(父亲已故,1979\to1981)} - \overline{COLL.}^{(父亲已故,1982\to1983)}\}$$

$$- \{\overline{COLL.}^{(父亲健在,1979\to1981)} - \overline{COLL.}^{(父亲健在,1982\to1983)}\}$$

$$= (0.560 - 0.352) - (0.502 - 0.476)$$

$$= 0.208 - 0.026 = 0.182 \tag{8.4}$$

表 8-2　提供 6 700 美元(按 2000 年美元现值计算)的经济资助，对美国父亲已故的高中毕业班学生在 23 岁之前是否就读大学所产生因果影响的直接"双重差分"估计

高中毕业班学生队列	学生人数	学生父亲是否已故	高中毕业班学生是否获得SSSB资助	COLL 均值(标准误)	COLL 均值的组间差异	"双重差分"	
						估计值(标准误)	p
1979—1981	137	是	是(干预组)	0.560 (0.053)	0.208 (一阶差分)	0.182* (0.099)	0.033†
1982—1983	54	是	否(控制组)	0.352 (0.081)			
1979—1981	2 745	否	否	0.502 (0.012)	0.026 (二阶差分)		
1982—1983	1 050	否	否	0.476 (0.019)			

注：~$p<0.10$；*$p<0.05$；**$p<0.01$；***$p<0.001$；"†"表示单尾检验。

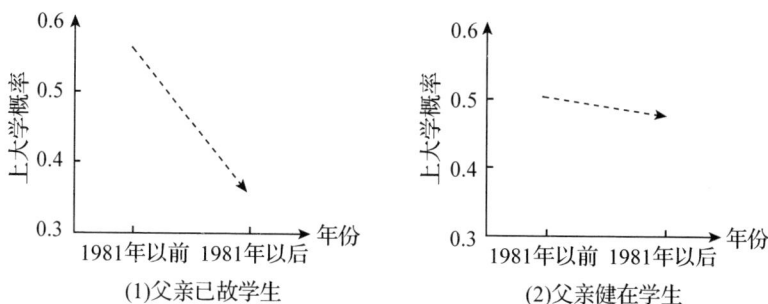

图 8-1　按父亲是否已故划分的 SSSB 项目终止附近前后年份中美国高中毕业班学生样本在 23 岁前就读大学的概率

对于获得经济资助对 1981 年附近年份父亲已故的高中毕业班学生在 23 岁以前就读大学决策的影响，双重差分估计的结果为 0.182，即一阶差分结果

0.208 减去二阶差分结果 0.026。因此，经济资助所产生因果效应的双重差分估计结果要稍微小于之前获得的一阶差分估计结果，但效应方向相同且继续支持了下面的观点：取消 SSSB 经济资助项目使得高中毕业班学生在 23 岁之前就读大学的可能性下降。相比于一阶差分估计，我们更加相信双重差分估计，因为其对 23 岁之前就读大学决策在年份之间的任何潜在的长期趋势进行了(线性)调整。

　　既然我们已经通过双重差分建构了处理效应的估计值，就不能再使用标准的两组样本 t 检验来评估获得经济资助学生和未获得经济资助学生在大学就读率总体均值上没有差异的原假设。相反，我们需要检验一个新的原假设，如下所示：

$$H_0 : \Delta = \Delta_1 - \Delta_2 = 0 \qquad (8.5)$$

　　可以这样来检验该假设：通过将样本的双重差分估计值与其相应的标准误进行比较，得到一个如下形式的 t 统计量：[1]

158

$$t = \frac{\{\overline{COLL}._{(\text{父亲已故},1979\rightarrow1981)} - \overline{COLL}._{(\text{父亲已故},1982\rightarrow1983)}\} - \{\overline{COLL}._{(\text{父亲健在},1979\rightarrow1981)} - \overline{COLL}._{(\text{父亲健在},1982\rightarrow1983)}\}}{s.e.\left[\begin{array}{c}\{\overline{COLL}._{(\text{父亲已故},1979\rightarrow1981)} - \overline{COLL}._{(\text{父亲已故},1982\rightarrow1983)}\} - \\ \{\overline{COLL}._{(\text{父亲健在},1979\rightarrow1981)} - \overline{COLL}._{(\text{父亲健在},1982\rightarrow1983)}\}\end{array}\right]}$$

$$= \frac{\{\overline{COLL}^{(\text{父亲已故},1979\rightarrow1981)} - \overline{COLL}.^{(\text{父亲已故},1982\rightarrow1983)}\} - \{\overline{COLL}.^{(\text{父亲健在},1979\rightarrow1981)} - \overline{COLL}.^{(\text{父亲健在},1982\rightarrow1983)}\}}{\sqrt{[s.e.(\overline{COLL}^{(\text{父亲已故},1979\rightarrow1981)})]^2 + [s.e.(\overline{COLL}^{(\text{父亲已故},1982\rightarrow1983)})]^2 + [s.e.(\overline{COLL}^{(\text{父亲健在},1979\rightarrow1981)})]^2 + [s.e.(\overline{COLL}.^{(\text{父亲健在},1982\rightarrow1983)})]^2}}$$

$$= \frac{(0.560 - 0.352) - (0.502 - 0.476)}{\sqrt{(0.053)^2 + (0.081)^2 + (0.012)^2 + (0.019)^2}} = \frac{0.182}{0.099} = 1.84 \qquad (8.6)$$

---

[1]　由于结果变量($COLL$)是二元虚拟变量，因此该假设只是近似。

得到的 t 统计量很大，使用一个犯第一类错误概率为 0.05 的单尾检验就足以拒绝原假设（$p < 0.03$）。[①] 结果，我们再一次得出结论：经济资助对 1981 年父亲已故的高中毕业班学生在 23 岁之前就读大学的决策很重要。

正如我们在前面指出的，不一定要用 t 检验来检验一阶差分结果的显著性。同样，我们也可以使用二元预测变量 *OFFER*（它区分了由 1979 年、1980 年和 1981 年的高中毕业班学生队列构成的干预组和由 1982 年和 1983 年的高中毕业班学生队列构成的控制组）对结果变量 *COLL* 进行回归。我们同样可以使用一个相似的回归方法来获得双重差分的估计值（方程 8.4）及其相关的标准误和辅助检验统计量。这是第四章介绍的使用回归分析来估计常规随机分配实验干预效应方法的一个直接拓展。当时我们仅仅使用定义干预组和控制组的二元预测变量对结果变量进行回归。该预测变量的系数提供了要估计的干预效应，其本质上是在估计我们前面描述的一阶差分。为了将假设的二阶差分的影响在回归模型中恰当地吸收并从干预效应的估计中移除，我们此处的模型建构必须更加微妙一点（a little more subtle）。

为此，我们定义一个新的预测变量并将其与"旧的"（old）问题预测变量组成一个统计交互项。表 8-3 呈现了戴纳斯基数据集的部分个案，我们使用该表来说明数据集的结构。该表的前三列分别列举了学生的 ID、所属的高中毕业班学生队列、他/她在结果变量 *COLL* 上的取值。然后，我们列举了最初的问题预测变量 *OFFER*（它表示高中毕业班学生是否属于 SSSB 项目取消前的三个队列，即 1979 年、1980 年和 1981 年的高中毕业班学生队列取值为 1，而 1982 年和 1983 年的高中毕业班学生队列取值为 0）的取值。最后，我们增加了一个新的变量 *FATHERDEC*，用来区分父亲已故的高中毕业班学生和父亲健在的高中毕业班学生。父亲已故的学生的 *FATHERDEC* 取值为 1，其他为 0。

[①]　由于四个组的总样本容量很大（$n = 3\,986$），这里采用了近似正态分布。

表 8-3　1979—1983 年美国高中毕业班学生样本的队列成员身份、23 岁前就读大学、
是否获得经济资助(是不是 1979—1981 年队列)、父亲是否已故等方面的信息

ID	高中毕业班 学生队列	23 岁前是否读 大学？(COLL)	是否获得经济 资助？(OFFER)	父亲是否已故？ (FATHERDEC)
7901	1979	1	1	1
7902	1979	0	1	1
7903	1979	1	1	0
7904	1979	1	1	1
……				
8001	1980	1	1	0
8002	1980	1	1	1
8003	1980	0	1	1
8004	1980	0	1	0
……				
8101	1981	0	1	1
8102	1981	1	1	0
8103	1981	1	1	0
8104	1981	1	1	0
……				
8201	1982	1	0	1
8202	1982	0	0	0
8203	1982	0	0	0
8204	1982	0	0	1
……				
8301	1983	0	0	1
8302	1983	1	0	1
8303	1983	0	0	1
8304	1983	1	0	0
……				

为了估计父亲已故的学生获得 SSSB 项目经济资助所产生的影响效应及其相关检验统计量（方程 8.4 到 8.6），我们在新的数据集中使用预测变量 $OFFER$ 和 $FATHERDEC$ 的主效应以及两者的二阶交互项对结果变量 $COLL$ 进行回归。假设的回归模型如下：

$$COLL_i = \beta_0 + \beta_1 OFFER_i + \beta_2 FATHERDEC_i +$$
$$\beta_3 (OFFER_i \times FATHERDEC_i) + \varepsilon_i \qquad (8.7)$$

这里回归参数 β 和残差 ε 的含义如常，下标 i 区分数据集中的高中毕业班学生个体。参数 β_3 的估计值，亦即预测变量 $OFFER$ 和 $FATHERDEC$ 二阶交互项的系数，就等同于对干预效应的双重差分估计量。[1]

我们在表 8-4 中呈现了模型拟合的参数估计值、标准误和相关检验统计量。注意 $\hat{\beta}_3$ 的取值为 0.182，与之前手动计算的方程 8.4[2] 中的双重差分估计值相等。与预期一样，我们可以拒绝与其相关的单参数零假设（$p < 0.03$）。[3] 尽管得到的答案相同，但运用回归值估计双重差分明显优于之前介绍的直接估计。这是因为，一旦采用回归方法来估计双重差分，你就可以像戴纳斯基那样，通过在拟合模型中进一步加入外生协变量（如性别、种族和家庭规模）来减小残差方差并很容易提升统计功效。

注意，即便结果变量是一个二分变量，我们这里呈现的结果也使用了线性概率模型和 OLS 回归分析来估计干预效应。我们这样处理是为了便于更好地阐释双重差分回归策略的概念，同时也是为了将其与戴纳斯基论文所呈现的结果进行匹配。然而，即使我们设定了更为恰当的非线性 logit（或 probit）模型，预测变量的形式还是相同，并且研究结果不变。

161

162

---

[1] 通过在预测变量 $OFFER$ 和 $FATHERDEC$ 的所有可能取值组合上取条件期望，很容易理解方程 8.7 中的回归模型体现（embodies）双重差分方法的原因。这给出了双重差分估计中四个组结果变量均值的总体表达式，随后相减便可得到所求的效应（proof）。

[2] 原书中该处引用方程的顺序编号有误，译者将其由 8.3 修正为 8.4。——译者注

[3] 注意 $OFFER$ 和 $FATHERDEC$ 二阶交互项的标准误是 0.096。出现这一微小差异的原因在于，尽管两者都是对同一统计量的标准误的估计，它们背后的假设却稍有不同。通常来讲，OLS 估计值的假设更为严苛，它假定在预测变量 $OFFER$ 和 $FATHERDEC$ 任何取值水平上的残差都满足同方差（homoscedastic），也就是说，所有四个组在结果变量上的组内方差都相同，而手动计算的估计值却允许总体中组内方差存在差异。如果更严格的同方差（homoscedasticity）假定适用于两种情况，那么标准误估计值也将相同且等于基于回归的估计值。

表 8-4　获得 SSSB 项目经济资助，对美国父亲已故的高中毕业班学生在 23 岁之前就读大学决策的因果影响：基于断点和"双重差分"设计的线性概率模型估计 ($n = 3\,986$)

预测变量	估计值	标准误	$H_0: \beta = 0$	
			t	p
截距项	0.476***	0.019	25.22	0.000
OFFER	0.026	0.021	1.22	0.111
FATHERDEC	−0.123	0.083	−1.48	0.070
OFFER×*FATHERDEC*	0.182*	0.096	1.90	0.029†
R^2	0.002			

注：~$p < 0.10$；*$p < 0.05$；**$p < 0.01$；***$p < 0.001$；"†"表示单尾检验。

最后，注意我们在利用双重差分估计以获得干预效应的过程中做出了两个其他的假设。这两个假设都涉及这样一个问题：使用结果变量均值这一特定的二阶差分对父亲已故的高中毕业班学生的就读大学决策的所有长期趋势变化进行调整，这一做法是否合理？其中一个假设是数学上的，而另一个是概念上的。

在计算一阶差分和二阶差分的时候，我们都做出了"数学上的"假设，即简单计算平均值的差值可以合理地概括以强制变量为函数所表征的结果变量上的变化趋势，且两次差分结果的简单相减能充分剥离长期趋势。比如，在现在的这个例子中，分别以父亲已故的高中毕业班学生和父亲健在的高中毕业班学生为分析对象，通过对恰好在 1981 年临界点前后形成的两组样本的 *COLL* 平均值做减法，我们获得了一组一阶差分的估计结果。这两个差分结果分别是在存在干预和不存在干预的两种情况下，对于连接大学就读概率的平均值与按先后顺序排列的年份之间所存在线性趋势假设下的斜率进行的初步估计（rudimentary estimates）。对于这些差分结果（以及由此得到的双重差分估计值）恰当性的自信水平，很大程度上取决于这样一个假设：潜在趋势确实是线性的，通过水平轴上几对相邻点的结果变量均值做减法便能对其进行充分估计。然而，如果大学就读概率的平均值与年份之间的真实趋势是非线性的，这些假设就不对了。如果没有在分析中引入更多的数据，没有开展明确的假设检验分析，我们便无法对该假设进行检验。但是，正如我们将在第九章中所看到的，如果有更多的数据，我们不仅有办法来检验隐含的线性假设（implicit linearity assumption），而且还可以对概念上的"二阶差分"进行更好的估计。

我们的第二个假设涉及实质性的概念而非数学，它关注使用父亲健在的学生样本估计二阶差分能衡量长期趋势的可信度。我们的分析跟随戴纳斯基做出了一个很可能是可信的论证（the hopefully credible argument），即父亲健在的学生就读大学的平均概率变化趋势可以有效地估计父亲已故的学生就读大学概率的变化趋势。当然，这实际上可能并不正确。无论如何，我们的关注点在于，应用双重差分法时必须谨慎。戴纳斯基（Dynarski, 2003）的论文说明，对于分析具有断点设计的自然实验数据以及解决重要的教育政策问题而言，双重差分法可能是一个有效的分析方法。但也正如我们所指出的，其使用背后存在一些其他假设，研究者的职责是要捍卫这些假设的有效性，就像戴纳斯基在论文中所做的那样。

（二）参与者行为对实验条件外生分配的破坏

断点设计中对因果推断内部效度的第二个威胁与第一个威胁完全不同，它来自个体研究对象潜在自愿的选择和行为。个体更偏好处于干预组而不是控制组或研究样本之外，这种情况经常发生。[1] 举个例子，大多数高中毕业班学生想获得 SSSB 项目经济资助。如果个体能够影响其是否被分配到干预组样本之中，或者能够影响其被分配到干预组或控制组的概率，那么我们的因果推断就会受到挑战。其原因在于，那时实验条件的配置将只是看起来外生，但实际上并不外生。结果就违背了干预组和控制组的成员在实验处理前期望相等这一关键假设。

考虑戴纳斯基使用的自然实验例子。干预组和控制组都包括了父亲已故的学生，他们分别由强制变量（按时间先后排列的年份）上临界点之前和之后

---

① 当然也存在一些其他环境，个体将更偏好不处于干预组。比如，大多数芝加哥公立学校的三年级学生都不希望被分到强制暑期学校。

的学生构成。为了证明这一点，需要做出这样一个潜在可靠的假设：在项目实施期间(1979—1981年)，没有父亲为了使其孩子获得 SSSB 项目的资助资格而自己了结生命。但是，1965—1981年，不仅丧父的高中毕业班学生有资格获得 SSSB 项目资助，而且父亲是残疾人或者是退休的社会保障受益人(social security beneficiaries)的高中毕业班学生也有资格。因此，将父亲退休或父亲残疾的那部分学生加入研究样本之中，戴纳斯基可以扩大其样本容量。但她没有选择这样做是有道理的。在 SSSB 项目生效的几年间，一些要上大学的(college-bound)高中毕业班学生的父亲可以选择退休或要求残疾赔偿(press a disability claim)，以便使其子女获得 SSSB 项目的资助。但是，对于1982—1983年的高中毕业班学生的父母而言，他们可能在人口统计特征上与 SSSB 项目生效期间的父母相似，但不会受到上述激励。由此可能导致干预组和控制组在不可观测特征上的差异，包括在进入大学兴趣上可能存在的差异。因此，在研究样本中包含父亲残疾或退休的学生样本就有可能对干预效应的估计造成偏误，从而破坏研究的内部效度。在随后的章节中，我们将回到这些对断点设计自然实验中干预组和控制组个体分配外生性的威胁。

六、拓展阅读材料

2009年，乔舒亚·安格里斯特和约恩-斯特芬·皮施克(Jorn-Steffen Pischke)在《基本无害的计量经济学》(*Mostly Harmless Econometrics*)一书的第227～243页对双重差分法提供了一个容易理解的解释。2005年，阿尔贝托·阿巴迪(Alberto Abadie)在题为《半参数双重差分估计量》("Semiparametric Difference-in-Differences Estimators")的论文中描述了一种策略，以此来回应研究者对第二次差分所得估计的适当性可能的质疑。2000年，罗森茨魏希(Rosenzweig)和肯尼恩·沃尔平(Kenneth Wolpin)在一篇名为《经济学中自然的"自然实验"》("Natural 'Natural Experiments' in Economics")的论文中以几个研究为例指出了基于自然实验数据研究的其他效度威胁。

第九章

因果效应估计的断点回归法

缩小班级规模已成为许多国家普遍采取的一项教育政策措施。其原因一方面是深受教师和家长的欢迎，另一方面是该项政策易于实施。不过，缩小班级规模又是成本非常高昂的。这不仅会增加教室成本，还会增加教师成本。举个例子，在一所拥有 480 名学生的学校中，每班 40 名学生需要配备 12 名教师，但是，每班 30 名学生就需 16 名教师(增加了 1/3)。在大多数国家，教师工资占国家教育预算的一半以上。因此，班级规模从 40 降到 30 就会使教育总支出至少增加 1/6。

随着缩小班级规模的措施越来越广泛地被采用，由于其成本高昂，因而必须回答的一个问题就是，它们是否改善了学生产出。数以百计的研究试图解决这个问题。遗憾的是，几乎所有研究都存在根本缺陷，因为它们基于观察数据进行研究设计，其中班级规模的变异是学校管理人员和家长内生行动的结果。正如我们在第三章所做的解释，当问题预测变量(如班级规模)的水平是内生设定的时候，我们不可能获得班级规模对学生产出因果影响的无偏估计。

当然，解决该问题的一个办法是开展随机实验，研究者将学生和教师随机分配到不同规模的班级中。美国田纳西州的学生/教师成就比(STAR)实验为这一方法提供了有力的例证。我们在第三章里提到，基于 STAR 实验的研究，相比于规模为 21～25 的班级中的学生，规模为 13～17 的幼儿园班级和一年级班级中的学生在学年末阅读和数学技巧上的成绩更好。

遗憾的是，开展研究者设计的班级规模随机实验非常困难。因此，想要估计班级规模对学生成绩的因果影响，研究者通常需要寻找自然实验，其班级规模由不受教师和学生控制的外生教育政策决定。规定每个班级授课学生最大数目的教育政策就提供了这样的自然实验。在本章中，我们将介绍乔舒亚·安格里斯特和维克托·拉维（Victor Lavy）如何利用一项名为"迈蒙尼德规则"（Maimonides' rule）的最大班级规模政策来估计班级规模对以色列小学生阅读成绩的因果影响。在这个过程中，我们将前一章的双重差分策略（difference-in-differences strategy）扩展到断点回归设计（regression-discontinuity design）。

一、迈蒙尼德规则及班级规模对学生成绩的影响

安格里斯特和拉维（Angrist & Lavy，1999）使用了以色列一项有趣的自然实验数据来检验班级规模是否会对三年级、四年级和五年级学生的学习成绩产生因果影响。他们的自然实验来源于12世纪拉比学者迈蒙尼德，他针对6世纪《巴比伦法典》（Babylonian Talmud）中关于最适合圣经学习（bible study）的班级规模进行了讨论。迈蒙尼德认为，班级规模不能超过40名学生，如果注册人数超过了这一数字，就必须新增一名教师并分班以产生两个更小规模的班级。[①] 对安格里斯特和拉维的研究至关重要的是，以色列教育部自1969年以来开始使用迈蒙尼德规则来确定每所小学每年在每个年级所需的班级数量。举个例子：如果学生所在年级的学生注册人数不超过40人，该年级的所有学生会被分配到同一个班里；如果学生所在年级的注册人数为41人，那么，就将再雇用一名教师并开设两个班级，这时每班有20名或21名学生；进一步，如果年级注册人数为44人，学生就将被分配到班级规模为22名学生的两个班里。以此类推。

因此，迈蒙尼德规则其实是一个班级规模分配机制。为了使用它，将学生所在学校的年级注册总人数设为强制变量，根据该强制变量的取值对学生进行排列。将学生分配到具有"小"班级规模和"大"班级规模的干预组和控制组中，这取决于其所在年级的学生人数是刚好处于外生决定（本例中是通过圣

---

① 正如安格里斯特和拉维（Angrist & Lavy，1999）报告的那样。

经决定)的临界点 40 之上还是之下。事实上，根据拉比规则，同样的分班 (disjunctions)也发生在队列注册人数为 40 的其他倍数时。比如，在年级队列规模为 80 和 120 时，学生将会被分别分到两个班和三个班。[1] 安格里斯特和拉维认为，迈蒙尼德规则的运用提供了一个自然实验来估计班级规模对学生学业成绩的因果影响。

我们在介绍基于安格里斯特和拉维(Angrist & Lavy，1999)数据子集再次进行的分析之前，需要阐明数据的一个重要特征。他们的数据基本是在班级总水平上收集的，因此其分析单位是班级而不是班级内的学生个体。从统计功效的视角来看，这个问题不严重，因为我们在第七章已经解释过，在分析整群数据时，分析的统计功效更多取决于班级数而不是每个班的学生数，即使组内相关系数很小。由于安格里斯特和拉维在每个年级水平上分析了 2 000 多个班级，他们的统计功效很高，即使对注册人数在迈蒙尼德规定的临界点附近的特定年级的班级子样本进行分析时也是如此。

在表 9-1 中，我们呈现了强制变量(年级队列注册人数规模)取值为 36 到 46 的学校中五年级平均阅读成绩的概括统计量及相关信息。[2] 比如，在第 5 行和第 6 行，我们呈现了五年级注册人数(第 1 列)为 40 或 41 的全部学校中班级平均阅读成绩的均值(第 6 列)。我们将注意力首先限定在这两组注册人数队列的原因是，它们刚好位于第一个迈蒙尼德临界点 40 的两侧。

表 9-1 在迈蒙尼德规定的临界点 40 附近，按照五年级队列人数规模展示：以色列 *168* 犹太公立学校五年级班级平均阅读成绩与(预期的和实际观测的)平均班级规模

五年级的队列规模	属于该队列的班级数目	队列中的班级规模		名义班级规模"干预"	队列中的班级平均阅读成绩	
		预期平均规模	观测平均规模		均值	标准差
36	9	36	27.4	大	67.30	12.36

[1] 原文为三个班和四个班，但是根据对书中迈蒙尼德规则(如果学生所在年级的学生注册人数不超过40人，该年级的所有学生会被分配到同一个班里)的理解，此处存在笔误，应该为两个班和三个班。——译者注

[2] 感谢安格里斯特提供这些数据。完整数据包括特定学校在每个年级队列的注册人数，其规模从 8 到 226 不等，安格里斯特和拉维(1999)在研究中使用了所有这些数据。为了教学简便，我们只关注该数据的一个子集，其中年级队列注册人数规模位于迈蒙尼德规定的第一个班级规模临界点 40 附近。

续表

五年级的队列规模	属于该队列的班级数目	队列中的班级规模		名义班级规模"干预"	队列中的班级平均阅读成绩	
		预期平均规模	观测平均规模		均值	标准差
37	9	37	26.2	大	68.94	8.50
38	10	38	33.1	大	67.85	14.04
39	10	39	31.2	大	68.87	12.07
40	**9**	**40**	**29.9**	**大**	**67.93**	**7.87**
41	**28**	**20.5**	**22.7**	**小**	**73.68**	**8.77**
42	25	21	23.4	小	67.60	9.30
43	24	21.5	22.1	小	77.18	7.47
44	17	22	24.4	小	72.16	7.71
45	19	22.5	22.7	小	76.92	8.71
46	20	23	22.7	小	70.31	9.78

译者注：这里及正文中的"队列"根据五年级的年级注册学生规模进行定义。

在该表的每一行中，我们同时列出了样本中与各年级注册学生规模相对应的班级数量（第2列），预期和观测的平均班级规模（第3列和第4列），以及相应队列中班级平均阅读成绩的标准差（第7列）。我们还通过是否向年级和学生提供了名义上"大"或"小"的班级规模干预来对队列进行标记（第5列）。注意，班级平均阅读成绩的确会随班级规模而有所不同。进入注册队列规模为36到40的五年级学生，根据迈蒙尼德规则将会被分到"大班"中，其平均成绩往往在接近70分的水平。与之相对应的是，进入注册队列规模为41到46的五年级学生，根据迈蒙尼德规则将被分到"小班"中，其平均成绩往往在75分左右（队列规模为42的样本除外）。

如果表9-1第5行和第6行列出的37个班所在学校严格遵守迈蒙尼德规则，我们就将预期：开学时五年级注册队列人数为40人的9个班级的平均班级规模将为"大"的40人，而队列人数为41名学生的28个班级的平均班级规模为"小"的20.5（即41的一半）。不过，由于一些尚不清楚的原因，在预期班

级规模为 40 名学生的大班中，观测到的平均班级规模实际上不到 30 人。在 *169*
预期平均规模为 20.5 的小班中，观测到的平均班级规模接近预期班级规模。
然而，22.7 仍然比根据迈蒙尼德规则预测的班级规模多出 2 名学生。以学校
为单位(on a school-by-school basis)对这些班级的数据进行检查，这为"在现
实中"观察到这些异常值的原因提供了线索。在那些五年级入学队列为 40 名
学生的学校中，9 个班中只有 4 个班的实际班级规模恰好为 40 人。其余班中，
有 1 个包括 29 名学生，另外 4 个班的班级规模在 20 人左右。[1] 因此，实际班
级规模小于应用迈蒙尼德规则预测的班级规模。该差异一个可能的解释在于
注册人数测量的时间点(timing)。该数据集在 9 月即学年开始时对队列注册人
数进行了测度。可能的情况是，学年开始后有 1 名学生加入初始规模为 40 人
的五年级队列中，使得该班被一分为二。

实际班级规模与应用迈蒙尼德规则所预计的班级规模之间的这种不一致
会对我们的评估产生影响吗？只要我们记住对研究问题的具体措辞，答案就
是"不一定"。回想第四章讨论纽约奖学金项目(NYSP)时我们对"意向干预"
(intent-to-treat)和"干预"(treated)所做的重要区分。在 NYSP 中，向参与家
庭随机分配的是获得私立学校学费教育券(我们将其视为送孩子到私立学校的
意向)，能够无偏估计的是获得私立学校教育入学机会的因果效应。事实上，
一些获得教育券的家庭随后选择不使用，因此实际上就读私立学校的行为会
受到很多个人选择的影响。这意味着，私立学校干预在学生间的变异是潜在
内生的。那么，对就读私立学校学生与就读公立学校学生的平均成绩进行比
较无法提供私立学校干预因果影响的无偏估计。尽管如此，我们可以获得被
称为意向干预所产生因果效应(即随机获得补贴私立学校学费教育券产生的影
响)的无偏估计还是有价值的，因为公共政策通常提供的正是这种福利。

将以色列五年级学生的班级规模与总体学生阅读成绩联系起来的自然实 *170*
验提供了一个类似的情况。迈蒙尼德规则规定的班级规模本质是意向干预，
我们可以估计将学生分配到大班或小班的意向对学生成绩产生影响的因果效

---

① 这 4 个班的实际规模分别为 18、20、20 和 22。

应。知道这样一种分配的影响当然有用，因为它提供了使用迈蒙尼德规则确定班级规模的政策所带来的后果的相关信息。但是，它并不能告诉我们实际班级规模的真正缩小将如何影响学生成绩。[1]

（一）一阶差分分析

如果使用迈蒙尼德规则将大或小班级规模外生地提供给五年级开始时满足期望相等假设的学生群体，我们就可以比较他们在学年末的平均阅读成绩并获得意向班级规模的缩小所产生因果效应的无偏估计。我们在第八章提到，进行这种分析的一个简单方法是估计并检验预期的大班学生和预期的小班学生在成绩上的一阶差分。在安格里斯特和拉维的数据中，有 9 所学校的五年级注册队列为 40 人，28 所学校的五年级注册队列为 41 人。因此，根据迈蒙尼德规则，学年开始时前一类学校的五年级班级将预期为大班，而后一类学校的五年级班级将预期为小班。年末时，预期小班的总体平均成绩为 73.68 分，预期大班的总体平均成绩为 67.93——一阶差分为 5.75 分，对预期小班有利。我们可以拒绝相应的两组零假设（$t = 1.75$，$p = 0.044$；单尾检验），并得出结论：在以色列，在五年级队列规模为 40 和 41 人的总体中，提供小班入学机会能带来更高的成绩。[2]

表面上看，大班和小班之间将近 6 分的差异似乎很大——毕竟全部 37 个班的班级平均成绩的标准差才 8.81，该差异大约是 3/4 个标准差。然而，这里的分析单位是班级，标准差 8.81 只概括了平均阅读成绩在班与班之间的分散情况，而不是班级内学生与学生之间的分散状况。我们从其他研究中得知，班级内学生间的成绩变异通常要大于班级间平均成绩的变异，而前述聚合数据分析并未考虑学生间的变异。事实上，当学生内嵌于班级时，组内相关系数通常为 0.10 左右。考虑到这一点，我们便可以猜测出阅读成绩在班级间和学生间的总标准差大约为 28 分。[3] 这意味着大班与小班之间平均成绩 5.75 分

171

---

[1] 在第十一章中，我们将使用工具变量估计解释如何使用干预提供（offer）的外生变动得到实际干预的因果影响。

[2] 该检验以班级为分析单位，自由度反映了这些班级的数目。

[3] 班级间阅读成绩的标准差为 8.81，相应的方差即为 77.62。如果组内相关系数为 0.1，该方差便为总变异的 10%。因此，阅读成绩的总变异是它的 10 倍（即 776.2），进而标准差为 27.9。

的差异实际上不足 1/4 个标准差，该效应量在大小上也与克鲁格(Krueger，1999)在田纳西州 STAR 实验中报告的对幼儿园和一年级学生成绩的效应量类似。[①]

(二)双重差分分析

在具有断点设计的自然实验中，回想一下强制变量临界点附近期望相等假设背后的逻辑。我们认为，如果临界点是外生决定的，那么只有特殊事件(如随机的出生时间)才会决定某个学生是位于强制变量临界点的左侧还是右侧，至少在临界点两侧一个合理窄的"窗口"内是如此。如果这一论断站得住脚，那么开学时进入大班和进入小班的两组学生在任何不可观测变量上存在的差异都将变得无关紧要。同时，我们也不能忽视可能存在相当大的第二种差异来源。尽管获得大班入学机会和获得小班入学机会的两组学生只是根据他们在强制变量(注册人数这一连续变量)上因为一名学生人数的差别而进行的外生划分，但仍然可能存在不容忽视的长期趋势将学生平均成绩与相应群体学生注册队列规模联系起来，且该趋势不受班级规模的影响。这将给我们利用一阶差分方法估计班级规模分配对成绩的影响带来偏误。

172

安格里斯特和拉维(Angrist & Lavy，1999)报告了以色列家庭社会经济地位和学校规模之间的一种联系。他们评述道，年级注册人数更多的学校往往地处大城市且服务相对富裕的家庭，而注册人数较少的学校往往地处乡村地区且服务相对贫穷的家庭。这意味着社区社会经济地位和年级注册人数之间可能存在正向关系，这对我们自然实验的内部效度构成了威胁。原因在于，对于根据班级规模位于临界点某一侧而不连续定义的控制组和干预组，两组学生平均成绩的差异不仅源于班级规模的差异，也可能源于他们在社会经济地位上微小的、潜在的差异。而且，由于学业成绩和社会经济地位通常相关，即使后者稍有变化，也可能对前者造成决定性的影响。

当具有断点设计的自然实验面临这样的内部效度威胁时，我们可通过采

[①] 记住，以色列设定的"大班设计"(large offer)和"小班设计"(small offer)之间班级规模之差是略小于 20 名学生，而 STAR 实验中相对应的差异为 8 名学生。

用上一章介绍的"双重差分策略"(difference-in-differences strategy)进行回应。比如在当前这个例子中，我们可通过减去一个二阶差分 D_2 对估计的一阶差分 5.75 分进行纠正，D_2 是两个相邻年级注册队列(如规模分别为 38 和 39 的两个队列)之间的平均阅读成绩差异，且这两个队列在注册人数上相差一个学生但在实验条件上没有差异(亦即，两个队列中的学生都被分配到大班)。比如，从表 9-1 的第三行和第四行来看，该二阶差分将为 68.87 减去 67.85，即 1.02 分。那么，假如我们确信该二阶差分反映了因为队列注册人数上一名学生人数的变化对平均成绩的自然影响(无论该变化是规模为 38 和 39 的队列之间，还是规模为 40 和 41 的队列之间)，那么，通过在一阶差分中减去二阶差分，我们就可以剔除一阶差分估计结果中源于年级队列规模的学生平均成绩长期趋势变动所带来的偏误。通过双重差分估计对结果的调整，进入小班对五年级学生平均成绩的提升效应为 4.73(=5.75-1.02)。遗憾的是，尽管这一估 *173* 计值只比一阶差分的估计值(5.75)缩小了约 20%，我们却不能拒绝对应的零假设($t = 0.71$；$df = 53$；$p = 0.24$)。[1] 尽管如此，班级规模效应的方向仍然为正，效应量也只是略微减小。

当然，这一比较的统计功效仅为中等程度，主要原因在于我们在进行双重差分估计时将分析数据限定为注册队列规模为 38、39、40 和 41 的 57(=10+10+9+28)所学校。通过扩大临界点附近的窗口(即在估计一阶差分和二阶差分时重新定义并选择参与估计的群组)，我们可以轻而易举地增加参与检验的班级数。比如，我们可以通过将规模为 39 和 40 的注册队列合并(生成一个新的"控制"组)以及将规模为 41 和 42 的注册队列合并(生成一个新的"干预"

---

[1] 单尾检验，t 统计量根据表 9-1 呈现的概括统计量计算而得，如下：

$$t = \frac{\langle \bar{Y}_{\cdot}^{[41]} - \bar{Y}_{\cdot}^{[40]} \rangle - \langle \bar{Y}_{\cdot}^{[39]} - \bar{Y}_{\cdot}^{[38]} \rangle}{\sqrt{\left(\frac{s_{[41]}^2}{n_{[41]}}\right) + \left(\frac{s_{[40]}^2}{n_{[40]}}\right) + \left(\frac{s_{[39]}^2}{n_{[39]}}\right) + \left(\frac{s_{[38]}^2}{n_{[38]}}\right)}}$$

$$= \frac{\langle 73.68 - 67.93 \rangle - \langle 68.87 - 67.85 \rangle}{\sqrt{\left(\frac{8.77^2}{28}\right) + \left(\frac{7.87^2}{9}\right) + \left(\frac{12.07^2}{10}\right) + \left(\frac{14.04^2}{10}\right)}} = \frac{4.73}{6.63} = 0.71$$

其中，分母和分子中用括号列出的上标和下标分别表示规模为 38、39、40 和 41 的注册队列。

组)来增加一阶差分中包含的队列数。随后,二阶差分可通过比较规模为 37
和 38 的混合队列与规模为 35 和 36 的混合队列两者的平均产出而得到。对窗
口宽度进行如上的重新界定后,共有 111 所学校用于双重差分估计,统计功
效也随之上升。当然,正如我们在第八章所解释的,扩大估计样本均值和差
异的带宽不仅会改变双重差分的估计值,还会增加满足期望相等假设和保证
内部效度所面临的压力。接下来我们将回到这一问题,说明如何使用断点回 　*174*
归法进行更系统的选择,并检验研究结果对其他可选带宽的敏感性。

(三)断点回归

最初,我们用规模为 40 和 41 的两个注册队列的班级平均阅读成绩进行
了一阶差分估计,使用规模为 38 和 39 的两个注册队列的班级平均阅读成绩
进行了二阶差分估计。分别得到了班级平均阅读成绩上 5.75 分和 1.02 分的
总体平均差异。我们认为,一阶差分的估计结果同时包含了两个效应,即因
为注册队列规模上一名学生人数变动所产生的效应,以及因为班级规模的变
动(大班和小班)所产生的效应。我们还认为,二阶差分的估计结果仅包含了
前一个效应:即因为注册队列规模上一名学生人数变动所产生的效应。因此,
对上述两类差分估计结果进行再次差分,就可以得到干预效应(即根据迈蒙尼
德规则将学生分配到小班或大班,对学生成绩的影响)的一个无偏估计。

注意,从概念上讲,针对学生人数不足 41 的队列,二阶差分仅仅对平均
阅读成绩在队列注册规模上的线性趋势的斜率进行了粗糙估计(rudimentary
estimate)。我们相信从一阶差分中减去二阶差分就能得到干预效应的无偏估
计,这有赖于三个假设。第一,断点左侧学生成绩与注册队列规模之间的趋
势是线性的。第二,该线性斜率可通过迈蒙尼德规则施加的断点左侧注册人
数连续变量上两个相邻点(在这个例子中是注册人数为 38 和 39 的两个队列)
的平均阅读成绩(67.85 和 68.87)估计得到。第三,如果不存在班级规模的外
生干扰,断点左侧建立的线性趋势可以很容易地延伸到断点另一侧。也就是
说,我们假定:二阶差分是在两个相邻注册队列不存在班级规模外生缩减干
预(从大班到小班)的情况下,对年级队列规模为 40 和 41 的两类班级之间学
生平均成绩差异的无偏估计。

这些假设并非无关紧要。如果将平均阅读成绩与强制变量联系起来的任何潜在趋势是非线性的，第一个假设和第三个假设就可能不正确。如果相邻队列间学生的平均成绩存在较大的随机变动（分散），则第二个假设可能不正确。如果事实果真如此，那么仅仅根据两个数据点估计得到的斜率就可能很不准确。显然，前面估计干预效应的双重差分法就依赖于四个队列注册规模点上的样本平均成绩。幸运的是，在可以获得更多数据的情况下（我们接下来的例子便是如此），断点回归法（RD）允许我们检验并放宽前述假设。

从表 9-1 可以清楚地看出，我们对学生班级平均成绩与队列注册规模之间可能关系的了解比迄今探索的要多得多。比如，基于这些数据，我们可以采用几种不同的方法获得对关键二阶差分的估计。举个例子，我们可以使用规模为 37 和 38 的注册队列的学生的平均成绩信息得到一个值为 -1.09（$=67.85-68.94$）的二阶差分估计。同样，规模为 36 和 37 的注册队列的学生的平均成绩信息可提供另一个值为 1.64（$=68.94-67.30$）的二阶差分估计。回忆一下，我们基于规模为 38 和 39 两个队列得到的二阶差分的最初估计是 1.02 分。对这三个二阶差分估计值取平均得到一个值为 0.52 的总体平均二阶差分估计值，相比于通过临界点左侧某对相邻数据点得到的其他任何估计值，它或许是对成绩与注册规模之间潜在线性趋势的更准确估计。我们在可以估计许多像这样的二阶差分时，如何确定该做什么以及在哪里停止？事实上，我们甚至不局限于估计在队列注册规模强制变量上只"相差一名学生"的二阶差分。举个例子，我们可以使用规模为 36 和 39 的注册队列的平均成绩信息来得到一个值为 0.52（$=[(68.87-67.30)/3]$）的二阶差分估计。最后，尽管对多个二阶差分估计值取平均确实在估计过程中吸收了其他重要信息，但它是以完全特殊的方式进行的（in a completely ad hoc fashion）。我们接下来介绍的 RD 法可提供一个将所有其他信息纳入估计过程的更加系统的策略。

为便于更好地理解 RD 法，我们绘制了图 9-1。该图显示了表 9-1 中部分样本的信息，即以色列五年级学生总体中，从 36 到 41 的不同年级注册队列规模下的班级平均成绩。注意，在规模从 36 到 40 的年级注册队列（根据迈蒙尼德规则，这些学生进入了大班）中，班级平均成绩存在中等程度的垂直分散

（moderate vertical scatter）（向上或向下，大约1分）。同时也要注意到，与规 *176*
模为40和41的年级队列（根据迈蒙尼德规则，这些学生进入了小班）之间班
级平均阅读成绩大约6分的差距相比，前一垂直分散显得非常小。

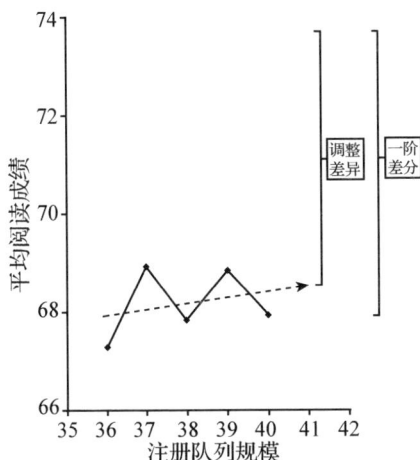

**图 9-1　以色列犹太公立学校五年级的班级平均阅读成绩与年级队列注册
人数规模，附临界点左侧的探索性趋势线（带箭头的虚线）**

　　该图也为班级平均阅读成绩取决于队列注册规模强制变量的观点提供了
视觉上的支持。的确，尽管不同队列下班级平均成绩分布的趋势在本质上是
分散的，但该图显示：在这样一个狭窄的注册队列范围内，这一潜在趋势关
系可能是线性的。抓住了这一点，我们在图上添加了一个端点为箭头的线性
趋势线，以便在这些临界点左侧的队列上总结班级平均阅读成绩与强制变量
（注册队列规模）之间的"前迈蒙尼德"（pre-Maimonides）关系。[①] 然后，我们将 *177*
这条线向前投影（project），直到其与 x 轴上对应规模为41名学生的点上方绘
制的垂直虚线相交。这条虚线上箭头顶端的垂直高度表示我们的"最佳投影"
（best projection）：如果不存在迈蒙尼德规则，年级注册人数为41的队列中班
级平均阅读成绩的可能取值。如果这一投影可靠，那么相比于其他任何单独

---

① 使用普通最小二乘（OLS）回归分析，在规模从36到40的队列中使用队列注册规模对队列平均阅读成绩
　做回归，我们得到了这一条探索性趋势线。

的分段双重差分估计，箭头顶端与该队列"观测的"班级平均阅读成绩之间的
"调整垂直差异"（adjusted vertical difference）就是对班级规模缩减外生提供的
因果效应的更好估计。这是因为，调整后的新的差异系统地涵盖了从规模为
36 到 41 的所有注册队列上有关成绩/注册人数趋势的证据，并在随后使用该
证据对一阶差分估计结果进行了调整。我们在图 9-1 中对干预效应的"一阶差
分"估计和"调整"估计进行了标记。这些便是支撑 RD 分析的基本思想。

当然，通过设定一个合适的回归模型并对其使用原始数据进行拟合[而不
是像我们在上面的阐述中那样使用队列规模平均值和草图（sketching plot）]，
我们可以不那么随意地构建像图 9-1 中施加的投影。比如，我们可以从安格里
斯特和拉维的原始数据集提取规模从 36 到 41 的五年级注册队列中 75 个班的
所有相关信息。然后我们可以设定一个回归模型来可靠地总结临界点左侧的
成绩/注册人数趋势，并将其向前投影到注册规模为 41 的队列中，同时我们
在模型中加入一个专门的回归参数捕捉垂直"夹具"（jig），并假设这个"夹具"
发生在规模为 41 的注册队列投影的和观测的班级平均阅读成绩之间。通过标
准回归方法对这个"夹具"参数进行估计，就得到了对外生运用迈蒙尼德规则
所产生小班与大班之间班级平均阅读成绩差异的一个调整 RD 估计。

为完成这些分析，我们在安格里斯特和拉维的数据集中设计了另外两个
预测变量。我们以表 9-2 为例说明这两个变量的设计过程，该表列出了规模从
36 到 41 的注册队列（为节省空间，表 9-2 未显示某些队列上的数据，但我们
在计算中加入了这些数据）中选出的个案（班级）。在第二列和第三列中，我们
列出了每个队列前三个班的班级平均阅读成绩（READ）和相应的注册队列规
模（SIZE）。我们也列出了在 RD 分析中作为预测变量的两个新的变量。第
一，我们设计了一个新的虚拟预测变量 SMALL，它取值为 1，表示根据迈蒙
尼德规则该注册队列的学生将进入小班。在这个缩减的数据集中，该变量只
有在人数为 41 名学生的注册队列中取值为 1。第二，通过将强制变量的所有
取值减去常数 41 形成一个标签为 CSIZE 的新变量，我们对强制变量进行了
"再中心化"（recentered）。对于规模为 41 的注册队列中的班而言，这一个新
的预测变量取值为 0，该变量的非零值测度了每一个队列的规模与规模为 41

的队列之间的水平距离。举个例子，对于含有 40 名学生的注册队列中的班而言，$CSIZE$ 取值为"－1"。

表 9-2　以色列犹太公立学校中注册人数规模介于 36 到 41 的各个队列(为节省空间，未显示规模为 37 和 38 的队列)中前三个五年级班的班级平均阅读成绩与预期班级规模

班级 ID	$READ$ 班级平均阅读成绩	$SIZE$ 队列注册规模	$CSIZE$ 中心化的队列注册规模(=$SIZE$－41)	$SMALL$(0=大班；1=小班)
3601	51.00	36	－5	0
3602	83.32	36	－5	0
3603	64.57	36	－5	0
……				
……				
3901	46.67	39	－2	0
3902	68.94	39	－2	0
3903	74.08	39	－2	0
……				
4001	73.15	40	－1	0
4002	60.18	40	－1	0
4003	52.77	40	－1	0
……				
4101	69.41	41	0	1
4102	80.53	41	0	1
4103	55.32	41	0	1
……				

为了基于这些数据开展 RD 分析，我们使用规模从 36 到 41 的注册队列将结果变量 $READ$ 对新的预测变量 $CSIZE$ 和 $SMALL$ 的主效应进行回归，如下：

$$READ_i = \beta_0 + \beta_1 CSIZE_i + \beta_2 SMALL_i + \varepsilon_i \tag{9.1}$$

179

在这个回归模型中，参数 β_1 和 β_2 分别代表预测变量 $CSIZE$ 和 $SMALL$ 的主效应。但是，通过提供干预效应的一个 RD 估计，β_2 直接解决了我们的研究问题。使用原始队列指标 $SIZE$ 减 41 代替预测变量 $CSIZE$ 来对方程 9.1 进行改写，并对整个方程取期望以消除残差和获得总体均值表达式，便可以了解该模型中参数的运行方式，如下所示：

$$E\{READ_i\} = \beta_0 + \beta_1(SIZE_i - 41) + \beta_2 SMALL_i \tag{9.2}$$

然后，替换典型学生在预测变量上的取值，我们可以看到：因所在队列规模为 41 而被提供小班（$SMALL = 1$）的学生在 $READ$ 上的假定总体均值为：

$$E\{READ_i \mid SIZE = 41; SMALL = 1\} = \beta_0 + \beta_1(41 - 41) + \beta_2(1)$$
$$E\{READ_i \mid SIZE = 41; SMALL = 1\} = \beta_0 + \beta_2 \tag{9.3}$$

我们也可以得到被提供大班（$SMALL = 0$）但成绩被投影到规模为 41 的队列中的学生在 $READ$ 上假定总体均值的表达式，如下所示：

$$E\{READ_i \mid SIZE = 41; SMALL = 0\} = \beta_0 + \beta_1(41 - 41) + \beta_2(0)$$
$$E\{READ_i \mid SIZE = 41; SMALL = 0\} = \beta_0 \tag{9.4}$$

然后，用方程 9.3 减去方程 9.4，你可以看到回归参数 β_2（方程 9.1 中预测变量 $SMALL$ 的参数）表示平均阅读成绩的总体差异，我们假定这一差异发生在规模为 41 的注册队列中被提供典型小班和大班的学生之间。这也正是我们想要估计的参数。

注意构造新的预测变量 $CSIZE$ 时对原始强制变量（注册队列规模）进行再中心化的重要作用。这一再中心化将注册队列规模轴的原点重新定位到规模为 41 的队列处，从而重新界定了截距参数 β_0 的作用。现在该截距表示的是，对于人数为 41 的年级注册队列，如果他们不受干预并进入大班（而非小班），我们估计的全班平均阅读分数。由前迈蒙尼德长期趋势得到的这一向前投影为我们提供了来自对照组的恰当的反事实。参数 β_2 代表了上文所提到的垂直夹具，即在年级注册人数规模为 41 的队列中，因为学生进入小班而非大班对班级平均阅读成绩所产生的干预效应，这是我们数据分析的重点。

总之，我们描述的这些特性适用于所有 RD 模型。在 RD 模型中，我们使用两个重要的预测变量对结果变量进行回归。首先是排列观察对象（这里是班级）的连续变量（即强制变量），它包含一个外生界定的临界点。通常对强制变量进行再中心化使其在临界点（或刚好超过临界点处）的取值为零。其次是一个虚拟预测变量，它指定了某个观察对象位于外生界定的临界点哪一侧并因此指定了其被分配到某一种特定的实验条件下。通过使用安格里斯特和拉维数据集年级注册人数规模从 36 到 41 的 75 个班级子样本拟合了方程 9.1 的回归模型，表 9-3 呈现了普通最小二乘（OLS）的估计值和附加统计量。虚拟变量 *SMALL* 的估计系数（5.12）是 β_2 的 RD 估计结果，它表示在规模为 41 的队列中，班级规模从大班缩减到小班对班级平均阅读成绩的影响。遗憾的是，在我们的分析中，班级规模干预所产生因果效应的 RD 估计结果在统计上不显著（$p = 0.10$；单尾检验），即使分析样本中包含 75 个班级。最后要注意强制变量 *CSIZE* 的回归系数（0.124）为正，这表示班级平均阅读成绩与队列注册规模之间存在正相关关系。尽管如此，我们无法拒绝总体中该关系为零的零假设。接下来我们对基本 RD 方法进行拓展，以便重新估计上述评价结果并提升统计功效。

181

表 9-3　基于以色列犹太公立学校五年级注册队列规模介于 36 到 41 的
班级数据开展小班（相比大班）教学对班级平均阅读成绩影响的断点回归估计

预测变量	估计值	标准误	t 统计量	p 值
截距项	68.6**	3.51	19.5	0.00
CSIZE	0.124	1.07	0.116	0.91
SMALL	5.12~	4.00	1.28	0.10[†]
R^2	0.066			

注：~$p<0.10$；*$p<0.05$；**$p<0.01$；***$p<0.001$；"†"表示单尾检验。

（四）选择合适的带宽

既然我们已经建立了 RD 方法的基本原理，对其进行合理拓展就是可能的。举个例子，我们为何只将分析样本限定为年级注册人数规模从 40（外生施加班级规模干预的临界点）到 41 的队列？为什么不拓宽右侧分析窗口以包含注册人数规模从 42 到 46 的队列样本进行补充分析？此外，我们也可以很容易地模拟临界点右侧的、成绩和注册人数规模之间的长期趋势，并将其向后投影以估计受干预样本的班级平均成绩，从而与上文基于临界点左侧、成绩与注册人数长期趋势的投影进行对比。毕竟，注册人数和班级规模之间的关系仅在迈蒙尼德法则所规定的最大班级规模 40 人处受外生干扰而中断，跨过该断点，班级平均成绩和注册队列规模之间的关系不就应该重新表现为断点之前的潜在趋势吗？事实上，完成这个扩展的分析，方程 9.1 中的统计模型甚至不需要改变。参数 β_2 继续表示注册队列规模为 41 时，进入小班而非大班对班级学生平均阅读成绩存在影响的总体假设。通过拓宽右侧分析窗口并增加样本容量，我们仅仅是加强对参数 β_2 的估计。以此类推，为什么样本仅覆盖从临界点左侧年级注册规模为 36 的队列到右侧注册规模为 46 的队列，而不是覆盖规模从 30 到 50 或者 20 到 60 的注册队列样本？我们在接下来的部分会更详细地考虑这些问题，因为我们将说明增加带宽可能造成的一些后果。

182　　当然，增加带宽通常会将更多的班级纳入分析。这有助于提升估计垂直"夹具"（问题预测变量 *SMALL* 的系数）这一重要参数的统计功效和精度，这个"夹具"在迈蒙尼德规定的临界点处回答了我们的问题。然而，增加临界点任意一侧的带宽也将带来有关潜在函数形式的困扰，该函数形式是我们通过在 RD 模型中加入"强制"预测变量 *CSIZE* 进行模拟的成绩/注册人数间的长期趋势。我们在下一部分将回到这些问题，那时我们将用路德维希和米勒（Ludwig & Miller，2007）一篇重要论文的证据来进行说明。然而目前，我们将继续使用安格里斯特和拉维的例子来对 RD 分析中如何选择合适的分析带宽获得更多。

我们首先考虑扩大分析样本以覆盖安格里斯特和拉维数据集中年级注册队列规模从 36 到 46 的所有班级。加入注册队列规模从 42 到 46 的班级增加了中心化后强制预测变量 *CSIZE* 取值为正的个案数。尽管加入注册队列规模从 42 到 46 的 105 个班级扩大了分析样本，我们仍然可以通过拟合方程 9.1 所设定的"标准"RD 模型来解决研究问题。此外，我们也可以继续以几乎相同的方式解释其参数。预测变量 $CSIZE$ 仍然解释队列注册规模和班级平均成绩之间的线性趋势假定。注意，现在的模型规定，除班级规模提供其所带来的外生干扰的影响之外，临界点两侧的线性趋势都具有相同的斜率（用参数 β_1 表示）。预测变量 $SMALL$ 仍旧是第 41 个队列上班级成绩的垂直"夹具"，这是在那一点上迈蒙尼德规则对班级规模实施外生干扰的效果。与之相应的参数 β_2 仍然概括该外生干扰在断点处对班级平均阅读成绩的影响。请注意，规模从 36 到 40 的注册队列信息被用于估计长期趋势以向前投影到规模为 41 的队列，这与之前一样。但是，现在规模从 41 到 46 的队列信息也被用来向后预测趋势，即预测队列 41 的班级平均成绩。因此，我们不再仅仅依靠队列 41 的观测值来估计断点处平均成绩的上限（正如我们在最初 RD 分析中那样）。随后，假设我们（通过成绩和 $CSIZE$ 之间线性关系的假定）在临界点两侧都对成绩/注册人数趋势进行了恰当的建模，则既可以对上述关系的斜率进行更好的估计，又改进了对平均干预效应（即临界点处两组总体平均成绩取值之间的垂直距离）的估计。最后，也就从与样本容量增加带来的统计功效提升中获益。

我们在表 9-4 中呈现了这一分析中所有参数的估计值和辅助统计量，结果支持并强化了上述推论。尽管平均干预效应的估计值 3.85 要比表 9-3 中相应的估计值 5.12 小将近 25%，但标准误明显降低（从 4.00 下降到 2.81），这是样本量增加 105 个班级带来的结果。因此，平均干预效应单尾检验的 p 值也从 0.10 降到了 0.09。

表 9-4　基于以色列犹太公立学校五年级注册队列规模介于 36 到 46 的班级数据开展小班（相比大班）教学对班级平均阅读成绩影响的断点回归估计

预测变量	估计值	标准误	t 统计量	p 值
截距项	68.7**	1.92	35.82	0.00
$CSIZE$	0.171	0.436	0.39	0.70
$SMALL$	3.85~	2.81	1.37	0.09†
R^2	0.046			

注：~$p<0.10$；*$p<0.05$；**$p<0.01$；"†"表示单尾检验。

现在以更大幅度拓宽分析窗口就很有吸引力，这可以进一步提升统计功效。表 9-5 呈现了增加更多注册队列类型样本后的估计结果概要。在前两行中，我们再次呈现了已经完成的两个 RD 分析的结果：①第一行的样本使用 9 月时五年级注册规模介于 36 到 41 的学校的所有班级；②第二行的样本加入了规模从 42 到 46 的注册队列。回忆一下，在这个过程中，班级样本数量增加了一倍多，从 75 个增加到了 180 个，尽管平均干预效应的估计值从 5.12 减小到 3.85，但取值仍然为正并且精度提高了。随着带宽继续增加，这一趋势仍然存在。考虑该表的最后一行，这里包括了 423 个班级。此时，基本结果依然是：提供小班教育具有好处，而且估计的效应量（它测度了为学生提供小班而非大班教学对班级平均成绩影响的垂直"夹具"）也保持稳定。注意，加入更多班级显著提升了统计功效并减小了与问题预测变量 SMALL 对应的 p 值。事实上，当使用规模覆盖 29 到 53 的注册队列的 423 个班级数据拟合 RD 回归模型时，我们可以很容易地拒绝干预效应不存在的零假设（$p = 0.02$，单尾检验）。

表 9-5　基于迈蒙尼德规定的班级规模临界点 40 附近不同分析窗口的数据

开展小班（相比大班）教学对以色列犹太公立学校五年级学生班级

平均阅读成绩因果影响的断点回归估计

窗口宽度	每一个比较中的班级数目	预测变量：SMALL			预测变量：CSIZE		R^2 统计量
		估计值	标准误	p	估计值	p	
{36，41}	75	5.12~	4.00	0.10†	0.12	0.46	0.066
{36，46}	180	3.85~	2.81	0.09†	0.17	0.35	0.046
{35，47}	221	4.12*	2.50	0.05†	0.02	0.48	0.038
{34，48}	259	4.01*	2.31	0.04†	0.00	0.50	0.036
{33，49}	288	3.67*	2.16	0.05†	−0.01	0.48	0.030
{32，50}	315	2.97~	2.04	0.08†	0.03	0.44	0.026
{31，51}	352	2.93~	1.94	0.07†	0.04	0.41	0.026
{30，52}	385	3.36*	1.84	0.04†	−0.04	0.37	0.020
{29，53}	423	3.95**	1.80	0.02†	−0.14	0.12	0.015

注：~$p<0.10$；*$p<0.05$；**$p<0.01$；"†"表示单尾检验。

但是，我们能在多大程度上增加带宽并继续保证结果的可靠？一方面，在使用一阶差分法或双重差分法时，我们在迈蒙尼德临界点附近覆盖样本的范围越窄，越能保证提供大班和小班教学的学生之间满足期望相等的假设，因而两组样本之间差异估计值的内部效度会更好。但是，随着分析窗口缩小为注册人数在临界点任意一侧、持续靠近临界点的队列时，对比分析时所包含的班级数减少了，识别效应的统计功效也随之下降。另一方面，增加带宽肯定会增大样本容量并提高统计功效，但也可能加大对对比分析内部效度的挑战。特别地，我们在安格里斯特和拉维的例子中使用一阶差分法或双重差分法时，随着扩大分析带宽、增加了远离年级注册人数为 40 或 41 的队列的样本，对比组学生在所有不可观测的维度上满足均值相等假设的可能性变小。正如安格里斯特和拉维所指出，社会经济地位和人口密度在以色列是正相关的。这使得五年级注册队列人数规模差距较大样本中的学生在家庭社会经济地位等其他可能与学业成绩相关的不可观测方面差异显著。如果我们只依靠一阶差分来估计这一干预效应，上述问题将变得尤其严重，因为这意味着在控制组和干预组中持续混入干预前均值原本不同的群组队列。

然而，值得庆幸的是断点回归分析中上述问题变得不那么突出。原因在于，我们并没有将差距更远的队列混入名义干预组和控制组。相反，我们将更远的队列同更近的队列（以及它们与强制变量的关系）结合使用，以在临界点处投射并估计干预效应，这可以较好地满足期望相等假设。换句话讲，由于我们对干预效应的估计只适用于临界点，它在此处就是内部有效的，而不论分析中加入了多少额外的数据点以及这些数据点来自距离临界点多远的地方。即使临界点两侧距离很远的队列之间并不满足期望相等条件也没关系，因为我们只是使用它们的信息以更好地预测临界点处平均产出的差异。当然，这样就需要对结果变量和强制变量之间的关系进行正确建模。

为了有效利用具有 RD 设计的自然实验，我们必须在统计功效的充足性和建模趋势的可靠性之间寻求一个合理的平衡，这里的趋势是指结果变量和强制变量之间的关系。从数学上来看，在足够小的范围内，所有这种趋势都是局部线性的。在安格里斯特和拉维的数据集中，局部线性的要求可能覆盖规模介于 36 到 41 的注册队列。然而，如果有证据表明结果变量与强制变量之间潜在的趋势是非线性的，我们就必须限定带宽以满足局部线性假定，或者必须使用比线性函数更加可靠的函数形式来模拟该趋势。接下来，我们使用另一个重要研究加以阐述。

二、结果变量与强制变量之间关系的推广

186

1965 年，美国联邦政府制定了开端项目（Head Start），旨在改善低收入家庭儿童的生活。该项目有几个组成部分，包括提供学前教育，提供营养餐，提供包括免疫接种、身心疾病筛查、社区转诊等在内的医疗服务。自实施以来，开端项目发展迅速，为超过 90 万名儿童提供服务，每年花费超 70 亿美元。开端项目的巨大规模和高昂成本引发了人们对其效果的关注，人们尤其关注参与该项目是否对儿童具有长期影响。延斯·路德维希（Jens Ludwig）和道格拉斯·米勒（Douglas Miller）在 2007 年发表了一篇论文，对这一问题的答案做了重要阐述。

路德维希和米勒的识别策略利用了开端项目第一年执行过程中一个特别的要求。该要求是，想要实施开端项目，社区必须向执行该项目的联邦机构——经济机会办公室（Office of Economic Opportunity，OEO）提交申请。OEO 官员担心，该申请程序会使国家中最贫穷的社区因缺乏提交申请的组织能力而不能获得该项目。因此，OEO 使用 1960 年人口普查数据找到了全国贫困率最高（贫困率为 59.2% 及以上）的 300 个县，并向这 300 个县派遣了年轻的工作人员，以帮助社区申请开端项目基金。这使得，贫困率刚好低于 59.2% 这一临界点的县在申请该项补助金上没有得到任何特别的帮助。

路德维希和米勒认识到，OEO 向美国最贫困的 300 个县提供申请补助援助的决定提供了一个 RD 设计的自然实验，他们可以使用该自然实验来探索提供开端项目对儿童长期产出的影响。本质上，OEO 沿着县级贫困率这一强制变量将所有县进行排列，并且在贫困率为 59.2% 点处指定了一个临界点，将所有县外生地分为两个群组。贫困率在临界点及以上（在临界点"右侧"）的

县得到了申请补助的援助；刚好在临界点"左侧"（贫困率小于 59.2%）的县没有得到申请补助的援助。我们使用路德维希和米勒研究中的证据就基本 RD 法的拓展进行说明，尤其是对结果变量和强制变量间关系的建模方法的拓展。　*187*

事实上，路德维希和米勒使用同样的 RD 方法开展了两组分析。尽管这两组分析只在结果变量的定义上存在区别，其概念基础也只是略微不同，但这一区别在这里具有教学价值。在第一组分析中，路德维希和米勒使用他们的 RD 方法来检验得到或没有得到补助申请援助的两组县在开端项目融资以及参与情况上的差异。在这些分析中，贫困率是强制变量，补助申请援助的外生分配是干预变量，开端项目资金支持以及参与情况是结果变量。结果表明，补助申请援助的确导致了两组样本在开端项目资金支持和参与情况上的差异。

路德维希和米勒的第二组分析侧重于一组更为遥远的结果变量，即最初激发研究兴趣的、长期的儿童健康和学校教育产出。在这里，贫困率同样成为强制变量，补助申请援助的外生分配也再一次定义了实验条件。然而，现在主要关注参与开端项目对儿童未来产出的影响，因此补助申请援助（仍然是主要的问题预测变量）已成为开端项目意向干预的一个外生分配表述。我们将其看作开端项目的意向干预指标。因此从本质上来说，作者解决了两组不同的因果问题。第一个是：得到补助申请援助是否会改变该县获得开端项目资金支持并参与该项目的状况？第二个是：补助申请援助（它构成了开端项目的意向干预）是否会提高儿童未来的产出？由于得到补助申请援助是在 RD 临界点附近外生分配的，两类情形中都可以实现因果推断。两组分析的全部差异在于产出变量。现在我们转向对路德维希和米勒创新 RD 分析策略的概述，并对他们的研究发现提供简要总结。

研究者使用的数据有两个来源。第一个是美国国家档案和记录管理局（National Archives and Records Administration，NARA）在 20 世纪 60 年代县级水平上关于贫困率和开端项目资金和参与情况的加总数据。第二个是美国教育纵向研究（National Educational Longitudinal Study，NELS）的个体水平数据，NELS 提供了 1988 年作为八年级学生接受初访并在 2000 年完成追访

188 的代表性儿童样本的信息。路德维希和米勒发现，NELS 样本包括 1960 年居住在贫困率最高的 300 个县的 649 名儿童，以及居住在次贫困的 300 个县的 674 名儿童。在所有分析中，他们都将县作为分析单位。[①]

在第一组分析中，路德维希和米勒考察了为补助申请提供援助的、外生界定的贫困率临界点是否导致开端项目可获得性（依据相应年龄组中儿童获得资金水平进行测量）出现不连续的跳跃。他们的做法是比较 1968 年两组县（分别刚好位于外生界定的临界点两侧）的四岁儿童在开端项目上的人均经费支出。干预组由贫困率介于 59.2%（得到 OEO 申请帮助的最小值）和 69.2%（临界点以上 10 个百分点）的县构成，控制组由贫困率介于 59.2%（美国贫穷状况第 301 位的县）和 49.2%（临界点以下 10 个百分点）的县构成。他们发现，干预组（共 228 个县）中开端项目的生均支出是 288 美元，而控制组相应的数字是 134 美元。对不同带宽（如分析带宽只包括贫困率临界点上下 5 个百分点的县）内定义的群组的支出水平进行比较时，他们得到了相似的结论。这让研究者更加确信，OEO 干预确实显著影响了贫困县获得开端项目的可能性。路德维希和米勒也证实，贫困率恰好高于 OEO 支持临界点的县与贫困率恰好低于该临界点的县在开端项目参与率上的差异一直持续到 20 世纪 70 年代以后。上述数据分析所得结论非常重要，它说明可以使用这些数据以检验开端项目可获得性对儿童产出的长期效应。

正如路德维希和米勒解释的，他们在研究中拟合的主要统计模型是方程 9.1 中设定简单线性 RD 模型的一个推广。他们将其写作：

$$Y_c = m(P_c) + \alpha G_c + \upsilon_c \qquad (9.5)$$

189 由于标记符号的不同，该模型与方程 9.1 中的标准 RD 模型不大相似，但两者本质上是相同的。在方程 9.5 中，Y_c 是第 c 个县在结果变量上的取值，如它可以表示给定年份该县开端项目的参与率。强制变量 P_c 是 1960 年第 c 个县的贫困率，对其进行中心化以便在贫困率临界点 59.2% 处取值为零。二元解释变量 G_c 是主要的问题预测变量，表示第 c 个县是否得到了来自 OEO

———————————

① 因此，他们把 NELS 中的个体水平结果变量测度加总到了县级水平。

的补助申请援助(1＝得到援助，0＝没有得到)。因此，与之相对应的回归参数 α(与方程 9.1 中的回归参数 β_2 相对应)代表的是，在贫困率临界点 59.2% 处估计的补助申请援助对结果变量的因果影响。模型随机元素 v_c 是县级水平上的残差。

方程 9.1 和 9.5 中假设模型之间的主要外观差异围绕 $m(P_c)$ 项展开，它是结果变量和强制变量 P 之间假设关系形式的一般函数表示。路德维希和米勒将结果变量建模为强制变量的线性函数，同我们之前例子中的做法一样，但他们允许该关系的总体斜率在断点不同侧存在差异。通过将函数 $m(P_c)$ 替换为 P 的标准线性函数，随后加入它与问题预测变量 G 的二阶交互项，他们实现了这一目的。如下所示：

$$Y_c = \beta_0 + \beta_1 P_c + \alpha G_c + \beta_2 (P_c \times G_c) + v_c \tag{9.6}$$

借助这一模型设定，对于临界点左侧的县($G=0$)，中心化的贫困率 P 与县级水平上开端项目参与率之间的拟合线性关系是：

$$\hat{Y}_c = \hat{\beta}_0 + \hat{\beta}_1 P_c \tag{9.7}$$

对于临界点右侧的县，拟合关系是：

$$\hat{Y}_c = (\hat{\beta}_0 + \hat{\alpha}) + (\hat{\beta}_1 + \hat{\beta}_2) P_c \tag{9.8}$$

但是，由于在临界点处对强制变量 P 进行了中心化，尽管允许它的假设斜率在临界点两侧存在差异，你还是可以通过减法来证明参数 α 反映了补助申请援助对开端项目参与率的平均因果影响效应(在你做减法之前，不要忘记将 P_c 的取值设为 0)。

最初，路德维希和米勒使用临界点任意一侧贫困率加减 8 个百分点的带宽对方程 9.6 进行了拟合。这时的样本容量仅为 43 个县。他们对补助申请援助对开端项目参与率影响的估计值为 0.238，标准误为 0.156。因此，尽管点(在临界点附近)估计值表明补助申请援助将儿童参加开端项目的概率提高了 23.8 个百分点，但是我们不能拒绝影响效应不存在的零假设。

路德维希和米勒扩大了分析窗口，将贫困率位于断点任意一侧加减 16 个百分点带宽之内的县包括进来。这使得样本容量增加到 82 个县。但分析数据后他们开始怀疑，在这一更宽的数据范围内，开端项目参与率与强制变量（贫困率）之间的关系是非线性的。而且，该关系在临界点两侧看起来还有差异。他们认为该问题的一个解决办法在于，将结果变量和强制变量之间的关系设定为多项式（polynomial）。因此，他们使用灵活二次项设定（flexible quadratic specifications）对 RD 模型进行了拟合，这允许临界点两侧变量间的曲线关系（curvilinearity）存在差异。在方程 9.9 中，我们呈现了他们的灵活二次项模型设定：

$$Y_c = \beta_0 + \beta_1 P_c + \beta_3 P_c^2 + \alpha G_c + \beta_2 (P_c \times G_c) + \beta_4 (P_c^2 \times G_c) + \upsilon_c \qquad (9.9)$$

使用这一模型设定，他们估计的干预效应 α 为 0.316，标准误为 0.151。因此，在当前的模型和带宽下，他们可以拒绝补助申请援助对儿童的开端项目参与率没有影响的零假设。

在图 9-2 中[①]，在临界点两侧使用平滑的虚线曲线，我们展示了开端项目参与率与强制变量之间二次关系的拟合，这些都是引用自路德维希和米勒的分析。注意，临界点左侧拟合关系的形状与右侧有很大不同。此外，临界点任意一侧二次项模型设定的一个重要局限是，拟合曲线的形状被限定为围绕其最大值或最小值对称分布。考虑到这些曲线只通过中等数量的个案进行拟合，结果变量与强制变量之间拟合的曲线关系可能对结果变量异常值以及数量很少的奇异值非常敏感。由于平均干预效应的估计值 $\hat{\alpha}$ 是对从单独一侧到临界点垂线上二次项关系的投影进行比较的结果，临界点任意一侧拟合的二次项关系上的一点微小差异都会对平均干预效应估计值产生很大影响。为此，路德维希和米勒从两个方面修改了分析策略。第一，他们探索了估计结果对结果变量/强制变量函数形式选择和带宽选择的敏感程度，我们建议在 RD 设计中始终采用这种方法。第二，他们使用一种被称为"局部线性回归分析（local linear-regression analysis）"的非参数平滑方法重新估计了干预效应，以获得临界点两侧的拟合关系。第二种方法获得的拟合趋势线在图 9-2 中是微带锯

---

① 图 9-2 复制了路德维希和米勒 2007 年论文第 175 页中图 I 的 B 部分。

齿状的实线。①

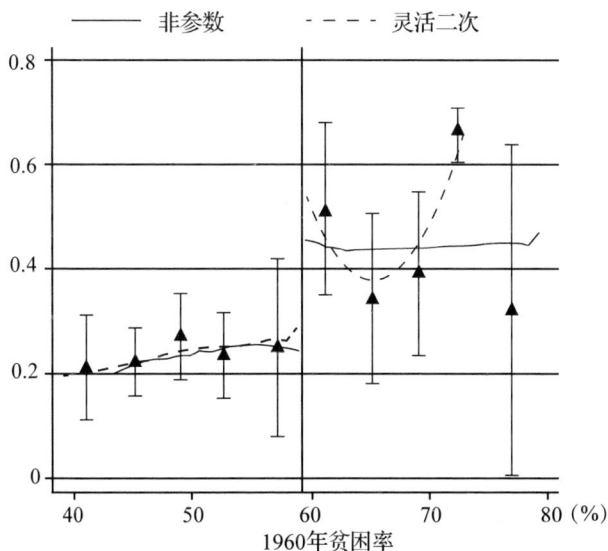

图 9-2　使用全国教育纵向研究(NELS)第一轮追访样本数据，在 OEO 提供补助申请支持的临界点处进行开端项目参与率的断点估计。经授权，复制路德维希和米勒（2007）第 175 页图 I 的 B 部分

在第二组分析中，路德维希和米勒使用了与第一组分析完全相同的 RD 策略(即以 59.2％的贫困率为临界点，实施 RD 分析)，以估计提供开端项目支持(同样用临界点分配的得到补助申请援助来表示)对儿童长期健康产出和学校产出的影响。第一个问题是，参与开端项目是否降低了儿童的死亡率。为了检验这一问题，路德维希和米勒利用人口统计死亡率汇总文件(Vital Statistics Compressed Mortality Files，CMF)的县级数据，建构了一个结果变量，该变量测量了特定年份每个县 5～9 岁儿童因某些原因而出现的死亡率。参加开端项目可能阻止这些原因导致的死亡，因为开端项目包含了相关的医疗项目。他们获得该结果变量从 1973 年到 1983 年的测量数据，因为他们预期，得到补助对开端项目参与率的影响会持续存在于这些年份。相关的死亡

192

---

① 想了解更多局部线性回归分析的内容，参见：Imbens and Lemieux（2008）或 Bloom（forthcoming）。

原因包括肺结核、糖尿病、贫血、脑膜炎、呼吸疾病。结果变量排除了儿童因受伤和癌症导致的死亡，因为作者推断这些死亡原因不会受到 3～4 岁参与开端项目的影响。

图 9-3 展示了 RD 模型采用灵活二次项设定和局部线性设定、使用强制变量临界点任意一侧加减 16 个百分点作为带宽的模拟结果。[1] 在局部线性模型设定中，开端项目服务提供的因果效应估计是－2.201，标准误为 1.004。路德维希和米勒解释道，这一估计值说明，任何因得到补助申请带来的开端项目参与率提高，都将 5～9 岁儿童的年度死亡率降低了 1/3 以上（Ludwig & Miller，2007，p.179）。该结果以及使用其他健康产出和教育产出拟合的相似 RD 模型的结果都说明，开端项目（最初在贫困率接近 59％ 的贫困县中实施）对参与儿童具有显著的长期好处。

193

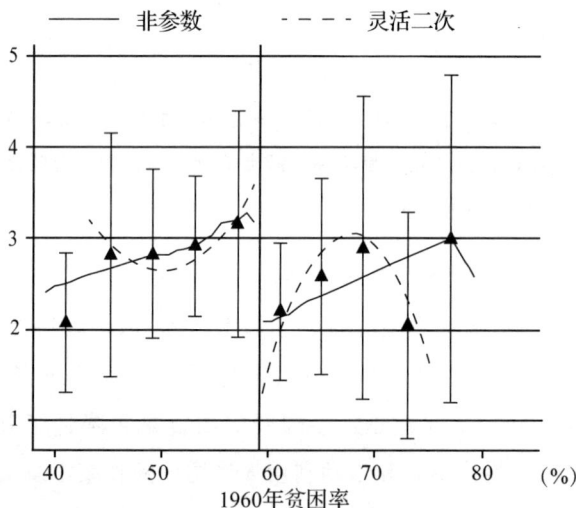

图 9-3　在 OEO 提供补助申请支持的临界点处对 1973—1983 年开端项目中县级水平上 5～9 岁儿童死亡率可能产生影响的断点估计。经授权，复制路德维希和米勒（2007）第 182 页图 IV 的 A 部分

---

[1]　图 9-3 复制了路德维希和米勒 2007 年论文第 182 页中图 IV 的 A 部分。

（一）使用伪产出和伪临界点进行模型设定检验

路德维希和米勒指出，要证明利用 RD 方法可以就开端项目对未来产出影响的因果效应进行无偏估计，可以采取的一种方式是，对于理论上本不应受 OEO 所提供补助申请援助影响的产出变量而言，能够证明这些产出变量不受项目干预的影响。一个满足要求的产出变量是，1972 年在除开端项目之外的其他社会项目上的县级人均支出。实施这一检验很重要，因为如果在除开端项目外的人均社会项目支出上也发现断点，就将危及开端项目参与是改善干预县中儿童健康和教育产出的原因这一论断。路德维希和米勒能够证明，当引入这一全新"伪产出"（pseudo-outcome）拟合假设的 RD 回归模型时，干预效应的任何估计值都很小以至于无法拒绝零假设。

在估计开端项目对与健康相关的伪产出（假设其不应受开端项目参与影响的结果变量）的影响时，路德维希和米勒使用了类似的推理。一个满足要求的产出变量是 1959—1964 年每个县因参加开端项目可能消除的死亡原因而导致的 5～9 岁儿童死亡率。由于这些年份处在开端项目引入之前，如果得到正的干预效应就将削弱他们对主要研究结果的因果性解释。通过使用这些新的"前期"（prior）产出测量对主要 RD 模型进行重新拟合，他们再一次证明了基于伪产出估计得到的干预效应不存在。

最后，路德维希和米勒采用了另一个有用的模型设定检验，即检验产出在贫困率强制变量上除真实临界点 59.2% 以外的点是否存在差异。这一检验背后的逻辑在于，RD 法背后一个潜在的关键假设是产出变量和强制变量之间的关系应该在临界点以外的点上"平滑"（smooth）。在详细检验他们的数据之前，路德维希和米勒随意地在 40% 的贫困率处选择了一个伪临界点，并拟合了 RD 模型，这次将强制变量在新的伪临界点处进行了中心化。在这个伪临界点处，他们并未发现任何统计显著差异。[①] 对产出变量与强制变量之间的双变量图进行可视化审查，他们也没有在外生决定的 59.2% 以外发现贫困率断点。

194

---

① 路德维希和米勒在 2005 年 NBER 工作论文中说明了伪临界点检验，但这并未在 2007 年发表的论文中出现。

综上所述，路德维希和米勒对开端项目进行了全面的剖析，并收集了非常丰富的产出测量数据，这使他们能够开展额外的检验和敏感度分析以支持结果的可靠性。举个例子，他们掌握了 OEO 鼓励低收入县申请开端项目程序细节的信息，这使他们能够在强制变量（县级贫困率）上界定一个明显的临界点（a sharp cut-off）。他们掌握了开端项目引入和补助申请援助时间点的信息，这使他们能够说明该援助服务影响了每个县在开端项目（而不是其他联邦政府资助的社会项目）上的参与情况。他们掌握了开端项目提供医疗筛查类型和免疫接种类型的信息，这使他们能够对参加开端项目可能影响的死亡原因以及不可能影响的死亡原因进行区分。这也是我们早在第三章就强调的一个主题的另一个例子，即详细了解项目的运转情况，对行为可能如何影响产出的行动理论进行深思熟虑，对于开展高质量影响力评估至关重要。

（二）断点回归设计与统计功效

RD 法不仅可用来分析许多自然实验的数据，还可成为研究者设计实验的基础。路德维希和米勒对 OEO 计划的描述说明了这一点。由于 OEO（而非调查者）依据 1960 年的贫困率将美国所有的县进行了排列，并对 300 个最贫困县提供了补助申请援助的干预，我们将其看作一个自然实验。然而，如果要求研究者于 1965 年设计一个办法来评估开端项目提供对儿童长期产出的影响效应，他们自己也能开展同样的研究设计。在这个例子中，研究者可能会更倾向于采用 RD 设计（而不是随机分配实验设计）的一个原因是，向 300 个最贫困县提供援助服务并使用稍微不那么贫困的县作为控制组，与随机将贫困县分配到干预组和控制组相比，这从道德上来讲更容易说服那些关注平等的国会议员。

一项对美国联邦政府"阅读优先"（Reading First）计划的评估，为 RD 研究提供了另一个例子。阅读优先计划是每年 10 亿美元的、《不让一个孩子掉队法案》在 2001 年的核心内容，该法案是美国联邦政府旨在改善低收入家庭成绩不佳学生教育情况的重要立法项目。阅读优先计划为当地学区（由学区所在州具体落实）提供了大量补助，用于实施一组教学实践，研究发现这些教学实践在学生阅读教学中效果很好。该计划致力于确保所有学生能够在三年级结束时达到或超过相应年级的水平。《不让一个孩子掉队法案》委托美国联邦教育部教育科学研究所（IES）研究阅读优先计划对教师教学实践和儿童阅读成就的影响。

IES 初始的设计是，将影响力评估设计成一个随机分配实验，即将符合资格的学校随机分配到干预组和控制组。然而，这被证明是不可行的，因为在 IES 给两个委托研究机构（Abt Associates 和 MDRC）签订授予设计和实施影响力评估的合同之前，当地学区就已经获得了阅读优先计划的补助金并通过自己的方式实现对学校参加该补助计划的分配。

幸运的是，许多学区在实际制定分配程序时，用到了可以进行因果评价的 RD 设计。具体来看，每个学区都通过为所辖学区内所有小学建立一个需求指数，然后根据需求指数得分为需求排名靠前的学校提供阅读优先计划补助金。因此，需求指数能够作为 RD 评估的强制变量。在不同的学区，需求指数的构建并不相同。一些学区根据单独一个变量（如三年级学生阅读成绩低于年级水平的百分比）建立该指数，另一些学区基于多个变量（如年级的平均阅读分数、每所学校中符合免费午餐或降价午餐资格的儿童的百分比）形成一个复合指数。构建需求指数变量的方式并不重要，重要的是学区为所辖所有小学都创建了一个定量评级指标（特定学区的强制变量），并按照学区的决策规则，在该指标的排列上外生地选择一个切断点来将获得阅读优先计划补助金的学校与没有获得补助金的学校区分开。如果这些条件得到满足，并且研究团队能够可靠地对阅读优先计划的产出与学校需求指数的排名间的关系进行建模，那么，利用这些学区的数据就可以获得阅读优先计划对临界段处样本所产生的影响的无偏估计。

对不同学区和州所实施的学校分配程序进行仔细审查，研究团队相信，有 16 个学区的确使用了基于需求指数的排位系统来决定哪些小学获得阅读优先计划的资助。此外，还有一个州也采用了该办法来向学校分配阅读优先计划的基金。上述 16 个学区和 1 个州本质上都开展了自然实验，研究团队可以利用这些实验来评估干预的影响。总体看来，来自这 16 个学区和 1 个州的 238 所小学参与了评价。在 238 所学校中，有一半的学校获得了资助，因为其

196

需求指数的取值刚好高于所在学区外生确定的临界点，另外一半的学校没有获得资助，因为其需求指数的取值刚好低于所在学区的临界点。[①]

将研究设计建立在学区自身设计的分配程序上，这一决定有利于获得参与者的合作。如果研究团队坚持让学区选择一组有可能从阅读优先计划中受益的学校样本，并要求将这些样本学校随机分配到干预组或控制组，那么与许多学区的合作可能变得不太容易。这在设计研究中是一个重要的经验。建立需求指数这一定量指标并将其作为强制变量，随后指定一个外生临界点来确定哪些个人或学校接受干预，这既可以满足资源分配给最贫困对象的道德考量，也可以为使用 RD 设计开展高质量的影响力评估奠定基础。

当然，这也存在权衡取舍。特别地，根据个体或学校落在强制变量上外生临界点的某一侧（而不是使用随机分配）来指定干预组和控制组时，会带来两个很大且相关的成本。第一个成本是评估结果只适用于落在临界点附近的学校，第二个成本涉及统计功效。使用 RD 设计时，本质上你是在向两个点云（point-clouds）的左极限和右极限投影，这两个点云分别位于临界点的两侧。在这一预测中，在各自点云的末端或刚好超过末端处，统计精度总是很低，投影差异（即估计的平均干预效应）的标准误就会很大。因此，使用 RD 设计进行影响力评估需要样本容量通常接近具有相同统计功效的随机分配实验所需要样本容量的三倍（Bloom，forth coming）。

三、断点回归设计的其他效度威胁

正如我们在第八章所提到的，许多国家、州、省和当地学校系统有最大班额的规定，并在实际运作中进行了严格的执行。安格里斯特和拉维（1999）关于迈蒙尼德规则论文的发表，催生了使用这些最大班额规定的实践来估计班级规模对学生成就因果影响的广泛兴趣。自从他们的开创性论文发表以来，研究者已经使用 RD 方法分析了许多情况下的数据，所涉及国家有孟加拉国、

---

① 正如该项评估最终报告（Gamse et al.，2008）所解释的那样，除了在分配资金时采用 RD 设计的 16 个学区和 1 个州的学校外，阅读优先计划还包括一组学校。一个学区随机地将 10 所学校分配到了干预组或控制组。

玻利维亚、丹麦、法国、荷兰、挪威和美国，他们都制定了各自的最大班级规模规则。但是，仅仅因为教育系统中存在一个最大班级规模规则并不意味它必然是估计班级规模对学生学业产出因果影响的良好基础。甚至当最大班级规则被相当严格地实施时，也可能出现这种情况，即在年级注册人数刚好位于班级规模最大值（临界点）两侧的样本中，学生经历的真实班级规模是人为操纵的不同，而非断点所致。

在使用 RD 法进行评估时，如基于规则分配学生到小班这类干预所产生 *198* 的影响进行 RD 评价，其研究效度的威胁在于，参与者可能会操纵他们在强制变量上的位置，这使得他们对实验条件的分配只是看似外生，但实际并非如此。当参与者既有动机又有机会改变其在强制变量上的位置以改变自身相对干预临界点的位置时，这种情况就发生了。个体、学校负责人或教育系统中其他行动者的这种行为均可能破坏干预前不同实验条件下样本期望相等的假设，并导致因果效应估计出现偏误。

米格尔·乌尔基奥拉和埃里克·费尔霍根（Miguel Urquiola & Eric Verhoogen，2009）描述了这种情况如何在智利出现，该国拥有一个特别有趣的教育系统。自 1981 年开始，智利实施了教育券计划。全国城市地区几乎一半的中小学学生进入了私立学校，这些学生大多数参加了教育券计划。绝大多数私立学校是营利性机构。加入该项教育券系统的私立学校每接收一名学生便从政府那里得到一份资助（教育券的面值）。与公立学校不同的是，私立学校可以自由地收费并选择他们认为合适的学生，包括基于学生考试分数进行录取。

加入智利教育券系统的所有公立学校和私立学校面临的一个要求是，它们的班级规模不能超过 45 名学生。如果某一所学校在特定年级上的注册学生数超过 45 人，该校必须在那个年级上开设两个班。乌尔基奥拉和费尔霍根（Urquiola & Verhoogen，2009）指出，这一规则的运作创造了智利班级规模与四年级注册人数之间的一种关系，非常类似于安格里斯特和拉维在以色列发现的那种模式。如图 9-4[1] 所示，班级规模随着四年级注册人数直线上升，

---

[1] 图 9-4 复制了乌尔基奥拉和费尔霍根 2009 年论文第 198 页中的图 5。

直到注册人数为 45 人。随后，一个明显的断点出现了。在那些具有 46 名四年级注册学生的学校，每个班往往有 22 或 23 名学生。这一模式意味着，该项班级规模规则的运作提供了一个能被用于估计智利班级规模对学生成绩因果影响的自然实验。

199

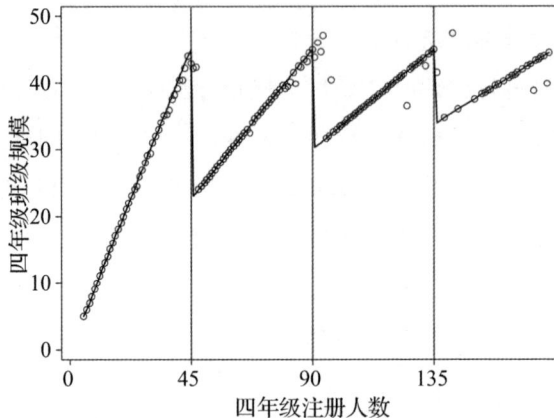

图 9-4 基于 2002 年官方数据绘制的，2002 年智利城市参与教育券计划的私立学校中四年级注册人数与班级规模间的关系。其中，实线描绘了班级规模规定得到严格执行时，年级注册人数与班级规模之间的关系。圆圈描绘了四年级不同的实际注册人数单元格中班级规模的均值。只画出了四年级注册人数在 180 人以下学校的数据。经授权复制乌尔基奥拉和费尔霍根（Urquiola & Verhoogen，2009）第 198 页图

然而，乌尔基奥拉与智利教育人士的谈话显示，加入教育券系统的私立学校的校长通常具有很强的动机来操纵他们的录取政策，以此来控制每个年级的注册人数（以及可能的学生背景特征）。如果其中一所学校录取第 46 名学生进入某一个年级，它的收入增加额为政府的生均支付及向每名学生收取的额外收费之和。但是，它的成本却会因学校额外增加一名教师必须支付的工资和福利以及提供另外一间教室而不成比例地增加。因此，大多数私立学校具有很强的动机将年级注册人数保持在 45 人（或者像 90 或 135 这样的 45 的倍数）或刚好在这一数字之下。一些学校存在例外，他们想吸引那些家长想要小班并愿意为此支付高额学费的学生。这种情况下，年级注册人数为 46 或 47

人(各自的班级规模为 23 或 24 人)的私立学校中学生的家庭社会经济状况要比年级注册人数为 44 或 45 人的私立学校中学生的家庭社会经济状况更好。这就会违背学生在班级规模最大值附近一个狭窄的注册规模窗口中的干预前期望相等的假设,尤其是在社会经济状况上更是如此。

200

乌尔基奥拉和费尔霍根研究了私立学校校长和家长对最大班级规模规则的回应是否导致了对外生假设的这种背离。他们首先检验了城市地区加入教育券系统的不同私立学校在四年级注册人数上的分布情况。如图 9-5[①] 所示,他们在年级注册人数恰好为 45、90 和 135 点处发现了明显的学校数量高峰。事实上,报告四年级注册人数为 45 的学校数是报告四年级注册人数为 46 的学校数的 5 倍以上。报告四年级注册人数为 90 的学校数是报告四年级注册人数为 91 的学校数的 7 倍以上。正如作者所指出的那样,对此的解释是学校领导控制了学生录取人数以避免提供额外班级所增加的负担。

201

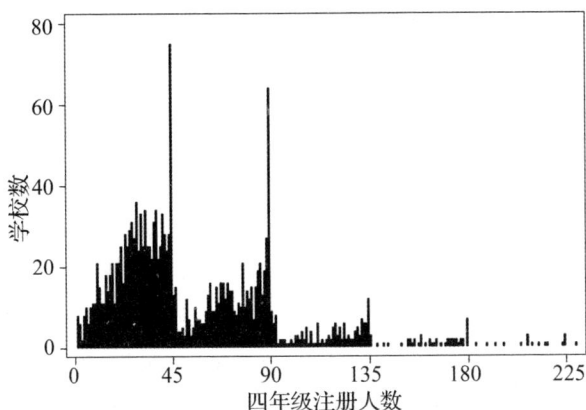

图 9-5 基于 2002 年官方数据绘制,智利 2002 年受资助的城市私立学校中四年级学生注册人数的样本直方图。为了视觉清晰,只展示了四年级注册人数在 225 人以下学校的数据。此做法排除了不足 1% 的学校。经授权,复制乌尔基奥拉和费尔霍根(Urquiola & Verhoogen,2009)第 203 页图 7 的 A 部分

研究者接下来检验了注册人数临界点附近学生特征的样本分布。他们发

---

① 图 9-5 复制了乌尔基奥拉和费尔霍根 2009 年论文第 203 页中图 7 的 A 部分。

现的证据是，平均而言，规模刚好在临界值 45 人以上的注册队列与刚好在临界值以下的注册队列明显不同。正如图 9-6[①] 所示，与四年级注册人数为 45 的学校中的学生相比，四年级注册人数刚好在临界点 45 以上学校中的学生往往来自家庭收入更高的家庭。这一差异导致的结果是，在班级规模最大值 45 附近的一个四年级注册人数狭窄窗口内简单比较学生平均成绩，将会高估班级规模对成绩的影响。其原因在于，与分到大班的学生相比，分到小班的学生所在的家庭拥有更多资源。

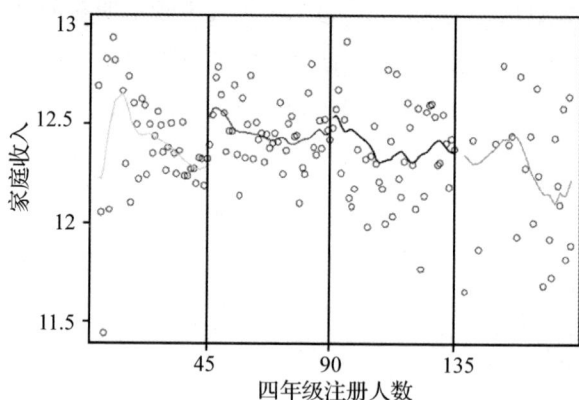

图 9-6　2002 年智利参与教育券计划的城市私立学校中学生平均家庭收入对数与四年级学生注册人数之间的关系。收入来自 2002 年个体水平 SIMCE 数据在学校水平上的加总。注册人数来自相同年份的官方数据。该图呈现了"原始的"各个注册人数单元格中的均值，以及每一个注册人数区间内根据局部加权回归模型得到的预测值。只画出了四年级注册人数在 180 人以下学校的数据。此举排除了不足 2% 的学校。经授权复制乌尔基奥拉和费尔霍根(Urquiola & Verhoogen，2009)第 204 页图 8 的 A 部分

乌尔基奥拉和费尔霍根对智利班级规模决定的研究说明，当试图使用自然实验(尤其是 RD 自然实验)数据做因果推断时，处理内部效度关键威胁的两个经验。第一个经验是，深入了解数据所处的环境(包括教育系统的性质，自然实验向教育人士和家长产生的改变其行为的激励，以及存在的对这些激

---

① 图 9-6 复制了乌尔基奥拉和费尔霍根 2009 年论文第 204 页中图 8 的 A 部分。

励做出回应的机会)是很重要的。第二个经验是,仔细分析数据以考察是否有证据表明教育人士、家长或其他人的行动导致了对关键假设("干预前,在临界点两侧附近很小的范围内满足期望相等")的背离是很重要的。正如乌尔基奥拉和费尔霍根论文所说明的那样,在发现对 RD 识别策略背后假设的背离时,探索性图表分析通常是非常有效的。

四、拓展阅读材料

为了解因果推断 RD 方法的历史,可参阅托马斯·库克(Thomas Cook)博大精深的(erudite)论文《等待生命到来:心理学、统计学和经济学中断点回归设计的历史》("Waiting for Life to Arrive: A History of the Regression-Discontinuity Design in Psychology, Statistics and Economics"),它出现在 2008 年《计量经济学杂志》(*The Journal of Econometrics*)针对 RD 方法论的特刊上。这一期的其他论文为确定合适带宽、估计结果变量与强制变量之间的关系、检验特定应用的内部效度威胁提供了丰富的思想。有关 RD 方法最新研究非常清楚的阐述,参阅霍华德·布卢姆(Howard Bloom)即将出版的著作中题为"处理效应的断点回归分析"("Regression-Discontinuity Analysis of Treatment Effects")的一章。

第十章

工具变量估计

　　毫无疑问，受教育者在接受正规教育后获得了各种各样的收益。但是，这些收益仅仅是由学生个体获得的吗？经济学家用"外部性"（externalities）这一术语来描述教育的收益并不全部属于学生个体的现象。在美国教育家贺拉斯·曼（Horace Mann）1846 年的文稿中，他这样描写了有关教育外部性在拥有民主形式政权国家中的价值："支持免费学校教育普遍且广泛流行的理由是，学校教育可以传播普遍知识，这一点是共和制政府延续必不可少的条件。"[①]这种外部性对于社会的重要意义显而易见，也为政府使用公共资源负担一部分教育成本提供了一个较为合理的解释。

　　尽管社会科学领域的研究者一直在努力寻找证明教育投资外部性的经验证据，但令人信服的证据却很难得到。大量研究表明，受教育水平与成年人公民参与行为之间存在很强的正相关。例如，已有的观测数据证实，相对于没有上过大学的公民，上过大学的公民更有可能参与选举。然而，现有的这些有关个体受教育水平和他们之后投票行为之间存在很强正相关关系的实证研究结论，未必意味着公民参与行为的增加一定源自（cause）受教育水平的提高。事实上，从观测数据中得到的正相关关系，很可能源于一些无法观测的

　　样本自选择行为。具体来说，相对于其他公民，那些更加聪明或上进心更强的公民，不仅更有可能进入大学并顺利毕业，同时也更可能积极地参与公民选举投票。如果是这样，受教育水平和投票行为间的正相关关系，则是由个人特征（聪明或更强的上进心）所造成的。接下来，你会发现，这个例子是全书自始至终所强调的主题——"从观测数据中识别得到的统计关系本身，并不

---

① Mann（1891, vol. IV, p. 113）.

能揭示因果关系"——的案例之一。

到目前为止，本书一直是基于研究者设计实验或自然实验的方法，以获得进行因果推断必不可少的、有关干预分配的外生性变异。然而，获得支持并开展一项随机分配实验或寻找合适的自然实验往往十分困难，因而十分有必要探讨是否能通过其他方式进行因果推断。例如，是否可能识别并剥离出内生预测变量中的"外生部分"，利用这一外生部分估计预测变量对结果变量的影响效应，并将其作为需要估计的因果效应？本章接下来将展示，如何在特定条件下使用一个创新且灵活的统计技术——工具变量估计（IVE）来实现上述想法。本章介绍 IVE 应用时所使用的案例和数据来自托马斯·迪伊（Thomas Dee）所开展的一项基于观测数据的研究，在该研究中，迪伊对贺拉斯·曼所提出的有关教育外部性的假设进行了检验。

一、工具变量估计简介

迪伊（Dee，2004）使用一项对全国具有代表性的纵向追踪调查数据，以探讨受教育水平对个人公民参与行为的因果影响效应。和早期基于观察数据的研究一样，迪伊发现，受教育水平和后期公民参与行为之间存在显著的正相关关系：相对于那些受教育水平较低的成年人，受教育水平较高的成年人不仅会更多地注册并参与投票选举，而且更可能定期去投票，同时也会投入更多时间自愿地参与到公共事务中。然而，正如迪伊所强调的，上述发现并不意味着更高的受教育水平增强了个体的公民意识并提高了其参与度。原因是，对于观测样本而言，他们对自己的受教育水平做出了选择，从而使得个人受教育水平并不是在观测样本中外生地进行分配。换句话说，观测样本的受教育水平和他们公民参与行为之间的关系可能源自其他一些不可观测的特征变量，如个人动机或所在家庭和社区环境等因素。事实上，甚至连受教育水平与公民社会参与之间因果关系的方向也不明确。例如，迪伊（Dee，2004，p.1698）指出，"在更富有凝聚力、更强调公民责任的家庭和社区中长大的个体，往往更可能接受更高水平的教育"。

迪伊在研究中指出，工具变量估计常常能够提供对内生变量产生因果影响效应的渐进无偏估计（asymptotically unbiased estimate），如受教育水平对某项结果的影响效应。在介绍这种有用的方法之前，非常重要的一点是理解"渐进无偏性"（asymptotic unbiasedness）这个术语。它意味着，在小样本中应用 IV 估计得到的结果可能存在较大误差，但随着样本容量增大，上述估计偏误会不断下降甚至消失。[①] 统计学家也将渐进无偏性定义为一致性（consistent）。[②] 需要说明，尽管 IVE 提供了一种在特定情境下估计因果效应的有用工具，但我们需要为之付出相应的代价。从本章开始一直到下一章，请大家一定记住，应用 IV 估计得到的结果是渐进无偏的或一致的，但并不是"无偏的"。

虽然在真实数据中应用 IVE 可能会非常复杂，但其核心思想是简单且明确的。请注意被调查样本在预测变量（如受教育水平）上取值的差异，可能源自隐藏着的、未知的内生变异与外生变异的组合，这带来了估计的困难。有时候，研究者期望将上述变异中的外生变异部分剥离出来，并且仅利用这些外生变异进行因果推断。正如你所预期的，要想成功地应用预测变量的外生变异进行因果推断，所需要的信息远不止因变量和核心自变量。除了这两项变量之外，你所使用的数据还必须提供每个参与者在某项特定变量上的取值，下文将该项特定变量命名为工具变量，并将详细介绍其关键特性。一旦通过特定方式将工具变量引入分析中，你就可以识别预测变量的外生变异，并获得预测变量对结果变量因果影响的渐进无偏估计。迪伊基于"高中及以上调查"（High School and Beyond，HS&B）数据库开展了 IVE 分析，该数据库从1980 年开始调查了大规模的美国学生，并包含了非常丰富的信息。迪伊只关注了 HS&B 数据库中 1980 年时在美国高中就读十年级的学生样本。这部分

206

---

① 方法学家对于样本规模"非常大"的定义并未达成一致。理论上讲，样本规模需要走向无穷大才能满足。那么，一位学者认为"非常大"的样本规模对于另一位学者来说并不一定"非常大"。

② 渐进无偏性和一致性可以完全等同吗？事实上，对于渐进无偏性，格林（Greene，1993，p. 107）给出了三种正式的定义，其中一种定义即是统计特性的一致性。他在书中指出，当样本规模趋于无穷大时，一个估计量的期望值趋近于参数值，则可认为，结果量是渐进无偏的。反之，一个估计量是一致的，当且仅当样本量趋于无穷时，该估计量依概率收敛于参数值。他认为，两个术语关系紧密，在很多情况下，它们是可以互换使用的。

"十年级组"样本分别在 1984 年(即 20 岁左右时)、1992 年(即 28 岁左右时)再次接受追踪调查。[1] 在本章中，我们聚焦迪伊所提供数据中的子样本，具体包括了参与 HS&B 调查的 9 227 名学生。[2]

在表 10-1 的(a)部分，我们呈现了研究所使用两个关键变量的单变量描述性统计分析结果。其中，产出变量 *REGISTER* 测量了成年人的公民参与度，该信息在被调查者大约 28 岁时获得。*REGISTER* 是一个二分变量，即反映被调查者在 1992 年时是否进行了选民注册投票(1＝注册，0＝没有注册)。样本中大约有 2/3(67.1%)的个体在那一年进行了选民注册投票。关键预测变量 *COLLEGE* 也是一个二分变量，该变量大致反映了被调查者在 1984 年调查中填答的 20 岁左右时的高等教育水平状况(1＝1984 年时已经进入了两年制或四年制大学，0＝没有进入)。略微高于一半(54.7%)的被调查者在这个时点已经进入了大学。

表 10-1　HS&B 调查中 9 227 名十年级学生在 1992 年的公民参与行为和在 1984 年的受教育水平。(a)结果变量 *REGISTER* 和预测变量 *COLLEGE* 的一元统计；(b)上述两个变量的二元统计量；(c)*REGISTER* 对 *COLLEGE* 的一元回归　*207*

(a)一元统计量		
变量	均值	标准差
REGISTER	0.670 9	0.469 9
COLLEGE	0.547 1	0.497 8

---

[1]　我们感谢迪伊提供了他在 2004 年论文中所使用的数据。

[2]　由于结果变量的二元取值特性，迪伊(Dee, 2004)使用了基于二元 probit 模型的联立方程进行估计。在本章中，为了教学更加清晰，我们选择了相对简单的线性概率模型(LPM)方法进行估计。因此，为了更好地满足 LPM 的要求，我们对分析样本进行如下限定：①被调查时在十年级读书；②在被调查当年，样本所就读高中周边 35 英里(1 英里约为 1.61 千米——译者注)以内的县域内有两年制大学，且这类大学的样本少于 10 所。此外，我们剔除了 329 名在关键变量上有缺失值的样本。因此，尽管我们研究得到的总体结论和迪伊(2000)论文的结论相同，但因果影响效应的大小差异较大。感兴趣的读者可以进一步阅读迪伊的论文。

续表

(b)样本双因素相关系数和协方差		
变量	样本关系：	
	REGISTER	*COLLEGE*
相关关系：		
REGISTER	1.000 0	
COLLEGE	**0.187 4*****,†	1.000 0
协方差：		
REGISTER	0.220 8	
COLLEGE	0.043 8	0.247 8
(c)OLS回归分析：因变量＝*REGISTER*		
	参数	系数	标准误
截距项	β_0	0.574 1***	0.007 1
COLLEGE	β_1	**0.176 9*****,†	0.009 7
R^2		0.035 1	

注：~$p<0.10$；*$p<0.05$；**$p<0.01$；***$p<0.001$；"†"表示单尾检验。

(一)利用 OLS 方法估计教育对公民参与影响因果效应的偏误

在表 10-1 的(b)部分，我们呈现了一个样本相关系数矩阵，用以描述早期教育参与(关键解释变量 *COLLEGE*)和后期公民参与(结果变量 *REGIS-TER*)之间的双因素相关关系。从描述结果来看，尽管两个变量之间相关系数的绝对值比较小，但都显著为正(0.187，$p<0.001$，单尾检验)。正如迪伊所提出的假设，上述描述结果反映出，如果被调查者在 1984 年的受教育水平越高，那么，他们在 1992 年的公民参与行为可能越积极。

在表 10-1 中(b)部分的样本相关系数矩阵下方，我们进一步呈现了对应的样本协方差矩阵。协方差可以很好地描述两个变量之间的二元(线性)相关关系，在本章接下来的部分会凸显其重要性。并且，将协方差视为一个非标准化的相关系数是有用的，在本案例中，两个变量之间的协方差为 0.044。[①]
因为协方差是未经标准化处理的系数，它的值不一定限定在 -1 和 $+1$ 之间　*208*
（相关系数的取值则被限定在这个范围内），正因为如此，很难解释协方差的
绝对值。尽管如此，在下文将会看到，计算变量间的协方差非常有用。由于
变量和变量自身的协方差是方差，因而协方差矩阵对角线上的元素是相应变
量的方差，因而你可以基于协方差矩阵中的相关数据重新计算并得到对应的
相关系数矩阵。例如，在表 10-1 的(b)部分，*REGISTER* 和 *COLLEGE* 的样
本方差分别是 0.221 和 0.248，它们各自的样本标准差是其方差的平方根，即
0.470 和 0.498，那么，这两个变量间的相关系数可以通过样本协方差除以这　*209*
两个变量样本标准差的乘积得到，即 $\dfrac{0.044}{(0.470 \times 0.498)} = 0.187$，这与表中(b)
部分给出的相关系数矩阵中的数据完全相同。

　　表 10-1 的(c)部分呈现了利用普通最小二乘(OLS)回归对自变量和因变量
之间关系的估计结果。正如你根据双变量相关关系的统计结果可以预期的，

---

① 类似于相关系数，协方差统计量同样描述两个变量间的线性关系。两个变量 Y 和 X 之间的样本协方差计
算公式为：

$$s_{YX} = \frac{\sum_{i=1}^{n}(Y_i - \bar{Y}.)(X_i - \bar{X}.)}{n-1}$$

因此，根据上述定义，变量和变量自身的样本协方差变量即等于该变量的样本方差：

$$s_{YY} = \frac{\sum_{i=1}^{n}(Y_i - \bar{Y}.)(Y_i - \bar{Y}.)}{n-1} = \frac{\sum_{i=1}^{n}(Y_i - \bar{Y}.)^2}{n-1} = s_Y^2$$

$$s_{XX} = \frac{\sum_{i=1}^{n}(X_i - \bar{X}.)(X_i - \bar{X}.)}{n-1} = \frac{\sum_{i=1}^{n}(X_i - \bar{X}.)^2}{n-1} = s_X^2$$

进一步，可以计算样本相关系数：

$$\gamma_{YX} = \frac{\sum_{i=1}^{n}(Y_i - \bar{Y}.)(X_i - \bar{X}.)}{\sqrt{\left\{\sum_{i=1}^{n}(Y_i - \bar{Y}.)^2\right\}\left\{\sum_{i=1}^{n}(X_i - \bar{X}.)^2\right\}}}$$

可以重新记为：

$$\gamma_{YX} = \frac{s_{YX}}{s_Y s_X} \quad 或者 \quad \frac{\sum_{i=1}^{n}\left(\dfrac{Y_i - \bar{Y}.}{s_Y}\right)\left(\dfrac{X_i - \bar{X}.}{s_X}\right)}{n-1}$$

换句话说，样本相关系数可视为两个变量经过中心化(均值为 0，方差为 1)后的样本协方差。

自变量 *COLLEGE* 对因变量 *REGISTER* 存在显著的正向影响（$p < 0.001$，单尾检验）[1]。这一估计结果说明，平均而言，相对于那些1984年没进入大学的被调查者，1984年已经进入大学的被调查者在1992年注册投票的概率要高17.7个百分点。[2] 当然，迪伊指出，没有理由能够使人相信，这个回归系数是受教育水平对个人公民参与行为影响效应的无偏估计量，原因就是，被调查者的受教育水平并不是外生和随机分配的。由于上大学和没上大学的学生可能会在一些不可观测的因素上存在差异，这使得数据中 *COLLEGE* 和 *REGISTER* 之间的关系很容易受到不可观测因素的干扰，然而，在一元回归中这些不可观测因素被遗漏并进入了随机误差项。正如我们接下来所呈现的，这意味着自变量和随机误差项可能相关，即违背零条件均值假定并造成 OLS 估计系数的偏误。尽管存在这些问题，在一开始使用最基本的一元 OLS 估计描述变量间的相关关系仍是一个不错的选择。

实际上，我们并不需要构建一个更加全面的 OLS 回归模型来估计（c）部分所呈现的 *COLLEGE* 对 *REGISTER* 影响的斜率。在一元回归模型中，OLS 估计得到的斜率可以直接用自变量与因变量的样本协方差除以自变量的样本方差得到，相关数据可以从（b）部分的协方差矩阵获得：

$$\hat{\beta}_1^{OLS} = \left(\frac{s_{XY}}{s_X^2} \right) = \left(\frac{s_{(REGISTER, COLLEGE)}}{s_{COLLEGE}^2} \right) = \frac{0.0438}{0.2478} = 0.177 \tag{10.1}$$

注意，按照上述过程计算的结果与 OLS 回归报告的结果完全相同。事实上，自变量和因变量的样本协方差，自变量的样本方差，以及简单线性回归模型所得到的 OLS 估计斜率之间紧密相关，这再次说明，样本协方差矩阵能够描述数据变异程度及变量间的共变关系。更为重要的是，我们很快将会看

---

[1] 该假设检验与（b）部分对相关系数的检验相同。

[2] 需要说明，从教学需要出发，本部分所构建的 OLS 回归模型既没有包含个体、县和州水平的协变量，也没有考虑并控制被调查者基期时所在学校在全国青年追踪调查项目中的分层。事实上，上述这些工作在迪伊（Dee, 2004）更加复杂的分析中都加以控制。在本章后面的"在第一阶段模型中引入多个工具变量"部分，我们将会在分析中包含更多协变量进行说明。最后，我们进行了敏感性分析（尽管其估计结果没有在正文中呈现），即对本章所有的分析使用稳健标准误重新进行了估计，进而纠正被调查者基期时所在学校分层所造成的偏误。尽管相对本章所呈现回归模型的标准误，稳健标准误提高了15%，但影响效应的估计结果几乎没有差别。

到，基于协方差矩阵不仅能够对 OLS 斜率估计量自身进行剖析和表征，而且能指明工具变量估计的方式。

在介绍工具变量法之前，我们首先来审视一下预测变量的内生性如何造成了受教育水平对公民参与行为因果影响效应的估计偏误。我们设定一个统计模型来描述假定中受教育水平对公民参与行为的影响。简便起见，将该统计模型设定为如下的一般形式：

$$Y_i = \beta_0 + \beta_1 X_i + \varepsilon_i \tag{10.2}$$

方程 10.2 沿用了通常的标记惯例和假设，下标 i 表示第 i 个个体。[①] 在公民参与行为的案例中，因变量 Y 被替换为 $REGISTER$，自变量 X 被替换为 $COLLEGE$，斜率参数 β_1 描述了受教育水平对公民参与行为的因果影响效应。

211

我们可以通过协方差代数式运算直接处理这个统计模型，并估计得到斜率参数 β_1 的值。例如，如果我们计算总体中自变量 X 和因变量 Y 的协方差，我们将会得到：

$$Cov(Y, X) = Cov(\beta_0 + \beta_1 X_i + \varepsilon_i, X_i) = \beta_1 Cov(X, X) + Cov(\varepsilon, X)$$
$$= \beta_1 Var(X) + Cov(\varepsilon, X) \tag{10.3}$$

或者简记为：

$$\sigma_{YX} = \beta_1 \sigma_X^2 + \sigma_{\varepsilon X} \tag{10.4}$$

方程 10.4 左右两边同除以预测变量 X 的方差，可以得到：

---

① 按照通常惯例，这个简单模型中，假定 Y 和 X 在总体中存在线性相关关系，因变量 Y 中不能被 X 预测的——随机误差项 ε——在总体样本中服从独立同分布、零均值以及同方差(σ_ε^2)的假定。在我们当前的例子中，结果变量 $REGISTER$ 是一个二分变量，严格意义上讲，使用非线性的 logit 模型或者 probit 模型来分析它和自变量的关系更为恰当。但是，方程 10.2(原文误写为 10.1——译者注)所呈现的线性概率模型是一个非常有用的近似估计，并且在教学讲授时具有优势。当自变量在二分变量每个取值上都有相似的分布范围时，正如本例中限定的子样本，线性概率模型得到的线性回归系数与 logit 模型或 probit 模型在自变量均值点上切线的斜率非常近似。就是说，在这种情况下，三种模型(线性概率模型、probit 模型和 logit 模型)通常会得到相同的估计结论。

$$\frac{\sigma_{YX}}{\sigma_X^2} = \beta_1 + \frac{\sigma_{\varepsilon X}}{\sigma_X^2} \tag{10.5}$$

注意，在方程 10.5 中，要使得斜率参数 β_1 等于预测变量 X 和 Y 的协方差 σ_{YX} 除以预测变量的方差 σ_X^2，当且仅当预测变量 X 和误差的协方差 $\sigma_{\varepsilon X}$ 等于 0 时。将上述逻辑关系表示为数学公式的形式：

$$\frac{\sigma_{YX}}{\sigma_X^2} = \beta_1，当且仅当 \sigma_{\varepsilon X} = 0 \tag{10.6}$$

在回归分析中，我们通常利用样本中自变量和因变量的协方差与自变量的方差之间的比值来估算总体回归模型的系数。但从方程 10.6 中，我们可以知道，当且仅当总体中自变量 X 和误差项不相关时，这种常用的估计手段才能得到 β_1 的无偏估计量。[①] 这也是普通最小二乘法要设定误差独立性假设的理由。误差独立性假设可以保证总体中自变量和误差项不相关，这在 OLS 回归分析中至关重要，也是我们在本书中反复担心自变量和误差项可能存在相关关系的原因所在。

212 　　根据统计学理论我们知道，如果自变量和残差项不相关，斜率系数的 OLS 估计量——总体因变量与自变量的协方差和自变量的方差之比，可以替代为样本协方差和方差之比 s_{XY}/s_X^2——是总体中两个变量间关系的无偏估计量。反之，如果预测变量和残差相关，OLS 估计得到的斜率系数则是有偏估计量。[②] 因此，在本章所使用的例子中，如果要接受 OLS 回归系数 0.177 是上大学对公民参与行为所产生因果影响的无偏估计，我们必须保证个体受教育水平和统计模型中的误差项不相关。如果受教育水平在样本间是随机分配的，OLS 模型的估计结果当然就是无偏的。但是，个体受教育水平是由被调查者自己选择、并非随机配置的，也就是说这里的解释变量是一个存在争议的内生变量，OLS 估计结果显然有偏。总而言之，当自变量是内生变量时，

---

① 这里所呈现的协方差代式仅仅是为了说明大样本下 OLS 模型估计量的渐进无偏性。运用更细致的统计理论，我们也可以展示该估计量在小样本中也是无偏的。

② 偏误程度和方向取决于方程 10.5 等号右边的第二项，也就是说，自变量和误差项的协方差越大，偏误的程度也越高。

如本例中的受教育水平,我们就不能依靠 OLS 方法获得解释变量对因变量影响效应的无偏估计。为此,我们需要一个不同的方法。

在图 10-1(a)部分,我们呈现了一个分析总体或样本中变量自身变异以及变量之间共变非常有用的标准图形方法,也被称为韦恩图(Venn diagram)。接下来,我们将用韦恩图来呈现总体中自变量 X 和因变量 Y 的方差以及协方差。例如,在图中(a)部分,我们绘制了一对相交的椭圆,分别涂上深浅不同的颜色。上方浅灰色椭圆的面积代表了总体中因变量 Y 的方差 σ_Y^2,下方中等灰色椭圆的面积代表了总体中自变量 X 的方差 σ_X^2,两个椭圆重叠的深色部分的面积则代表了因变量与预测变量之间的协方差 σ_{YX}。在图中,如果自变量和因变量强相关,那么,它们之间协方差 σ_{YX} 的取值会很大,两个椭圆重叠区域的面积也会很大。反之,如果预测变量和因变量弱相关或者根本不相关,它们之间协方差 σ_{YX} 的取值很小,两个椭圆重叠区域的面积就会很小甚至完全不重叠。从概念上讲,交叉部分深色区域占上方浅灰色椭圆区域的比重,代表了因变量 Y 的变异可以由自变量 X 所解释的部分。在实际估计中,它可以由我们熟悉的 R^2 来估计。上方椭圆在重叠区域之外的浅灰色区域,则代表了总体中因变量 Y 的变异无法由自变量 X 所解释的部分。换句话说,这个区域代表了总体残差方差。

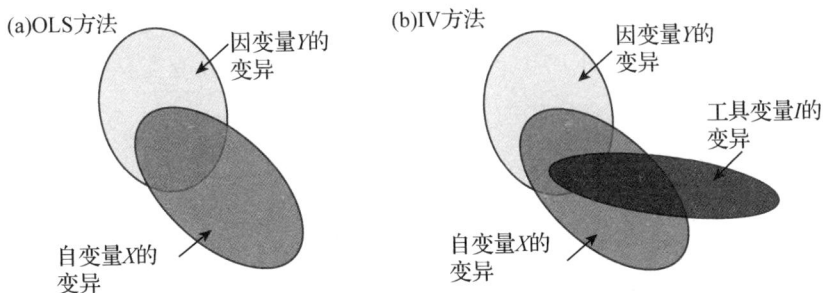

图 10-1 因变量 Y、自变量 X 以及工具变量 I 的总体变异以及总体共同变异的图形模拟。区分 OLS 估计和 IV 估计:(a)OLS 估计,Y 和 X 之间的双变量相关;(b)IV 估计,X、Y 和 I 之间的三变量相关

接下来,同样在图 10-1(a)部分,比较两个椭圆重叠的深灰色区域和下方

214 中等程度灰色椭圆区域(代表 X 方差 σ_X^2)的面积。根据方程 10.6，总体回归模型估计得到的斜率系数 β_1 等于 X 和 Y 的总体协方差除以 X 的总体方差(假定在总体中，预测变量和误差项不相关)。由此，总体回归模型中的斜率系数 β_1 可以表示为两个椭圆的重叠部分(即 σ_{YX})除以下方中等灰色椭圆的面积(σ_X^2)。那么，如果两个椭圆重叠区域的面积相对下方中等灰色椭圆的面积很小，即 σ_{YX} 远小于 σ_X^2 的取值，则总体回归模型中的斜率系数 β_1 的绝对值会很小；反之，如果两个椭圆重叠区域的面积相对下方中等灰色椭圆的面积很大，即 σ_{YX} 远大于 σ_X^2 的取值，则总体回归模型中的斜率系数 β_1 的绝对值会很大。这种可视化技术为分析自变量与因变量的变异和共同变异提供了非常有用的工具，在本章中我们将反复使用这种工具。

我们将要提到上述代数表达式所隐含的另一个显而易见却重要的条件，因为如果 OLS 估计想要成功，必须满足该条件。在这里提及该条件的原因在于，保证 IVE 估计的有效同样存在这样一个类似的前提条件。在方程 10.5 中，注意到等式左右两边的分母均为自变量的总体方差 σ_X^2，这意味着，σ_X^2 不能等于零。如果 σ_X^2 取值为零，等式两边的比值均等于无穷大的数值，这使得总体回归模型中的斜率系数 β_1 将不能估计。从逻辑上讲，这是合理的。其原因在于，如果所有观测样本 X 的取值没有变异，即所有观测样本在自变量 X 上的观测值都完全相同，这是有关自变量与因变量之间关系不可识别的另一种情形。具体来看，在图 10-1(a)部分的韦恩图中，"X 没有变异"等同于中等程度灰色的椭圆消失了，随之而来的结果是，该椭圆原本与上方表征因变量 Y 总体方差 σ_Y^2 的浅灰色椭圆也不存在重叠。

我们不仅需要保证自变量 X 取值存在变异(这是能够估计 β_1 的基本前提)，而且需要注意方程 10.5 右边第二项的分母——总体中自变量的变异 σ_X^2——的取值。右边第二项代表什么？正如我们之前所提及的，这个比值代表当自变量与随机误差项相关时，OLS 估计的系数与总体真实参数之间的偏 *215* 误。由于这个偏误是以比值的形式——自变量和随机误差项的协方差除以自变量的方差出现，所以 OLS 估计结果的偏误不仅取决于自变量与协方差的相关程度，还取决于自变量自身的变异程度。如果自变量和随机误差项相关(即

分子 $\sigma_{\epsilon X}$ 的取值不等于零)且自变量的取值几乎没有变化(即分母 σ_X^2 的取值接近于零),这时会对结果造成巨大的冲击。换句话说,在这种情况下,来自自变量和误差项之间任何微小的相关都会带来无限大的偏误。显而易见,这为我们在做研究设计时要尽可能保证自变量的变异提供了另一个很好的依据。

(二)工具变量估计

对于本章的案例,我们有产出变量 $REGISTER$ 的观测数据——该变量测度了公民参与行为,也有预测变量 $COLLEGE$ 的观测数据——该变量测度了个体的受教育水平。根据理论,我们推测预测变量和结果变量之间存在因果关系。接下来,我们将使用观测数据获得受教育水平对成年人公民参与行为因果影响的可信的估计结果。尽管如此,由于受教育水平可能是个人选择的结果,我们怀疑预测变量可能存在内生性。那么,基于 OLS 估计很可能得到预测变量 $COLLEGE$ 对结果变量 $REGISTER$ 影响效应的有偏估计结果。为了解决这一问题,我们能做些什么呢?我们应该如何使用现有的观测数据估计两个变量间的观测,同时又可以避免 $COLLEGE$ 中内生性带来的 OLS 估计结果的偏误呢?

正如在生活中一样,如果有办法把额外的、可利用的信息引入统计分析的决策过程中,我们通常会做得更好。先抛开所有的疑虑,假设我们有一个额外的、特定的变量——命名为 I,即工具变量,所有的观测样本在该变量 I 上都有数据。那么,猜想一下,这个工具变量需要具备什么样的特性才能为我们提供帮助。如果我们想获得受教育水平对个人公民参与行为影响的无偏估计量,又应该如何将该变量纳入我们的分析中?

尽管这看起来并不是完全适合的分析手段,我们将通过再次应用协方差 216代数式的方法分析假设的总体回归方程 10.2。这次,我们不再计算自变量和回归方程之间的协方差,而是计算工具变量 I 和回归方程之间的协方差。计算过程如下:

$$Cov(Y,\ I) = Cov(\beta_0 + \beta_1 X_i + \epsilon_i,\ I_i)$$
$$= \beta_1 Cov(X,\ I) + Cov(\epsilon,\ I) \qquad (10.7)$$

或者，简记为：

$$\sigma_{YI} = \beta_1 \sigma_{XI} + \sigma_{\epsilon I} \tag{10.8}$$

在方程 10.8 左右两边同时除以 X 和 I 的总体协方差，可以得到：

$$\frac{\sigma_{YI}}{\sigma_{XI}} = \beta_1 + \frac{\sigma_{\epsilon I}}{\sigma_{XI}} \tag{10.9}$$

注意，这里得到线性回归方程第二个有趣的结论。在方程 10.9 中，我们发现，当右边第二项取值为 0 时，因变量 Y 和工具变量 I 的总体协方差(σ_{YI})除以自变量 X 和工具变量 I 的总体协方差(σ_{XI})等于回归模型的斜率参数 β_1。要使得方程右边第二项取值为 0，当且仅当工具变量和总体回归模型误差项不相关时。即

$$\frac{\sigma_{YI}}{\sigma_{XI}} = \beta_1, \ \text{当} \ \sigma_{\epsilon I} = 0 \tag{10.10}$$

换句话说，如果能够找到一个和总体回归模型的误差项完全不相关的工具变量 I，我们就可以估计因果效应。即总体中公民参与行为和受教育水平之间因果关系的斜率将等于以下两个总体协方差的比值：①因变量 Y 和工具变量 I 的总体协方差 σ_{YI}；②自变量 X 和工具变量 I 的总体协方差 σ_{XI}。因此，如果知道工具变量是什么，也能够获得每个样本在该工具变量上的取值，我们就可以很容易地计算相应的样本协方差，并估算出斜率系数的参数。这为我们提供了一个总体中受教育水平对公民参与行为影响的渐进无偏估计量。我们将这一估计结果称为 β_1 的工具变量估计值：

$$\hat{\beta}_1^{IVE} = \frac{s_{YI}}{s_{XI}} \tag{10.11}$$

由于统计学家将协方差称为二元分布的一种"二阶矩"，因此我们将方程 10.11 右边的表达式称为 β_1 的工具变量矩估计。之所以这样命名，也是为了便于和本章接下来将要介绍的针对同样参数的其他工具变量估计(如两阶段最小二乘 IV 估计，联立方程模型 IV 估计等)区分开来。为了纪念著名的统计学

家亚伯拉罕·瓦尔德(Abraham Wald)的卓越贡献，有时也将这种估计方法称为瓦尔德估计，尤其是当自变量和工具变量都是二分变量时。

让我们简单地总结一下前面介绍的新的工具变量矩估计。当我们引入OLS回归模型来分析自变量和因变量之间在理论上存在的因果关系时，我们发现自变量可能有潜在的内生性问题。就是说，我们担心，自变量和误差项在总体中不满足零相关假设，因为被调查者能够选择自己在自变量上的取值。这使我们不得不放弃对所关注的因果关系假设利用OLS回归得到的估计值。取而代之的是，我们假设可以获得另一个被称为工具的变量 I，可以完全保证该变量和总体中的误差项不相关。如果能够找到这样的工具变量 I，那么，我们可以同时利用样本中工具变量、原始自变量和因变量的信息，获得所关注总体中因果关系渐进无偏估计的一种替代估计方法。这样，所有的问题就都迎刃而解了。

从统计学角度来看，这是一个完美的、无可争议的想法，并为我们提供了估计重要关系的另一种方法，然而，你可能很快发现我们本质上仅仅是将一个强假设(自变量与误差项不相关)替换为另一个强假设(工具变量与误差项不相关)。除此之外，你完全有理由质疑，在实践中要找到这样的工具变量是否可行，或者它们是否仅仅是类似于独角兽的神秘野兽。但事实证明，我们在实践中有时确实能够找到这样的能够满足关键假设——和总体回归模型误差项不相关——的工具变量。如果确实如此，即使自变量本身是内生分配的，我们也可以很好地获得假设所提出自变量和因变量之间因果关系的渐进无偏估计。在下文中，我们将通过分析数据案例，介绍和学习经过专家仔细审视后成功应用于社会科学研究中的不同的工具变量，以详细介绍工具变量在实践中的应用。

218

现在，我们将困难暂时放在一边，而聚焦于完全厘清IVE的概念。在表10-2中，我们同时报告了受教育水平对公民参与行为影响效应的OLS估计结果和引入工具变量的估计结果。工具变量是 *DISTANCE*，即在十年级(1980年)时，被调查样本所在高中与本县内最邻近两年制大学(社区学院或专科)之间的距离，这是一个连续变量，单位为英里。请注意，在所有观测样本中，高中和最邻近两年制大学之间距离的样本均值不到 10 英里，接近于二者间距离的样本标准差，这说明，观测样本在该工具变量上的取值存在很大的变异。

表 10-2　HS&B 调查中 9 227 名十年级学生在 1992 年的公民参与行为和在 1984 的受教育水平。(a)因变量 *REGISTER*、自变量 *COLLEGE* 和工具变量 *DISTANCE* 的一元统计量；(b)上述三个变量的二元统计量；(c)*COLLEGE* 对 *REGISTER* 回归斜率系数 β_1 的工具变量矩方法估计结果

(a)单变量统计分析		
	均值	标准差
REGISTER	0.670 9	0.469 9
COLLEGE	0.547 1	0.497 8
DISTANCE	9.736 0	8.702 2

(b)样本双因素相关系数和协方差			
	样本关系：		
	REGISTER	*COLLEGE*	*DISTANCE*
相关系数：			
REGISTER	1.000 0		
COLLEGE	**0.187 4*****,†	1.000 0	
DISTANCE	−0.033 5***	−0.111 4***	1.000 0
协方差：			
REGISTER	0.220 8		
COLLEGE	0.043 8	0.247 8	
DISTANCE	−0.136 9	−0.482 5	75.730

(c)*IVE* 估计的矩量法		
	参数	估计
$Cov(REGISTER，DISTANCE)$	$\sigma_{(REGISTER,DISTANCE)}$	−0.136 9
$Cov(COLLEGE，DISTANCE)$	$\sigma_{(COLLEGE,DISTANCE)}$	−0.482 5
IVE 估计	β_1	0.283 7

注：~$p<0.10$；*$p<0.05$；**$p<0.01$；***$p<0.001$；"†"表示单尾检验。

接下来，参考迪伊的思路，我们将工具变量 *DISTANCE* 作为测量学生高中毕业后能够获得高等教育机会的指标。我们首先要重点讨论 *DISTANCE* 变量是否和原始模型（以 *REGISTER* 为因变量、*COLLEGE* 为自变量的模型）中的残差项不相关，尽管这较为困难。为了讨论这个问题，我们首先想象一下当地的两年制大学随机分布在被调查者就读高中周围（这也意味着，两年制大学随机分布于被调查者家附近）。那么，我们可以认为，家与两年制大学的距离越近，学生高中毕业后自然越有可能进入某类大学。换句话说，由于两年制大学在地理位置上的随机分布，被调查者在某种意义上获得了一个外生的、进入高等教育的"机会"（offer），而这个机会不会受到个人特征（如动机）等可能影响大学入学决策相关内生因素的影响。如果上述论断是成立的，在受教育水平对公民参与行为影响的回归模型中，残差项（残差项中包含了被遗漏的、会导致受教育水平和公民参与行为相关的其他内生因素）就不会和工具变量 *DISTANCE* 相关，这也满足了我们使用工具变量的关键假设。综上，尽管被调查者受教育水平的变异中有一部分可能内生地取决于个人特征和选择，但变异中剩下的部分则是外生的，并且和 *DISTANCE* 相关。在这种情况下，我们可以使用前面所介绍的新方法，把 *DISTANCE* 作为工具变量以获得受教育水平对公民社会参与行为因果影响效应的渐进无偏估计。[①]

首先，也是最重要的一点，需要保证内生预测变量 *COLLEGE* 和工具变量 *DISTANCE* 确实相关。也就是说，被调查者在十年级时所就读的高中和最近的社区学院之间的距离越远，他们之后进入大学的可能性就越低[二者相关系数 $r = -0.111\,4$，$p < 0.001$，见表 10-2（b）部分]。此外，我们的结果变量 *REGISTER* 和工具变量 *DISTANCE* 之间有着负向的、取值很小但非常显著的相关关系[$r = -0.033$，$p < 0.001$，见表 10-2（b）部分]。这意味着，如果被调查者在十年级时所就读的高中和最近的社区学院之间的距离越远，他们成年后注册参与投票的可能性就越低。将相应的样本协方差代入方程 10.11，

220

---

① 当然，可能存在一些原因导致被调查者和当地高等教育机构之间的接近程度并不是随机分配或外生的。对此，在本章后面的"教育机构的接近程度"部分，我们将介绍珍妮特·柯里和恩里科长·莫蕾蒂（Currie & Moretti, 2003）的研究。该研究使用了接近程度作为工具变量，并讨论了三种常见的反对随机分配或外生的意见以及应对策略。

我们就可以用 IVE 方法获得接受大学教育对成年人注册参与投票概率影响效应的渐进无偏估计，具体估计方程如下：

$$\hat{\beta_1}^{IVE} = \left(\frac{s_{YI}}{s_{XI}}\right) = \frac{s_{(REGISTER, DISTANCE)}}{s_{(COLLEGE, DISTANCE)}} = \frac{-0.136\ 9}{-0.482\ 5} = 0.284 \qquad (10.12)$$

注意，方程 10.12 估计得到的系数为正，并且几乎是 OLS 估计值的两倍（OLS 估计得到 β_1 取值为 0.177，见表 10-1）。这意味着，相对于没有进入大学的成年人，进入大学的成年人注册参与投票的可能性要高出约 28 个百分点。假设我们的工具变量——"被试十年级时所就读高中和最近的社区学院间的距离"——满足上文所给出的重要前提假设，那么，方程 10.12 得到的估计量 0.284 就是受教育水平对公民参与行为影响的渐进无偏估计。

探究这种全新估计方法的逻辑基础非常有意义。从概念上讲，我们使用工具变量——假设上外生（即和模型的残差项不相关）——去剥离预测变量变异中的外生部分，并仅用这些外生变异部分去估计回归系数。我们可以通过将图 10-1(a)部分的韦恩图扩展为(b)部分的韦恩图来具体说明。在(b)部分的韦恩图中，我们首先复制(a)部分的韦恩图，即浅灰和中等灰色椭圆以及重叠部分，分别代表因变量和自变量的方差以及二者的协方差。在此基础上，穿过两个椭圆的重叠部分，我们非常小心地放入了第三个深灰色的、接近黑色的椭圆，该椭圆的大小代表了工具变量 I 的变异。请注意，新加入的第三个椭圆和前两个椭圆都有重叠，因此两两之间都各自存在共变。尽管如此，工具变量 I 的变异不与原始韦恩图中因变量 Y 的残差部分——在浅灰色椭圆中不与中等灰色椭圆（代表 X 的变异量）重叠的部分——存在任何重叠。我们这样绘制新的韦恩图是因为，按照定义，好的工具变量必须和原始模型中的残差项不存在任何相关，也就是说工具变量的变异不能和残差项的变异重叠。最后，工具变量的变异中可能有一部分是独立于自变量的；为此，我们绘制韦恩图时，将代表工具变量变异的深灰色椭圆右边部分突出于代表自变量变异的中等灰色椭圆的外面。

最后，我们需要注意，当我们在成功使用工具变量估计时，本质上要用代表工具变量变异的深灰色椭圆来剥离出中等灰色"X"椭圆以及浅灰色、中等灰色的"Y"和"X"椭圆重叠区域中相应的部分。又因为工具变量的变异是外生的（通过我们所设定的、仍需证明的假设），使用工具变量所剥离出来的部分也应该是外生的。那么，在获得 IV 估计结果的过程中，我们隐含地将只使用自变量、因变量以及工具变量三者共变区域内的变异进行估计。在三者共变区域内，我们再次计算"部分"对"总体"的比值，获得 Y 对 X 回归斜率系数的工具变量估计结果。这个比值就是工具变量和因变量的协方差除以工具变量和自变量的协方差。在图形上找到对应的区域，分子是浅灰色椭圆、中等灰色椭圆和深灰色椭圆三者重叠的部分，分母是中等灰色椭圆和深灰色椭圆的重叠部分。某种意义上，在 OLS 估计时因变量和自变量之间不可靠的共变部分中，我们利用工具变量从中剥离出可识别部分，并应用这些可识别的部分来获得新的估计结果——至少在假设意义上，该估计值是外生的。

仔细观察韦恩图中的关键区域，你会发现真实的情况更加巧妙和符合逻辑。从图中可以看到，和 OLS 估计非常类似，我们进行 IV 估计时本质也是在构建因变量和自变量的协方差除以自变量方差的比值；所不同的是，IV 估计时限定在代表工具变量变异的深灰色椭圆内重新计算协方差、方差以及二者比值。例如，你能够看到，IV 估计实质上是限定在新的、深灰色椭圆内，重新计算浅灰色和中等灰色椭圆（Y 和 X）重叠区域面积与中等灰色椭圆（X）区域面积的比值。换句话说，IV 估计量和 OLS 估计量使用的是相同的原理，但是 IV 估计量只是在外生工具变量的变异部分内部进行计算。

除了理解 OLS 估计和 IV 估计的相似性之外，非常重要的一点是，需要理解 IV 估计仅利用了落在深色椭圆内的、浅灰色和中等灰色椭圆所代表变异的信息进行计算。在这个区域内，自变量的变异完全包含于或局部化于工具变量的变异中。[①] 回到本章的例子中，在利用 IV 估计获得公民参与行为和受教育水平之间的关系时，我们仅仅使用了受教育水平的个人变异和被调查者所在高中与最近的两年制大学距离的变异之间的共变部分信息。除此之外，

①　IV 估计量同样仅利用了限定在工具变量变异内的产出变量 Y 的变异。尽管如此，在图 10-1(b)部分（原书误写为图 10-2——译者注），你可以看到，Y 变异中的部分——即 Y 和 I 重叠部分——同样是 X 和 I 重叠部分的一个子集，所以我们说，在该区域内，自变量的变异完全包含于工具变量的变异中。

受教育水平个人间变异的其他部分信息，不再应用于 IV 估计。

基于这个原因，IV 估计方法提供了一个渐进无偏估计量，但不是整体的平均干预效应（ATE），而是局部平均干预效应（local average treatment effect，LATE）。在我们的案例中，这意味着我们仅仅使用了受教育水平变异中受到最近的两年制大学距离变异影响的部分，以估计受教育水平对公民参与行为的影响效应。正因为如此，对那些受教育水平与高中和最近的两年制大学之间距离不相关的个体而言，IV 估计量并不能提供有关这些样本的受教育水平对公民参与行为影响效应的估计结果。当然，如果受教育水平对公民参与行为的影响效应在所有个体中是同质的，那么，ATE 和 LATE 的取值应该是相同的，都等于总体模型回归系数 β_1。然而，很有可能的情况是，受教育水平对公民参与行为的影响效应在总体的不同样本中存在异质性。我们将在第十一章重新讨论这个异质性问题，并进一步阐释清楚 LATE 估计结果的含义。

需要注意的是，在使用 IV 估计时，我们需要关注另一个非常重要的方面。由于 IV 估计只利用了代表工具变量变异的深灰色椭圆区域，这时所使用的自变量和因变量的变异部分会小于最初 OLS 估计时所使用的变异部分。显然，不管在什么样的估计手段中，人为地限制自变量和因变量的变异，意味着估计结果精确度的降低，也就是说，IV 估计量的标准误会大于相应的但有偏的 OLS 估计量。这意味着，在使用 IV 估计方法以获得所关注因果关系的渐进无偏估计结果时，我们本质上是在进行一个权衡取舍：IV 估计量的弊端是会降低 OLS 估计的精度和统计功效，使得我们更难拒绝相应的零假设，而其优势是我们可以获得一个渐进无偏估计量。如果非常不巧，我们所选择的工具变量自身具有非常小的变异［相应地，图 10-1（b）部分深灰色椭圆只会覆盖一个很小的区域］，我们会极大地恶化 IV 估计所存在的弊端：当工具变量的变异很小时，在获得 IV 估计量时，只使用了因变量与自变量变异中很小的部分，这会在得到极大标准误的同时得到极小的统计功效。在下文讨论"弱"工具变量问题时，我们会进一步讨论上述问题。

二、工具变量估计中的两个重要假设

当我们想通过准实验或观察研究获得无偏的因果关系结论时，IV 估计方法为实证研究者提供了重要的优势。但是，你必须时刻记住，使用 IV 估计方法必须满足一些很强的假设，这些假设在 OLS 估计中是不需要的。除了通常的有关函数形式的假设（在该假设下，支持使用协方差来测量线性关系），以及任何统计推断都需要遵循的标准正态理论假设以外，方程 10.9 和 10.10 的代数形式展示了可行的工具变量必须满足的两个额外假设。在实践中，前一个假设相对容易被证实，但不幸的是，后一个假设非常难被证实。

对于成功的 IV 估计来说，需要满足的第一个很容易证实的假设是：工具变量必须和潜在内生预测变量相关（换句话说，工具变量和预测变量的总体协方差 σ_{XI} 不等于 0）。不管在逻辑上，还是在统计指标上，该假设能否满足都可以很容易地进行检验。如果预测变量和工具变量不相关，那么，在图 10-1 (b)部分，代表预测变量和因变量变异的两个椭圆中就不存在能够被代表工具变量变异的深灰色椭圆所剥离出的部分，且 σ_{XI} 取值为 0，因而方程 10.9 和 10.10 中的比值将会是不确定的（即无穷大）。简单地说，如果预测变量和工具变量不相关，那么我们就不可能使用工具变量成功地剥离出 X 变异中的任何部分，更不用说 X 变异中的外生部分，其结果是 IV 估计的失败。幸运的是，在公民参与行为的例子中，情况并非如此。我们已经证实工具变量和预测变量事实上是相关的，详见表 10-2 (b)部分的双变量相关分析——我们拒绝了 *COLLEGE* 和 *DISTANCE* 在总体中不相关的零假设，在 $p < 0.001$ 的可靠水平下。[1]

成功开展 IV 估计需要满足的第二个重要的假设是，工具变量不能和未观

[1] 拒绝总体中工具变量和预测变量不相关这一零假设的 t 统计量取值为 10.76。因为 t 检验中只包含了一个自由度，因此其对应的 F 统计量是 115.9（即 10.76 的平方）。F 统计量经常被用于检验工具变量的强度。一些方法学家认为，如果 F 统计量小于 10，即可以认为该工具变量是弱工具变量(Stock, Wright, & Yogo, 2002)。尽管这个临界值的选择是武断的，但是，它可以很容易地应用到更加复杂的分析中。例如，当我们在估计中引入多个工具变量时，F 统计量可以通过一个零假设为"所有工具变量对预测变量没有联合效应"的全局(GLH)假设检验获得。

测的变异相关（如最初 OLS 模型中的残差项）。事实上，正是这些未观测效应的存在，我们才将预测变量称为内生变量。也就是说，工具变量和残差项的协方差 $\sigma_{\epsilon I}$ 必须是 0。我们通过方程 10.9 和 10.10 中 IV 估计量的代数推导可以更加清楚地看到该假设的逻辑。如果工具变量和最初 OLS 模型中的残差项相关，就会使 IV 估计遇到与预测变量自身相同的问题。那么，使用 IV 也将很难解决内生性问题。

225 若要成功使用 IV 估计，即便工具变量和预测变量的总体协方差不能等于 0，但如果二者的相关性较弱，这也是有问题的。这就是说，如果工具变量和预测变量的总体协方差 σ_{XI} 取值很小，这会为数据分析带来问题。为了理解这一点，我们回到方程 10.9。在这个估计总体回归系数 β_1 的方程中，σ_{XI} 是方程两边比值的分母。σ_{XI} 的取值是得到 IV 估计量自身 $\left(\dfrac{\sigma_{YI}}{\sigma_{XI}}\right)$ 以及偏误取值 $\left(\dfrac{\sigma_{\epsilon I}}{\sigma_{XI}}\right)$ 的关键。如果工具变量是弱工具变量，即 σ_{XI} 取值很小，那么，上述两个比值都会受到非常大的影响，并导致两个问题。第一，使用弱工具变量，估计得到的总体回归系数将会对数据中的奇异值非常敏感。因为奇异值会影响因变量和工具变量样本协方差的取值，这意味着分母越小，上述比值因为奇异值所受到的改变会越大。第二，如果工具变量和残差项的总体协方差不完全等于 0（完美工具变量的第二条假设是二者协方差等于 0），但是非常接近于 0，也可能带来麻烦。如果是强工具变量（σ_{XI} 取值很大），上述情形不会带来很大的麻烦，因为 $\left(\dfrac{\sigma_{\epsilon I}}{\sigma_{XI}}\right)$ 的取值仍会很小；然而，如果是弱工具变量（σ_{XI} 接近于 0），那么，不管工具变量和残差项的协方差取值有多小，它都会造成 IV 估计量存在很大的偏误。

不幸的是，对于上文所指出的完美 IV 估计必须满足的第二项假设——工具变量和残差项之间必须是零相关，并不能给出任何可用于检验这一假设是否成立的实践性指导方案。这是因为我们已经假设了在总体中残差不可直接观测的条件。由于上述第二项假设难以通过实践数据进行检验，这是否意味着我们使用 IV 估计时只能依赖于对工具变量可信度的个人信念？或者说，是否可以把第二项假设转化为某种虽然无法直接观测但至少可以在逻辑推理上进行验证的假设？幸运的是，答案是肯定的，并且其重新构建假设的线索也是来自图 10-1(b)部分呈现 IV 估计分析的可视化图片。在绘制该韦恩图时，我们确保了仅在代表预测变量变异的中等灰色椭圆与代表因变量变异的浅灰色椭圆重叠区域内，代表工具变量变异的深灰色椭圆和浅灰色椭圆存在重叠；在其他区域，深灰色椭圆不会与浅灰色椭圆的任何部分存在重叠。这说明，从工具变量到因变量的唯一路径必须通过预测变量。事实上，如果从工具变量到结果变量存在其他的直接路径，我们就会看到深灰色椭圆和浅灰色椭圆存在更多的重叠部分，而不仅在中等灰色椭圆和浅灰色椭圆的重叠区域内出现重叠。

226

那么，我们之前给出 IV 估计的第二个关键假设——"工具变量和残差项不相关"，可以重新定义为"除了通过预测变量之外，从工具变量到结果变量没有直接的路径"。这意味着，为了寻找成功的工具变量，我们需要找到这样一个变量，它因为和可能的内生性预测变量（我们称之为"第一条路径"）相关，所以和结果变量（"第二条路径"）相关，但是，不存在直接连接工具变量和结果变量的路径（即没有"第三条路径"）。因此，我们可以将 IV 估计视为工具变量 I 间接预测结果变量的过程，因为 I 对 Y 的影响只能通过 X 来实现，并非 I 直接影响 Y。如果可以证实，在实证研究设定下不存在"第三条路径"，那么，我们就可以认为所选择的工具变量是可行的。当然，这通常是想要使用 IV 估计的实证研究者需要面对的最大挑战。

迪伊认为，在其公民参与行为的研究中，上述情况是成立的。事实上，他从经济理论出发证明距离工具变量和大学入学之间存在负向相关，因为更长的通勤时间会带来更高的大学入学成本。迪伊指出，在控制了其他可观测的协变量后，学生的高中（或者说他们的家）是在附近的两年制大学周围随机分布的。因此，*DISTANCE* 成为可行的变量，因为它能够预测一部分受教育水平的变异，并且该变量只能通过和受教育水平的关系来进一步影响到公民参与行为。因此，使用 IV 估计，他能够获得受教育水平对公民参与行为因果影响效应的渐进无偏估计。正如我们将在本书后面所看到的，在经济学和社会科学的经验研究中，将地理位置接近程度变量作为受教育水平等内生预测变量的工具变量的做法由来已久。

三、开展工具变量估计的其他方式

如果你只有一个因变量、一个自变量和一个工具变量，那么，利用矩估计法可以很好地开展 IV 估计。然而，IV 方法通常会应用于更加复杂的数据分析情境中。例如，你可能期望在控制参与者背景特征后开展 IV 估计。因为这样做不仅可以提高估计结果的精确度，而且可以进一步确保工具变量满足不存在"第三条路径"的假设。或者，你可能期望在依次独立的分析中同时引入多个工具变量。或者，从研究问题出发，你可能需要在主要回归模型中同时放入多个潜在的内生预测变量。又或者，你可能期望放弃暗含于方程 10.10 中协方差的线性关系假设，而接受工具变量、预测变量和结果变量之间存在非线性关系的假设。[①] 在上述情境下，基于方程 10.11 直接使用一对样本协方差计算比值的做法就不可行，这时就需要利用其他方式开展工具变量估计。其他两种开展工具变量估计非常有用的方式是两阶段最小二乘（two-stage least square，2SLS）和联立方程模型（simultaneous equation modeling，SEM）。这两种方式同样也是应用前文所介绍的 IV 策略。

（一）通过两阶段最小二乘法开展 IV 估计

获得 IV 估计的一个有用的分析策略是将 IV 估计的过程划分为两个连续的步骤或阶段，并在每个步骤中使用 OLS 回归分析。这种估计方式被称为 IV 估计的两阶段最小二乘估计（2SLS）。长期以来，两阶段最小二乘估计一直是开展 IV 估计时非常灵活且很受欢迎的方式，主要原因在于，它通过一种新颖且可行的方式使用可靠的统计方法（OLS 回归方法），因此能够获得更有效的估计结果。

在概念上，两阶段最小二乘法的基本原理和本章第一部分介绍的 IV 估计的基本原理相同，只是前者以分段的方式进行估计。在前文中，我们已经指

[①] 在对公民参与行为数据的分析中，托马斯·迪伊（Dee，2004）就是这样做的。他使用 probit 函数模型模拟因变量 REGISTER 和预测变量 COLLEGE 之间的关系，以及预测变量 COLLEGE 和工具变量 DISTANCE 之间的关系，而并非使用线性函数模型来模拟上述变量间的关系。

出，进行 IV 估计时工具变量所扮演的角色是剥离预测变量中的外生变异，这样我们只使用外生变异部分——而不是剩余的、潜在的内生变异——来估计研究所关注的总体回归系数。当使用 2SLS 的方式时，我们实际上是一步一个脚印地执行 IV 估计，整个过程非常清晰。第一阶段，从潜在内生变量 X 中"剥离出"外生变异部分。具体来看，你需要以初始预测变量 X 为因变量、工具变量 I 为自变量建立回归模型，估计得到每个个体在 X 变量上的拟合值 $\hat{X}$。拟合值 $\hat{X}$ 只包含了预测变量 X 中的外生变异部分，因为在这一步中用以拟合的工具变量本身是外生的。

也就是说，在 2SLS 估计的第一阶段，我们使用如下 OLS 回归模型来拟合内生预测变量和工具变量之间的关系：

第一阶段：$X_i = \alpha_0 + \alpha_1 I_i + \delta_i$ (10.13)

在第一阶段的模型中，参数 α_0、α_1 分别代表了截距和斜率，δ_i 是第一阶段模型的残差，包含了第 i 个学生的预测变量 X_i 不能被第一阶段模型解释的部分(在理论上，希望它包含了预测变量 X 全部的潜在内生性变异)。当然，你可以通过 OLS 方法来拟合第一阶段模型。由于工具变量是外生的，它显然和第一阶段模型中的残差项 δ_i 不相关。

在表 10-3 的上半部分，我们呈现了基于公民参与行为数据对第一阶段模型的估计结果，即以潜在内生预测变量 COLLEGE 为因变量、工具变量 DIS-TANCE 为自变量的回归模型估计结果。估计结果显示，在总体中 DIS-TANCE 的回归系数不等于 $0(p < 0.001)$，这说明，工具变量和预测变量之间的确相关。[①] 需要说明的是，尽管第一阶段估计的斜率值很小，仅为 -0.0064，但由于高中和当地两年制大学之间的距离相对较远，因此，DIS-TANCE 对 COLLEGE 的影响还是较为明显的。例如，对于两组学生，如果学生所在高中和最近的两年制大学之间距离的样本均值组间差值为 9.74 英里

228

229

---

① 正如之前所指出的，在利用 DISTANCE 解释 COLLEGE 的第一阶段分析中，F 统计量等于 115.9，和弱工具变量的临界值 10 存在非常大的差距。

[（即表 10-2(a)[①]部分中距离的样本均值]，那么，我们可以预测两组学生后来获得高等教育概率的差值会超过 6 个百分点（对于高中和最近的两年制大学距离越远的学生，预测其进入大学的概率会越低）。[②]

表 10-3　HS&B 调查中 9 227 名十年级学生在 1992 年的公民参与行为和在 1984 年的受教育水平。以 *DISTANCE* 作为工具变量，使用 2SLS 估计预测变量 *COLLEGE* 对结果变量 *REGISTER* 的影响

(a)第一阶段：结果变量＝*COLLEGE*			
	参数	估计值	标准误
截距项	α_0	0.609 1 ***	0.007 7
DISTANCE	α_1	$-$0.006 4 ***	0.000 6
R^2		0.012 4	

(b)第二阶段：结果变量＝*REGISTER*			
	参数	估计值	修正的标准误
截距项	β_0	0.515 7 ***	0.048 0
$\widehat{COLLEGE}$	β_1	**0.283 7** ***,†	0.087 3
R^2		0.022 3	

注：~$p<0.10$；*$p<0.05$；**$p<0.01$；***$p<0.001$；"†"表示单尾检验。

　　通过在第一阶段拟合模型中代入每名学生在工具变量上的取值，可以非常容易地估计出样本进入大学概率的拟合值。几乎所有的统计软件包都可以自动地计算并储存上述拟合值，当然，你也可以手动计算。例如，对于一个所就读高中与最近的两年制大学之间距离等于 4 英里的调查样本，他/她进入大学概率的拟合值等于 0.583（计算公式为 0.609－0.006 4×4）。

　　一旦通过第一阶段模型获得了初始预测变量（*COLLEGE*）的拟合值，你就可以执行 2SLS 的第二阶段分析。在第二阶段分析中，你需要用最终的因变量 Y 对初始预测变量中的外生部分——$\hat{X}_i$（不是最初的潜在内生变量 X_i）——建立 OLS 回归模型。因此，第二阶段的 OLS 回归分析统计模型可写为：

---

① 原书误将表 10-2 写为表 10-1，这里应该是表 10-2。——译者注

② 具体计算公式是－0.0064×9.74，乘积等于－0.0623。

$$Y_i = \beta_0 + \beta_1 \widehat{X}_i + \varepsilon_i \qquad\qquad (10.14)$$

意外的是，方程 10.14 所得到的参数 β_1 的估计值和之前使用矩估计方法得到的 IV 估计值相同。在表 10-3 的下半部分，我们呈现了对公民参与行为例子使用 2SLS 分析的估计结果。注意，$REGISTER$ 对 $COLLEGE$ 回归的斜率系数估计值等于 $0.284(p < 0.001)$，该结果与表 10-2 所呈现矩估计的估计值完全相同。[①]

我们也可以通过与前文类似的图形分析来进一步阐明 2SLS 估计。在图 *230* 10-2 中，我们和图 10-1(b)部分的韦恩图一样，再次使用浅灰色、中等灰色和深灰色椭圆代表因变量 Y、潜在内生预测变量 X 以及工具变量 I 的方差和协方差。为了更好地反映 2SLS 过程中两阶段的特性，我们将原始的韦恩图复制了两遍，分别在每一张图中将不需要部分的颜色变淡，即可以代表 2SLS 过程的第一阶段和第二阶段，如图 10-2 所示。2SLS 过程的第一阶段估计如图 10-2(a)部分的韦恩图所示，2SLS 过程的第二阶段估计如图 10-2(b)部分的韦恩图所示。

回想一下，在第一阶段中，我们是以潜在内生预测变量 X 为因变量、以

---

① 我们可以利用协方差代数运算来证明这一事实。在总体中，预测变量 X 的拟合值 $\widehat{X}_i$ 等于 $\alpha_0 + \alpha_1 I_i$，将该代数式代入方程 10.14 以替换 $\widehat{X}_i$，得到"简化"模型：

$$Y_i = \beta_0 + \beta_1 \widehat{X}_i + \varepsilon_i = \beta_0 + \beta_1 (\alpha_0 + \alpha_1 I_i) + \varepsilon_i$$

利用简化模型，Y_i 和工具变量 I 的协方差可以记为：

$$Cov(Y_i, I_i) = Cov((\beta_0 + \beta_1 \alpha_0) + \beta_1 \alpha_1 I_i + \varepsilon_i, I_i)$$

因为常数项 β_0 与 I 的协方差，以及残差项 ε_i 与 I 的协方差均为零，上式可以简记为：

$$\sigma_{YI} = Cov(\beta_1 \alpha_1 I_i, I_i) = \beta_1 \alpha_1 \sigma_I^2$$

将上式进行转化后可以得到：

$$\beta_1 = \frac{\sigma_{YI}}{\sigma_I^2} \times \frac{1}{\alpha_1}$$

我们将第一阶段模型中斜率参数 α_1 的表达式 σ_{XI}/σ_I^2 代入上式：

$$\beta_1 = \frac{\sigma_{YI}}{\sigma_I^2} \times \frac{1}{\sigma_{XI}/\sigma_I^2} = \frac{\sigma_{YI}}{\sigma_{XI}}$$

上式与方程 10.10 中 β_1 的表达式完全相同。

工具变量 I 为自变量进行 OLS 回归，图 10-2(a)部分的韦恩图说明了这一过程。在图中，代表 X 变异的中等灰色椭圆和代表工具变量 I 变异的深灰色椭圆存在重叠，该重叠部分不仅代表了两个变量的协方差以及第一阶段回归分析的成功程度，而且代表了内生自变量 X 的总体变异中被剥离出的外生变异部分，即用相应的拟合值 $\hat{X}_i$ 来表示。这一外生变异部分，将以拟合值 $\hat{X}_i$ 的形式被引入 2SLS 分析过程的第二阶段。因此，在图 10-2(b)部分我们重新绘制了代表 X 外生变异的部分，即截取的椭圆局部，并将其标记为"X 的预测变异"。这个椭圆的局部被涂成深黑色，以表示它代表了自变量 X 变异中的

231 一部分。最后，代表因变量 Y 变异的浅灰色椭圆和代表预测变量 X 外生变异的深黑色椭圆局部之间存在重叠，这一重叠部分定义了第二阶段的影响效应。注意，上述两个步骤最终得到的变异和共变区域，和早前图 10-1 所示基于初始 IV 估计方法得到的区域完全一致。就是说，两种 IV 估计的方法完全相同。

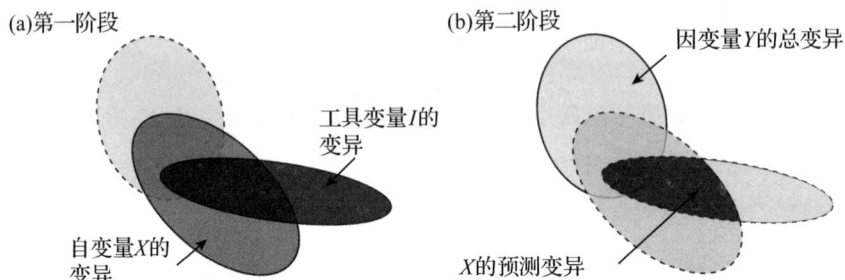

图 10-2 **因变量 Y、自变量 X 以及工具变量 I 总体变异和共同变异的图示分析，用以代表 2SLS 过程。(a)第一阶段：估计 X 和 I 的关系，获得拟合值 $\hat{X}_i$；(b)第二阶段：估计 Y 和 $\hat{X}_i$ 的关系**

232 对于 IV 估计中可能存在的问题，2SLS 方法提供了一个更加具体的视角。当你在第一阶段尽可能估计 X 中所有重要的"外生"部分取值时，你会自动丢掉预测变量 X 中的一部分变异，因为拟合值 $\hat{X}_i$ 和真实观测值之间不可避免地存在差异，除非估计是完美的。那么，当你在拟合第二阶段模型时，即利用结果变量 Y 对预测变量的拟合值 $\hat{X}_i$ 进行回归时，由于拟合值 $\hat{X}_i$ 不能完全代表预测变量 X 的变异，回归斜率系数 β_1 的估计精度受到了损害。并且，相对

于直接利用因变量和问题预测变量建立的初始(存在偏误的)回归分析模型所得到的斜率系数,新斜率系数的标准误会变得更大。这意味着,第一阶段模型中 X 和 I 的关系越弱,你越难通过 X 的拟合值剥离出 X 的外生变异部分。也就是说,如果第一阶段中 X 和 I 的关系很弱,除非样本规模非常大,否则,你很难通过第二阶段估计出 X 和 Y 的关系。上述问题是 IV 估计中不可避免的权衡取舍:一方面,为了可以消除斜率系数 β_1 因为内生性导致的偏误,你不得不丢掉预测变量 X 中的部分变异(我们当然希望丢掉的变异是 X 中的内生变异部分,并尽可能多地保留 X 中的外生变异部分)。另一方面,你也会为因为估计结果精度的降低而付出代价。[①]尽管对我们来说,这看起来是个不错的选择。

　　有关估计偏误和精度的权衡取舍在公民参与行为案例中显而易见。注意,2SLS 过程中第一阶段回归的 R^2 只是稍微大于 0.01,同时,第二阶段回归中 *REGISTER* 对 *COLLEGE* 回归模型中 *COLLEGE* 回归系数的标准误相当大。事实上,如果你比较表 10-3 中 2SLS 得到 β_1 的标准误和表 10-1 中原始回归模型得到 β_1 的标准误,前者几乎是后者的 10 倍。幸运的是,因为样本规模足够大,这足以弥补精度的损失,所以我们获得了足够的统计功效去拒绝零假设。

(二)通过联立方程模型进行 IV 估计

　　通过上文对 2SLS 方法的介绍,我们已经知道 IV 估计的统计模型包含了两个关系假设:①第一阶段中潜在内生预测变量和工具变量之间的关系假设;②第二阶段中结果变量和内生预测变量之间的关系假设。我们可通过 10.15 的统计模型体现上述假设关系:

---

① 在上文介绍 2SLS 概念性知识的过程中,我们在第二阶段拟合时有意地忽略了对参数估计标准误的调节。事实上,在表 10-3(b)部分,我们所呈现的标准误经过了"修正"。"修正"需要重新计算第二阶段的残差平方和(SSR),并在第二阶段拟合模型计算标准误时代入该值。具体修正步骤如下:第一步,重新计算第二阶段的 SSR。即将 X 的原始观测值(而非第二阶段估计模型时所使用的第一阶段拟合值 $\hat{X}$)代入第二阶段的拟合模型,得到结果变量的预测值 $\hat{Y}'$,用 Y 减去 $\hat{Y}'$ 以获得残差,再取平方并且求和获得新的 SSR。第二步,计算第二阶段 OLS 估计得到斜率系数 β_1 的修正标准误。如果只有单一自变量,修正后的标准误等于第二阶段 OLS 模型拟合得到的标准误乘以新 SSR(第一步重新计算的 SSR)与名义 SSR(第二阶段直接得到的 SSR)之间比值的平方根。非常幸运的是,上述修正过程不需要手动执行,在所有标准的 2SLS 电脑算法中都自动执行上述过程(Wooldridge,2002,pp. 97-99)。

$$X_i = \alpha_0 + \alpha_1 I_i + \delta_i$$
$$Y_i = \beta_0 + \beta_1 X_i + \varepsilon_i \qquad (10.15)$$

在 2SLS 方法中，你事实上是逐步估计了方程组 10.15，并在第二个方程中用第一个方程的拟合值 $\hat{X}_i$ 替代 X_i。但事实上，你可以通过联立方程模型（simultaneous-equations modeling，SEM）对方程组 10.15 中两个方程同时进行估计，当然，你会得到完全相同的估计结果。[①]

和 SEM 的通常做法一致，我们首先在图 10-3 中将研究假设以路径模型的方式进行绘制，并且同时规定了第一阶段和第二阶段中几个变量间的关系假定。在图中，结果变量 Y、预测变量 X 和工具变量 I 分别用长方形表示，它们间的关系则用单向箭头表示，箭头指向与假设中的预测方向一致。[②] 图 10-3 所示路径模型包含了公民参与行为 IV 估计案例中的所有假设。例如，连接工具变量 I 和预测变量 X 的单向箭头体现了我们的第一个重要假定，即工具变量 I 和预测变量 X 直接相关，斜率参数为 α_1（第一条路径）。接下来，第二阶段假设的路径是连接预测变量 X 和最终的结果变量 Y，斜率参数为 β_1（第二条路径）。上述路径放在一起，体现了工具变量 I 和 X 直接相关，并且 I 通过 X 和结果变量 Y 间接相关。需要特别注意，I 和 Y 之间没有箭头连接，这体现出 IV 估计最关键、最重要的假设，即"不存在第三条路径"的假设。

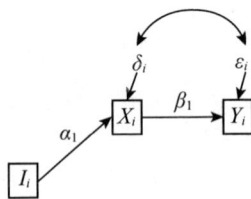

图 10-3 结果变量 Y、预测变量 X 和工具变量 I 之间关系的路径模型

注意，我们假定的路径模型包含了两个较短的实线箭头，它们分别指向预测变量 X 和结果变量 Y。这两个短实线箭头分别代表方程 10.15 中第一阶

---

① 这个技术通常也叫作结构方程模型或者协方差结构分析。常通过软件 LISREL 和 EQS 实现。

② 路径模型中，单向箭头表示因果关系假定，如预测变量和结果变量之间的关系，而双向箭头则表示一对变量间相关关系的假设，即不存在明确的因果关系方向。

段和第二阶段回归模型中的残差项 δ 和 ε。通常来说，第一项残差 δ 代表了预测变量 X 不能由第一阶段所包含自变量进行预测的部分，第二项残差 ε 代表了结果变量 Y 不能由第二阶段所包含自变量进行预测的部分。注意，我们在图 10-3 中增加了一条没有体现在方程 10.15 代数式中的路径：我们允许第一阶段和第二阶段的残差项共变(covary)，即在图中最上方增加的、连接两个残差项的双向箭头。

　　如果我们想通过构建联立方程模型获得斜率参数 β_1 的 IV 估计，在路径模型中引入连接第一阶段和第二阶段残差项的路径非常关键。在路径模型中引入连接两个残差项的路径，可以保证，只有自变量 X 中能够由工具变量 I 所预测的变异被用于预测斜率参数 β_1 的大小和方向。在本质上，通过利用工具变量 I 来预测潜在内生自变量 X，我们将自变量 X 的变异分成了两部分：①可以预测的部分，即与工具变量 I 相关的外生变异；②有问题的不可预测部分，或残差，包含了 X 中所有内生变异。由于 X 中的上述两方面变异都可能与结果变量 Y 相关，但我们只想利用第一个部分的外生变异来估计斜率系数 β_1，因而设计了"后门"路径——允许第一阶段和第二阶段的残差存在共变——使得 X 的任何内生变异部分都可以和结果变量存在相关。这样，我们估计得到的回归斜率系数 β_1 只由 IV 估计所需的外生变异决定。

　　在表 10-4 中，我们呈现了使用 SEM 对公民参与行为案例进行 IV 估计的结果。和预期相一致，估计值、标准误以及相关的统计推断都和上文直接使用 IV 方法估计得到的结果相同，R^2 和 2SLS 分析中第一阶段和第二阶段的估计结果相同。因此，我们在这里不对相关统计量做过多的解释。使用 SEM 对第一阶段和第二阶段模型进行同时拟合的一个优势在于，允许第一阶段和第二阶段的残差项相关。例如，在本章所涉及的案例中，两阶段残差项的相关系数是 -0.1151，负向且显著。由此可见，自变量 X 中的内生变异部分和最终因变量 Y 之间存在连接路径，这也为开展 IV 估计的必要性提供了证据。

表 10-4　HS&B 调查中 9 227 名十年级学生在 1992 年的公民参与行为和在 1984 年的教育水平。以 DISTANCE 作为工具变量，对结果变量 REGISTER 及预测变量 COLLEGE 进行联立方程的 IV 估计

(a)第一阶段：结果变量＝COLLEGE			
	参数	估计值	标准误
截距项	α_0	0.609 1***	0.007 7
DISTANCE	α_1	−0.006 4***	0.000 6
R^2		0.012 4	

(b)第二阶段：结果变量 ＝ REGISTER			
	参数	估计值	标准误
截距项	β_0	0.515 7***	0.048 0
COLLEGE	β_1	**0.283 7***·†**	0.087 3
R^2		0.022 3	
误差相关系数	ρ	−0.115 1	

注：$\sim p < 0.10$；$^* p < 0.05$；$^{**} p < 0.01$；$^{***} p < 0.001$；"†"表示单尾检验。

　　使用 SEM 方法开展 IV 估计的概念基础，我们同样可以通过对结果变量 Y、潜在内生预测变量 X 以及工具变量 I 的总体变异和共同变异展开图形分析进行说明。在图 10-4 中，我们再次复制了图 10-1(b)部分三个变量的分布。虽然我们没有改变三个原始椭圆的大小和形状，但我们修正了韦恩图的结构，并仔细标注了韦恩图中不同部分所表示的变异，使之对应于 SEM 方法中的各个统计模型。回顾 SEM 方法，它主要包含两件事：①方程 10.15 所示的两个模型；②第一阶段和第二阶段模型的残差项存在共变的额外假设。在新的韦恩图分析中，我们不仅呈现了联立方程模型估计中两个残差项的方差 σ_δ^2 和 σ_ε^2，还呈现了两个残差项的协方差 $\sigma_{\varepsilon\delta}$。具体来看：第一，第一阶段模型残差项的总体方差 σ_δ^2 包含了预测变量 X 中与工具变量不相关的其他所有变异，它对应于浅灰色椭圆不与深灰色椭圆相交的区域。第二，第二阶段模型残差项的总体方差 σ_ε^2 包含了结果变量 Y 中与由工具变量预测得到的 X 变异不相关的其他所有变异，它对应于中等灰色椭圆中不与浅灰色和深灰色椭圆交叉区域部分相重叠的区域。第三，两个阶段残差项的总体协方差 $\sigma_{\varepsilon\delta}$ 代表前面两个区域的重合部分，标记在图 10-4 中部的左侧。通过设定方程 10.15 的联立方程模型并允许两项残差存在共变，代表残差项个体变异和共同变异的区域从联合椭圆中独立出来，利用所剩下更小区域面积的比例以估计总体回归斜率。图形右上方提供了最终的参数估计表达式。

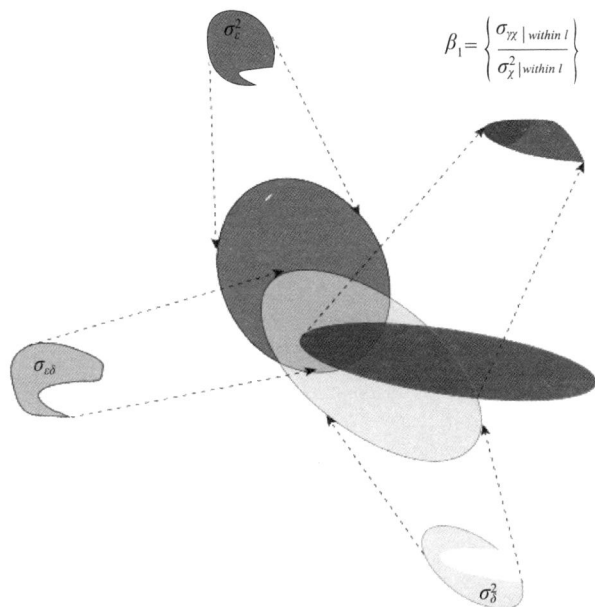

$$\beta_1 = \left\{ \frac{\sigma_{\gamma\chi \,|\, within \, l}}{\sigma_{\chi \,|\, within \, l}^2} \right\}$$

图 10-4　结果变量 *Y*、潜在内生预测变量 *X* 以及工具变量 *I* 的总体变异和共同变异图形分析，用以区别 SEM 分析过程中的不同方差部分①

你可能要问，如果多种方法可以用于开展获得工具变量估计，那么，哪一种方法更好？如果你的研究使用最简单的分析设定，就像本章所使用的例子——一个结果变量、一个潜在内生预测变量、一个工具变量——上述问题无关紧要，因为每种方法都能够获得相同的结果。尽管如此，我们通常建议使用 2SLS 方法或 SEM，因为这两种方法能够扩展到更复杂的分析情境中（本章开篇介绍 IV 估计方法的矩估计，原因是从教学的角度，矩估计方法便于更

①　图中 σ_ε^2 的区域原书中有误，这里进行了修订。——译者注

加清楚地讲解 IV 估计的基本假设与理论）。我们发现，由于 2SLS 只是重复了两次传统的 OLS 方法，它尤其适用于设计周密的数据分析中。这是因为，回归分析中所有的常规做法——包括数据的图形化探索、检验的标准方法、结果的解释以及使用残差开展诊断和推断——都可以应用于 2SLS 的每一阶段分析中。除此之外，我们可以在第一阶段或第二阶段或者两个阶段同时构建非线性回归方程。接下来我们就要说明应该如何拓展分析。

四、工具变量估计方法的拓展

在上文中，我们已经解释了如何利用两个关联的统计模型来实施标准的 IV 估计策略，即由 2SLS 逐步估计或者由 SEM 同时估计，这两个估计模型可以通过拓展基础 IV 估计模型并应用到需要更加复杂的、真实的分析情境中。对基础 IV 估计模型的拓展包括在第一阶段或第二阶段模型中引入更多协变量作为控制变量，或者在第一阶段模型中引入多个工具变量，或者估计具有多个内生预测变量的第二阶段模型，或者构建非线性的回归模型，等等。接下来，我们将依次讨论上述拓展。

（一）在估计工具变量时引入外生协变量

正如分析实验数据时并不一定需要引入控制变量，但引入会改进估计。你同样可以选择一些协变量放入 IV 估计分析中。例如，在 2004 年的论文中，迪伊构建的工具变量模型就包含了很多个体层面、家庭层面、社区层面、县域层面的控制变量。具体来看：个体层面的控制变量主要包括重要的人口统计学特征，如性别、年龄、种族、宗教以及前期学业成绩；家庭层面的控制变量主要包括被调查者在青少年时其父母的受教育水平、家庭收入（也就是 HS&B 基线调查的数据）；社区和县域层面的控制变量包括代表基期时样本高中的固定效应，以及被调查者在青少年时所在社区的平均公民态度水平和父母受教育水平。

从根本上讲，开展 IV 估计时引入控制变量的原因和分析随机实验数据引入控制变量的原因类似，但前者的原因更多。通常而言，你总是期望通过增加一些精心挑选的控制变量以减少残差项的变异，并减少标准误进而提高统计功效。然而，选择控制变量时必须特别小心——不管在哪个阶段，你必须确保引入 IV 估计的任何一个控制变量都是外生的，否则，你将很容易在分析中增加其他的偏误。

为了说明在 IV 估计时加入协变量的过程，我们拓展了对公民参与行为数据的 2SLS 分析。遵循迪伊（Dee，2004）的研究，我们继续把 *DISTANCE* 看作重要的工具变量，但是在第一阶段和第二阶段的回归模型中均加入了代表种族/族裔的协变量。为此，我们用三个二分变量来识别被调查者是否为黑人（*BLACK*）、西班牙裔（*HISPANIC*）或其他种族（*OTHERRACE*）。在每种情况下，如果被调查者属于该特定种族/族裔，则对应二分变量取值为 1，否则为 0。需要说明，我们省略是否为白人（*WHITE*）的二分变量，使得白人成为参照组。

在表 10-5 中，我们呈现了引入三个协变量后回归模型的关键参数估计结果。将表中结果和表 10-3 中没有加入协变量时的估计结果进行对比后可以发现，正如预期的那样，加入协变量增加了两个阶段模型的解释功效——每个阶段的 R^2 几乎都翻倍了，预测上的改进又反映在第二阶段参数估计标准误的减少中。以第二阶段模型预测变量 *COLLEGE* 为例，该变量斜率系数的标准误下降了约 8%，即从 0.087 3 下降到 0.080 6。

当然，在任何一个统计分析中，你都需要谨慎地加入协变量。你必须在预测结果的改进和自由度的牺牲之间做出权衡取舍。在本例中，我们为加大第二阶段模型解释力度付出的代价是牺牲了三个自由度，即通过引入三个种族/族裔协变量而增加了三个待估计的斜率参数。当样本规模很大时，就像本例一样，减少三个自由度并不构成估计问题。然而，当样本规模较小时，如果所增加的较多协变量对拟合的改善非常微弱，那么，预测变量相应的标准误将会变大，而统计功效会因此降低。事实上，在所有的统计分析中我们都面临着上述需要权衡的取舍。

表 10-5　HS&B 调查中 9 227 名十年级学生在 1992 年的公民参与行为和在 1984 年的受教育水平。使用两阶段最小二乘法，以 DISTANCE 为工具变量，并在两阶段模型中都包含学生的种族作为协变量，获得 COLLEGE 对 REGISTER 影响效应的工具变量估计

(a)第一阶段：结果变量＝COLLEGE			
	参数	估计值	标准误
截距项	α_0	0.643 1 ***	0.009 1
DISTANCE	α_1	−0.006 9 ***	0.000 6
BLACK	α_2	−0.057 7 ***	0.016 0
HISPANIC	α_3	−0.116 2 ***	0.013 3
OTHERRACE	α_4	0.033 7	0.024 0
R^2		0.021 7	
(b)第二阶段：结果变量＝REGISTER			
	参数	估计值	调整标准误
截距项	β_0	0.526 6 ***	0.046 3
COLLEGE	β_1	**0.248 9 *** , †**	0.080 6
BLACK	β_2	0.061 7 ***	0.015 2
HISPANIC	β_3	0.028 3 ~	0.014 8
OTHERRACE	β_4	−0.106 7 ***	0.022 8
R^2		0.034 5	

注：~$p<0.10$；*$p<0.05$；**$p<0.01$；***$p<0.001$；"†"表示单尾检验。

　　既然在没有协变量的情况下，拟合第一阶段和第二阶段模型得到上大学对未来公民参与行为存在相当强的、统计显著的积极影响（见表 10-3），那么，迪伊为什么仍然会在模型中加入如此多的协变量呢？迪伊在文章中明确地回答了这个问题，他的回答与其对工具变量可信度的辩护相关。举例来说，一个可能存在的对迪伊所选择工具变量可信度的威胁在于，州政府可能将两年制大学设立在父母受教育水平较高且公立高中质量也公认为较高的社区附近。这些社区的学生不仅到最近的社区大学的距离较短，而且因为所在家庭更重视公民参与、所就读高中也更强调公民参与的重要性，这些学生成年后也更有可能进行登记并投票。如果上述情况存在，那么，DISTANCE 变量（或者其他测量大学邻近程度的变量）将不能满足工具变量"不存在第三条路径"的前提假设，IV 估计结果将存在缺陷。

对于上述工具变量有效性的威胁，迪伊做出的回应是在第一阶段和第二 *241* 阶段模型中同时引入多个协变量，他认为，一旦这些影响因素得到控制，"不存在第三条路径"的关键假设自然可以得到满足。为此，迪伊在模型中不仅引入被调查者的人口统计学特征变量，也引入学生前期学业测试成绩，以及被调查者就读高中时期所在家庭的社会经济地位、所在高中的特征以及所在社区公民态度等变量。[1] 通过引入上述控制变量，迪伊有理由相信，他的估计是基于所在家庭的可观测家庭社会经济地位变量取值相似、所在社区的可观测公民态度状况取值相似以及所就读高中在可观测特征上相似的一群学生样本，进而不存在第三条路径直接连接工具变量 *DISTANCE* 与学生成年时的投票行为。显然，相对于直接证明与最近的社区大学间距离对后续选民登记的可能性不存在直接影响（在第一阶段模型中不加入协变量），通过在模型中增加协变量后证明工具变量和因变量没有直接影响显然更具说服力。

请注意，我们和迪伊都非常小心地在 IV 估计的第一阶段和第二阶段模型中引入了相同的外生协变量，以保证工具变量"不存在第三条路径"作用于结果变量这一关键假设的成立。当然，引入第一阶段模型中的所有预测变量，无论是工具变量还是其他控制变量，都必须是外生的，即任何一个变量都不能和第一阶段模型的残差项相关。如果这个条件不能得到满足，第一阶段的估计将会出现偏误，也意味着我们从一开始就失败了。也正因为如此，在第一阶段的模型中，对于工具变量和协变量，我们仅能通过他们对"不存在第三条路径"这一假设是否完全服从来加以区分。如果是真正的工具变量，它们只 *242*

---

[1] 注意迪伊选择的几个协变量：如学生十年级的学业测试成绩，如果它和学生是否上大学的变量（*COL-LEGE*）同时测量，则很可能是内生的。但是，迪伊所选择的协变量都是"预先确定的"，即这些变量都是在测量预测变量（*COLLEGE*）之前进行了测量（Kennedy，1992，p. 370）。相比之下，尽管成年人在劳动力市场中收入水平变量可较好地预测公民参与行为，但如果迪伊将该变量作为第二阶段的控制变量是不恰当的。理由在于，在第二阶段模型中，劳动力市场收入水平变量是真正内生的，该值是在个体做出上大学的决策后获得的。因而该变量既可能和不可观测的、影响公民参与行为的因素（如动机）相关，也可能和是否上大学的决策相关。事实上，在任何一个阶段加入潜在的内生预测变量，都可能使你所分析的问题变得复杂，而不是解决问题。

能通过影响潜在的内生预测变量 $COLLEGE$，进而作用于最终的结果变量 $REGISTER$。事实上，迪伊假定的工具变量 $DISTANCE$，就必须满足上述要求。然而，对于第一阶段模型包含的其他外生协变量，迪伊则不需要做出同样限定，因为它们仅仅是协变量，而非工具变量。虽然协变量也被要求是外生的，但并不要求其只能通过潜在内生预测变量间接地作用于结果变量（如果协变量满足"不存在第三条路径"的假设，它们就也成了工具变量了）。因此，第一阶段模型中的协变量既可以间接地作用于最终结果变量（通过预测变量 $COLLEGE$），也可以在第二阶段模型中直接作用于结果变量。当然，如果第一阶段模型中的协变量能够直接预测最终的结果变量，则必须将其引入第二阶段模型中，以控制这些变量对结果变量的直接影响。综上，在第一阶段模型中引入的外生变量，如果你不将其视为工具变量，你必须把它放入第二阶段模型中。也许是出于防止研究者的疏忽大意，统计软件包如 Stata 通常会强制在第二阶段模型中加入第一阶段模型中除工具变量外的所有协变量。

从 2SLS 估计实践需要满足"第一阶段模型中的所有协变量也必须包含在第二阶段模型中"的原则出发，引申出一个并行且概念上收敛的论据。由于工具变量和协变量都出现在第一阶段模型中，完成第一阶段估计后得到拟合值 $\hat{X}$ 将包含潜在内生预测变量 X 中所有能够由工具变量和协变量预测的变异。那么，在第二阶段模型估计时用这些预测值 $\hat{X}$ 替代潜在内生预测变量 X，除非你引入第一阶段所有协变量作为控制变量，否则你估计得到 X 的回归系数将同时取决于工具变量和第一阶段协变量的变异。从 IV 估计的基本假设出发，为了得到无偏估计，回归系数只能通过预测变量中源于工具变量自身的变异进行估计。因此，我们必须将第一阶段的所有协变量作为控制变量放入第二阶段模型中，以实现控制 $\hat{X}$ 中不存在无关变异的目的。

特别要注意，在数据分析中必须执行的一个原则是，在第一阶段模型中加入而第二阶段模型中排除的预测变量只有工具变量。方法学家有时候将上述原则称为排除性原则（exclusion principle）或者排除性限制（exclusion restriction）。如果你在开展工具变量估计时有人询问你的排除性限制，这就是说，他们在要求你列出工具变量并就其有效性给出充分理由。在回应中，你要有所准备，批评者可能认为你的工具变量存在第三条路径，即在第二阶段模型中你的工具变量会直接影响结果变量。你在论证时可以像迪伊一样，说明在第一阶段和第二阶段模型中通过谨慎加入协变量控制了工具变量对结果变量可能的直接作用路径，即保证了不存在第三条路径。

最后，虽然除了工具变量外第一阶段模型中的所有预测变量都必须加入第二阶段模型中，但反过来则不一定是必需的。依据相关理论，你可以选择在第二阶段模型中加入额外的协变量，而不要求在第一阶段模型中也加入。它们只是额外的协变量，你可以从理论上论证其必要性或者说明其可以起到进一步减小残差变异、改善第二阶段模型的统计功效效力的作用。不过，正如安格里斯特和皮施克（Angrist & Pischke，2009，p. 189）指出的那样，如果这些额外的第二阶段协变量真的是外生的，那么你把它们加入第一阶段模型也没有任何损失。

（二）在第一阶段模型中引入多个工具变量

如果你非常幸运地拥有多个工具变量，你可以将它们同时放入第一阶段的模型中，并采用 2SLS 或 SEM 的方法开展工具变量估计（Angrist & Pischke，2009）。如果新的工具变量满足上文所指出的相关条件，把多个工具变量加入第一阶段模型不仅可以改进分析结果，而且可以确保作为一个整体来看所选择的工具变量是强工具变量。具体而言，通过增加更多的工具变量可以在第一阶段模型的估计过程中识别出潜在内生预测变量的更多外生变异部分，从而改善第二阶段模型对关键因果关系渐进无偏估计的精确性，并且可以避免前文所介绍的弱工具变量问题。

除了本书在教学演示中所包括的工具变量 *DISTANCE* 外，迪伊（Dee，2004）的研究中还加入了另一个工具变量 *NUMBER*，即被调查者在十年级时所在县所拥有的两年制大学数量。同时选择两个工具变量的理由在于，它们都是影响被调查者高等教育水平的外生指标，且都不大可能对成年后注册投票行为产生直接影响。也就是说，迪伊认为，一旦控制了各项协变量，他所选择的两个工具变量都不存在作用于结果变量（注册投票行为）的第三条路径。在表10-6 中，我们展示了通过在第一阶段模型中同时加入 *NUMBER* 和 *DISTANCE*

244

245

两个工具变量后利用 2SLS 方法得到的估计结果。在两个阶段的模型中，我们均引入了种族/族裔的协变量。注意，通过引入第二项工具变量 NUMBER，我们的估计结果得到了明显改善。例如，在第一阶段模型中，通过引入第二项工具变量，潜在内生预测变量 COLLEGE 的解释力度得到明显提升，相对表 10-5[①]，第一阶段模型的 R^2 从 0.021 7 增长到 0.026 9，增加了近 25%。同时，对于第二阶段拟合模型中关键预测变量 COLLEGE 的回归斜率系数，其标准误从 0.080 6 降到了 0.069 3，下降了 14%。进一步来看，COLLEGE 回归斜率系数的参数估计值也有一定程度的提高，从表 10-5[②] 中的 0.249 提高到 0.278。综上，通过引入第二个工具变量，统计推断的结果得到明显改善。

从 IV 估计可以同时使用多个工具变量的概念出发，引出其他两种分析机会。第一，如果第一阶段模型中所引入的两个工具变量都是合理的，那么，其交互项也必然是合理的工具变量。这意味着，我们可以计算 DISTANCE 和 NUMBER 的交互项，并将该交互项作为工具变量放入第一阶段模型中。第二，我们可以类似地计算工具变量与外生协变量的交互项，如 DISTANCE 和代表种族/族裔协变量的交互项，这类交互项也可以作为有效工具变量并被放入第一阶段模型中。我们应用上述两个设计展开估计，表 10-7 中模型 A 是应用第一个设计的估计结果——即在第一阶段将两个工具变量交互项作为工具变量，模型 B 是应用第二个设计的估计结果——即在第一阶段将工具变量与外生协变量的交互项作为工具变量。从模型 A 来看，尽管在第一阶段模型中引入新的工具变量从估计上而言并没有问题，但比较糟糕的是，新引入交互项的斜率系数并不显著。这意味着，在第一阶段模型中引入 DISTANCE 和 NUMBER 的交互项并不会改进第二阶段模型中 COLLEGE 对 REGISTER 因果影响的估计结果。具体来看，比较表 10-6 和表 10-7 中模型 A 相应的参数，R^2 在第一阶段模型（0.026 9 vs 0.027 0）和第二阶段模型（0.029 1 vs 0.029 5）的取值基本相等。此外，在第二阶段模型中，COLLEGE 对 REGISTER 影响效应的估计值（0.277 6 vs 0.275 7）及其标准误（0.069 3 vs 0.069 1）也几乎没有改变。

[①] 原书中该处引用表格的顺序编号有误，译者将其由 10-3 修正为 10-5。——译者注
[②] 原书中该处引用表格的顺序编号有误，译者将其由 10-3 修正为 10-5。——译者注

表 10-6　HS&B 调查中 9 227 名十年级学生在 1992 年的公民参与行为和在 1984 年的受教育 246
水平。使用两阶段最小二乘法，以 *DISTANCE* 和 *NUMBER* 为工具变量，并在两阶段模型中
都包含学生种族/族裔作为协变量，获得 *REGISTER* 是否受 *COLLEGE* 影响的工具变量估计

(a)第一阶段：结果变量＝COLLEGE			
	参数	估计值	标准误
截距项	α_0	$0.599\,5^{***}$	$0.011\,0$
DISTANCE	α_1	$-0.005\,7^{***}$	$0.000\,6$
NUMBER	α_2	$0.021\,7^{***}$	$0.003\,1$
BLACK	α_3	$-0.056\,8^{***}$	$0.015\,9$
HISPANIC	α_4	$-0.116\,0^{***}$	$0.013\,2$
OTHERRACE	α_5	$0.030\,4$	$0.024\,0$
R^2		$0.026\,9$	
(b)第二阶段：结果变量＝REGISTER			
	参数	估计值	修正的标准误
截距项	β_0	$0.510\,2^{***}$	$0.039\,9$
$\widehat{COLLEGE}$	β_1	**$0.277\,6^{***,\dagger}$**	$0.069\,3$
BLACK	β_2	$0.062\,8^{***}$	$0.015\,1$
HISPANIC	β_3	$0.031\,2^{*}$	$0.014\,3$
OTHERRACE	β_4	$-0.108\,0^{***}$	$0.022\,8$
R^2		$0.029\,1$	

注：$\tilde{}p<0.10$；$^{*}p<0.05$；$^{**}p<0.01$；$^{***}p<0.001$；"†"表示单尾检验。

在表 10-7 的模型 B 中，第一阶段的估计模型不仅包括了最初的工具变量
DISTANCE 和 *NUMBER*，还呈现了三个外生种族/族裔协变量（*BLACK*，
HISPANIC 和 *OTHERRACE*）与两个工具变量的交互项。结果再次显示，
引入这六个交互项并没有改善第一阶段模型的拟合结果，作为指示参数的 R^2
只有非常微弱的改善，从表 10-6 中的 $0.026\,9$ 提高到表 10-7 的 $0.027\,6$。因
此，你可以预期，第二阶段模型中 *COLLEGE* 对 *REGISTER* 影响效应的估
计在很大程度上不会受到第一阶段新加入交互项的影响。事实也的确如此，
COLLEGE 的斜率系数估计值仅是从 $0.277\,6$ 提高到 $0.285\,4$，标准误也仅有
很微小的下降。

表 10-7　HS&B 调查中 9 227 名十年级学生在 1992 年的公民参与行为和在 1984 年的受教育水平。使用两阶段最小二乘法，以 *DISTANCE*、*NUMBER*、*DISTANCE* 与 *NUMBER* 的交互项以及 *DISTANCE* 和 *NUMBER* 分别与学生种族/族裔的交互项为工具变量，并在两阶段模型中都包含学生种族/族裔作为协变量，获得 *REGISTER* 是否受 *COLLEGE* 影响的工具变量估计

（a）第一阶段：结果变量＝COLLEGE

	参数	模型 A		模型 B	
		估计值	标准误	估计值	标准误
截距项	α_0	0.602 8***	0.011 4	0.594 1***	0.012 9
DISTANCE	α_1	−0.006 1***	0.000 7	−0.005 6***	0.000 8
NUMBER	α_2	0.018 0***	0.004 7	0.025 0***	0.004 0
BLACK	α_3	−0.056 3***	0.015 9	−0.066 3*	0.030 2
HISPANIC	α_4	−0.116 0***	0.013 2	−0.096 4***	0.024 7
OTHERRACE	α_5	0.029 7	0.024 0	0.068 7	0.042 9
DISTANCE×*NUMBER*	α_6	0.000 6	0.000 5		
DISTANCE×*BLACK*	α_7			0.001 0	0.002 1
NUMBER×*BLACK*	α_8			0.001 2	0.099
DISTANCE×*HISPANIC*	α_9			0.000 3	0.001 6
NUMBER×*HISPANIC*	α_{10}			−0.014 7~	0.007 8
DISTANCE×*OTHERRACE*	α_{11}			−0.003 7	0.003 0
NUMBER×*OTHERRACE*	α_{12}			−0.004 5	0.012 3
R^2		0.027 0		0.027 6	

（b）第二阶段：结果变量＝REGISTER

	参数	模型 A		模型 B	
		估计值	修正的标准误	估计值	修正的标准误
截距项	β_0	0.511 3***	0.039 8	0.505 8***	0.039 3
$\widehat{COLLEGE}$	β_1	0.275 7***,†	0.069 1	0.285 4***,†	0.068 2
BLACK	β_2	0.062 7***	0.015 1	0.063 1***	0.015 1
HISPANIC	β_3	0.031 0*	0.014 2	0.032 0*	0.014 2
OTHERRACE	β_4	−0.108 0***	0.022 8	−0.108 4***	0.022 8
R^2		0.029 5		0.027 4	

注：~$p<0.10$；*$p<0.05$；**$p<0.01$；***$p<0.001$；"†"表示单尾检验。

尽管本案例估计结果并没有显示引入交互项改善了估计结果，但是在其他数据中开展 IV 估计时应用这个原则仍然可能是有用的：在执行 IV 估计的第一阶段模型中不仅仅引入工具变量的主效应，而且引入工具变量之间的交互项，或者引入工具变量与外生协变量之间的交互项通常是不错的选择。所有的这些交互项都可以视为工具变量，并有可能改善研究的估计结果。①

（三）在第二阶段模型中引入外生协变量和内生自变量的交互项

在许多分析情境中，通常会碰到一个感兴趣的问题，即第二阶段模型中内生预测变量对结果变量的影响效应是否会在不同类型样本中存在差异。例如，在迪伊 2004 年的研究中，一个较为合理的假设可能是上大学对白人学生注册投票行为的影响效应要大于对黑人、西班牙裔或者其他种族学生的影响效应。上述假设背后的合理性可能在于，在 20 世纪 80 年代 HS&B 数据收集的时期，几乎所有的公共职位候选人都是白人，因而来自少数族裔群体的公民对参与注册投票价值的评估会远远低于白人公民。

为了检验上述假设——上大学对未来注册投票行为的影响效应随被调查者种族/族裔的不同而不同，在第二阶段模型中不仅需要估计内生预测变量 COLLEGE 的主效应，还需要估计 COLLEGE 和每项种族/族裔变量——BLACK、HISPANIC 以及 OTHERRACE——的交互效应。尽管如此，你必须清楚，外生协变量和内生预测变量之间的交互项构成了潜在内生变量，理解这一点非常关键。

随之而来的是，在第二阶段模型中同时放入了多个内生预测变量，这时，你必须证明模型满足"秩条件"（rank condition）（Wooldridge，2002）。具体来看，秩条件是指，对于第二阶段模型所包含的每一个内生预测变量，在第一阶段模型中必须有至少一个工具变量与之相对应。这意味着如果第二阶段模型包含一个内生预测变量的主效应和三个潜在内生交互项，第一阶段模型中至少要包含四个工具变量。由于找到一个工具变量，并论证其合理性非常难，你可能会认为满足秩条件是一项难以完成的任务。但幸运的是，我们需要的

① 为了使阐述尽可能简洁，在接下来的章节中，我们将不引入第二个工具变量 NUMBER。

工具变量就在手边。这些工具变量是：作为 $COLLEGE$ 最初的工具变量 $DIS\text{-}TANCE$，以及 $DISTANCE$ 和三个外生协变量的交互项。因此，就像 $DIS\text{-}TANCE$ 可以被论证为 $COLLEGE$ 的可行的工具变量，$DISTANCE$ 和 $BLACK$ 的交互项也可以被视为 $COLLEGE$ 和 $BLACK$ 潜在内生交互项的一个合理的工具变量。

在表 10-8 所呈现的 IV 估计分析结果中，我们分别在第一阶段和第二阶段模型中引入了上述交互项。具体来看，在第一阶段模型中，包含了 $DIS\text{-}TANCE$ 的主效应项，以及 $DISTANCE$ 和种族/族裔协变量的交互项作为工具变量。第二阶段模型中，同样加入 $COLLEGE$ 的主效应项以及 $COLLEGE$ 和三个种族/族裔协变量的交互项作为预测变量，这时，$COLLEGE$ 和种族/族裔协变量的交互项成为潜在内生变量。由于第二阶段模型包含了四个潜在内生预测变量，我们需要在第一阶段估计四个回归模型，每一个模型对应一个内生预测变量。因此，你可以看到第一阶段的输出结果包含四个独立部分（见表 10-8），每个部分的因变量对应于第二阶段的一个潜在内生预测变量：$COLLEGE$、$COLLEGE \times BLACK$、$COLLEGE \times HISPANIC$ 和 $COLLEGE \times OTHERRACE$。在每一个部分的回归模型中，均包含了所有的工具变量：$DISTANCE$、$DISTANCE \times BLACK$、$DISTANCE \times HISPANIC$ 和 $DIS\text{-}TANCE \times OTHERRACE$。[1] 需要说明的是，在表 10-8 中，为了节省表格的篇幅，在第一阶段的四个独立回归模型中，我们只列举了在预测相应产出变量时发挥了重要作用的预测变量。由于所有的工具变量以及外生协变量对于 $COLLEGE$ 的预测都发挥着重要作用，因而它们都出现在表 10-8 中；与之形成对比的是，在预测潜在内生变量 $COLLEGE \times BLACK$ 时，仅需要把 $BLACK$ 和工具变量 $DISTANCE \times BLACK$ 加入模型中，正如表 10-8 第一阶段输出结果的第二部分所呈现的那样。即使将全部可能的预测变量——包括所有工具变量的主效应、协变量以及工具变量和协变量的交互项——全部放入第一阶段针对相应潜在内生预测变量所估计的每一个独立模型中，这些不重

250

---

[1]　在 stata 等统计分析软件中，上述过程会被强制执行。

要的预测变量的回归系数估计值很可能取值为 0。[1][2]

表 10-8　HS&B 调查中 9 227 名十年级学生在 1992 年的公民参与行为和在 1984 年的受教
育水平。使用两阶段最小二乘法，两阶段都包含学生种族/族裔作为协变量，第一阶段模
型中包含 DISTANCE 及其与学生种族/族裔的交互项作为工具变量，第二阶段模型中包含
内生预测变量 COLLEGE 及其与学生种族/族裔的交互项，获得 COLLEGE 对 REGISTER
的工具变量估计

(a)第一阶段：			
	参数	估计值	标准误
结果变量＝COLLEGE			
截距项	α_0	0.645 2***	0.010 1
DISTANCE	α_1	−0.007 1***	0.000 7
BLACK	α_2	−0.065 1***	0.022 8
HISPANIC	α_3	−0.127 6***	0.019 4
OTHERRACE	α_4	0.059 0~	0.035 1
DISTANCE×BLACK	α_5	0.000 9	0.002 0
DISTANCE×HISPANIC	α_6	0.001 3	0.001 6
DISTANCE×OTHERRACE	α_7	−0.003 0	0.003 0
R^2	0.022		
结果变量＝COLLEGE×BLACK			
BLACK	α_8	0.580 1***	0.008 1
DISTANCE×BLACK	α_9	−0.006 2***	0.000 7
R^2	0.504		

---

① 通过估计联立方程模型，这个观点很容易被证实。通过联立方程估计的方法，全模型和简略模型都可以
拟合且会提供相同的结果，如果不被需要的预测变量的估计系数值没有提前被设定为 0，那么估计结果
依然是 0。

② 另外一种可以用来估计第二阶段引入内生预测变量与协变量之间交互项的估计是 2SLS，但这时你需要手
动地、分段执行 OLS。具体来看，在第一阶段模型中，首先估计工具变量（DISTANCE）和协变量（三个
种族/族裔变量）对内生变量的回归。通过第一阶段回归，可以得到 COLLEGE 的拟合值，我们将这一新
生成的变量记为 PREDCOLL。接下来，和通常的做法一样，将新变量 PREDCOLL 放入第二阶段模型
中取代 COLLEGE，所不同的是，我们还需要引入模型中 PREDCOLL 和外生协变量的交互项，这些交
互项同样也是外生的。利用这一方法估计得到的结果和正文中表 10-8 的估计结果完全相同，但需要你手动
调整标准误，这会非常枯燥。

续表

	参数	估计值	标准误
结果变量＝COLLEGE×HISPANIC			
HISPANIC	α_{10}	0.517 6 ***	0.008 7
DISTANCE×HISPANIC	α_{11}	−0.005 8 ***	0.000 7
R^2		0.419	
结果变量＝COLLEGE×OTHERRACE			
OTHERRACE	α_{12}	0.704 1 ***	0.007 6
DISTANCE×OTHERRACE	α_{13}	−0.010 1 ***	0.000 6
R^2		0.617	

(b)第二阶段：结果变量＝REGISTER			
	参数	估计值	修正的标准误
截距项	β_0	0.464 0 ***	0.055 3
$\widehat{COLLEGE}$	β_1	0.358 7 ***,†	0.096 5
$BLACK$	β_2	0.278 0 ~	0.162 7
$HISPANIC$	β_3	0.176 5	0.120 8
$OTHERRACE$	β_4	−0.174 2	0.175 6
$\widehat{COLLEGE}×BLACK$	β_5	−0.398 6	0.302 1
$\widehat{COLLEGE}×HISPANIC$	β_6	−0.292 9	0.247 8
$\widehat{COLLEGE}×OTHERRACE$	β_7	−0.463 4	0.284 4
R^2		0.012 5	

注：$\sim p < 0.10$；$^* p < 0.05$；$^{**} p < 0.01$；$^{***} p < 0.001$；"†"表示单尾检验。

　　可以看到，表 10-8 中所呈现的"新的交互项工具变量"在预测第二阶段模型相应的内生交互项时都特别显著。这意味着，$DISTANCE×BLACK$ 这一交互项是潜在内生交互项 $COLLEGE×BLACK$ 的有效预测变量，且第一阶段相应模型中的 R^2 达到 0.504。第一阶段其他几个模型的结果均类似。尽管如此，第二阶段模型的结果几乎和最初模型的估计结果不存在差异。潜在内生变量 COLLEGE 对注册投票行为仍然具有显著影响（$p<0.001$），而它和三个种族/族裔变量交互项的回归系数虽然比较大，但是对结果变量的影响在统计上并不显著。基于此，我们可以拒绝"上大学对注册投票行为的影响在不同种族/族裔群体中存在差异"的假设。这也使得我们的分析再次回到了表 10-7 的模型设计。[1]

（四）在第一阶段或第二阶段的模型中为预测变量与结果变量的关系选择恰当的函数形式

在上文呈现 IV 估计的基本原理时，我们并没有强调统计模型中函数形式的重要性。事实上，以前，我们在第一阶段和第二阶段的模型估计中都使用了简单线性概率模型。这样做不仅是因为教学上更好理解，同时也因为线性概率模型在统计分析中有着非常长的历史。事实上，方法学家认为，在大样本的 IV 中，在第一阶段和第二阶段对二元结果变量建立线性概率模型所得到的估计结果均是一致的，即渐进无偏估计结果（Angrist & Pischke，2009）。我们使用线性概率模型可以确保对 IV 分析的介绍更加直观，在介绍过程中我们更关注概念而非细节。换句话说，我们重点要强调的是，假定你拥有可行的如 DISTANCE 和 NUMBER 等工具变量后，你就可以用它们刻画潜在内生预测变量的外生变异部分，并用于下一阶段的估计中。

当然，既然已经建立起 IV 估计分析方法的基本概念，我们接下来就可以强调一些细节性的问题。显而易见，不管是在第一阶段还是在第二阶段，选择恰当的函数形式描述变量间的关系都是合理的。选择恰当函数形式开展研究和普通 OLS 回归模型的估计过程并不存在差异，唯一的不同之处在于，需要考虑两个阶段的统计模型是先后估计（2SLS）还是同时估计（SEM）。因此，

_251_

---

[1]　注意，在第二阶段模型中，COLLEGE×BLACK、COLLEGE×HISPANIC 和 COLLEGE×OTHER-RACE 的回归系数全部为负，并且各个系数的绝对值几乎等于正向主效应 COLLEGE 的系数。注意上大学对黑人群体注册投票行为的影响效应值等于主效应系数加上交互项系数，这一结果预示着迪伊的研究中得到"上大学增加了投票注册的可能性"的结论可能主要源于白人学生行为。尽管如此，如果要想拒绝上大学对注册投票行为的影响效应在所有种族/族裔中全部相同的零假设，就必须在比 HS&B 更大的样本数据中进行分析。

你必须使用所掌握的基本技能去建立合适的回归模型。例如，正如图基（Tukey，1977）所指出的，充分利用结果变量或者预测变量的变形，或者采取一个合理的多项式函数，或者非线性函数形式，这些模型形式转换都是有意义的。在这里我们不再进一步地讨论细节，而是直接应用一个标准的统计方法作为案例。在我们的例子中，由于第一阶段和第二阶段模型的结果变量（*COLLEGE* 和 *REGISTER*）都是二分变量，在每个阶段中使用 probit 模型进行拟合都是合理的，迪伊（Dee，2004）也是这样做的。在表 10-9 中，我们呈现了在第一阶段和第二阶段使用 probit 模型对迪伊的数据通过联立方程进行 IV 估计的结果。可以看到，在第二阶段模型中，*COLLEGE* 的系数仍然为正（0.779 9），且在统计意义上显著（$p < 0.001$）。通过边际效应分析可以得到，在 *COLLEGE* 的样本均值处，上大学会使学生在成年后注册投票行为的概率提高 16.13 个百分点。[①]

表 10-9　HS&B 调查中 9 227 名十年级学生在 1992 年的公民参与行为和在 1984 年的受教育水平。使用二项 probit 模型，以 *DISTANCE* 和 *NUMBER* 为工具变量，并在两阶段模型中都包含学生种族/族裔作为协变量，获得对 *REGISTER* 的工具变量估计

	参数	估计值	标准误
第一阶段：结果变量＝*COLLEGE*			
截距项	α_0	0.249 4 ***	0.028 3
DISTANCE	α_1	−0.014 4 ***	0.001 6
NUMBER	α_2	0.057 5 ***	0.008 1
BLACK	α_3	−0.145 1 ***	0.040 9
HISPANIC	α_4	−0.296 7 ***	0.034 0
OTHERRACE	α_5	0.083 3	0.062 7

---

① 在第二阶段 probit 拟合模型中，*COLLEGE* 的估计系数必须转换为更有意义的度量尺度，以便于更加简单地进行解释。通常而言，我们需要估计在协变量的均值或某些特定取值上的瞬间斜率（instantaneous slope）。在本例中，在控制其他变量不变时，当 *COLLEGE* 等于样本均值（0.55）时，我们估计得到 *COLLEGE* 对 *REGISTER* 的边际影响为 0.161 3。

续表

	参数	估计值	标准误
第二阶段：结果变量＝REGISTER			
截距项	β_0	0.000 5	0.112 5
COLLEGE	β_1	**0.779 9*** , †**	0.185 5
BLACK	β_2	0.181 0***	0.043 4
HISPANIC	β_3	0.087 6	0.039 6
OTHERRACE	β_4	− 0.295 2***	0.062 0
模型 $\chi^2(df=33)$		312.6***	

注：$\sim p<0.10$；$^*p<0.05$；$^{**}p<0.01$；$^{***}p<0.001$；"†"表示单尾检验。

五、找到工具变量并证明其合理性

在回答一个教育政策问题时使用 IV 估计需要面临的最大挑战在于，寻找工具变量并证明工具变量选择的合理性。[①] 在寻找好的工具变量的过程中，有两类知识尤其重要。第一类知识是与研究问题相关的理论知识。例如，经济学理论假定学生及其父母会在对不同教育项目的成本和收益进行比较后做出是否选择某个教育项目的决策。因此，任何可能影响成本或者收益的变量——如家校通勤距离——都可能会影响教育决策并成为潜在的工具变量。

第二类重要的知识与研究使用数据来源以及背景相关。如果能够更好地了解数据获得时的制度和政策背景，就更容易找到工具变量并且证明其合理性。例如，对于使用"与教育机构接近程度"作为年轻人受教育水平的工具变量的合理性，你只有在理解了政府特定时期建立学校或大学数量及位置选择的原因后才能进行辩护。此外，一些制度知识与工具变量有关，如法律规定的最小入学年龄及最低离校年龄，会使儿童出生时间成为受教育水平的有效工具变量。下面我们将会具体解释上述论断。

[①]　这部分的很多观点来自安格里斯特和克鲁格（Angrist & Krueger，2001）的报告。

在下文中，我们将依次介绍被社会科学家有效地应用来解决教育政策问题的三类工具变量。对于每类工具变量，我们都会基于高质量学术研究中的案例来进行介绍。针对每项研究，我们将介绍该研究要回答的问题、研究样本、结果变量、潜在内生预测变量、工具变量以及研究结果。在此基础上，我们将进一步讨论对每一类工具变量内部效度的威胁，即对"不存在第三条路径"假设存在的挑战，以及第一阶段模型的要求。

（一）教育机构的接近程度

被调查者与相关教育机构的接近程度通常作为工具变量，用于刻画受教育水平的外生变异。正如我们之前提到的，使用这类变量作为工具变量的内在逻辑是，一旦控制其他因素，学生与最近的教育机构之间的通勤距离越短，则上学成本越低，且受更高水平教育的可能性越高。倘若被调查者在教育机构周围的地理位置分布是外生的，那么由距离这一工具变量预测得到的受教育水平的变异通常被认为是外生变异。珍妮特·柯里和恩里科·莫雷蒂（Currie & Moretti, 2003）研究上大学对女性未来养育子女技能的影响时，就为使用距离作为工具变量提供了一个很好的案例。

将被调查者和教育机构之间的空间接近程度作为工具变量，其内部效度面临三个威胁。第一个威胁是，教育机构通常会设置在那些家庭对教育需求较高的社区，这些家庭通常也存在诸如动机等不可观测的特征，这些特征可能使得这些家庭的孩子在未来有高于平均水平的产出——如劳动力市场中的收入水平。第二个威胁是，大学通常会建立在拥有较好医疗服务等公共资源的社区，这些公共资源也会影响到社区居民的产出。第三个威胁是，对教育服务有高需求的家庭（这些家庭通常具有某些潜在的、难以观测的特征，这些特征可能会造成来自这类家庭的孩子未来拥有高出平均水平的产出）往往会选择居住在距离教育机构更近的地方。可以说，上述威胁中的任何一个都可能导致第三条路径的产生，即与教育机构的接近程度会对未来产出带来直接影响，如果的确如此，工具变量则变得无效。

柯里和莫雷蒂（Currie & Moretti, 2003）的研究说明，创造性地使用数据可以使研究者回应以上对工具变量有效性的威胁。他们的研究问题是：女性获得中学后教育能否对其子女健康水平产生因果影响？作者得出的研究结论是肯定的。特别地，他们发现，提高母亲的受教育水平，可以降低女性第一个孩子早产或者低体重的可能性（早产或者低体重都是孩子健康存在问题的度量指标）。同时，他们也发现，随着女性受教育水平的提升，她们不仅会更关注产前保健（对婴儿健康具有正向预测作用的指标），而且更不大可能在孕期抽烟（对婴儿健康具有正向预测作用的指标）。

　　柯里和莫雷蒂的数据来自 1970—1999 年所有在美国出生的儿童的出生证明。出生证明不仅记录了儿童出生时的信息（包括出生时的体重、胎龄等），也记录了母亲在孩子出生时受教育年限、怀孕期间产前护理情况、怀孕期间是否抽烟以及孩子出生时所在县等信息。在柯里和莫雷蒂的第二阶段模型中，第一个孩子出生时母亲的受教育年限被作为内生预测变量。为了确保样本女性在第一个孩子出生时已经完成了正规学校教育，柯里和莫雷蒂把样本限制为第一个孩子出生时年龄介于 24 岁和 45 岁之间的女性。

　　柯里和莫雷蒂知道，使用 OLS 方法很难得到母亲受教育水平对其第一个孩子健康状况影响的无偏因果估计。原因在于，相对于受教育水平较低的母亲，受教育水平较高的母亲可能在很多不可观测变量（如动机）上存在差异，这些差异都可能影响其孩子的健康状况。也就是说，不同受教育水平女性在不可观测变量上的差异可能导致母亲受教育水平与第一个孩子健康状况间关系的假象。因此，柯里和莫雷蒂认为，有必要寻找一个可信的工具变量去刻画母亲受教育水平的外生变异。首先，他们在美国每个县中分别收集、计算了 1940—1996 年每个年度每 1 000 名年龄介于 18 岁和 22 岁之间的居民所拥有四年制大学和两年制大学的数量信息。其次，他们做出了关键假设——样本中所有女性在 17 岁时和她们生养第一个孩子时居住在同一个县。这个假设确保了作者可以将女性 17 岁时家庭所在县拥有两年制和四年制大学的数据与第一个孩子出生时的相关数据整合在一起。最后，他们将与大学接近程度的测量指标作为女性未来受教育水平的工具变量。这是一个强工具变量，因为柯里和莫雷蒂发现：所在县每 1 000 名大学适龄居民所拥有的四年制大学数量每增加 1 所，女性在第一个孩子出生时获得大学学历的可能性会提高 19 个百

255

分点；所在县每 1 000 名大学适龄居民所拥有的两年制大学数量每增加 1 所，女性在第一个孩子出生时获得大学学历的可能性会提高 3.2 个百分点。

正如上文所指出的，柯里和莫雷蒂所选择工具变量的有效性面临三个威胁。第一个威胁是，大学选址更可能在那些对大学教育需求较高的县。第二个威胁是，在拥有更多接近大学便利性的县，通常也拥有更好的健康医疗条件，后者同样会对婴儿出生时的健康产生积极影响。如果上述两种情况成立，那么，接近大学的便利性便会通过第三条路径影响新生儿的健康状况，将该变量作为工具变量的有效性会大打折扣。接下来，作者运用大量分析策略以回应上述两个威胁。其中特别关键的一点是，他们在第一阶段和第二阶段模型中加入所在县和子女出生年份的交互项作为固定效应。通过引入这些固定效应，他们可以控制所在县的可观测和不可观测特征(包括这个县的健康医疗质量)对母亲受教育水平以及婴儿健康水平的影响。也就是说，柯里和莫雷蒂只是针对同一个地区、同一个年份女性受教育水平对其第一个孩子健康状况影响效应进行了估计。

虽然引入一系列所在县和子女出生年份交互项的固定效应可以改善并确保工具变量的有效性，但柯里和莫雷蒂所选择工具变量的有效性仍然存在挑战。作者在文章中指出，随着大学入学需求的增加，某个特定县的大学可获得性在不同的时间点上会存在变化。这种变化将会对柯里和莫雷蒂所选择工具变量的有效性产生威胁，因为特定县大学可获得性的提升可能源于大学需求增加所导致的扩张，特别是拥有更强接受高等教育动机人口的增加，这类人口中存在大量青年女性，她们不仅更可能上大学也更可能生养健康的子女。为了回应上述威胁，柯里和莫雷蒂做了以下分析：相对于女性 17 岁时所在县的大学可获得性能够显著预测她第一个孩子出生时的受教育水平，女性 25 岁时所在县的大学可获得性不能预测她第一个孩子出生时的受教育水平，由此说明不存在所涉及样本县存在上大学需求随时间增加的变化趋势。

使用与教育机构接近程度作为工具变量的有效性所存在的另外一个威胁在于，对教育有着更强需求的家庭更有可能住在学校或大学附近。对于柯里和莫雷蒂所选择的工具变量而言，这类威胁更加明显，原因在于：一方面，该研究通过出生证获得第一个孩子出生时家庭所在县的信息，却不能获得妇女 17 岁时所在县的信息，只是假设两个时期的县相同；另一方面，为了更容易进入大学，一些女性可能会搬到大学可获得性更高的县并在此长期居住。 *257* 如果那些引发女性搬入拥有更加丰富的高等教育资源县的不可观测的个人因素，同样也会引导她们在日常行为中去养育健康孩子（如学习正确的孕期保健知识、孕期不抽烟等），高等教育可获得性就不能成为一个合理的工具变量。也就是说，女性高中时期的搬迁行为可能造成高等教育可获得性与生养子女健康水平之间存在一条直接联系的"第三条路径"。

柯里和莫雷蒂也承认，"内生性迁移"是他们所选择工具变量有效性最主要的威胁。为了评估这种威胁的严重性，他们用全国青年追踪调查（NLSY）数据库中那些在 1996 年及以前已经生养孩子的女性为样本，重新拟合第一阶段的模型。NLSY 数据库最大的优势在于，它提供了女性 14 岁时居住县的信息。这使得柯里和莫雷蒂可以通过拟合第一阶段模型，预测女性在 1996 年时的受教育水平（此时，NLSY 数据库中最年轻的女性是 32 岁）。使用 NLSY 数据库拟合第一阶段模型得到工具变量对女性受教育水平影响效应的估计结果和作者使用最初数据得到的估计结果类似。由此，作者认为，"内生性迁移"并没有对研究效度产生严重威胁。

总之，依靠不同来源的、丰富的数据，柯里和莫雷蒂能够为使用大学接近程度作为女性未来受教育水平工具变量的有效性提供辩护。更为重要的是，他们构建的数据库包含了跨越相当长一段时期、美国一些特定县 24～45 岁女性生育第一个孩子时的信息。

（二）制度规则和个人特征

剥离内生自变量中外生变异部分的第二类工具变量是嵌套在教育系统中的制度规则。安格里斯特和克鲁格（Angrist & Krueger，1991）在研究教育成就对美国男性每周收入的影响时就使用了这种工具变量。他们指出，美国大多数州要求儿童满 6 周岁方可入学。这意味着，在同一个年级，如果以 12 月 *258* 31 日为出生日期节点，年初出生的孩子会比年末出生的孩子大接近 1 岁。同时，由于大多数州关于义务教育的法律规定，儿童必须在过完 16 岁生日后方可离开学校。这使得年初出生的孩子会比年末出生的孩子在 16 岁离开学校时少上一年学（毕业时低一个年级）。根据这种制度安排，安格里斯特和克鲁格做出了一个假设：出生季节，即儿童出生在春季、夏季、秋季还是冬季，可以作为一个有效的工具变量来识别受教育水平中的外生变异。在当前义务教育法规定下，对于任何一个年份出生的儿童群体而言，相对同年份其他季节出生的儿童，冬季出生的儿童在结束义务教育时通常会获得更长年限的教育。由于出生时间是随机的，因此由出生季节所导致的受教育水平的差异是外生的。安格里斯特和克鲁格的分析样本包括 1960 年、1970 年和 1980 年人口普查中完成相关调查问卷的、30～39 岁以及 40～49 岁的男性数据，将出生季节作为工具变量进行了统计分析。

在安格里斯特和克鲁格的研究中，第一阶段模型的因变量是男性在完成普查时的受教育年限。正如你所知道的，第一阶段的自变量分为两类：①外生协变量，这些协变量同样也会在第二阶段模型中作为协变量被放入，具体包括描述出生年份的 9 个虚拟变量，以及描述居住地的 8 个虚拟变量。②工具变量，具体包括识别出生时所在季节的 3 个虚拟变量，以及出生季节虚拟变量和出生年份虚拟变量的交互项。[①] 安格里斯特和克鲁格根据第一阶段回归模型指出，在 30 岁时出生于春季的男性会比出生在冬季的男性平均少接受 1/10 年的学校教育，从而证明了出生季节能够预测受教育年限外生变异的假设。进一步，在第二阶段模型中，安格里斯特和克鲁格利用第一阶段模型拟合得到的受教育水平的外生变异来预测成年男性在劳动力市场上的平均周工资。结果发现，受教育年限每增加一年，相应的周平均工资可增加 10%。当然，作者非常谨慎地指出，他们获得的是局部平均处理效应（local average treatment effect），即研究结论只适用于那些达到法定离校年龄后便不想再继续接受教育的男性。

安格里斯特和克鲁格所选择的工具变量同样存在两个问题。第一个问题是，不同季节出生的男性本身就可能存在不可观测的能力差异。如果确实如

[①] 为了证明估计结果的稳健性，安格里斯特和克鲁格使用了一系列不同的模型设计来估计第一阶段和第二阶段的模型。

此，可能存在第三条路径将出生季节与未来劳动力市场收入相连接，并使得工具变量无效。针对这个问题，作者进行了回应。作者认为，由于个体决定是否接受高等教育不会受到义务教育法限制，因而出生季节在理论上不能影响那些拥有大学学历的男性的教育完成年限。那么，对于大学毕业生而言，如果工具变量是有效的，出生季节则不能通过受教育水平或者其他路径影响其在劳动力市场中的收入水平；反之，如果出生季节能够影响这类男性在劳动力市场上的收入，则说明存在第三条路径将出生季节与收入联系起来，同时证明工具变量是无效的。

遵循上述逻辑，安格里斯特和克鲁格将样本限定在1980年人口普查数据中40～49岁大学毕业的男性，以检验是否存在第三条路径。为此，他们构建了一个简单的OLS回归模型，将收入的对数作为因变量，将第一阶段模型中的所有协变量和工具变量作为预测变量。学术史将上述模型称为简约模型(reduced-form model)，即通过将第一阶段模型代入第二阶段模型获得。[1] 简约模型的统计结果显示，表示出生季节的三个虚拟变量的回归系数全部取值为0，说明不能拒绝零假设——出生季节对大学毕业生的收入不存在显著影响。进一步，他们又将样本限定在1970年人口普查数据中40～49岁大学毕业的男性中估计简约模型，也得到了相同的结果。由此，安格里斯特和克鲁格得出结论：出生季节对大学毕业生每周收入不存在直接影响。通过类推，他们认为该结论同样适用于受教育水平较低的男性，即出生季节对成年男性周收入不存在直接影响(第三条路径)。上述论证逻辑是安格里斯特和克鲁格将出生季节作为工具变量[2]的核心依据。

安格里斯特和克鲁格所选择的工具变量存在的第二个问题是，出生季节只能解释受教育年限中的很小一部分外生变异，因此可能存在弱工具变量的

260

---

[1] 回顾一下，内生预测变量作为预测变量出现在第二阶段模型中，同时又作为结果变量出现在第一阶段模型中。因此，你可以把第一阶段模型等号右边的方程放入第二阶段模型中，以替换内生预测变量，通过上述简单的代数转化就可以得到简约模型——以最终结果变量为因变量、以工具变量和协变量为自变量的OLS回归模型。

[2] 在安格里斯特和克鲁格(Angrist & Krueger, 1991)的论文发表后，几项研究发现了出生季节可以通过除义务教育法之外的其他机制影响到成年人生活产出，具体参见：Bound and Jaeger (2000)，Buckles and Hungerman (2008)等文献。

问题。正如前面提到的，弱工具变量使得第二阶段的估计结果会对数据中少数的异常值非常敏感。也就是说，如果存在弱工具变量问题，估计结果会存在较大偏误，即使样本量足够大（Bound，Jaeger，& Baker，1995；Murray，2006）。

安格里斯特和克鲁格针对可能存在的弱工具变量威胁也进行了回应。他们提出了一个零假设，即在第一阶段模型中三个出生季节虚拟变量的回归系数均为0（以男性受教育年限为因变量）。正如他们在1991年所发表论文的表1中所呈现的结果，利用30～39岁男性样本数据拟合第一阶段模型，拒绝零假设（$F=24.9$；$p<0.000\,1$）；利用40～49岁男性样本数据拟合第一阶段模型，同样拒绝零假设（$F=18.6$；$p<0.000\,1$）。上述所有样本均来自1980年人口普查。安格里斯特和克鲁格把上述检验结果作为其研究并不存在弱工具变量[①]威胁的依据。

（三）群体趋势的偏离

261

一些学者在教育政策研究中使用了第三类工具变量——群体趋势的偏离程度。如卡罗琳·霍克斯比（Caroline Hoxby，2000）在康涅狄格州学校样本中使用这类工具变量以估计班级规模对学生成绩的因果影响效应。霍克斯比收集了1974—1997年康涅狄格州所有小学每个年级的入学人数、班级规模等信息。同时，她还收集了1992—1997年该州各学校的年级平均成绩，以及1986—1997年各学区的年级平均成绩。霍克斯比认为用单个时间点上的数据来估计班级规模变化对学生成绩的因果影响是不合适的。原因在于，班级规模会同时受到家长择校决策和学校管理者分班政策的影响，因此，在不同规模的班级之间，学生自身可能存在一些不可观测的、会同时影响学业成绩和班级规模的特征，即研究可能出现内生性问题。

尽管如此，霍克斯比认为，24年间每所学校中每个年级入学人数的面板数据，为班级规模变量内生性问题的解决提供了可行性。她指出，对于任何

---

① 邦德、耶格和贝克（Bound，Jaeger，& Baker，1995）认为安格里斯特和克鲁格对工具变量的证明是不恰当的，有以下两个原因：第一，安格里斯特和克鲁格没有给出对弱工具变量威胁的证明，第一阶段模型的 R^2 非常低。第二，邦德和他的同事质疑出生季节工具变量是否满足不存在第三条路径的假定。

一所学校，不管在哪个年级，班级规模主要取决于两个因素：第一个因素是长期的、潜在内生的学校入学人数变化趋势；第二个因素是儿童出生年份的特质性，这会造成一些学校或年级的入学人数随机地大于或小于基于长期平稳趋势预测得到的入学人数。霍克斯比认为，第二个因素所导致的群体趋势的偏离程度可以作为班级规模的工具变量，用来刻画某所学校、某个年级班级规模中的外生性变异。

基于以上推理，霍克斯比分三步进行了估计。第一步，她在每所学校构建了一个四阶多项式函数来预测各个年份各年级入学人数的对数。这些模型分别反映了每所学校各年级年度入学人数的长期平稳变化趋势。第二步，她计算了每个模型的拟合残差值，并认为这些残差代表了学校入学人数（对数）变化中的外生变异。第三步，她使用拟合得到的残差作为 2SLS 估计第一阶段模型中班级规模对数的工具变量，并执行工具变量估计。在第二阶段模型中，因变量是各个年份中每所学校学生的平均成绩。尽管霍克斯比发现在第一阶段模型中，残差可以较好地对班级规模的对数值进行预测[①]，但在第二阶段模型中，由残差项所刻画的班级规模中外生变异部分对学生学业成绩不存在显著影响。基于此，霍克斯比得出结论：在她所使用的数据中，班级规模与学生学业成绩之间不存在因果关系。她认为，出现上述结论的原因可能在于，班级规模在年级之间变化的特异性不会导致教师教学方式的转变，而教师教学方式是影响学生学业成绩的关键因素。

针对霍克斯比所选择工具变量的有效性，存在的最主要质疑在于：偏离潜在平稳入学趋势的残差值，可能并不简单地取决于不同出生时间点的特质性，而可能源自家庭有目的的选择行为，如果的确如此，则可能存在直接连接工具变量和学生最后成绩的"第三条路径"。例如，一些非常重视孩子发展且信息灵通的父母在得知孩子可能进入大班后，会选择将孩子转学到同一学区的其他学校，或者搬家到其他学区，或者让孩子进入私立学校。与此同时，这类父母也更有可能在家庭中投入大量时间和资源来帮助孩子提高成绩，进

262

---

① 见霍克斯比（Hoxby，2000）文中第 1270 页的表 3，工具变量在第一阶段模型中 t 统计量取值介于 4～80，随着年级和模型设置的不同而变化。

而导致"第三条路径"的形成并将"入学偏差"与学生学业成绩直接联系在一起。

针对上述质疑，霍克斯比从四个方面进行了回应：①在四阶多项式入学人数的预测模型中，时间自变量系数几乎可以解释全部的时间平滑趋势，即使是非常微弱的变化趋势。由此，拟合曲线所得到的残差（即文中的工具变量）在很大程度上源于特殊事件。②她认为，即使残差包含了一些家庭有目的的择校行为，但这种择校行为更有可能发生在同一学区内的公立学校之间。为此，霍克斯比在文中重新利用学区层面的数据对第一阶段模型和第二阶段模型进行了估计，研究结果与学校层面的结果是一致的。③霍克斯比以每个学区达到小学入学年龄 5 岁的儿童数量为结果变量构建时间趋势四阶平滑模型（注意，之前使用的是每所学校各个年级入学人数为结果变量），以新模型得到的残差作为其后估计的工具变量。使用新工具变量进行估计再次发现，班级规模对学生学业产出不存在显著因果影响。这种敏感性分析的潜在逻辑假设在于，可以消除父母择校行为（如在孩子 5 岁后搬到另外的学区或者选择私立学校等）所带来的估计偏误。用新的残差项作为工具变量再次产生相同的结果——班级规模对学生学业成绩没有因果影响。④在康涅狄格州的样本中，霍克斯比使用了一种完全独立于"残差作为工具变量"的估计策略重新开展估计。这种策略类似于安格里斯特和拉维设计的迈蒙尼德规则（在第九章中我们进行了详细的描述）。霍克斯比发现利用新策略得到班级规模对学生学业成绩影响的估计结果与之前的估计结果几乎完全相同。霍克斯比认为，基于上述四个方面的检验，她所选择的工具变量是合理的。

（四）研究展望

在评价教育政策对学生学业成绩影响的因果效应估计中，本部分所介绍的三类工具变量被广泛使用。原因之一在于，它们相对容易理解，并且随着被广泛地使用，其合理性被大量实证研究证实。原因之二在于，一些杰出的研究者能够提供一系列可信的证据来支持相应工具变量在特定情境下的有效性。事实上，论证工具变量的有效性通常是使用 IV 估计方法所面临的最主要问题。也正因为如此，每篇文章的作者都会用大量的篇幅来论证自己所选取工具变量的适切性。

需要强调的是，上文介绍的三种工具变量只是现有文献所涉及大量工具变量中的一部分。事实上，创新性的研究者在持续发现并提出新的可能的工具变量，其中的一些引起了广泛关注当然也备受质疑，也有很多工具变量没有得到人们的关注。因此，我们仍然需要不断去寻找新的适切的工具变量。

在本章的讨论中，我们故意忽略了两种类型的工具变量，尽管这两种工具在很多重要的教育政策研究中对因果效应具有非常好的解释力度。这两种工具变量是原始配置状态（即干预组或控制组的设置），不管是在随机实验还是自然实验条件中。由于在两种实验状况下，被调查者都可能会拒绝原始分配状况（如从干预组变为控制组，或者相反），这就会造成干预本身存在内生性。尽管如此，原始配置状态是随机的，它能够识别出干预组和控制组设置中的外生变异。这是一个非常棒的想法，因为很容易证实所选择的工具变量能满足"不存在第三条路径"的假设，而不像其他 IV 估计需要为可信度找证据。对此，我们会在下面的章节中进行详细介绍。

六、拓展阅读材料

有关工具变量估计的文献很多，并且在持续增长。安格里斯特和克鲁格在 2001 年发表的文章《工具变量和寻找识别：从供需到自然实验》（"Instrumental Variables and the Search for Identification：From Supply and Demand to Natural Experiments"）中，两位作者对 IV 估计从最早应用于农业研究到之后被广泛应用于自然实验研究的发展历史进行了简要说明。此后，在安格里斯特和皮施克 2009 年所著的《基本无害的经济计量学》（*Mostly Harmless Econometrics*）第四章中，以及摩根和温希普 2007 年所著的《反事实因果推断》（*Counterfactuals and Causal Inference*）第七章中，都对 IV 估计方法的缺陷和应用注意事项进行了非常详细的介绍。

第十一章

用工具变量估计(IVE)
揭示准实验的干预效应

　　许多发展中国家面临的一个重要教育政策问题是：如何有效地提高儿童的受教育水平？传统的策略是，建立更多的公立学校并为之配备教职人员，这些公立学校要么不收费要么仅收取远低于私立学校的费用。然而，公立学校通常招收低收入家庭的学生，许多人对这些学校的成本和低质量表示了担忧。为此，一些国家开始尝试其他方案——通过为家庭提供经济资助帮其送孩子进入私立学校，如哥伦比亚就一直在推行类似的政策。

　　1991 年，哥伦比亚政府推出了一个名为 PACES 的项目，为生活在低收入社区的学生提供奖学金，帮助他们支付私立中学的教育费用。[①] 该项目于 1999 年结束，其目标是提高来自低收入家庭学生的受教育水平和技能水平。我们获得了该项目在 1998 年实施期间的数据，并以此为例对本章内容进行介绍。在 1998 年，奖学金的额度约每年 200 美元，占项目所涉及参与私立学校年均总学费的 60％左右。在哥伦比亚，大约有一半的私立中学接受政府提供的奖学金，而那些不接受奖学金的学校往往会收取高额学费并且以招收高收入家庭学生为主。哥伦比亚的中学从六年级开始，到十一年级结束。在整个中学阶段，PACES 奖学金的获得者在每个学年结束时可以继续申请奖学金，条件是他们在每一年都能获得足以升到下一年级的学习进步。

　　PACES 由地方政府管理，其总成本中的 20％由地方政府承担，其余 80％由中央政府负担。在包括首都波哥大在内的许多地区，中学奖学金项目

[①]　PACES 是 Programa de Ampliación de Cobertura de la Educación Secundaria 的缩写，意为"加大中等教育覆盖面的项目"(Program to Increase Coverage of Secondary Education)。

处于供不应求的状态，为此，地方政府必须使用抽签的方式来确定有资格获得奖学金的学生的名单。例如，在波哥大，参与政府奖学金抽签的基本资格是：孩子必须住在指定的低收入社区，小学在公立学校就读，且已被参与PACES的私立中学所接受。

乔舒亚·安格里斯特、埃里克·贝廷格(Eric Bettinger)、埃里克·布卢姆(Erik Bloom)、伊丽莎白·金(Elizabeth King)和迈克尔·克蕾默在2002年担任了哥伦比亚中学教育券项目的评估员，他们一开始就提出了以下问题：提供一笔PACES奖学金能否提高学生的受教育水平？对此，评估人员假设了可能会导致学生受教育水平提高的三个机制：第一，如果没有奖学金，一些想送孩子上私立中学的低收入家庭会因负担不起私立学校的学费(至少在很长的一段时间内)而放弃；第二，对于那些在任何情况下都会把孩子送到私立中学的家长，获得奖学金可以帮助他们选择更好(更昂贵)的私立学校；第三，奖学金的再申请条件会促使一些学生将更多的注意力放在学习(而非其他事情)上。[①]

细心的读者从第四章中已经知道如何利用公平的抽签信息来开展PACES提供奖学金所产生影响的研究。这种彩票抽签方式可以创造两类外生分配的群体：①获得奖学金的干预组学生；②未获得奖学金的控制组学生。基于1995年波哥大抽签的学生样本，研究人员使用标准的OLS回归发现：政府提供奖学金使得低收入家庭学生进入中学后在3年内完成八年级学业的概率提高了11个百分点。[②] 对于教育政策制定者来说，获得因果效应的无偏估计非常重要，因为他们需要判断这项奖学金计划是否很好地利用了稀缺的公共资源。

267

---

① 安格里斯特等人(Angrist et al.，2002)在论文中阐释了如何使用项目效应背后的这些机制假设来开展经验研究。

② 安格里斯特等人(Angrist et al.，2002)在论文中报告的估计值随统计模型中纳入的协变量而变，从9个百分点到11个百分点不等。我们这里报告的数值来自这样一个OLS回归模型的拟合结果：因变量是表示学生在1998年前是否完成了八年级学业的二分变量，唯一的自变量也是一个二分变量，当学生在1995年抽签中被提供了政府奖学金时取值为1。

一、"准实验"的概念

安格里斯特和他的同事们还想回答第二个研究问题：真正使用经济资助来支付中学学费，是否提高了低收入学生的受教育水平？它与第一个问题不同，原因有二：其一，并非所有被抽中并获得政府奖学金的低收入家庭最终会使用奖学金；其二，一些在抽签中失利的家庭成功地通过其他渠道获得了经济资助。因而就第二个问题开展研究，我们面临如何进行无偏估计的挑战。

非常重要的一点是，要记住安格里斯特等人的第二个研究问题是获得并使用经济资助对学生受教育水平的影响，而不是上私立学校对学生受教育水平的影响。理解上述区别很关键，因为几乎所有参加 PACES 抽签的学生都会在六年级时被私立中学录取，不论他们是否获得政府奖学金。这一点也不令人惊讶：一方面，经过抽签获得 PACES 所提供奖学金的学生肯定会被一所参与 PACES 的私立中学录取；另一方面，如前所述，对于在抽签中落选的家庭，他们或者通过其他来源获得资助以帮助孩子支付私立学校的学费，或者自己直接支付私立学校的费用，进入了私立中学。尽管如此，对于那些来自没有获得资助的家庭的孩子，有许多在随后的几年里可能因为难以支付私立学校的费用而不得不离开私立学校。

268   安格里斯特等人面临的挑战是，在经济资助的获得是随机分配，但是否使用资助不是随机分配的情况下，找到一种方法来评价使用经济资助对学生未来受教育水平因果影响效应的渐进无偏估计。针对前文提到的第二个研究问题，我们接下来调整了利用哥伦比亚 PACES 奖学金开展研究的评估目标。也就是说，我们不再将波哥大的 PACES 奖学金视为评价政府提供奖学金对学生受教育水平因果影响的随机实验，而是将其视为一项评估使用任何来源渠道奖学金资助对学生受教育水平因果影响的一项"有瑕疵的"（即非随机的）实验。换句话说，在接下来的介绍中，我们感兴趣的干预变量是：使用来自任何渠道的奖学金资助。从这个角度来看，将参与者分配到干预条件——参与者被分配到使用经济资助的干预组或不使用经济资助的控制组——受到了自

选择的污染。借用第三章中的术语，我们将评价哥伦比亚 PACES 的影响视为分析使用财政资助对学生受教育水平影响的准实验（quasi-experiment），而不将其视为分析提供 PACES 奖学金所产生影响的随机实验。

正如我们在第三章中解释的那样，就在不久以前，研究人员试图通过将大量的协变量纳入 OLS 回归分析中以消除准实验数据分析的潜在偏误，以期"控制"因样本选择进入干预组或控制组而产生的偏误。然而，这一策略不太可能成功，因为那些使用了经济援助的家庭的学生可能与那些没有使用的家庭的学生在许多不可观测特征上存在差异。例如，使用经济援助的父母可能对教育更为重视，而不管是否获得了政府提供的奖学金。这样的家庭价值观念可能会使家庭对孩子的教育提供更多的支持，最终提高其受教育水平，不论使用奖学金产生的影响如何，都是如此。这样一来，只有当所有有关家庭观念等因素都可以得到完全控制时，对准实验数据进行简单的 OLS 分析才能将学生受教育水平的差异归因于经济资助的政策效果。但事实上，那些获得并使用奖学金的家庭与那些没有使用奖学金的家庭之间存在许多不可观测的差异，即使在 OLS 回归中包含了大量的控制变量也不太可能获得一个无偏估计。

二、使用工具变量估计准实验干预的因果效应

我们在前一章指出，工具变量估计是分析准实验数据的一种有力方法。269在本章所涉及的案例中，IV 估计的过程很简单：将外生变量"获得 PACES 奖学金"作为潜在内生自变量"使用经济资助"的工具变量，并应用 IV 估计方法来估计内生自变量对最终结果变量"受教育水平"的渐进无偏估计。这里的逻辑也很清晰。第一，利用抽签程序决定的政府奖学金分配方案显然是随机且外生的。毫无疑问，获得 PACES 奖学金对部分家庭使用政府资助为孩子上私立中学支付学费的决策产生了影响。事实上，我们可以从数据本身来进一步明确这种关系。在被抽中的学生中，有 92% 的家庭使用经济资助并支付私立中学学费，而在未被抽中的学生中，只有 24% 的家庭支付私立中学学费。因

此，该工具变量和潜在内生预测变量显然是相关的，满足 IV 估计必需的"第一条路径"。第二，随机收到一笔 PACES 奖学金，可能只会通过影响家庭使用该项资助为孩子支付私立学校学费的可能性进而影响到孩子最终受教育水平。因此，这里不存在"第三条路径"，即随机获得一笔奖学金不会通过其他路径对学生受教育水平产生直接影响，这也是可靠 IV 估计必不可少的。

在接下来的内容中，我们将使用安格里斯特等人在研究 PACES 时所用数据中的一部分来介绍新的分析策略。这些数据来自首都波哥大的低收入学生，他们在 1995 年时读五年级。对于结果变量，我们选择了二分变量 *FINISH8TH* 来测量受教育水平，对于在 1998 年前读完八年级的学生而言，该变量取值为 1，否则取值为 0。这个指标的描述性统计结果见表 11-1。需要注意的是，在我们的样本中，70％的孩子能按时读完八年级。在表中，我们还展示了另外两个重要变量的描述性统计结果。第一个是二分变量 *USE_FIN_AID*，即孩子家长在 1995－1998 年的任何时间是否使用任何来源的经济资助来支付私立中学的学费，如果使用，则取值为 1，否则取值为 0。在评估使用经济资助对受教育水平影响的准实验分析中，我们将 *USE_FIN_AID* 视为潜在的内生预测变量。

270

表 11-1 参加哥伦比亚波哥大 1995 年政府资助私立学校学费奖学金抽签的学生样本在结果变量、预测变量、工具变量和协变量上的样本均值(及相对应的标准差)，分别呈现了总体情况和按是否收到经济资助划分的学生子样本情况

变量	样本均值 ($n=1\,171$)	样本均值		p 值 (检验总体均值相等)
		WON_LOTTERY $=1$ ($n=592$)	*WON_LOTTERY* $=0$ ($n=571$)	
结果变量：				
FINISH8TH	0.681	0.736	0.625	0.000
内生预测变量：				
USE_FIN_AID	0.582	0.915	0.240	0.000
工具变量：				
WON_LOTTERY	0.506	—	—	—

续表

变量	样本均值 (n=1 171)	样本均值		p 值 (检验总体 均值相等)
		WON_LOTTERY =1 (n=592)	WON_LOTTERY =0 (n=571)	
协变量:				
BASE_AGE	12.00 (1.35)	11.97 (1.35)	12.04 (1.34)	0.42
MALE	0.505	0.505	0.504	0.98

注意，样本中大约有 58% 的学生在研究的三年期间至少有一年使用了经济资助。第二个变量也是二分类的，我们把它命名为 WON_LOTTERY，即学生是否被抽中并获得 PACES 奖学金。在我们对 PACES 奖学金进行评估所使用新的准实验概念中，政府随机提供 PACES 奖学金仅仅反映了被调查者使用经济资助的意向(intent)，它因随机化过程而外生。因此，对于被抽中而获得奖学金的学生而言，WON_LOTTERY 取值为 1，对于没被抽中的学生，WON_LOTTERY 取值为 0。在我们的样本中，大约 51% 的参与者通过随机分配获得了政府奖学金。最后，在表 11-1 中，我们同样展示了其他两个基线测试变量的描述性统计：①BASE_AGE，是指参与抽签时学生的年龄(以年为单位)；②MALE，这是一个二分变量，男生取值为 1，女生取值为 0。在使用前一章介绍的工具变量分析来改善估计的准确性时，我们将 BASE_AGE 和 MALE 作为控制变量。

在表 11-1 的其他列中，我们提供了获得 PACES 奖学金的子样本学生(WON_LOTTERY=1)和没有获得 PACES 奖学金的子样本学生(WON_LOTTERY=0)在结果变量 FINISH8TH、内生预测变量 USE_FIN_AID 以及控制变量 BASE_AGE 和 MALE 上的描述性统计结果。在最后一列中，我们呈现执行 t 检验得到的 p 值，其零假设是：获得 PACES 奖学金的学生和没有获得该奖学金的学生在各个变量上的总体均值没有差异。注意这两个组之间非常有趣的相似点和不同点，它们最终帮助我们成功地开展工具变量估

271

计。例如，平均而言，两组学生在基线时的抽签年龄以及男生比例相同，因为这两个组是随机分配奖学金而形成的。然而，三年以后，获得 PACES 奖学金群体中完成八年级学习的比例比那些没有获得奖学金的群体高出 11 个百分点。注意，在内生预测变量 USE_FIN_AID 上，两组也存在显著差异。前面已经提到，获得奖学金群体中有将近 92% 的学生使用经济资助支付私立中学的学费，而未获得奖学金的群体中只有 24%。这证实了我们的猜想，即工具变量 $WON\_LOTTERY$ 和潜在的内生预测变量 USE_FIN_AID 之间强相关。因此，我们满足了可靠的工具变量所应具备的第一个条件。

在我们研究使用经济资助对学生受教育水平影响的新准实验框架下，预测变量 USE_FIN_AID 的变异可能是内生的。显然，选择是否使用经济资助（不管任何来源）不仅取决于 PACES 的抽签结果，也取决于许多看不见的家庭资源、需求和目标，这些都可能影响到孩子未来受教育水平。因此，如果使用 OLS 回归来研究结果变量 $FINISH8TH$ 和预测变量 USE_FIN_AID 的关系（即使控制了 $BASE\_AGE$ 和 $MALE$），我们无疑会得出一个有偏的因果效应估计结果。相反，我们将意向干预（intent to treat）的外生分配（用 $WON\_LOTTERY$ 表示）作为工具变量，使用两阶段最小二乘（2SLS）法获得了对这一关系的 IV 估计。根据前一章建立的模式，使用通常的记号和假设，第一、第二阶段的统计模型如下：

第一阶段：$USE\_FIN\_AID_i = \alpha_0 + \alpha_1 WON\_LOTTERY_i +$
$$\alpha_2 BASE\_AGE_i + \alpha_3 MALE_i + \delta_i$$

第二阶段：$FINISH8TH_i = \beta_0 + \beta_1 \widehat{USE\_FIN\_AID}_i +$
$$\beta_2 BASE\_AGE_i + \beta_3 MALE_i + \varepsilon_i \qquad (11.1)$$

在 2SLS 框架下，第一阶段方程估计得到潜在内生预测变量 USE_FIN_AID 的预测值，随后适当修正标准误后将其代入第二阶段方程。[1] 我们也同样遵循前文的建议，将控制变量 $BASE\_AGE$ 和 $MALE$ 同时纳入第一和第二阶

272

---

[1] 我们在第十章提到，使用联立方程模型（SEM）方法进行 IVE 分析时，需要对模型设定进行微调：在第二阶段模型中仍保留 USE_FIN_AID 作为解释变量，但是允许第一和第二阶段的残差（即 δ 和 ε）共变。

段模型。再次出于教学的简洁性考虑，我们在第一和第二阶段模型中又一次采用了简单线性模型设定。

在表 11-2 中，我们呈现了第一和第二阶段的估计值、修正后的标准误、模型系数的 p 值。此外，在表的下半部分右边两列中，我们还呈现了控制 $BASE\_AGE$ 和 $MALE$ 之后，使用 OLS 回归分析内生预测变量 USE_FIN_AID 对因变量 $FINISH8TH$ 的结果，以此作为对比。[①] 表格中的大部分内容证实了我们在分析表 11-1[②] 中通过描述性统计所做的猜想。

[①] 在我们这个准实验的案例中，内生预测变量和工具变量都是二分变量。在这种情况下，我们最初的矩方法(method-of-moments)IV 估计值就简化为一个在概念上很有趣的形式。在不考虑控制变量的影响时，方程 10.10 说明：因变量 Y 对内生预测变量 X 进行回归的总体斜率是它们和工具变量 I 的协方差之比：

$$\beta_{YX} = \frac{\sigma_{YI}}{\sigma_{XI}}$$

因为工具变量 I 是一个二分变量(取值为 1 和 0)，因此这个协方差之比就简化为一个均值差(differences in means)之比(以 I 为条件)：

$$\beta_{YX} = \frac{\mu_{Y|I=1} - \mu_{Y|I=0}}{\mu_{X|I=1} - \mu_{X|I=0}}$$

由于内生预测变量 X 是一个二分变量，其平均值就是比例(proportions)，因此分母部分可以进一步简化为：

$$\beta_{YX} = \frac{\mu_{Y|I=1} - \mu_{Y|I=0}}{p(X=1|I=1) - p(X=1|I=0)}$$

该结果有一个很有趣的解释。首先，分子代表由工具变量取值为 1 和 0 决定的两组子样本在因变量上的差异。比如，在哥伦比亚教育券的案例中，它指的就是获得奖学金资助的子样本和没有获得资助的子样本在因变量上的差异。这是实验的意向干预(ITT)效应。其次，分母部分是 $I=1$ 和 $I=0$ 两组子样本在参与者比例(proportions of participants)(这些参与者的内生自变量取值为 1)上的差异。在哥伦比亚教育券的案例中，它指的是获得资助群体与未获资助群体在使用了(任何渠道的)资助的学生比例上的差异。将这些解释结合起来，我们认为：基于最初随机分配的获得资助组和未获资助组在使用经济资助的样本学生比例上的差异，我们可以通过重新调整 ITT 估计值来获得使用经济资助对受教育水平影响的一个渐进无偏估计[这也称为瓦尔德估计量(Wald estimator)，因著名统计学家亚伯拉罕·瓦尔德而得名]。当其他的外生控制变量加入模型时，这个结论仍然成立，但也有一种例外：新控制变量的影响与上面被除的条件均值相分离(except that the effects of the new covariates must be partialed from the conditional averages being divided above)。在 2SLS 过程的第一和第二阶段加入其他控制变量可自动实现调节。

[②] 原文为"表 11-2"，疑为笔误。——译者注

表 11-2　使用经济资助对波哥大低收入家庭学生按时从八年级毕业影响的工具变量(2SLS)估计和 OLS 估计(控制了学生性别和基线年龄后)

第一阶段：结果变量＝USE_FIN_AID		
	参数估计值	标准误
截距项	0.433***	0.095
工具变量：		
WON_LOTTERY	**0.675*****	0.021
协变量：		
BASE_AGE	−0.015~	0.008
MALE	−0.020	0.021
R^2	0.471	

第二阶段：结果变量＝FINISH8TH				
	IV 估计		OLS 估计	
	参数估计值	标准误	参数估计值	标准误
截距项	1.378***	0.123	1.410**	0.121
内生解释变量：				
$\widehat{USE\_FIN\_AID}$	**0.159***,†**	0.039	0.121***	0.027
协变量：				
BASE_AGE	−0.062***	0.010	−0.063***,†	0.010
MALE	−0.085**	0.027	−0.085**	0.026
R^2	0.062		0.064	

注：~$p<0.10$；*$p<0.05$；**$p<0.01$；***$p<0.001$；"†"表示单尾检验。

　　根据表 11-2 上半部分第一阶段的估计结果，我们可以检验将工具变量 WON_LOTTERY 与潜在内生自变量 USE_FIN_AID 联系起来的至关重要的第一条路径。它们之间的关系非常紧密且在统计上显著($p<0.001$)，相比没有获得 PACES 奖学金的学生，获得 PACES 奖学金的学生使用经济资助的概率高出约 68 个百分点。因此，WON_LOTTERY 被证实为一个强工具变量。[①] 也要注意到，控制变量 BASE_AGE 与因变量负相关($p<0.10$)，表明抽签时年龄较大的儿童相比年龄较小的儿童更不太可能使用经济资助。

---

① 在第一阶段方程中，工具变量 WON_LOTTERY 的 F 统计量数值很大(1 033)。

在第二阶段(表的下半部分),我们可以检验第二条路径,即潜在内生预测变量 *USE_FIN_AID* 和儿童未来受教育水平间的关系。有偏的 OLS 估计分析的结果显示,相比于没有使用经济资助的学生,使用经济资助的学生在 1998 年前中学毕业的概率要高出 12 个百分点。与之相比,工具变量的估计结果约为 0.16,比 OLS 估计结果高了近三分之一。值得注意的是,*BASE_AGE* 和 *MALE* 这两个控制变量在第二阶段发挥了重要作用,它们显著降低了残差方差并提高了统计功效。

三、在准实验数据条件下进一步洞察工具变量[①]估计(LATE)

在上一章的韦恩图中,我们指出,尽管 IVE 确实为解释变量对结果变量的影响提供了渐进无偏估计,这也仅仅发生在工具变量与预测变量"重叠"(即存在共变)的情况下。因此,IV 估计只利用了预测变量的变异中"落入"或"敏感于"工具变量变动的那部分变异。有鉴于此,我们认为 IV 估计法获得的干预效应估计应该被视为对局部平均干预效应(local average treatment effect,LATE)的估计。从图像上来理解这一点并不难,我们可以想象一下,该比值等于在两个椭圆(分别表示自变量 *X* 和因变量 *Y* 的方差的椭圆)重叠区域内,工具变量分别和自变量与因变量的协方差之比。然而,在现实世界中,理解上述表述就稍显困难了。其具体含义是指,IV 估计结果只是在这样一个小邻域内是可信的——在该小邻域中,参与者在预测变量上的取值与其在工具变量上的取值很敏感,或者说两者存在共同变化。本章关注这样一个经验情境,其中我们使用随机分配的意向干预来作为潜在内生实际干预的工具变量,它让我们对 LATE 估计的现实解读有了新的认识。

与上文描述的准实验类似,在另一个准实验中,当研究者把最初随机分配的意向干预公布给总体中的成员时,他们可能有这样几种反应:一些家庭会服从研究者的意图,选择待在指定的干预组或者控制组中;而其他家庭可

275

[①]　原文 IV 为"IVE",其中 E 与后面的"估计"(Estimation)重复,故疑为笔误。——译者注

能会各行其是，坚持选择他们偏好的实验条件，而不管抽签的结果是将他们分配到了哪一种群组中。在这一点上，对各类成员可能的反应给出准确定义、贴上标签并加以澄清，对理解是有益的。安格里斯特、因本斯和鲁宾（Angrist，Imbens，& Rubin，1996）为我们提供了一个细致的框架，以考虑实验状况下参与者可能表现出的服从类型（compliance styles）。① 图 11-1 展示了样本成员可能做出的反应集合。注意，在建立并讨论这个框架时，我们已经说明：在从总体中进行实际的随机抽样之前，满足资格的总体成员既可以被分配为潜在的"PACES 奖学金"获得者，又可以被分配为潜在的"无 PACES 奖学金"学生。这样做的原因是，我们接下来讨论总体而不是样本。②

276

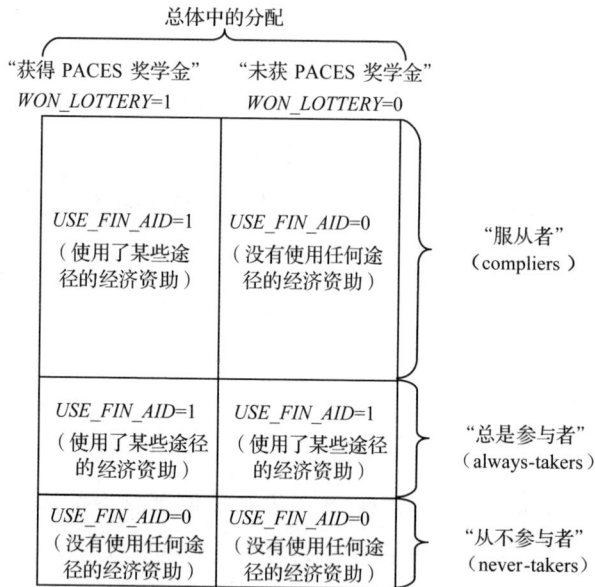

图 11-1 按是否获得政府的私立学校教育券（*WON_LOTTERY*）和最终是否使用经济资助（*USE_FIN_AID*）交叉呈现的波哥大学生总体的服从类型

---

① 在鲁宾因果模型的背景下使用 IVE 识别因果效应，我们这个描述在很大程度上借鉴了莉萨·热纳蒂安（Lisa Gennetian）及其同事 2005 年著作的第三章中提供的清晰描述，该书由霍华德·布卢姆主编。

② 在呈现这一框架的时候，我们将波哥大 1995 年 PACES 抽签的管理细节进行抽象概括的原因在于，我们想区分总体和研究样本。这一区分没有在波哥大案例中出现，因为符合资格的所有总体成员都参加了 PACES 抽签。

在图 11-1 的顶部，我们将总体学生的真实(随机)分配指定为意向干预条
件：第一列表示随机分配到获得 PACES 奖学金的学生子群体(WON_LOT-
$TERY$＝1)，第二列表示随机分配到没有获得奖学金的学生子群体($WON\_$
$LOTTERY$＝0)。在我们的准实验中，这两个子群体中的学生可自行决定是否
接受实验状态。对于获得 PACES 奖学金的学生子群体，接受分配意味着他们选
择使用经济资助(USE_FIN_AID＝1)；对于未能获得 PACES 奖学金的学生子
群体，接受分配意味着他们不使用任何其他来源的奖学金(USE_FIN_AID＝
0)。再次强调，在我们的准实验研究中，处理变量为"是否使用经济资助"而
非"是否抽中奖学金资助机会"。记住上述设定，同时依据学生是否服从奖学
金抽签分配的结果，我们可以将总体划分为三个互斥的群体：①服从者(com-
pliers)；②总是参与者(always-takers)；③从不参与者(never-takers)。在开
展任何实验时，其总体中都可能包含上述三类群体，所不同的是，各类群体
的比例有所差异且不可预测。接下来，针对获得奖学金资助和没有获得奖学
金资助的两类群体，我们可以分别通过图 11-1 两列中三个单元格来表示上述
三类互斥的群体。

在绘制这幅图时，我们首先为每个单元格设定了高度，高度反映了分别
在 $WON\_LOTTERY$＝1 与 $WON\_LOTTERY$＝0 的两个总体中子样本内三类
互斥群体所占的比例。需要说明的是，不管在 $WON\_LOTTERY$＝1 的子样
本中，还是在 $WON\_LOTTERY$＝0 的子样本中，表示三类互斥群体在总体
中所占比例的高度是相同的，其原因在于，总体被随机分配到了两类实验状
态下，因而两类实验状态下的样本结构完全相同。在图中，占比最大的类型
为"服从者"，但也存在较小比例的"总是参与者"和"从不参与者"。当然，在
特定准实验中，研究者无法知道这三类群体的确切比重，这些比重取决于总
体成员自身未知的特征。尽管如此，安格里斯特、因本斯和鲁宾(1996)所提
供的框架，可以帮助我们更加准确地理解参与者如何做出隐性选择，以及这
些选择将如何对潜在的处理效应估计产生影响。反过来，这也有助于我们进
一步理解 IVE 的结果与 LATE 估计量的性质。

现在，我们再次分析在任何实验设计中都可能出现的三种服从类型。对

278　于"服从者"，在研究设计的过程中，我们希望这种参与者越多越好。无论自身被分配到哪种实验状态，服从者都愿意按照抽签的结果来行动。对于那些服从的家庭而言，如果分配到 PACES 奖学金，他们就会使用这笔经济资助来支付孩子上私立中学的学费，如果没有分配到 PACES 奖学金，他们也不会利用其他来源的资金为孩子支付学费。在安格里斯特、因本斯和鲁宾的框架中被称作"总是参与者"和"从不参与者"的两类群体，同样可能出现在实证研究中。总是参与者，指那些无论是否分配到 PACES 奖学金，都利用各方经济资助支付私立中学费用的家庭；而从不参与者，指在任何情况下，他们都不会使用经济资助来支付孩子的私立中学学费。[1]

　　在对 LATE 的工具变量估计结果进行解读时，理解上述三种可能的服从类型对我们有哪些帮助呢？如果你只感兴趣于对意向干预的因果效应（即获得 PACES 奖学金的影响效应）进行估计和解释，那么理解上述服从类型的差异并没有任何意义。然而，如果你想估计使用经济资助并支付私立中学费用对受教育水平的因果影响，理解三种服从类型的差异非常重要。首先要牢记的是，在任何准实验中，研究者都无法准确地知道三种服从类型的真实情况。我们能肯定的仅仅是我们能观察到的东西。在波哥大研究的案例中，我们能肯定的就是：参与者是否获得了奖学金以及该参与者是否使用了（任何来源的）经济资助。请注意，这些信息不足以区分出家庭真实的服从类型。事实上，在那些获得 PACES 奖学金的家庭中，服从者和总是参与者最终都使用了

279　经济资助来支付孩子的私立中学学费。这意味着我们无法通过观察他们的最终行动来区分其究竟属于服从者还是总是参与者。然而，这两个群体在本质上存在不可观测的差异，因为如果在政府奖学金抽签中失利，总是参与者可

---

[1]　热纳蒂安等人（Gennetian et al. ，2005）还描述了第四种类型的群体，他们称之为对抗者（defiers）。他们是这样一些参与者：实验分配致使他们的所作所为与研究者的意图正好相反（exactly the opposite）——他们是持相反意见者。给他们分配 PACES 奖学金会使得他们不使用任何经济资助，不给他们分配 PACES 奖学金又使得他们从其他途径为子女寻求经济资助。在大多数实验中，这类行为通常是无法预测的，因为它意味着这些参与者总是做出相反的行为——他们做出的行为总是与调查者的要求相反。如果要将家庭归类为对抗者，我们必须确信他们只是选择了与意向干预分配相反的行动。虽然在逻辑上要求第四类群体存在，但实际上我们认为它通常是一个空集，所以将其从我们这里的论述中排除了。此举使我们的解读与安格里斯特、因本斯和鲁宾（Angrist，Imbens，& Rubin，1996）提出的框架一致。他们将"没有反抗者"称为"单调性"假设。

能会尽最大努力从其他渠道寻求经济资助。相应地，在那些没有获得政府奖学金的家庭中，服从者和从不参与者都没有使用经济资助来支付私立中学学费，因此也无法基于外显行为来区分这两个群体。但是，这两个群体也可能存在差异，因为服从者家庭可能想使用经济资助，只是在 PACES 抽签中失利后没有去寻找其他途径的资助，而从不参与者家庭则是在任何情况下都决定不使用经济资助来支付学费。

可以想象，如果你对使用经济资助对学生受教育水平所产生因果影响的无偏估计感兴趣，上述服从类型的这些差异会导致非常大的估计偏误。简单地构造两个对比组(一组学生家长使用经济资助，另一组学生家长不使用经济资助)，比较这两组学生日后的平均受教育水平，你可能会没有底气地说：两组学生受教育水平的差异只源于经济资助的因果影响。这是因为，两组学生都各自涉及了两种不同服从类型参与者的自选择和混合。在使用经济资助的群体中，他们做出这种行为的原因有两类：一些家庭(服从者)是因为在奖学金分配时被随机抽中后使用了资助，另外一些家庭(总是参与者)则是在抽签失利后成功寻找并使用了其他途径的经济资助。同样地，没有使用经济资助的群体也可以被分为两种类型：一些家庭(服从者)是因为在奖学金分配时没有被随机抽中，而另一些家庭(从不参与者)则是即使抽中了奖学金也选择不使用经济资助。如此一来，比较使用经济资助组和未使用经济资助组的平均受教育水平情况，就有可能受到没有观测到的不同家庭选择内在动机(可能还有在支持孩子成功完成中学学业能力上的差异)的污染。

在此情况下，这个问题就很有趣：使用本章前面部分介绍的 PACES 数据开展 IV 估计，究竟是在开展哪些对比? 也许更重要的是，对 LATE 的 IV 估计是否只是捕捉了服从者群体中某一部分家庭(而非全部)的信息? 答案很简单，它根植于我们最初对于 IV 估计量的概念界定中，即 IV 估计量只利用了预测变量变异中对工具变量变异敏感的那一部分。事实上，在我们评估经济资助对波哥大地区学生受教育水平影响的准实验中，IV 估计只反映了服从者(按照抽签结果决定是否使用经济资助支付私立中学学费的群体)的行为。换言之，在服从者群体中，在抽签中获得了 PACES 奖学金的家庭使用了经济资

280

助，而在抽签中失利的家庭没有使用任何经济资助。总是参与者和从不参与者在结果变量和自变量上的任何数值都不会影响 IVE 得出的局部平均处理效应的估计值。[1] 由此，我们得到的结论是，在准实验中，如果个体对实验状态的自选择性会影响干预随机分配状况与实验真实分配状况（即本例中是否使用经济资助来支付私立中学学费的两种分配状况）之间的关系，那么，IV 估计的大小和方向实质上仅取决于服从者这一类群体的状况。

四、使用工具变量估计解决断点回归设计中的"模糊性"

有什么办法可以有效提升成绩落后学生的技能？为成绩落后学生提供额外的教学是许多学校尝试采用的一个方案，或者在每天放学后提供，或者在假期中提供。另一个普遍执行并颇具争议的方案是，让不合格的学生强制留级。回忆一下第八章，芝加哥公立学校（CPS）在 1996 年引进的一项政策覆盖了上述所有补救措施。学区在学年末检查了三年级学生的标准化阅读或数学的测试结果[2]，然后，所有阅读或数学测试成绩低于 2.8 分的学生将被强制参加为期 6 周的暑期学校——暑期学校致力于提升学生在这两个学科上的技能。在暑期教学结束后，参加暑期学校的学生再次进行成绩测试。成绩高于 2.8 分的学生升入四年级，而低于 2.8 分的学生将留级一年。一年后，所有学生都要再次参加阅读和数学测试。

CPS 政策的基础是一个合理的行动理论。其理念是，在核心课程上为成绩落后学生提供充足的额外辅导。暑期学校的班级规模很小，通常只有不到 15 名学生。在暑期学校课程中，校长们挑选了他们认为能有效提升需要补救学生成绩的教师。所有教师都被要求遵循一个高度结构化的课程教学，这一课程强调学生对基本技能的掌握。同时，学生们也有专心听讲的动机，因为

---

[1] 安格里斯特、因本斯和鲁宾（Angrist，Imbens，& Rubin，1996）证明了这一判断。将 IV 估计量解释为针对服从者的干预效应，其背后有一个关键假设：针对总是参与者的干预效应不受随机分配结果的影响，即总是参与者不受分配到了干预组还是控制组的影响。同理，这也适用于从不参与者。

[2] 正如我们将在第十三章所讨论的，这一政策适用于六年级和三年级。为了简化政策描述，在这里我们只关注三年级的学生。

他们能否升入下一年级取决于在暑假结束时阅读和数学测试中是否获得 2.8
分及以上的测试成绩。

　　严格评估 CPS 政策的影响是否可能？针对这一问题，布赖恩·雅各布和
拉斯·勒夫格伦(Jacob & Lefgren, 2004)在估计的第一步便检验了由政策规
定的分配原则是否真正得到了执行。为此，基于学年末的阅读测验成绩(用于
决定哪些学生将进入暑期学校)，他们分别估计了在每一个成绩分数点上实际
就读暑期学校的学生比例。然后，他们绘制了这个百分比与阅读成绩分数(以
临界分数 2.8 进行中心化)的图表。[①] 将雅各布和勒夫格伦论文中的图 2 进行
重新绘制，就得到了我们展示的图 11-2。该图表明，参与者的分配规则得到
了尽管并不完美但相当不错的执行。在分数低于外生决定的临界点(2.8 分)的
学生群体中，大约有 90％的学生按照政策规定进入了强制性暑期学校，而在
分数高于临界点的学生群体中，只有很小一部分进入了暑期学校。在这种很
好但并不完美的暑期项目参与者服从情况下，临界点(2.8 分)属于方法学家所
说的模糊断点(fuzzy discontinuity)，它能很好却并不完美[只有精确断点
(sharp discontinuity)才可称为完美]地将学生分为干预组和控制组。

　　如果对政策命令的服从情况非常完美，那么，使用 OLS 拟合方程 11.2
中设定的断点回归模型，雅各布和勒夫格伦就可以获得就读暑期学校对一年
后阅读成绩影响的无偏估计。[②]

$$READ_{i,t+1} = \beta_0 + \beta_1(READ_{i,t} - 2.8) + \beta_2(SUMMER_i) + \gamma'X + \varepsilon_i$$

(11.2)

　　其中：$SUMMER_i$ 是表示第 i 位学生是否就读暑期学校的二分变量(就读
取值为 1，否则取值为 0)；解释变量 $READ_{i,t}$ 是第 i 位学生在三年级结束时
的阅读标准化测试成绩，它也是 RD 设计中的强制变量；结果变量 $READ_{i,t+1}$
是学生一年后的阅读测试标准化成绩；X 是一组不随时间变化的外生学生特

282

283

---

① 与数学成就测试相比，学生更容易在阅读上不及格。鉴于此，研究者将分析重点放在了阅读成绩上。
② 出于教学的目的，我们简化了作者原来的模型设定。

征；ε_i 是误差项。[①] 理解的关键在于，如果分配政策被完美地执行，每一名学生的二分变量 $SUMMER_i$ 取值都将与外生变量 $BELOW_i$（三年级结束时阅读成绩 $READ_{i,t}$ 低于 2.8 分的学生取值为 1，否则取值为 0）的取值相同。如果 CPS 补救政策被完美地执行，β_2 的估计值就是就读暑期学校对（初始阅读成绩 $READ_{i,t}$ 与临界点非常接近的）学生暑期结束时阅读成绩的一个无偏估计。

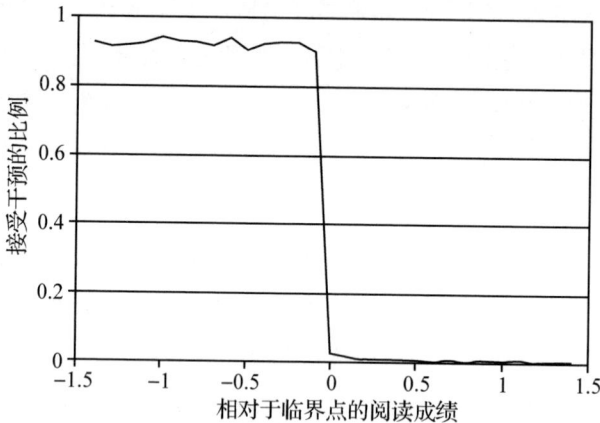

图 11-2 芝加哥公立学校(CPS)三年级和六年级学生在 6 月的阅读成绩(基于临界点进行了中心化)与就读暑期学校的概率之间的关系[根据雅各布和勒夫格伦(Jacob & Lefgren, 2004)文中第 230 页图 2 重新绘制而成，已获作者授权]

由于政策执行情况并不完美，雅各布和勒夫格伦意识到：仅仅通过 OLS 方法拟合方程 11.2，会使得对就读暑期学校因果影响的估计出现偏误。预测变量 $SUMMER$ 取值的分配不是完全外生的。虽然大多数学生服从了分配状态，但存在少数不服从分配状态的学生。例如，一些阅读分数高于临界点的学生实际上也参加了暑期学校，而一些分数低于临界点的学生反而没有参加。由于不服从分配状态的学生可能拥有一些不可观测的能力或动机，这不仅会使他们脱离自己的初始分配，并最终影响到一年后的阅读考试成绩，这都是可能的。因此，学生进入干预组（$SUMMER=1$）的实际分配是内生的，这就

---

① 在正式的分析中，我们需要指定一个误差协方差结构来考虑学校内学生的集群问题。

意味着用 OLS 回归拟合方程 11.2 会对项目干预效应产生一个有偏的估计。

　　幸好，这个问题的解决方法很简单，因为我们知道，可以将实验条件的初始外生分配作为潜在的内生接受处理的一个可靠工具变量。我们需要做的只是将拟合方程 11.2 所示的统计模型的关注点与本章前面所介绍的有关 IVE 应用的知识结合起来。从图 11-2 中可以看出，实验的外生分配状态确实能够强有力地预测项目的实际参与情况(因为绝大部分学生是服从者)。[①] 这说明工具变量能显著地预测内生预测变量，这满足了 IVE 的基本要求。另外，除了通过参与暑期学校可能影响一年后的阅读成绩以外，该项目的外生分配不太可能直接影响临界点两侧附近学生在一年后的阅读成绩。也就是说，不存在"第三条路径"。所以，雅各布和勒夫格伦将方程 11.2 作为两阶段模型中的第二阶段，第一阶段模型使用外生的断点回归分配对是否参与 *SUMMER* 项目进行预测，具体方程如下：

$$SUMMER_i = \alpha_0 + \alpha_1(READ_{i,t} - 2.8) + \alpha_2 BELOW_i + \varphi' X + \delta_i \quad (11.3)$$

　　其中，*BELOW* 是一个二分工具变量，它描述了学生是否被外生地分配到暑期学校(1＝是，0＝否)，δ 是第一阶段的残差。[②]

　　雅各布和勒夫格伦使用 2SLS 法估计上述两个模型的参数，获得了补救政策对一年后阅读成绩的无偏 IV 估计。他们发现，将暑期学校和留级这两种措施结合起来，对学年末成绩不达标的学生一年后成绩具有积极影响。从效应大小来看，这个影响大致等于三年级学生年平均学习收益(average annual learning gain)的 15％。

　　正如雅各布和勒夫格伦所强调的，由于这项评估采用了断点回归设计，他们的结果仅对三年级结束时阅读测试分数刚好高于或刚好低于临界点的学生适用，因为只有这些学生才满足"干预前均值相等"这一条件。换言之，除非有人能够做出这样一个大胆的假设，即政策对所有阅读成绩的学生的效果

[①] 雅各布和勒夫格伦(Jacob & Lefgren, 2004)在文章中解释道，图 2(在本书中是重新绘制而成的图 11-2)的数据既适用于 CPS 六年级学生也适用于三年级学生。在一次私人交流中，雅各布告诉我们，图 11-2 展示的关系对两个年级的学生几乎完全相同。

[②] 同理，在正式的分析中，我们仍然需要指定一个误差协方差结构来考虑学校内学生的集群问题。

都相同，那么，从雅各布和勒夫格伦的研究结论回答如下问题都是不合适的：政策对三年级结束时成绩远低于 2.8 分的学生的影响效应是什么？将该项政策推广至成绩优异(三年级结束时成绩远高于 2.8 分)学生，会产生何种影响？尽管存在这样的限制，这个研究结果依旧非常重要，因为 CPS 政策的核心关注点正是提升接近临界点学生的技能。

五、拓展阅读材料

285　　如果想要继续跟进这一主题，我们推荐阅读霍华德·布卢姆(Bloom，2005)主编的《从社会实验中学到更多》(*Learning More from Social Experiments*)一书的第三章。在这一章中，莉萨·热纳蒂安及其团队提供了许多支持本章部分论点的技术细节，而且他们提供了许多其他相关的技术性参考文献。

第十二章

解决利用非实验数据估计干预效应的偏误

1982 年，社会学家詹姆斯·科尔曼和两位同事共同出版了一本著作——286《高中学校质量：公立学校、教会学校和私立学校的比较》(*High School A-chievement: Public, Catholic, and Private Schools Compared*)。该书的主要发现之一是，美国教会高中的教育质量高于公立高中。上述发现引起了媒体的广泛关注，并被用于支持里根政府关于"为子女选择非公立学校的家庭提供教育费税减免"的政策议案。

批评者对科尔曼及其同事所用研究方法的质疑也随之而来。[①] 这些批评者指出，所谓教会学校优势很可能本质上并不源于更高的学校教学质量，而是源于选择教会学校和选择公立学校的两类学生自身的差异。这场争论的逻辑在于，对于那些重视孩子教育质量并选择支付高昂学费送孩子去教会学校的父母，往往也更重视孩子在家的技能学习。例如，这类父母更可能会向孩子强调阅读的重要性、监督孩子看电视、检查孩子作业完成情况等，这些教养行为能起到促进孩子发展的作用。那么，如果父母的确存在差异，即使公立学校和私立学校教学质量没有差异，就读教会学校的学生仍然会在学校表现上整体优于就读公立学校的学生。换句话说，家庭对孩子就读教会学校的选287择行为可能造成研究者高估了教会学校"干预"的作用。方法学家将上述问题称为选择性偏误问题(selection-bias problem)。正如我们在全书所强调的，如果所评价的项目存在参与者或支持者可以选择自身将经历的干预条件，那么，我们就会碰到选择性偏误问题。

科尔曼及其同事意识到了选择性偏误问题的存在，并使用当时常用的改

---

① 例如，可参见 Goldberger and Cain(1982)。

进策略加以解决。具体来看，他们在研究中使用多元回归分析方法去揭示学生最终学业成就和是否选择教会学校这个二分变量之间的关系。在基础模型中，他们谨慎地加入控制变量，包括能够代表父母社会经济地位和其他背景特征的变量，以期能够控制选择教会学校和公立学校两类学生个体及其家庭的差异。批评者仍然认为这种策略是不准确的，因为研究者永远不可能清楚地知道两组样本间存在的所有不可观测的差异，因而无论控制变量的选择有多么巧妙，也难以解决选择性偏误问题。

当然，如果科尔曼及其同事能找到一个合适的工具变量——能够预测学生是否进入教会学校的外生性变量，该变量只能通过学生是否进入教会学校对其成绩产生影响，而没有"第三条路径"——选择性偏误问题则可得到解决。正如本书第十章和第十一章所指出的，他们可以通过工具变量估计（IVE）以获得"教会学校优势"的渐进无偏估计结果。[①] 我们的观点是，如果能找到可行的工具变量，那就根本不需要使用本章所描述的方法。但是，如果找不到恰当的工具变量，你唯一能做的就是和科尔曼一样，引入更多控制变量以解决选择教会学校和公立学校两组学生及其家长之间存在的差异问题。但是，无论你如何选择控制变量，基于观测数据分析的结论进行因果推断都是有风险的，因为你仅能消除可观测变量所引起的偏误（如科尔曼仅消除了家庭社会经济地位可能造成的估计偏误）。[②]

288

近年来，通过在统计模型中纳入合理的控制变量，以消除使用观察数据估计干预效应的偏误的技术发展迅速。除了科尔曼及其同事所使用的在回归模型中直接控制协变量（direct control for covariates by regression analysis）的方法以外，还包括了分层（stratification）和倾向得分估计（propensity score es-

---

[①] 一些分析人士提出了一些可能的工具变量，如家庭的宗教信仰（Evans & Schwab, 1995）、家庭居住地与最近教会学校间的距离（Neal, 1997）等。然而，阿尔顿基及其同事（Altonji et al., 2005b）指出，基于现有的数据库，上述工具变量估计都不可行。

[②] 你可能会争辩说，可以通过继续在模型中添加额外的控制变量来减少估计偏误。然而，这种处理策略会带来新的问题：一是增加协变量会降低模型自由度，并提高第一类错误产生的概率。二是增加新的自变量，该变量仅可以预测结果变量中尚未被已有自变量解释的部分，这意味着，随着控制变量不断增加，新增变量对自变量的预测程度不断降低。如果自变量相互关联（事实上这普遍存在），并且与案例中的内生解释变量 *CATHOLIC* 相关，这就带来了多重共线性问题（multicollinearity）。在这种情况下，估计结果可能会对点云中异常数据点的存在变得异常敏感，进而导致估计结果变得非常不稳定。

timation）等新方法。本章将分别介绍上述三种方法，指出它们之间的联系，并解释它们在应用和假设中的差异。

在本章中，我们会一直强调，这三种方法的可靠性均取决于关键的非混淆（unconfoundedness）假设。该假设在 1990 年由唐纳德·鲁宾提出：一旦控制了一组明确的、可观测的协变量，我们就可以把干预分配看作外生的。这听起来似乎解决了问题，但鲁宾自他早期（Rubin，1974）研究开始一直反复强调，它事实上是一个严格的警告。我们在这一章中将介绍的方法，尽管复杂且精细，但并非魔术，它们甚至可能并不会优于纳入控制变量的方法。如果你的理论正确，你对选择过程的知识储备扎实，你所选择的控制变量能够很好地反映干预组的选择过程，你当然可以通过使用这些方法以改进因果效应的估计。反之，如果上述前提条件不成立，你无疑像是在沙子上建造房屋，不管你所使用的技术多么精美，结果都没有意义。

一、通过分层法减少偏误

（一）基于单协变量的分层

为了说明如何消除干预效应估计中的可观测偏误，我们使用 1988 年美国 *289* 全国教育纵向研究（National Educational Longitudinal Study—1988，NELS-88）数据，这是国家教育统计中心（National Center for Education Statistics）对学生开展的追踪调查。1988 年是调查基期，美国所有八年级（即进入高中的前一年）的学生接受了调查。这些学生分别在 1990 年（十年级）和 1992 年（十二年级）再次接受追踪调查。[①] NELS-88 调查了很多主题，包括以下变量：①*MATH8* 和 *MATH12*——分别为学生在八年级和十二年级时的数学标准化考试成绩，均为连续测量；②*CATHOLIC*——学生就读教会高中（＝1）或公立高中（＝0）的二分变量；③在基期时还调查了大量早期特征，我们稍后将加以说明。在本章的分析中，我们将在努力消除因家庭收入、父母教育程度和

---

① 本章没有利用 1992 年之后的调查数据，事实上，国家教育统计中心对 NELS-88 样本分别在 1994 年和 2000 年进行了持续追踪。

教育期望、学生初始成绩和学习行为等可观测差异所带来估计偏误的基础上，考察就读教会高中（相对于公立高中）对学生十二年级时数学成绩的影响。我们在选择自变量时，参考了约瑟夫·阿尔顿基、托德·埃尔德和克里斯托弗·泰伯（Altonji，Elder，& Taber，2005a）的论文。

我们的分析样本仅包含 NELS-88 数据库中的 5 671 名学生，他们所在家庭的年收入均低于 75 000 美元（以 1988 年美元计）。[①] 我们将样本限定为非高收入家庭学生，完全是从教学的需要出发。通过限定样本，我们可以认为基于简化假设——教会学校优势在所有样本儿童中是同质的——开展研究更安全，这使得我们可以不需要考虑不同收入群体中干预效应的异质性（heteroge- neous）。事实上，基于完整 NELS-88 数据的研究，教会学校在高收入家庭中的优势（相对于公立学校）要小于低收入家庭，那么，在限定后的子样本中，更能假设教会学校的优势在所有子样本学生中具有同质性。这一样本处理办法使得我们可以简化陈述，以重点介绍样本选择性偏误的校正方法。尽管如此，同样的方法可以很容易地应用在扩充的样本中以消除可观测偏误，当然也包括消除估计教会学校优势时因为家庭年收入等变量不同而产生的偏误。

那么，如果学生选择教会高中而不是公立高中，他们的学业表现会更好吗？如果忽视进入两类高中的学生的自我选择问题，我们可以使用标准普通最小二乘（OLS）方法，预测自变量（CATHOLIC）对因变量（MATH 12）的影响效应。我们的案例发现（正如你所预期，假定科尔曼的发现），相对于进入公立高中，进入教会高中就读学生的平均数学成绩显著更高（$\hat{\beta}_{CATHOLIC}=3.895$；$p<0.001$，单尾）。[②] 这个最初的回归估计斜率说明，教会高中十二年级学生的数学平均成绩要比那些在公立高中就读的同龄人高 4 分左右，大约相当于数学成绩标准差的 40%。[③] 请注意，这个斜率估计值的大小和方向正好等于教会高中和公立高中

---

① 出于教学的需要，我们将分析的样本限定为在任何变量上均不存在缺失值的学生。这就是说，我们的样本远小于 NELS-88 的完整样本，同时也不能保证其对总体样本的代表性。因此，我们的分析不考虑复杂抽样调查设计。尽管如此，从本章的估计结果来看，它们并没有和基于全样本的估计结果存在明显差异。

② 在整个这一章中，我们都使用单尾检验来验证教会学校在提高学生数学成绩方面比公立学校更有效的假设。当然，这个案例也可以做双尾检验。

③ 在我们的子样本中，十二年级学生数学成绩的标准差为 9.502 分。

学生的样本结果平均值之差（54.540 − 50.645 = 3.895）。使用二分变量（*CATHOLIC*，取值为 0 和 1），估计结果总是如此。连接两组子样本产出结果均值的趋势线，等价于相应 OLS 回归模型估计同样自变量对因变量影响的预测趋势线。我们提到这一等价关系的原因是，本章接下来会反复使用"子样本间的平均差异"和"OLS 回归趋势线的拟合斜率"这两个术语。

公立学校和教会学校学生数学平均成绩的差距几乎占样本数学成绩标准差的一半，这一结果是否能够代表教会学校教学质量更高呢？或者，有没有其他可能的解释呢？例如，描述性统计分析的结果显示，在教会高中和公立高中就读的学生样本在背景特征的分布中存在显著差异，如两组学生的家庭年收入。很不巧，NELS-88 对家庭年收入（*FAMINC8*）的调查只是按分类指标粗略地测量，即分为 15 个收入等级。① 尽管本章所选样本都来自非高收入家庭（即家庭收入等级介于①到⑫之间的样本），但进入教会高中学生基期（八年级）时家庭年收入等级分布的中位数为⑪（＄35 000～＄49 999），而进入公立高中学生基期（八年级）时的家庭年收入等级分布的中位数为⑩（＄25 000～＄34 999），前者比后者正好高出 1 个等级（$p < 0.001$）。② 因此，平均而言，选择教会高中的家庭比那些选择公立高中的家庭拥有更高水平的财力以支付更加昂贵的教育费用。这种数据分布状况引出一个问题：我们最初对教会学校优势的估计在多大程度上会因为可观测协变量 *FAMINC8* 的影响而产生偏误呢？

为了消除学生家庭收入水平差异对教会学校优势估计所造成的偏误，一种简单而稳健的方法是样本分层估计法（sample stratification）。如果我们怀疑学生家庭收入存在异质性，这种异质性与学生在十二年级时的数学成绩存在隐性相关关系，进而造成对教会学校优势的估计偏误，那么，我们需要做的

① 家庭年收入（以 1988 年不变价格）被分为如下等级：①无收入；②小于 ＄1 000；③＄1 000～＄2 999；④＄3 000～＄4 999；⑤＄5 000～＄7 499；⑥＄7 500～＄9 999；⑦＄10 000～＄14 999；⑧＄15 000～＄19 999；⑨＄20 000～＄24 999；⑩＄25 000～＄34 999；⑪＄35 000～＄49 999；⑫＄50 000～＄74 999；⑬＄75 000～＄99 999；⑭＄100 000～＄199 999；⑮大于＄200 000。

② 组间中位数相等检验（test for equality of medians，between groups）：连续性校正 χ^2（$df = 1$）= 104.7（$p < 0.001$）。

就是，在估计优势效应时找到一些方法来消除家庭年收入的异质性。最简单的做法是，根据基期家庭年收入等级将样本细分为不同的"层"（strata），通过在每一层中分别比较两组学生成绩差异以估计教会学校的优势效应。当然，由于每一层中分别计算了教会高中和公立高中十二年级学生数学平均成绩的差异，我们得到了教会学校优势效应的多个估计结果。因此，我们需要通过加权平均方法，最终得到一个确定的估计结果。

292　　　分层估计法中"分层—效应估计—加权平均"的三步过程简单且稳健，但是，对特定分层指标的选择是微妙且关键的。分层估计得以实施的前提是，必须确保教会高中和公立高中在每一层中都有足够数量的学生，只有这样才能以合理的精度分别计算每一层中两类学生数学成绩的平均值。然而，对每一层样本规模充足性的要求，使得分层估计法的应用面临权衡或矛盾。事实上，我们期望通过数量更多、更窄的分层，以保证每一层内家庭收入水平的组内异质性更小，最终降低收入对教会高中和公立高中十二年级学生数学平均成绩差异所造成的偏误。但是，这样做的不足之处在于，随着每一层内部学生规模的减小，估计结果对奇异值的敏感性提高，估计结果的统计功效降低，同时，我们会得到数量更多、更加分散的高中优势效应。在最坏的情况下，由于存在大量"狭窄"的分层，在某些层内甚至会缺少某一类（教会高中或公立高中）学生样本，当然，在该层内也就无法估计研究所关注的教会高中优势效应。综上，我们在分层数量和层内样本规模之间必须谨慎权衡取舍，相关问题在后面还会介绍，特别是在倾向匹配得分估计法的介绍中。

　　　在这里描述的 NELS-88 的例子中，我们使用迭代法（interactively）做出了分层的决策。我们根据基期学生家庭年收入的等级，不断重复分层设计。在每一次分层后，我们都会检查每一层内教会高中和公立高中学生之间家庭收入的分布状况。最终选择的方案是一个较小数量的分层，且每一层内教会高中和公立高中两组学生的家庭经济收入分布大致相当。上述做法的基本原理非常直接：如果通过这样的分层，在每一层内进入教会高中和公立高中的两组样本在基期时的家庭年收入是大致相当的，那么，我们的估计就是可靠的。为什么？这是因为在每一层内，我们通过计算教会高中和公立高中学生数学平均成绩的差异以估计教会高中的优势效应，由于两组学生在家庭年收入上的均衡性可确保估计的无偏性。进一步，当我们应用加权平均方法估计总体效应时，无偏性同样成立。这也是分层估计可以降低偏误的原理。

为了更加清楚地说明分层估计的过程，我们使用 NELS-88 数据库子样本提供了一个案例。本部分将样本学生分成三层，我们将其依次命名为低收入组（Lo _ Inc）、中等收入组（Med _ Inc）以及高收入组（Hi _ Inc）。[①]在表 12-1 中，我们描述了各收入层（以基期家庭年收入范围为标签）内样本规模、收入分布、学校分布、成绩分布的数据。在基期 1988 年，低收入组家庭的年收入低于 20 000 美元，高收入组家庭的年收入为 35 000～74 999 美元，中等收入组家庭的年收入为 20 000～34 999 美元。

表 12-1　家庭年收入（总体、不同高中类型）、十二年级数学成绩 *293*

（不同家庭年收入水平、不同高中类型）的数据描述（$n = 5\,671$）

分层		基期平均家庭年收入（1988 年不变价格，15 点等级分类）			样本频数		平均数学成绩（十二年级）		
标签	收入范围	样本方差	样本平均		公立高中	教会高中（占一层总数的百分比）	公立高中	教会高中	差值
			公立高中	教会高中					
高收入组	$ 35 000～$ 74 999	0.24	11.38	11.42	1 969	344（14.87 ％）	53.60	55.72	2.12***,†
中等收入组	$ 20 000～$ 34 999	0.22	9.65	9.73	1 745	177（9.21 ％）	50.34	53.86	3.52***,†
低收入组	≤ $ 19 999	3.06	6.33	6.77	1 365	71（4.94 ％）	46.77	50.54	3.76***,†
								加权平均 ATE	**3.01**
								加权平均 ATT	**2.74**

注：~$p < 0.10$；*$p < 0.05$；**$p < 0.01$；***$p < 0.001$；"†"表示单尾检验。

首先，与全样本中公立高中学生和教会高中学生基期家庭年收入的差异 *294* 相比，上述分层方法的确降低了层内家庭年收入的差异性。分层前，*FAM-*

[①]　这里并不是必须分为三层，事实上，我们稍后给出的技术证据表明，分成五层最有效。

INC8 全样本方差几乎是 6 个单位（按 NELS-88 的 15 点等级分类）。分层后，高收入组和中等收入组基期家庭年收入都几乎没有表现出组内变异（每个层内家庭年收入的样本方差均小于 0.25 个单位），尽管低收入组的基期家庭年收入出现较为明显的组内变异（层内家庭收入的样本方差约为 3 个单位），但这仍然仅为分层前全样本方差的一半左右。尽管如此，我们不打算进一步分层以减少家庭收入的异质性，因为低收入组家庭中进入教会高中的学生仅有 71 人。我们担心，在低收入组估计教会高中优势效应时会存在精确性的挑战。在后文中我们会加入其他协变量重新分层，这需要将这 71 名教会高中学生再划分到更小的组中。那么，由于低收入组的规模小且家庭年收入变异大，前面我们也提到了对该组能否修正偏差的担心，尽管下文会继续按照这样的分层设计进行讲解，但请读者注意，我们对该组对于修正偏误的贡献缺乏信心。根据这样的划分，高收入组包括 2 313 名学生样本，其中 344 名为教会高中学生；中等收入组包括 1 922 名学生样本，其中 177 名为教会高中学生。总之，每一个收入层均同时包括教会高中和公立高中的学生，因而可以比较两组学生在十二年级时的数学平均成绩。

特别值得注意的是，在各层内部，教会高中和公立高中学生基期家庭年收入的均值几乎相同（见表 12-1 中第 4 列和第 5 列）。具体来看，高收入层内，教会高中和公立高中两组学生家庭年收入的均值分别为 11.42 和 11.38，相差仅为 0.04 个单位。与之非常相似，在另外两个层内，教会高中和公立高中学生基期家庭年收入的均值同样非常相似（中等收入层内两组差值为 0.08 个单位，低收入层内两组差值为 0.44 个单位）。在每个收入层内部，根据"是否就读教会高中"（*CATHOLIC*）指标进行 t 检验，不能拒绝公立高中和教会高中两组学生家庭年收入相等的零假设，这再次说明了在每一个收入层内部两类高中学生的家庭年收入均值没有显著差异这一假设。[①] 正式地，我们将上述状态描述为：在高、中等、低三个收入层的每一层中，教会高中和公立高中学

---

① 事实上，在进行迭代分层的过程中，你可能多次重复上述假设检验的过程，这会造成第 I 类错误的累加。为了避免这一问题，你可以在每一次检验时使用 α 水平的 Bonferroni 校正，即将 α 限定在更低的水平。例如，本书将每一层内的平衡性检验限定在 0.01 水平（$\alpha=0.01$）。

295

生的家庭年收入均值是"平衡的"。[①]

事实上，为了获得对教会高中优势更加可信的、修正偏误的估计结果，除了均值上的平衡，还需要保证在每一个收入层内，教会高中和公立高中学生基期家庭年收入在相应总体中的分布完全相同。尽管要比较总体分布是比较困难的，但我们知道，如果两组样本的总体分布是相同的，则它们在每个统计矩（moment）上都应该相同。那么，在理想的情况下，我们不仅应该比较两组样本的均值（第一个统计矩），还应该比较两组样本的方差（第二个统计矩）和偏度（第三个统计矩）。然而，上述平衡性检验过程很可能会导致第 I 类错误的快速累加。所以，在寻找最佳样本分层时，我们通常只关注第一个统计矩——保证均值通过平衡性检验。

一旦完成了基于协变量——家庭收入——的分层的平衡性检验，见表 12-1，你可以计算每个收入层内部公立高中和教会高中学生十二年级时的数学平均成绩之差（见表中最后一列）。将这些差值与前文 OLS 回归分析中所得到的教会高中总体优势效应（3.89）进行比较，可以发现，尽管每层内教会高中的优势都取值为正，但全部小于存在偏误的估计结果（3.89）。事实上，在家庭年收入的组间（教会高中样本和公立高中样本）异质性校正最好或组间均衡性保证最好的两个层（高收入层和中等收入层）中，经过偏误校正后的教会高中优势效应估计结果分别下降了接近 2 个单位和 0.25 个单位。特别是在包含样本量最大、两组学生基期家庭年收入均值几乎相同的高收入层内，我们计算得到教会高中优势效应估计值的校正程度最大（几乎是 2 个单位），这时的估计值（2.12）几乎仅为最初基于全样本估计得到优势效应的一半。

接下来，在校正基期家庭年收入差异所产生的估计偏误后，我们对三个层内样本均值的差值进行加权平均，以计算教会高中的总体优势效应。在计算加权平均值时，我们需要做出权重的选择。如果以每层学生的总量进行样

[①] 我们通过一个被称为迭代"分组"的方法获得了表 12-1 中的三个收入层。从把所有学生集中到一个单一的收入层开始。在层内基于 CATHOLIC 变量进行 t 检验，如果组间均值没有实现平衡（balance），我们将样本分成一个更窄的层；在每层内重复 t 检验，如果通过平衡性检验，分层结束，如果没有通过平衡性检验，则继续按收入划分更窄的层，直到每个层都平衡即可结束分层。在本章的例子中，使用迭代"分组"的方法划分出了三个层。在具体实践中，通常使用软件进行分层设计。

296 本加权，我们可以计算得到教会高中优势效应的平均效应（average effect of the Catholic treatment，ATE）。本例中 ATE 的取值为 3.01（见表 12-1 的右下方），这几乎比之前 OLS 总体估计结果（3.89）下降了 1 个单位。[①] 这一估计值大大低于先前没有校正偏误的估计值，可能的一个原因是，高收入层内的两组学生数学成绩的差值最小，同时该层学生规模最大（权重最大），因而对最终 ATE 估计结果的贡献也最大。另一种可行的优势效应估计方法是，以每层内教会高中学生的数量为权重计算加权平均值，得到的估计结果是 2.74（见表 12-1 的右下方）。[②] 这时的估计效应量被称为教会高中对干预组的平均影响（average impact of the Catholic treatment on the treated，ATT）。这意味着，对那些进入教会高中的学生样本而言，如果他们选择公立高中，他们的平均成绩会下降 2.74 分。

为了更加直观地呈现分层估计如何消除可观测变量所带来的估计偏误，我们在图 12-1 中呈现了每个收入层内公立高中和教会高中学生的平均成绩，并利用总体和每层内两组学生的平均成绩差值拟合了 *CATHOLIC* 对成绩做 OLS 回归的斜率系数。具体来看，图中三条实线代表每层内从公立高中到教会高中成绩变化的拟合趋势线，其标签见每条实线的右方，虚线表示全样本的拟合趋势线，对应于上文得到的教会高中优势效应的偏误估计结果。请注意，表 12-1 中最后一列所呈现的层间差异在图中也清晰可见。同时，每一层内部拟合趋势线的斜率均小于基于全样本拟合趋势线的斜率，尤其是高收入层内估计得到的拟合趋势线的斜率最小。[③]

---

① 加权平均值的计算过程为{(2 313×2.12)+(1 922×3.52)+(1 436×3.76)}/5 671，其联合标准误差可以通过层内标准误差的联合计算，或者应用反复抽样的方法（如自助法）获得。本章所提到的修正偏误后估算教会学校优势的例子，会使用类似计算方法。

② 加权平均值的计算过程为{(344×2.12)+(177×3.52)+(71×3.76)}/592。

③ 不幸的是，在这幅图中有证据表明是否就读教会高中和基期家庭年收入之间存在潜在的相互作用，因为三类基期家庭年收入组中，随着基期收入水平的提高，三条预测线的斜率似乎有规律地减小。我们试图通过将我们的样本局限于"不富裕"家庭的孩子来避免教会高中影响的这种异质性。尽管我们没有完全消除这种异质性，但我们忽略了接下来的潜在相互作用，并将重点放在教会高中与公立高中的主要作用上，以保持尽可能简单的论述。这意味着，从本质上说，我们已经平衡了家庭收入影响效应的异质性。

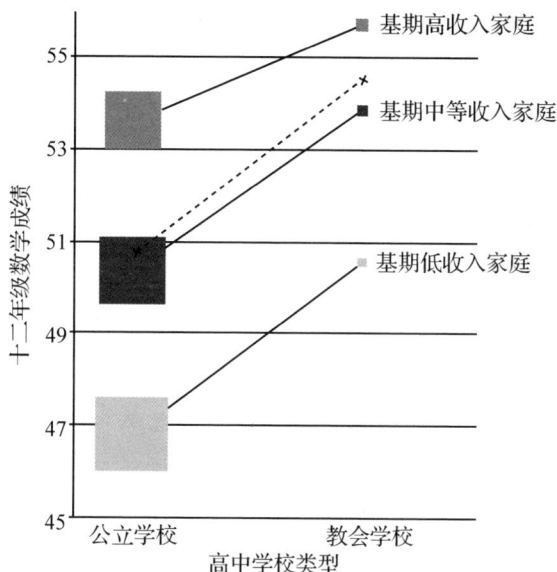

297

图 12-1　十二年级数学成绩的样本分布情况，同时按学生是否在教会高中就读、基期以及家庭年收入层分类（$n=5\ 671$）

通过图 12-1 和表 12-1，我们可以更好地了解为什么基期家庭年收入会造成直接估计教会高中对学生十二年级数学成绩的优势效应存在正向"向上"偏误。在构建你的直觉时，请从图 12-1 中三条独立的层内趋势线开始，并尝试在心中通过组合相关的（未在图中呈现的）点云（point cloud）数据重建全样本的趋势关系。[①] 第一，请注意，这三条层内趋势线的排列是按照基期家庭年收入均值的分层进行的。从最低收入家庭得到的拟合线处于图形的最下方，从最高收入家庭得到的拟合线处于图形的最上方，这与我们真实的理论相一致。通过对高度差异的观察可以发现，不管在教会高中还是在公立高中，那些高收入家庭学生在十二年级时的数学平均成绩均高于低收入家庭的学生。

298

第二，回忆我们之前所提出的基期家庭年收入与子女选择教会高中（或公立高中）存在正相关关系的假设。在全样本中，尽管 *FAMINC8* 和 *CATHO-LIC* 之间估计的双变量相关性并不高——大小为 0.129，但是这是令人信服的

---

① 围绕着这些趋势线的点云不是熟悉的椭圆，因为这里的预测因子——是否就读教会学校是二分变量。

正向相关关系（$p<0.001$）。你可以从样本分布的百分比（见表 12-1 第七列括号中所示百分比）中看到上述正向相关性：在来自低收入家庭的 1 436 名学生中，只有不到 5% 的学生（71 名）选择教会高中；形成鲜明对比的是，在来自中等收入家庭和高收入家庭的学生中，选择教会高中的比例分别约为 9% 和 15%。

想象一下上述两项联合趋势对全局点云分布，即三层特定点云的组合的影响。当我们从底部的点云自下而上穿过全局点云时，有两个效应会同时发生：第一，当我们从低收入家庭样本移向高收入家庭样本时，学生的数学成绩会随之提升；第二，每层中会有更大比例的学生分布在点云的右侧（教会高中），同时更小比例的学生分布在点云的左侧（公立高中）。考虑到上述两种效应同时发生，全局点云将会比任何一个独立层内的点云更偏向"右上方"或更偏向"左下方"。换句话说，在全局点云中，$MATH12$ 和 $CATHOLIC$ 之间的拟合趋势线（即图 12-1 中的虚线）一定会比任何一个单独层中拟合得到的趋势线的斜率更大。全局点云和各层中点云拟合得到趋势线斜率的差异，代表了因为忽视家庭收入同时影响高中类型（教会高中与公立高中）选择和学生数学成绩对教会高中优势效应的估计偏误。

从本质上说，在基于全样本考察学生在十二年级时的数学成绩与是否就读教会高中之间的关系时，如果没有对家庭年收入进行校正，我们估计的是一个综合效应，它等于"真实"（true）效应，即教会高中对学生数学成绩的提升效应，加上家庭收入带来偏误，即随着家庭收入的提高，孩子不仅更有可能选择教会高中，也更可能获得更好的数学成绩。当然，我们在这里使用"真实"一词的目的是强调可观测的协变量——基期家庭年收入水平——可能对估计效应带来偏误。我们并不知道，其他因素是否会引起偏误，包括学生个人特征等一些不可观测的因素。这将是本章接下来将要关注的问题。

（二）基于多个协变量的分层

现在，假设我们在理论上认为，除了基期家庭年收入会影响高中优势效应的估计以外，早期学业表现高于平均水平的学生的家长会更倾向于为子女选择教会高中。如果事实果真如此，那么，选择教会高中与选择公立高中两类学生在进入高中前就存在能力的差异，这同样会给教会高中优势效应的估计带来偏误。事实上，上述猜测得到了 NELS-88 数据的支持：教会高中学生的基期数学平均成绩(53.66)比普通高中学生的基期数学平均成绩(51.24)高了 2 分多，且这一差异在统计上显著($t=5.78$，$p<0.001$)。

因此，从最初估计得到的教会高中优势效应中同时消除由基期家庭年收入和数学成绩所带来的偏误，是非常有必要的。对分层方法进行推广可以很容易地适应这种状况，但这显然扩展了该技术的功能。例如，在 NELS-88 数据库中，学生的基期数学成绩通过标准化测试获得，记为 $MATH8$。在本章所涉及的学生样本中，$MATH8$ 的取值范围为 34 到 77，均值为 51.5。参照之前通过学生分层以确保层内学生在该协变量上相对同质的策略，我们按照基期数学成绩将学生分为四层，分层规则具体如下：

- Hi_Ach：高成绩组，即基期数学成绩为 51 分及以上。
- MHi_Ach：中高成绩组，即基期数学成绩 44～51(不含)分。
- MLo_Ach：中低成绩组，即基期数学成绩 38～44(不含)分。
- Lo_Ach：低成绩组，即基期数学成绩在 38 分以下。

在这里，这种分层方法再次限制了每层内学生在前期数学成绩上的异质性，在所划分的四个成绩层中，我们可以确保教会高中和公立高中两类学生基期数学成绩的平衡。

现在，和前面根据基期家庭年收入划分三层后开展的估算步骤类似，我们需要在根据基期数学成绩所划分的四层学生中分别考察十二年级时数学成绩的分布并计算教会高中的优势效应。事实上，我们也做了这些分析，其结果和预期一致，但我们的目标远非如此。我们不仅要说明如何通过分层方法同时纠正由可观测协变量 $FAMINC8$ 和 $MATH8$ 造成的估计偏误，还要说明在分层过程中同时引入多个协变量时需要面对的问题和困难。我们不是仅根据学生的基期数学成绩进行单维度分层，而是根据基期家庭年收入划分的三个收入层与初始数学成绩划分的四个能力层进行"交叉"(crossed)分层，即产生包含 12(3×4)个单元的交叉表(cross-tabulation)。接下来，在每一个单元中，我们同时计算教会高中和公立高中学生在十二年级时的数学平均成绩后

300

做差，进而得到 12 个教会高中优势效应的估计值。表 12-2 中列出了每个单元相应的估计值及学生样本频数。

请注意，每一个独立单元中教会高中/公立高中的样本频数都变得很少，这是总样本分散到更多单元的结果。数据稀疏（sparseness）问题在教会高中群体中变得更为明显，因为该群体原本就是一个中等规模的样本。具体来看，在基期家庭年收入处于中等水平（Med_Inc）和低水平（Lo_Inc）的两组群体中，基期数学成绩处于低水平组（Lo_Ach）的交叉单元的教会高中学生分别为 2 名和 1 名。此外，这两个单元中公立高中学生的样本数（分别为 96 名和 142 名）也同样少于中等收入组和低收入组的其他单元。显然，在这些稀疏的单元中，通过比较教会高中和公立高中学生在十二年级时的数学成绩差异估计得到的教会高中优势效应将会缺乏统计功效和精度。

表 12-2　按基期家庭年收入和基期数学成绩的交叉分层定义的 12 个组别中，每组学生的样本频数以及十二年级时的数学平均成绩（$n = 5\ 671$）

分层		各单元的样本频数		平均数学成绩（十二年级）		
基期家庭收入水平	基期数学成绩	公立高中	教会高中	公立高中	教会高中	差值
Hi_Inc	Hi_Ach	1 159	227	58.93	59.66	0.72
	MHi_Ach	432	73	49.18	50.71	1.53[*,†]
	MLo_Ach	321	38	42.75	44.23	1.48
	Lo_Ach	57	6	39.79	40.40	0.62
Med_Inc	Hi_Ach	790	93	57.42	59.42	2.00[**,†]
	MHi_Ach	469	49	47.95	50.14	2.19[**,†]
	MLo_Ach	390	33	41.92	44.56	2.64[*,†]
	Lo_Ach	96	2	37.94	39.77	1.83
Lo_Inc	Hi_Ach	405	36	56.12	56.59	0.47
	MHi_Ach	385	13	47.12	48.65	1.53
	MLo_Ach	433	21	40.99	41.70	0.71
	Lo_Ach	142	1	36.81	42.57	5.76
					加权平均 ATE	**1.50**
					加权平均 ATT	**1.31**

注：$~p < 0.10$；$*p < 0.05$；$**p < 0.01$；$***p < 0.001$；"†"表示单尾检验。

数据稀疏问题是应用分层方法时碰到的典型问题，甚至在大型数据库中也不例外。在我们试图从更多的维度纠正样本选择偏误时，不可避免地会发现每个观察单元内的样本规模越来越小。较小的样本规模会导致估计组内干预效应的不稳定性，表 12-2 最后一列所呈现的层内教会高中优势效应估计结果非常清楚地说明了这一点。有些单元干预效应的估计结果非常小，如第 9 个单元($Lo\_Inc^①\times Hi\_Ach$)中干预效应的估计值为 0.47；而有些单元处理效应的估计结果非常大，如第 12 个单元($Lo\_Inc\times Lo\_Ach$)中干预效应的估计值为 5.76。请注意，异常的估计结果(outlying estimates)通常出现在教会高中学生样本很少的单元。这清楚地反映了分层方法应用时的普遍问题，即随着分层数量增加，处理效应的估计值在各个单元中变得越来越不稳定。换句话说，随着样本规模不断减小，从样本中所获得的干预效应的估计值对样本中的异常值会越来越敏感。从一个或两个分层单元中获得的异常估计结果，可能源于该单元内存在个别奇异值。总之，随着单元内样本量减少，奇异值对估计效应稳定性和精度的影响随之增加。

然而，我们并不想过多地讨论奇异值问题，而是从整体上进行审视。虽然这个例子中，12 个层内的偏误纠正结果较为分散，但这些估计结果可能以教会高中优势效应经过校正后的真实估计值为"中心"，分散在其周围。同样，我们可以对这 12 个层内教会高中优势效应的估计值计算加权平均值，以获得教会高中和公立高中学生在十二年级时数学成绩差异的偏误修正估计结果。例如，估计得到 ATE——以各单元中学生样本总数为权重——等于 1.50(见 *302* 表 12-2 的右下角)。② 很明显，相对于通过单独以基期家庭年收入进行分层所得到的教会高中优势效应的估计值(3.01)，这里再一次大大减少了教会高中优势效应初始估计结果(3.89)中存在的偏误。

从上文的描述中我们可以发现，在引入协变量以修正可观测偏误的过程中，随着协变量的增加，教会高中优势效应的估计结果不断减小，这一现象促使我们思考：如果引入更多精心选择的协变量，是否可以将原本非常明显

---

① 原文写为 Med_Inc，实际应为 Lo_Inc(见表 12-2)。——译者注
② 以各单元内教会高中样本数量进行加权，得到教会高中的平均干预效应等于 1.31(表 12-2 中右下角)。

的教会高中优势效应减小为零？当然，要持续地引入协变量进行分层是困难的，因为这会加剧上文所提到的样本稀疏问题。当增加协变量进入分层设计时，交叉列联表中的单元数量以乘数级增长，这意味着，每个单元内的样本数量也会以乘数级的速度下降。因此，我们必须面对层内样本数量减少、统计功效下降以及层内优势效应估计值更加分散和精确度下降等问题。很显然，在应用分层方法修正估计偏误的过程中，存在很大的局限。

增加更多协变量会提升分层设计的复杂性，这会带来非常严重的后果：它最终将导致一种极端形式的数据稀疏，即列联表的某些单元格中甚至可能没有一名教会高中学生或公立高中学生。在这些单元中，我们自然也不能估计关键的、偏误修正的教会高中优势效应。对于由协变量所生成的单元格中缺少某类样本的现象，方法学家称为"缺乏共同取值范围"（lack of common support）。在这些单元格中，由于不能同时包含在协变量上取值平衡的控制组和干预组样本，自然无法估计干预效应。

当然，我们可以直接删除存在"缺乏共同取值范围"的单元后进行估计。在某种意义上这不会构成问题，因为被删掉的样本是那些在关键协变量上难以和教会高中学生匹配成功的公立高中学生。就是说，我们只比较了在协变量上能够成功进行匹配的教会高中学生和公立高中学生。尽管样本删减会造成样本规模减小，但这提高了两组样本的可比性。尽管如此，基于可观测协变量进行复杂且同时进行的分层方法来解决样本选择性偏误，应该对那些因没有与之相匹配的"邻居"而被删掉的干预组或控制组样本保持高度的警惕。

在准实验研究中，往往存在严重的样本自选择问题（不管是在干预组还是在控制组），这使得"缺乏共同取值范围"的现象相对突出。[①] 例如，在有关教会/公立高中学生学业成绩差异的观察性研究中，很可能没有来自低收入家庭的低成绩的孩子会被送到教会高中。在这样的情况下，利用基期家庭收入水平和基期数学成绩的细致的分层很可能会造成严重"缺乏共同取值范围"的问题，只剩下很少的、可以修正偏误的匹配成功样本进行估计，并最终汇总得

① 在实验数据中，如果样本量合适，则不存在相应的问题。原因在于，样本在干预组和控制组之间的随机分配保证了在协变量的各个水平上干预组和控制组的分配都具有相似性。

到整体估计结果。①

　　接下来，我们要讨论通过纠正可观测偏误以估计干预效应的另一种策略——在回归模型中直接引入可观测协变量，这种策略同样会受到极端数据稀疏或"缺乏共同取值范围"的影响。然而，在回归分析中，"缺乏共同取值范围"的影响通常在分析中会被无意识地隐藏起来。通过依赖于方程形式和同方差的强假设，在回归分析中直接控制协变量可以继续引入匹配不成功的样本。因而，原始样本规模保持不变，且没有样本删减。尽管如此，我们需要清楚地知道，必须在强有力的假设下，匹配不成功的样本才可以得以保留。

　　最后，我们要记住：样本稀疏性和"缺乏共同取值范围"并不是最棘手的问题，因为它们是可以识别、检查、解释或解决的。最关键的问题——也是所有基于可观测变量修正可观测偏误方法的基础——仍然是真实存在的。为了使偏误校正是可信的，不论使用何种方法，你都必须识别并引入正确的"可观测变量"（observables）。只有真正理解了样本选择性偏误的产生过程，你才能够确保你选择的用于纠正偏误的可观测变量的合理性。总之，无论选择何种方法来解决协变量所产生的影响，样本选择性偏误的修正都是最重要的实质性问题。

　　我们现在考虑解决偏误的第二个策略——在回归模型中直接引入控制变量。这是科尔曼及其同事采用的方法，也是大家最熟悉的方法。将回归估计结果与分层估计结果进行对比是有趣的，特别是从上文所指出的技术问题的角度来比较。它以不同的方式回应不同的困难，当然也会付出不同的代价。

二、通过直接控制协变量的回归减少偏误

　　鉴于我们的理论假设——家庭收入水平以及学生学业基础都会影响高中

---

① 事实上，由于教会高中为大量来自低收入家庭、低学业技能与八年级学生相当的孩子提供学习机会，在使用 NELS-88 等大规模抽样数据比较教会高中和公立高中学生间的学业成绩差异时，往往不会因为"缺乏共同取值范围"而对估计造成严重的挑战。尽管如此，在使用 NELS-88 等类似数据库考察非教会私立高中学生和公立高中学生间成绩差异时，"缺乏共同取值范围"会对估计造成非常严重的挑战。

的选择，这会造成来自高收入家庭的、学习基础更好的孩子以远高于平均水平的比例进入教会高中，一个很自然的问题是：我们为什么要使用分层方法来纠正可观测偏离所产生的偏误？将这两个会影响学生高中选择的变量直接作为协变量引入多元回归模型中，似乎是处理我们研究中所遇到的问题的一种明智的方法，尽管这种方法包含了大量经常被忽略的假设。

从大多数角度来说，作为解决基于可观测变量产生偏误的方法，在以 $CATHOLIC$ 为自变量、$MATH12$ 为因变量的回归模型中引入基期家庭年收入和八年级数学成绩作为协变量的做法，和上文所提到的分层方法并没有差异。从表面上看可能并不如此，但通过回归分析直接控制协变量本质上是隐含地在数据"层"（slices）中估计教会高中的优势，这些数据层是基于协变量的取值而定义的。进一步，通过在模型中仅包含预测变量 $CATHOLIC$ 的主效应（main effect），我们使教会高中的优势在每个数据层中相同，即设定 $MATH12$ 对 $CATHOLIC$ 的回归趋势线在基于协变量所划分的每个单元中平行。确切地说，总体的协变量——调整回归模型的估计结果就是不同"层"估计值的隐性平均值。[①] 可是，回归方法根植于对函数形式的假定，即所有基于协变量所划分的单元均满足平行线性趋势（parallel linear trends）要求。这意味着，通过在回归模型中直接控制协变量的方法修正估计偏误，不大可能碰到使用分层法估计时在数据稀疏性、统计功效/精度、样本分散（scatter）等方面所面临的技术性问题。但是，其明显的优势和使用便捷背后的代价是更多地依赖于内置性假设（built-in assumptions）。

作为该方法的一个例子，表 12-3 列出了使用标准 OLS 法估计自变量（$CATHOLIC$）对因变量（$MATH12$）影响的结果，这些模型控制了两个关键的协变量——$FAMINC8$ 和 $MATH8$，即上文所提到的、可能会影响家长选

①　分层方法和回归方法在取平均值过程中的技术细节上并不相同。在本章所提及的例子中，当使用分层方法时，我们手动对各个单元所计算的教会高中优势效应进行了加权平均，所使用的权重是各个单元内的样本频数。如果权重为每个单元中学生的总频数，所计算的结果为"平均干预效应"，即 ATE；如果权重是每个单元中教会高中学生的频数，所计算的结果为"干预组的平均处理效应"，即 ATT。相对而言，OLS 回归方法中计算平均值的过程是我们手动计算难以实现的，它所嵌入的权重取决于组内估计的精确性。因此，教会高中优势效应的 OLS 估计结果是一类特殊的加权的 ATE。

择特定学校动机的因素。我们在表中报告了两个拟合模型（模型 A 和模型 B），两个模型的区别仅在于对选择变量产生影响的不同设定。在下文中，我们将讨论两种特定模式下的估计结果和相对优势。

表 12-3　在控制基期家庭年收入及基期数学成绩后，十二年级数学成绩对进入 306
教会/公立高中的 OLS 回归估计的参数及 p 值($n = 5\ 671$)[①]

自变量	OLS 拟合回归模型	
	A：*FAMINC8* 和 *MATH8* 分层、完全交互	B：*INC8* 和 *MATH8* 线性主效应、双向交互
$Hi\_Inc \times Hi\_Ach$	58.83***	
$Hi\_Inc \times MHi\_Ach$	49.21***	
$Hi\_Inc \times MLo\_Ach$	42.76***	
$Hi\_Inc \times Lo\_Ach$	39.72***	
$Med\_Inc \times Hi\_Ach$	57.49***	
$Med\_Inc \times MHi\_Ach$	48.03***	
$Med\_Inc \times MLo\_Ach$	42.03***	
$Med\_Inc \times Lo\_Ach$	37.95***	
$Lo\_Inc \times Hi\_Ach^a$	56.05***	
$Lo\_Inc \times MHi\_Ach^b$	47.13***	
$Lo\_Inc \times MLo\_Ach$	40.96***	
$Lo\_Inc \times Lo\_Ach$	36.84***	
截距项		4.827***
INC8		0.164***
MATH8		0.872***
INC8 $\times$ *MATH8*		-0.002***
CATHOLIC	**1.33***,†	**1.66***, †
R^2	0.601	0.697
残差方差	6.009	5.232

注：~$p<0.10$；*$p<0.05$；**$p<0.01$；***$p<0.001$；"†"表示单尾检验。

[①] a、b 两处原文有误（原文分别为 *MHi_Ach* 和 *MLo_Ach*），这里对其进行了修订。——译者注

从概念上讲，第一个模型——模型 A——模拟了上文在分层方法中对偏误的修正。该模型引入包含 12 个二分变量的向量组，以区分交叉层所划分的 12 个单元中每个单元的主效应。这实质上是一个包含单元水平固定效应 (fixed effects of cell) 的模型。特别地，不包含截距项使我们可以同时获得 12 个单元的固定效应。该模型的设定形式并不常见，但它与以 *FAMINC8*、*MATH8* 及其交互项进行分层估计主效应的代数运算等价。尽管如此，通过采用模型 A，我们已经定义了一个在概念上和教学需要上更好的设定。在本质上，模型 A 包含 12 个交互项——每个交互项代表每个单元中公立高中学生十二年级时的数学平均成绩。那么，从拟合模型的参数估计中可以直观地看到，对于基期家庭年收入水平最低、数学成绩最差且就读于公立高中的学生，他们在十二年级时的数学平均成绩为 36.84。[1] 模型 A 中唯一存在的影响效应就是我们研究问题的核心参数——解释变量 *CATHOLIC* 的主效应。这个解释变量的斜率系数代表了修正偏误——可观测协变量（基期的家庭收入以及数学成绩）所产生的偏误——后教会高中优势效应估计结果，等于 1.33（$p <$ 0.001）。[2] 通过回归分析直接控制协变量的新方法所得到的教会高中优势效应的估计值，在一定程度上小于之前利用分层方法得到的估计结果（1.50，详见表 12-2），尽管这两个估计值都远低于初始的、以未修正 OLS 方法估计得到的结果（3.89）。[3]

通过回归方法纠正偏误的优势在于，我们可以在分析中同时使用所有的学生样本，借助全部单元的样本以提高统计功效并降低奇异值可能造成的估

307

---

[1] 通过回归模型估计得到的每个单元的平均成绩与对每个单元手动计算的结果并不完全相同。例如，在基期家庭年收入水平最低、数学成绩最差的单元，手动计算得到其十二年级时的数学平均成绩为 36.81，而非回归分析中的 36.84。两种方法的估计结果不相同，即互相不等于对方的原因是：在分层分析中，我们独立地估计了每个单元中样本的平均值、标准误，所有的参数都仅仅取决于各自单元所拥有的数据；与之相对应的是，回归模型中的计算基于"所有单元中教会高中的优势效应全部相等"以及"总体残差方差相等"两个假设，在 12 单元中同时计算。上述两个假设，虽然是合理的，但使每个单元中的平均成绩计算结果发生了微小变化。换句话说，回归模型所得到的每个单元中公立高中学生在十二年级时的数学平均成绩，本质上是在假定了每个单元拥有相同的教会高中优势效应以及总体残差同方差性的前提下获得的。因此，尽管估计结果的统计效力和精度从数据联合使用中获益，但付出了数据受到额外限制的代价。

[2] 回归方法估计的是 ATE，而非 ATT。

[3] 同样，模型 A 和分层方法所得到的估计值也不完全相同，原因在于模型 A 所做出的两个附加假设。

计偏差。然而，我们获得这些优势的前提是增加更多的假设，即以对模型施加额外限制为代价。我们需要假定，在每个单元所代表的总体中，教会高中优势效应的取值全部相同，我们的模型设定遵循了这一点。[①] 此外，我们并不是简单地根据每个单元内的数据分布（和样本规模）来计算各单元的均值和标准差，而是基于不同单元所代表的总体分布具有同方差的假设进行估计，并联合应用全样本分布的变化来估计 *CATHOLIC* 的斜率以及标准误。

通过做出这两个新假设，我们看起来已经在一定程度上减小了数据稀疏问题所造成的影响。例如，即使在分层所得到的一个或多个单元格中只有一个样本，无论该样本是公立高中学生还是教会高中学生，我们仍然能够使用所有的数据构建回归模型。但是，这种做法可行吗？这意味着那些在协变量上没有共同取值范围的参与者都被纳入了估计过程。换句话说，我们通过比较不具有可比性——至少在两个可观测的关键协变量上——的学生，来估计教会高中的优势效应。在利用分层方法修正可观测偏误时，我们可以很清楚地意识到因为缺少共同取值范围所带来的问题，在回归分析中，该问题变得不明显。当然，一个高水平的数据分析者可以同时利用两种方法的优点：他（她）可以通过探索性数据分析以确定存在共同取值范围的样本边界，并适当调整样本，只保留那些协变量的取值处于共同取值范围内的参与者；之后，在新的子样本中使用表 12-3 中的模型 A 进行估计。

尽管存在种种警告，但你仍然更愿意基于回归模型 A 来估计教会高中的优势效应，毕竟它确实更好一些。那么，为什么我们要再拟合第二个模型即模型 B 呢？模型 B 的估计结果具体见表 12-3 的最后一列。我们这样做的目的是强调：一旦开始向回归模型中增加协变量，你不仅需要假设在每个单元所代表的总体中，教会高中的优势效应和数据分布完全相同，而且对每个单元中协变量与因变量的函数关系做出了或隐或显的假设。例如，在模型 B 中，我们同样通过引入基期协变量及其两两之间的交互项来校正偏误，但对其效

① 为了验证这个假设是否成立，我们可以引入解释变量与 12 个单元固定效应（由 *MATH8* 和 *FAMINC8* 变量划分）之间的交互项，通过分析交互项系数是否显著来完成。从下文的分析中，我们可以看出，所有交互项的系数在统计意义上全部不显著，说明主效应在所有单元中全部相等的假设成立。

应进行了完全不同的设定。首先，我们重新定义了一个新变量 *INC8*，以取代基期家庭年收入变量 *FAMINC8*，新变量可以更好地反映家庭实际收入。具体来看，如果一个学生在 *FAMINC8* 变量上的取值等于 12，即其基期家庭年收入为 50 000～74 999 美元，则定义其 *INC8* 的取值等于 62 500 美元——原始取值范围的中间值。在其他学生样本中，从 *FAMINC8* 到 *INC8* 的重新赋值规则同样如此，均以 1988 年的千美元为单位。[①] 我们同样假定协变量 *INC8* 和 *MATH8* 对产出变量影响的主效应是线性的。回想一下，*FAM-INC8* 是通过 1～15 任意取值的定序等级衡量的，本研究所涉及样本在该变量上的取值范围是 1～12。由于两个等级之间的距离在货币单位上是不同的，因此在创造三个家庭收入层进而校正该变量所产生的偏误时，我们对原始收入类别进行了合并。例如，*Lo_Inc* 类别包含了基期家庭年收入为 0～19 999 美元的样本，并且三个收入层的中位数并不是等距分布的。其次，我们并没有假设家庭年收入的影响在其整个范围内是线性的。因此，对于数学初始成绩位于中低水平的学生（*MLo_Ach* 层），*MLo_Ach* 分别与 *Med_Inc* 和 *Lo_Inc* 的交互项的斜率之差为 1.07（即 42.03－40.96）（见表 12-3 中模型 A 第 7 行和第 11 行）；而 *MLo_Ach* 分别与 *Hi_Inc* 和 *Med_Inc* 的交互项的斜率之差为 0.73（即 42.76－42.03），这意味着即使在相同的学生成绩下收入的影响效应也是非线性的。与模型 A 不同，模型 B 不仅使用了一个以真实美元度量的变量 *INC8* 替代收入等级变量 *FAMINC8*，而且将收入的影响效应设定为线性。也就说是，模型 B 隐含了相等收入增量对产出变量影响效应相同这一线性假定。同样，我们对变量 *MATH8* 也做出线性效应的假定，即相等增量的测试分数对结果的影响相同。最后，二阶交互也是如此设计，即设定 *INC8* 和 *MATH8* 的线性交互效应。在模型 A 中，由于粗糙的家庭收入类别和测试成绩类别，我们不能做出影响效应的线性假定。

注意模型 B 实际上比模型 A 的拟合效果更好，前者的 R^2 统计量取值几

[①] 从 *FAMINC8* 到 *INC8* 重新赋值后的取值：① $0K；② $0.5K；③ $2K；④ $4K；⑤ $6.25K；⑥ $8.75K；⑦ $12.5K；⑧ $17.5K；⑨ $22.5K；⑩ $30K；⑪ $42.5K；⑫ $62.5K。以 1988 年美元计，其中 K＝1 000。

乎比后者高出 10 个百分点，而残差方差则比后者减少了约 13%。此外，教会高中优势效应的估计结果为 1.66，大于模型 A 的估计值，而与分层法所得的估计值(1.50)更加一致。模型 B 拟合效果更好的原因在于：①考虑到数据重新编码，线性模型的假设可能更有效；②相对使用定序数据的协变量，使用连续数据的协变量可以成功地控制一些额外的、有用的变异；③模型 B 显然更简洁，我们估计了 5 个参数而不是 13 个。

我们的重点不是要选定哪个模型对教会高中优势效应的估计更"正确"，而在于比较模型 A 和模型 B 不同函数形式设定对估计的影响。因此，当决定采用直接控制协变量的回归方法时，即使可能不再需要在分层数量和层内样本量之间做出权衡取舍，也依然有其他同样重要的决策需要考虑。在随后的章节中，我们介绍偏误修正的倾向得分法时，会再次提及这一点。最后，我们强调一点，回归方法并不是基于可观测协变量修正选择偏误的终点。如果 *310* 模型 B 不太适合，我们可能会探索协变量的变换，也许是多项式，还包括变量间的不同变换的多重交互项，以期得到一个成功和简洁的研究范式。也许我们找不到这样一个范式，最终不得不接受相对粗糙的类别变量，并退到运用 13 个参数的非简约模型 A，甚至退回分层法本身。

在当前这个特别的例子中，我们选择的线性效应模型非常恰当。因此，我们可以继续引入其他精心挑选的协变量，以推进偏误调整的进程。尽管如此，在进行基于非实验数据的可观测协变量估计干预效应的估计时，还存在更好的方法来校正选择性偏误，现在我们将要介绍这种方法。

三、使用倾向得分法减少偏误

从不同概念的角度思考引入控制变量的回归分析是有意义的。在模型 B 中，为了解决样本存在选择过程的问题，我们在回归模型中引入了三项变量：*INC8*(基期家庭收入)、*MATH8*(基期学生数学成绩)以及二者的交互项。观察模型 B(见表 12-3)，在控制了特定的协变量线性组合(a particular linear composite of the covariates)以后，我们估计了教会高中的优势效应。事实上，你可以将模型 B 看作在控制协变量的最佳组合以后，*MATH12* 对 *CATHO-LIC* 的回归，协变量组合由下述表达式给出：

$$\langle 协变量组合 \rangle = 0.164INC8 + 0.872MATH8 - 0.002(INC8 \times MATH8)$$

由于我们认为 OLS 在某种意义上是最优的，在给定协变量后，我们可以认为这一特定的组合可以很好地消除样本选择对结果产生的影响。当然，以这样的方式理解拟合模型，我们并不能对其实际应用理解更多，因为这仅仅是从回归模型本身得到各个协变量的权重——依次为 0.164、0.872 和 −0.002。假设可以预先知道这些权重取值，那么，我们就不需要将这些变量的主效应及其交互效应放到回归模型中加以控制了，而是使用这些权重或权重比例形成协变量的线性组合后，将估计结果作为单独的变量引入回归模型，最终估计教会高中的优势效应。理论上，两种方法所得效应估计结果相同。

我们提到这个假设过程的原因在于，它包含了一个接下来将要利用的、重要的教学信息。设想一下，如果我们的案例包含几十个甚至几百个协变量，它们都可能修正可观测的偏误。例如，在阿尔顿基等人（Altonji et al.，2005a）的文献中，作者在表 1 中列出了 5 个人口统计学变量，6 个家庭背景变量，4 个地理位置变量，5 个描述家长和学生期望的协变量，以及 10 个捕获学生八年级时学习成绩和行为的变量。全部的 30[①] 个变量不仅可以直接引入回归模型中，作为主效应以校正可观测偏误，而且还可以生成成千上万的二次、三次、四次甚至更高次的交互项后放入模型，以作为交互效应校正可观测偏误。如果我们将全部的协变量都放到回归模型中，尽管这可以更好地减少可观测变量所引起的估计偏误，但以牺牲自由度为代价，即使在非常大规模的样本中也会显著地降低统计功效，进而增加了犯第 I 类错误的概率。更重要的是，我们的分析会因此失去理论导向，而仅仅成为在诸多可能的变量及其交互项中进行如同"大海捞针"似的变量选择。

从之前的讨论可以看到，我们致力于在所有可观测协变量中寻找一个最简单的、最好的线性组合，以有效地控制样本选择过程。这表明，在估计回

---

① 原文为 26，但此处数字应该为 30。——译者注

归模型之前，修正可观测偏误的第一步应该是：关注样本选择过程本身，以便明确地找到假定的、用来预测选择（CATHOLIC）的自变量的最佳组合。具体来看，在第一阶段分析中，使用 logistic 回归分析以揭示因变量（二分变量 CATHOLIC）和我们认为可以有效描述选择过程的协变量之间的关系。根据这些结果，我们可以重新构造一个复合变量，它能很好地描述每个孩子进入教会高中或公立高中的选择——在这里，该复合变量可以是每个孩子 CATH-OLIC 的拟合值。根据第一阶段所拟合的选择模型，我们可以拟合每一名样本学生选择教会高中的概率（probability），并将这个拟合概率命名为样本儿童进入教会高中的倾向（propensity）。在下文中，我们将具体描述如何在倾向得分分析（propensity-score analysis）中使用这些倾向估计值。

　　考虑到这一新的视角，我们在表 12-4 中呈现了一组基于 NELS-88 样本拟 *312* 合的选择模型（selection model）。在两个模型中，我们都建立了 logistic 回归模型，因变量是二分变量 CATHOLIC，协变量是上文所假定的、能够最优地描述学生学校选择过程的要素：家庭年收入水平、学生数学基础以及二者的交互项。模型 A 包括了两个预测变量的线性（主）效应及其交互项。注意，模型所用的家庭收入变量（INC8）由数据库中原始的基期家庭年收入变量（FAMINC8）重新编码而成。

表 12-4　对是否进入教会高中的 **logistic** 回归参数估计与近似 *p* 值，选择基期家庭年收入和学生数学成绩作为预测变量($n = 5\ 671$)

模型 A：初始模型设定，包含 INC 8 的线性主效应	
自变量	参数估计
截距项	-5.209^{***}
INC8	0.062^{***}
MATH8	0.043^{***}
INC8×MATH8	$-0.000\ 7^{**}$
$-2LL$	$3\ 675.2$
模型 LRχ^2 值($df = 3$)	120.13^{***}

续表

模型 B：最终模型设定，包含 $INC8$ 的二次主效应	
自变量	参数估计
截距项	-5.362^{***}
$INC8$	0.087^{***}
$INC8^2$	$-0.000\ 4^{**}$
$MATH8$	0.036^{**}
$INC8 \times MATH8$	$-0.000\ 6^{*}$
$-2LL$	$3\ 667.1$
模型 $LR\chi^2$ 值 $(df=4)$	128.2^{***}

注：$^{\sim}p<0.10$；$^{*}p<0.05$；$^{**}p<0.01$；$^{***}p<0.001$。

注意，通过拟合第一个选择模型，我们能够明确地验证有关基期家庭年收入和数学成绩会对学生选择进入哪类高中产生联合影响的假设。例如，在模型 A 中，我们最初的假设得到支持（$\chi^2=120.13$，$p<0.001$）。两个主效应（$p<0.001$）及其交互项（$p<0.01$）对学生高中学校类型选择的影响效应均在统计意义上显著。由此可知，来自高收入家庭以及在八年级时数学成绩更好的孩子更有可能选择教会高中。交互效应显著为负说明，每个变量产生的影响效应受到了另一个变量的调节：随着基期家庭年收入水平的提高，学生基期数学成绩对其高中学校类型选择的影响程度下降；反之亦然。

在模型 B（见表 12-4 的下方）中，我们引入基期家庭收入的二次项后，重新定义了选择模型。新模型提高了拟合的统计显著性：在损失一个自由度的情况下模型 B 的对数似然值（$-2LL$）比模型 A 减少了 8.1 分，且在统计意义上显著（$p<0.01$）。因此，作为选择模型，我们倾向于使用模型 B 而不是模型 A，具体原因将在下文解释，它同样也考虑了本章开始时讨论的数据稀疏和缺乏共同取值范围的问题。

注意两个模型的参数估计值都是通过极大似然估计（maximum likelihood）得到的。这意味着，这些参数是总体参数的"最优"估计结果，即拟合的统计模型可以最大化地得到观测样本中产出结果的联合概率（即学生就读公立高中或者教会高中——$CATHOLIC$ 变量取值为 0 或者 1——的总体概率）。因此，从实际意义上说，这些估计为我们提供了一个如何最好地组合协变量，进而判断学生在两类高中间的选择的数学视角。[①] 就这一点而言，通过估计每一名学生因变量的拟合值，我们就可以把协变量对样本选择的贡献整合为一个数字。本案例的因变量是一个二分变量——*CATHOLIC*，真实取值为 1 代表学生选择教会高中，而拟合值则代表学生选择教会高中的概率。回忆上文所指出的，我们在这里将拟合得到的概率值称为估计得到的倾向值（propensities）[②]。假定协变量的选择和选择模型的设定都是正确的，那么，估计所得到的倾向值可以准确地概括我们所知的、公立高中或教会高中选择的系统性特征。[③]

　　在图 12-2 的 A 部分，我们用直方图呈现了基于模型 B 拟合得到的所有样本学生的倾向得分的分布。[④] 在 NELS-88 的样本中，倾向值均不高，取值范围为 0.016～0.173，中位数是 0.106。倾向得分提供了一个指标——或者，用鲁宾的说法，将其称为标量——很好地概括了协变量所包含的全部信息。

　　在图 12-2 的 B 部分，我们分别用两个直方图呈现了教会高中和公立高中两组学生样本估计得到的倾向得分分布。注意，两组样本的倾向得分分布区间完全重叠，即拥有几乎相同的取值范围。但正如你所预测的，这两个直方图的形状有所不同，公立高中学生的倾向得分分布有更厚的左尾。当然，图形形状的差异恰恰说明，我们通过选择预测变量（基期的家庭年收入和数学成

314

---

① 在这里，我们从概念上将 logistic 回归分析和判别分析联系起来，但两者有差异：前者参数化建模相对并不严格，因为并不要求其协变量来自多变量正态分布的总体；与之相对应，判别分析有这样的要求。

② 由于给定的选择模型是 logistic 回归模型，因而倾向值是协变量非线性组合的取值，并且，如果 logistic 回归模式是恰当的，从倾向值中我们可以最优化地区分选择教会高中或公立高中的学生。当然，我们也可以选择 probit 回归模型或者线性概率模型拟合选择模型。这时，前者所得到的倾向值也是协变量的非线性组合，后者所得到的倾向值则是协变量的线性组合。但是，决定模型选择的关键并不在于协变量的组合是线性还是非线性，而是取决于在给定协变量和模型之后，所估计得到的倾向值能够最好地区分教会高中和公立高中的学生。就是说，在三种倾向得分计算方法中——基于 logit 模型、probit 模型或线性概率模型，最恰当的模型，应该是预测得到的倾向值能最好地区分两类样本的模型。在实际应用中，基于 probit 模型和基于 logit 模型建立的选择模型几乎没有差别，但基于线性概率函数预测得到的模型所得到的拟合值可能会超出允许的取值范围[0，1]。通常来说，在倾向得分估计中，基于 logit 模型估计倾向值是首选（Rosenbaum & Rubin，1984）。

③ 罗森鲍姆（Rosenbaum）和鲁宾（1984）指出，在非混淆假设下，这种说法是成立的。正如本章前文解释的，这个关键的假设是：控制协变量以后，干预组的分配与因变量无关。简言之，在由协变量不同取值形成的交叉表中的每个单元内，干预组和控制组的分配都是随机的。

④ 需要注意的是，我们在 A 部分添加核密度图（kernel density plot）以描述直方图的平滑包络线。在本章所有直方图中，我们均呈现了平滑包络线。

绩）在第一阶段的模型中成功预测了 *CATHOLIC*。

315

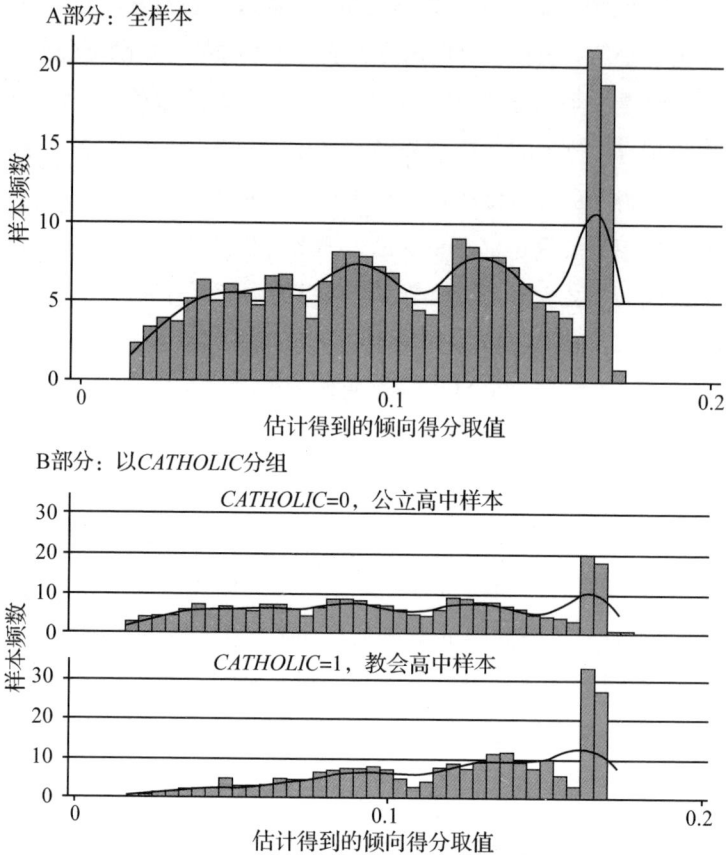

图 12-2　基于表 12-4 模型 B 估计学生进入教会高中的倾向得分的直方图（平滑核密度估计），A 部分表示总体分布，B 部分呈现了教会高中和公立高中样本的情况

　　两组样本估计得到的倾向得分的分布存在重叠部分，这是非常重要的，它表明公立高中和教会高中学生在协变量上有较大范围的共同取值区间。这也说明，我们不再需要同时使用基期的家庭年收入和数学成绩变量对样本进行分层，而仅需依据新合成指标——倾向得分——进行分层，我们可以预期，

316　依据倾向得分进行分层的每层内都同时拥有来自教会高中和公立高中的学生。反过来，这意味着我们可以估计教会高中和公立高中学生在每个层中十二年级平均数学成绩的差异，并汇集各层之间的平均差异，以获得对教会学校优

势的总体估计。

(一)基于倾向得分分层来估计干预效应

估计得到倾向得分这一新的指标后，在根据基期家庭年收入和数学成绩进行分层以修正可观测偏误时，我们只需使用倾向得分指标，而不再需要同时使用原始协变量。在 NELS-88 的案例中，我们利用表 12-4 中模型 A 拟合得到的倾向得分开始分层，注意，模型 A 仅包括基期家庭年收入的线性主效应。最开始，我们将样本划分为 5 个层，或者 5 个"区"(blocks)，后一种说法是倾向得分分析中常用的专门术语。做出这一层数选择的依据在于，经典文献(Rosenbaum & Rubin，1984)指出，至少需要 5 个以上的区，才能消除90％以上的可观测偏误。从这里开始，我们重复了在本章开始所介绍的分层方法的应用步骤。我们要在每个区内检查两组样本(干预组和控制组)是否满足共同取值和平衡性要求。换句话说，我们不仅要检查在每个基于倾向值所得到的区内是否同时拥有教会高中和公立高中的学生，还要检查每个区内两组学生在协变量的均值上是否存在显著差异。需要注意的是，基于倾向得分进行分层时，在检验协变量满足均衡性之前，我们应该先检验每个区内教会高中和公立高中学生的倾向得分均值是否相同，这很关键。只有在分层后的每一个区中均通过两组样本倾向得分相同的检验后，你才可以进一步探究，即在每个区内以 CATHOLIC 为分组变量，比较两组样本在每个协变量上的均值是否相同。如果存在某些协变量的均衡性检验没有通过，你就需要反复地重新分层或者合并。总之，每个区内教会高中和公立高中学生，不仅必须在倾向得分均值上通过平衡性检验，而且必须在所有协变量均值上通过平衡性检验，才能认为分层合适并进入第二步研究——修正偏误后估计干预效应。

实际上，正是在平衡性检验和重新分组的迭代过程中，我们拒绝了模型 A，而选择了模型 B(表 12-4)。根据从 3 个到 13 个数量不等的分层"区"，即使保证了每个区内教会高中和公立高中学生在倾向得分上的平衡，我们仍然发现，基期家庭年收入指标在一个或两个倾向得分较高的区内总是不能通过平衡性检验。当出现这种问题时，如果你要保证根据理论所确定的协变量不变，那么，我们通常给出的一种建议是，重新审查第一阶段样本选择模型的

317

函数形式设定。一般来说，那些没有通过平衡性检验的协变量提供了模型审查的方向，你可以调整这些协变量在模型中的形式设定。根据样本分布的偏度，尝试转化没有通过平衡性检验的协变量的形式（如以对数形式引入），或者引入协变量的高次幂（如模型 B 引入二次项），构造选择模型中协变量与结果变量的非线性关系。另一种有效的策略是，检查在选择模型中引入协变量的交互项是否有意义。尽管我们并没有在这里呈现从模型 A 到模型 B 的数据分析过程，但作为校正可观测偏误以估计干预效应之前的第一步，通过寻找合理的选择模型设定显然非常重要。在本案例中，我们通过引入 *INC8* 变量的二次项，解决了最初分区难以通过平衡性检验的问题。

在完成了选择模型的修正并重新拟合后，我们再次使用得到的倾向得分对样本进行分层，使其包含六个区，并使每个区内都满足必要的平衡性条件。表 12-5 呈现了分层结果。请注意，如图 12-2 所示，在所划分的六个区中，每个区内都存在共同取值范围，即同时包含教会高中和公立高中学生。例如，第一个区共有 841 个倾向值低于 0.05 的学生样本，其中 810 个为公立高中学生，31 个为教会高中学生。进一步，我们在每个区内检验了倾向得分、家庭年收入、前期数学成绩三项指标均值在两组样本间分布的差异，检验结果显示，不能拒绝在总体中两类高中学生在上述指标均值上不存在显著差异的零假设（0.01 的显著性水平）。[①]

318　　表 12-5　基于表 12-4 模型 B 预测值的六个倾向值区。每个区内的样本统计量包括：

区内样本频数、平均倾向值、基期平均家庭年收入、基期平均数学成绩、

十二年级平均数学成绩及差异（$n = 5\ 671$）

倾向值区和得分		区内样本频数		平均倾向值		基期平均家庭年收入		基期平均数学成绩（八年级）		平均数学成绩（十二年级）		
区	范围	公立学校	教会学校	公立学校	教会学校	公立学校	教会学校	公立学校	教会学校	公立学校	教会学校	差值
1	$\hat{p} < 0.05$	810	31	0.036	0.040	8.47	9.81	43.16	44.68	42.74	45.35	2.61[*,†]

---

①　事后校正（Bonferroni-adjusted）α 水平为 0.01，其他区的统计检验均相同。

倾向值区和得分		区内样本频数		平均倾向值		基期平均家庭年收入		基期平均数学成绩（八年级）		平均数学成绩（十二年级）		
区	范围	公立学校	教会学校	公立学校	教会学校	公立学校	教会学校	公立学校	教会学校	公立学校	教会学校	差值
2	$0.05 \leqslant \hat{p} < 0.075$	741	45	0.062	0.064	18.14	17.53	47.45	49.46	47.16	50.22	3.07 **,†
3	$0.075 \leqslant \hat{p} < 0.1$	928	100	0.088	0.089	26.64	26.57	48.80	49.63	48.79	49.63	0.84 **,†
4	$0.1 \leqslant \hat{p} < 0.125$	786	87	0.114	0.114	33.35	33.36	52.62	52.91	52.02	54.26	2.24 *,†
5	$0.125 \leqslant \hat{p} < 0.15$	810	145	0.136	0.137	40.73	41.47	55.15	54.79	54.72	56.54	1.82 **,†
6	$0.15 \leqslant \hat{p} < 0.2$	1 004	184	0.163	0.163	57.34	58.37	58.55	57.86	56.95	57.32	0.36
										加权平均 ATE		**1.69**
										加权平均 ATT		**1.40**

注：~$p < 0.10$；*$p < 0.05$；**$p < 0.01$；***$p < 0.001$；"†"表示单尾检验。

最后，通过计算每个区内公立高中和教会高中学生十二年级数学平均成绩的差值（见表 12-5 最后一列），我们获得了区内教会高中优势效应的估计。尽管各组的估计值是分散的（从 0.36 到 3.07），我们同样能够以每个区的样本频数为权重，计算得到平均干预效应 ATE（1.69）。这与我们前文直接控制相同协变量的回归模型（表 12-3 的模型 B）的估计结果非常接近。[1] 不过在这里，我们深入探究了选择过程本身，即用模型模拟了选择过程。我们不仅在每个区内进行了共同取值范围的检验，保证了每个区内都同时包含公立高中和教会高中样本，而且在各区内都通过了针对倾向值和协变量的平衡性检验。

在本部分最后，我们在倾向得分法的框架下，引入更多的协变量以修正可观测偏误。例如，正如前文中提到的，阿尔顿基及其同事（Altonji et al., 2005a）认为，纳入其他可预测变量——基期家庭背景、早期父母和学生教育期望等——是非常有意义的。因此，我们在模型 B 的基础上，增加了基期时父母对子女的教育期望和学生的不良行为（包括是否在学校打架、是否不完成

319

---

① 干预组教会学校的一致性估计系数为 1.40，它通过以区内教会高中的学生数对估计结果加权得到。

作业、是否破坏课堂秩序以及辍学风险)两类协变量，重新拟合了样本选择模型数据，并将其命名为模型 C。尽管我们没有呈现模型 C 的参数估计结果和拟合优度，但事实上，这个模型拟合良好，所增加的协变量对模型拟合值有统计意义上的改善($\Delta \chi^2 = 58.83$，$\Delta df = 6$，$p < 0.001$)。

基于更为复杂的模型 C 的倾向得分估计结果，我们重复了基于倾向值进行分层的过程，这次共分成了 5 个区。表 12-6 呈现了新的分层结果，以及每个区内两类学校学生的频数、倾向值均值以及十二年级平均数学成绩。两类高中的学生的倾向值分布同样完全重叠，即每个区都同时包含教会高中和公立高中的学生。根据 *CATHOLIC* 进行的区域内差异分析，倾向值均值以及其他所有协变量均值全部通过了平衡性检验。估计每个区内教会高中的优势效应，取值范围从 0.48 到 2.51，以每个区内样本总数加权计算得到平均干预效应(ATE)为 1.78，以每个区内教会高中学生数加权计算得到干预组平均干预效应(ATT)为 1.56。这些估计值与我们前文的偏误校正估计值相似，说明新的估计效应并没有与之前仅校正基期家庭年收入和学生数学成绩估计得到的效应有太大差异。[①]

320 **表 12-6** 基于最终模型 **C**(在模型 **B** 中加入了其他协变量)预测值的五个倾向值分层。每个区内的样本统计量包括：区内样本频数、平均倾向值、十二年级平均数学成绩及差异($n = 5\ 671$)

倾向值分层和得分		区内样本频数		平均倾向值		平均数学成绩(十二年级)		
区	范围	公立高中	教会高中	公立高中	教会高中	公立高中	教会高中	差异
1	$\hat{p} < 0.05$	1 089	34	0.030	0.035	43.66	46.01	$2.35^{\sim,†}$
2	$0.05 \leqslant \hat{p} < 0.1$	1 431	110	0.075	0.078	48.85	51.00	$2.15^{*,†}$
3	$0.1 \leqslant \hat{p} < 0.15$	1 599	253	0.127	0.129	53.62	55.38	$1.76^{**,†}$
4	$0.15 \leqslant \hat{p} < 0.2$	829	160	0.172	0.173	56.87	57.35	0.48
5	$0.2 \leqslant \hat{p} < 0.3$	131	35	0.213	0.212	52.51	55.01	$2.51^{\sim,†}$
						加权平均 ATE		1.78
						加权平均 ATT		1.56

注：$^{\sim}p < 0.10$；$^{*}p < 0.05$；$^{**}p < 0.01$；$^{***}p < 0.001$；"†"表示单尾检验。

---

① 具体的分析细节，如果读者需要可以向本书作者索要。

（二）通过倾向得分匹配来估计干预效应

我们根据倾向得分将样本分成 5 个或 6 个区后估计干预效应，消除了大量的偏误，这促使我们思考：如果继续将样本划分为 7 个或 8 个区甚至更多，估计的结果是否会更好？如果能够保证共同取值范围的要求以及确保通过平衡性检验，随着所划分区数的增加，我们预期有更多的偏误能够被消除。但结果并非如此。根据科克伦（Cochran）和鲁宾 1973 年的论文，通常来说，划分为 5 个区的效果就已经很好了，而一旦划分的区数超过 5 个，效果反而会变差。

尽管如此，在寻找最佳分层设计的过程中，你完全可以彻底改变分层的思路。具体来看，你需要放弃自上而下的分层思路，而转向自下而上的分层思路。所谓自上而下的分层思路，即通过将包含大样本量的区划分为包含样本量更小、更窄的区后，进行区内样本倾向得分重叠性和平衡性的检验，之后确定分层设计。与之相对，按照自下而上的分层思路，你需要列出干预组的所有样本（本例具体指教会高中的所有学生），依次为每一个干预组样本从控制组中找到"最近的邻居"（nearest neighbor），即在倾向得分上与该干预组样本最接近的公立高中学生。[1] 这时所找到的每一对样本，倾向分数的平衡将自动实现，并且协变量上的平衡性也通常可以得到满足。[2] 接下来，一旦你为每一个干预组样本都找到了相匹配的邻居，你就可以在分析中删掉那些未参与匹配的公立高中学生。删掉这些样本是因为，要么其他控制组成员完全可以替代他们的信息，要么他们的倾向得分取值不在共同取值范围内。自下而上的分层过程，又被称为"最近邻匹配"（nearest-neighbor matching）。

你可以按以下两种方式去理解基于倾向得分的最近邻匹配过程。第一，将最近邻匹配方法看作两阶段抽样。这是一种根据倾向得分检查控制组样本

322

---

[1]　因为估计倾向值是由大量的连续变量（或分类变量）根据选择方程拟合得到的，因此很难从控制组中找到和干预组样本在倾向值上完全相同的样本，只要得分充分接近即可视为"最近的邻居"。

[2]　当然，这种说法未必放之四海而皆准。事实上，可能存在两个倾向得分取值接近的样本，但在协变量取值上相距甚远。原因可能是：两个样本在协变量上的差异被选择模型中相应参数（回归系数）取值的差异所抵消，并得到了接近的倾向得分。尽管如此，如果选择模型预测因子的设定合理，正文中的这一推断整体而言是站得住脚的。

的方式，即严格按照倾向得分进行检验，一一对应地从控制组中找出与各干预组样本充分接近的样本。当然，倾向得分是基于理论上对样本偏误影响最大的协变量拟合而成的。一旦配对完成，你可以使用标准方法比较两组成员在结果变量上的均值，进而估计干预效应。第二，将最近邻匹配方法看作极端分层形式，即每层中仅包含两名参与者——一个教会高中样本和一个公立高中样本。配对组选择的原因是，他们非常接近的倾向值反映出他们在一些重要特征上——与样本选择过程非常相关的特征——具有很高的相似程度。一旦找到匹配的邻居，没有被选为匹配对象的公立高中学生会被删除，因为接下来的分析不再需要他们。①

当然，上文是对最近邻匹配算法进行的泛泛描述，掩盖了在实际数据分析过程中必须面对的诸多技术复杂性。我们建议读者阅读章末所列出的文献，以更加深入地了解这一匹配方法的微妙之处。尽管如此，这里仍然列出了一些你必须回答的问题。对于干预组的某个特定样本，如果在控制组中有多个可能的匹配样本，你应该如何处理？你是否应该保留所有的、最邻近的控制组样本？如果保留了这些样本，那么，在估计最终的干预效应时，你又该如何处理所得到的多个组间差异的取值？究竟是把他们每个个体视为匹配的、独立的控制组样本，还是通过将他们汇总并模拟得到一个"超级邻居"？反之，如果不保留所有可能的匹配样本，那么，应该选择哪个才最好呢？通过随机抽取还是以更系统的方式选择？应该进行有放回的还是不可放回的控制组匹配和重新抽样？如果进行有放回的控制组匹配，并有某些控制组样本和一个以上干预组样本匹配成功，那么，你该如何估计与最终结果均值差异相关的标准误？上述问题仅仅是方法学家处理和解决与最近邻匹配相关的大量问题的一些尝试。他们的解决方法超出了本书的内容。尽管如此，下文将介绍一种可以避免上述问题的策略。

在这里，我们使用 Stata 的用户支持程序 attnd，基于 NELS-88 数据，应用最近邻匹配方法估计干预效应，给大家呈现实际应用的案例（Becker &

①　确实，删除样本的过程会损失统计功效。但请记住，我们在使用观测数据时，被删掉的控制组样本显然被证明与被保留的样本成员是不一样的。

Ichino，2002）。我们使用前文介绍的、最复杂的选择模型（模型 C）来估计倾向值。对于任何一个来自干预组的个体，如果存在数量大于 1 个的控制组样本可与之匹配，根据 attnd 程序的算法，Stata 会自动从多个可匹配控制组样本中随机选择一个样本成为最后选择的"邻居"。由于 attnd 程序执行的是有放回的最近邻匹配，这意味着，某些控制组成员可能会和一个或多个干预组个体配对成功（即一对多的近邻匹配）。因此，匹配完成后，成功匹配的控制组样本量会小于干预组。

在这个例子中，匹配过程结束后，每一名教会高中的学生都和一名公立高中的学生近邻匹配成功，两名学生的倾向值得分几乎相同。例如，在教会高中学生中，学生♯1485802 的倾向值得分为 0.009 990 3，他/她与倾向值得分为 0.010 070 9 的公立高中学生♯709436 近邻匹配成功。正如你所期望的，倾向值是用双精度来估计的，尽管这些学生在预测选择（$CATHOLIC$）时所使用的协变量上的取值并不完全相同，但他们的协变量有非常相似的值：都来自低收入家庭，前期数学成绩都不高，都没有在校打架，等等。最终，我们保留的样本是：干预组的全部 592 名教会高中学生，以及控制组中 553 名和干预组样本匹配成功的公立高中学生。需要注意，匹配后控制组的样本量小于干预组的样本量，这是因为，某些控制组样本和多个干预组样本成功匹配。最后 Stata 报告的 ATE 为 1.04，对干预组样本的平均干预效应 ATT 等于 0.92，这小于前文用分层方法修正偏误得到的干预效果估计值。但是，两种估计手段下，我们都拒绝了总体中修正偏误后教会高中优势效应等于零的零假设。[①]

接下来，我们将介绍该方法另一种常见的应用，并结束有关最近邻匹配技术的学习。假定你拥有一组非实验数据，但数据中的每个样本都接受了干预。例如，你获得了一组参与全国支持工作（National Support Work，NSW）计划的低收入成年男性的数据，想评价以"为参与者提供结构化工作经验"为干预内容的 NSW 计划能否改善参与者在劳动力市场中的表现，这时你面临的

324

一个难题是缺少控制组样本。那么，你应该如何从其他数据集——比如说美国人口普查局每月对 50 000 多个美国家庭进行的人口现状调查(Current Population Survey，CPS)数据集——中选择最佳的控制组样本呢？这时，倾向得分法以及最近邻匹配方法提供了一种可行的方案。首先，你将适当年份中所有 NSW 培训计划参与者的数据与 CPS 的数据合并，生成混合数据库。其次，你基于混合数据库构建一个恰当的选择模型以预测成年男性是否参与了 NSW 培训计划，并估计得到每个样本的倾向值得分。最后，利用这些倾向值得分通过最近邻匹配法，为每一个 NSW 干预组样本从 CPS 数据集中选择一个未参与 NSW 培训的男性样本配对，进而估计平均干预效应。

近年的一些研究已经在考察，在估计干预效应时，应用倾向得分法和最近邻匹配方法估计的结果是否和随机分配实验设计估计得到的结果相似。并不奇怪的是，这些研究得到的结论并不一致。例如，拉杰夫·德赫贾和沙戴克·沃赫拜(Dehejia & Wahba，2002)发现，利用最近邻匹配技术通过在 CPS 数据集中寻找配对样本得到的干预效应估计结果，和基于 NSW 计划随机分配实验的评价结果高度相似。但是，迪亚斯和汉达(Diaz & Handa，2006)发现，使用倾向得分和最近邻匹配方法不能复制随机实验对墨西哥 PROGRESA[①] 有条件现金转移方案的分析结果。检验匹配方法的应用能否重现随机分配实验结果的研究结果是混杂的，对此你不应该感到惊讶。事实上，匹配方法的应用能否成功，不仅取决于研究人员对选择过程的理解程度，还取决于选择过程建模的准确性，以及分析所用的数据能否准确地测量关键协变量。

(三)通过倾向得分倒数加权来估计干预效应

在前文中，我们使用最近邻匹配方法为来自干预组的 592 名教会高中学生选择了来自控制组的 553 名公立高中学生进行匹配，通过比较匹配成功后两组样本在 12 年级时数学成绩的差异来估计干预效应。在上述估计干预效应的过程中，我们删掉了数千名公立高中的学生，尽管他们是原始调查数据库

325

---

① PROGRESA 为西班牙语 Programa de Educación，Salud y Alimentación 的缩写，表示教育、保健和粮食项目。——译者注

中的正式样本，但因为没有和任意一名教会高中学生成为"最近的邻居"而被删除。这看起来是数据的浪费。我们现在转向另外一种方法，这种使用倾向值的方法，将充分利用原始样本中所有公立高中学生的信息。

上文介绍的应用最近邻匹配方法估计教会高中优势效应，在理论上可以视为基于所有学生样本的产出值构建一个加权平均值，不管这些学生是否被选作"最近的邻居"。这可能是一个看起来比较荒谬的说法，因为我们在实际计算过程中删掉了大量没有选中的控制组样本。但实质上，我们的确通过加权方法估计干预效应，这些权重是二分的，取值为 1 或者 0。具体来看，对于干预组样本，每一名教会高中学生（共 592 名）赋予权重值 1，对于控制组样本，每一名被选作干预组样本"最近的邻居"的公立高中学生（共 553 名）赋予权重值 1，而没被选作干预组样本"最近的邻居"的公立高中学生赋予权重值 0。接下来，我们估计并比较了教会高中学生和公立高中学生十二年级时的平均数学成绩，在这个过程中，将基于上面所定义的二元权重计算数学成绩的平均值。这意味着，权重赋值为 0 的公立高中学生不会对计算结果产生任何贡献。这样，我们事实上仅对所有教会高中学生以及权重赋值为 1 的公立高中学生进行了数学平均成绩的差异比较。但是，我们应该从哪里得到二元权重的值呢？答案是：通过检查每个参与者倾向得分的值来间接获得它们。这就引出一个问题：对每个个体来说，我们是否可以直接使用倾向值本身创造一个更加精细化的权重集，然后保留所有样本重新估计干预效应？

如果这是一个将学生完全随机分配到公立高中和教会高中的实验设计，那么，每个样本从选择方程中估计得到的倾向得分是多少？事实上，在这种情形下，不管理论如何，我们都不可能用任何协变量预测 *CATHOLIC* 的取值，因为随机分配的过程将确保学生是否进入教会高中的决策与所有潜在协变量均不相关。所以，无论每名学生在协变量上的取值是多少，所有学生从选择方程拟合的倾向得分都是一样的，这意味着，拟合第一阶段的选择模型不会为我们提供有用的信息。[①] 但是，我们的数据并非通过随机分配实验获

326

---

① 每名学生拟合得到的倾向得分均等于全样本中教会高中的学生构成比例（0.104）。

得，也确实能够预测一名学生是否选择教会（或公立）高中。事实上，通过描述估计所得到的倾向得分可以呈现我们在多大程度上成功地预测了"选择"。这些倾向得分总结了系统性的选择过程在多大程度上导致每个参与者进入特定类型的高中，即学生在现实情景中进入的高中。在某种意义上，这些倾向值总结了我们数据中的学生在选择高中类型时存在的非随机程度。接下来，我们将在考虑学生之间倾向得分差异的基础上，尝试获得教会高中优势效应的修正估计。

为了获得教会高中影响效应的无偏估计，我们需要清除样本选择对影响效应估计的干扰。在这个清除过程中，我们可以基于倾向值的取值进行思考。举个例子，考虑两名教会高中学生，为简单起见，我们称他们为安迪和鲍勃，并假设安迪估计得到的倾向得分 $\hat{p}_{Andy}$ 远大于鲍勃的得分 $\hat{p}_{Bob}$。上述结果说明，相对于鲍勃，选择模型所涉及的可观测变量在预测安迪学校选择的过程中发挥了更加重要的作用，具有更强的预测效果。为了纳入这两名学生的信息以估计修正偏误，在估计教会高中优势效应的过程中，相对于鲍勃所提供的信息，我们期望更少利用安迪所提供的信息。理由在于，安迪的高中选择能更准确地由可观测变量预测，而鲍勃的高中选择更难通过可观测变量预测，就是说，前者的高中选择在这些可观测变量上具有更强的系统选择性，而后者具有更弱的系统选择性（更强的随机性）。接下来，我们以每名学生各自倾向得分的倒数（$1/\hat{p}_{Andy}$，$1/\hat{p}_{Bob}$）为权重进一步估计平均干预效应。那样，在教会高中学生中，安迪的权重将低于鲍勃。

在估计平均干预效应时，对于每一名公立高中学生所提供的信息应该如何设置权重？思路和上文对教会高中学生的设定比较相似。考虑两名公立高中学生，我们称为伊夫和扎克。回想一下，倾向得分是对每名学生进入教会高中的可能性的预测。尽管如此，对于两名公立高中的学生伊夫和扎克而言，我们期望用他们各自进入公立高中的概率的倒数作为加权。同样，权重得分越高，说明在这些可观测变量上具有更弱的系统选择性。由于进入公立高中的概率和进入教会高中的概率（倾向得分）具有互补性，因此，伊夫和扎克各自进入公立高中的概率分别为 $(1-\hat{p}_{Yves})$ 和 $(1-\hat{p}_{Zack})$。[1] 那么，我们以每个学生各自的倾向值得分的倒数——$1/(1-\hat{p}_{Yves})$ 和 $1/(1-\hat{p}_{Zack})$——为权重进一步估计平均干预效应。

从以鲁宾的潜在结果框架为基础所开展的技术性工作中可以看到，你在正确地估计到每一个样本的倾向得分以后，在估计平均干预效应时，为了抵消选择性偏误，具体的权重设定为：干预组中每一个个体的逆概率权重等于倾向得分的倒数 $(1/\hat{p})$，控制组中每一个个体的权重等于 $1/(1-\hat{p})$（Imbens & Wooldridge，2009）。正如上文所展示的，这些权重可以直接通过倾向得分计算得到，并且可以很容易地引入对干预组与控制组之间平均结果差异的估计中。基于上述原理存在几种明确的加权估计方式，每一种逆概率权重的估计方式之间可能存在非常细微的差异，在这里，我们推荐使用因本斯和伍德里奇[2009 年，方程(18)，第 35 页]所设计的逆概率加权（inverse-probability weighting，IPW）估计[2]，即直接通过加权最小二乘（weighted least-squares，WLS）回归分析进行估计。例如，在 NELS-88 例子中，我们以 IPW 为权重，使用 WLS 回归分析估计了 *MATH 12* 对 *CATHOLIC* 的回归。[3] 在这种倾向得分最复杂的应用中，修正了一系列由观测协变量引起的偏误后，我们估计得到的教会高中优势效应的估计值为 1.47（$p<0.001$），这一估计结果与之前的估计结果一致。

作为对使用倾向得分法的最后评论，我们来看看应用逆概率加权（已经被

---

[1] 只有两种可能的选择情形时，如果选择其中一种情形的概率是 p，那么，选择另一种情形的概率必须是 $(1-p)$。

[2] 在因本斯和伍德里奇的方程(18)中，方程右边的系数存在一个印刷错误。在 2009 年和因本斯私下交流后，修正后的方程是：

$$\hat{\tau}_{ipw} = \left(\sum_{i=1}^{N} \frac{W_i Y_i}{\hat{e}(X_i)} \middle/ \sum_{i=1}^{N} \frac{W_i}{\hat{e}(X_i)}\right) - \left(\sum_{i=1}^{N} \frac{(1-W_i)Y_i}{1-\hat{e}(X_i)} \middle/ \sum_{i=1}^{N} \frac{(1-W_i)}{1-\hat{e}(X_i)}\right)$$

其中：W_i 是个体 i 的干预指标取值，当其为干预组的成员时，取值为 1，否则，取值为 0；$\hat{e}(X_i)$ 是基于协变量向量 X 预测得到的倾向得分。

[3] 请谨慎编程并执行 WLS 回归分析，因为统计软件的差异性可能会影响 IPW 权重的使用方式。通过经典的 WLS 回归分析获得因本斯和伍德里奇的 IPW 估计量，回归权重必须是 IPW 权重的平方根。但是，由于一些统计软件自带的程序要求你以平方的形式输入 WLS 回归权重值（即基于方差的权重），这时，你设定的权重形式就应该是 IPW 权重本身（而不需要取平方根）。

328 证明有效地从教会高中优势效应的估计中消除可观测偏误）将如何影响协变量取值的样本分布。在图 12-3 中，我们呈现了选择变量 *MATH8* 样本分布的平滑核密度估计结果，具体来看，A 部分是以 IPW 加权之前的样本分布，B 部分是以 IPW 加权之后的样本分布，并且，每种情形都同时呈现了教会高中与公立高中在 *MATH8* 变量上的样本分布。请注意，引入权重非常明显地改变了样本密度，在 B 部分，教会高中和公立高中密度函数图的形状非常相似，且取值范围完全重叠。因此，逆概率加权 IPW 在某种程度上已经改变了教会高中和公立高中在协变量样本分布上的密度，保证了两类学校的共同取值范围和平衡性。上述方式适用于所有协变量的分布。

329

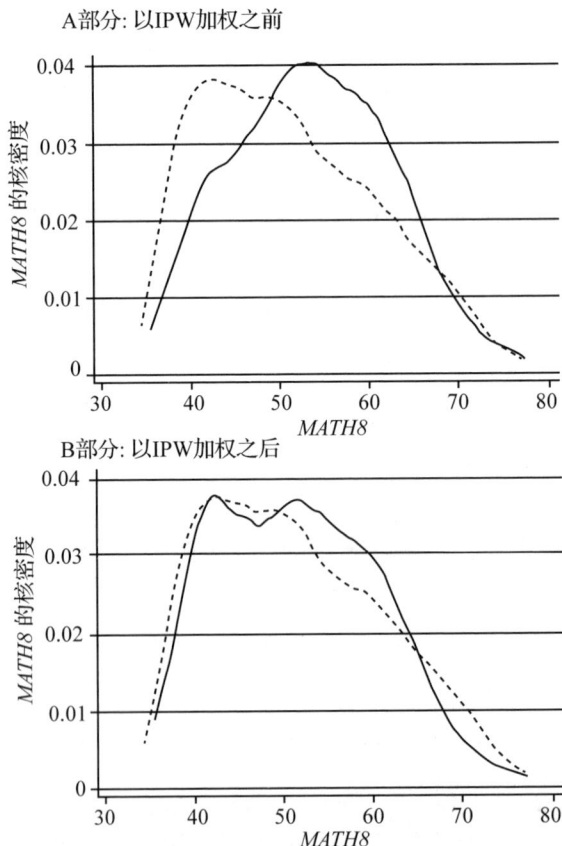

图 12-3 以 IPW 加权之前和之后分别对公立高中和教会高中在协变量 *MATH8* 上样本分布的核密度估计

正如本章开头所提到的，我们所选择的实质性问题以及数据集（用来举例说明减少由可观测变量带来的干预效应估计偏误的方法）受到了阿尔顿基等人（Altonji et al.，2005a）论文的启发。这篇论文的研究问题是：教会高中是否比公立高中能提供更好的学校教育？在回答这个问题的过程中，作者通过估计可观测变量在多大程度上可以预测学生对公立高中或教会高中的学校选择，以评价得到的平均干预效应中由遗漏变量产生偏误的程度。此外，从这篇试图解决非实验数据中因果问题的论文中，我们还可以学到两个相关的经验，这是本章内容的拓展。

四、回到实质问题

第一个经验是，仔细思考和界定分析样本非常重要。阿尔顿基及其同事在论文中报告了基于两类分析样本的研究结果。第一类样本包括了 NELS-88 数据库中的全部学生，不管他们将来是进入公立高中还是教会高中；第二类样本仅包括数据库中教会学校的八年级学生。作者认为，以第二类样本开展分析得到的结果更加可信，尽管样本规模更小，理由在于：①在公立学校的八年级学生中，只有 0.3％ 的样本后来选择并进入了教会高中。因此，作者指出，要预测教会高中学生如果没有选择教会高中而是进入公立高中时的教育产出，公立学校八年级的学生并不是恰当的对照组样本。②利用可观测变量预测学生个体选择学校类型的过程中，在后一类样本（教会学校八年级的学生）中的预测成功率远低于前一类样本（全部学生）。根据这种差异，作者认 *330* 为，选择公立高中和教会高中的两类学生之间确实存在不可观测差异，这些差异造成了干预效应估计中的偏误，但是，以教会学校八年级学生的子样本估计得到结果的偏误会小于以全样本估计得到结果的偏误。

第二个经验是，利用非实验数据估计干预效应，估计结果的偏误方向往往不明确。例如，阿尔顿基及其同事关注的结果变量是学生最终能否高中毕业。他们发现教会学校的优势很大，而且在统计上也很显著。举个例子，在他们更偏好的估计（基于教会学校八年级学生子样本）中，教会高中优势效应的估计结果为 5～8 个百分点(具体结果取决于不可观测变量所导致偏误的大小)，而在 NELS-88 全样本中，根据同样的统计模型，选择同样的协变量，估计得到教会高中的优势效应比子样本估计结果的一半还要少。作者的观点令人信服：遗漏变量偏误问题随着样本量增大而变大。这一变化方式说明，在大样本中控制很多协变量，会导致对教会高中优势效应估计的向下偏误(downwardly biased)。因此，我们的结论是，决定干预状况的不可观测变量会造成处理效应估计值的偏误，而且偏误的方向往往不清楚。

此外，阿尔顿基及其同事的论文(Altonji et al.，2005a)还指出，在使用信息更加丰富的纵向调查数据来识别因果问题的过程中，方法学家已经在设计具有创造性和强有力的策略上取得了进展。就这一点来说，他们的论文为本章所介绍的一系列方法做出了贡献。从另外的角度来看，这篇论文也对这些技术的潜在使用者提出了警告：个体进入干预组的选择过程既取决于可观测变量，也取决于不可观测变量。因此，即使使用了本章介绍的处理选择效应偏误的方法，估计偏误仍然可能存在。换句话说，非混淆性假设——是否成为干预组仅是可观测协变量的函数——是本章所介绍的所有技术的基础，这是一个非常严格的条件。

五、拓展阅读材料

围绕本章主题所开展的研究文献越来越多，因本斯和伍德里奇 2009 年发表在《经济文献杂志》(*Journal of Economic Literature*)上的论文是进一步学习的良好开端。此外，德赫贾和沃赫拜在 1999 年和 2002 年发表了两篇被广泛引用的论文，随后史密斯和托德(Smith & Todd，2005a，2005b)与德赫贾(Dehejia，2005)进行了持续交流，这都说明了在非实验数据中使用匹配技术估计因果影响的前景和陷阱。

第十三章

方法论的长期探索经验

回顾第一章所写到的，保罗·哈努斯在 1913 年国家教育协会大会发言时指出："要避免将一些常识性错误应用到教育实践中，唯一的办法是使用非常识的结果——用有效性毋庸置疑的技术信息去推翻它"（Hanus，1920）。对哈努斯"毋庸置疑的技术信息"的追求是一个漫长的过程，一直持续了整个 20 世纪。尽管如此，最近几十年取得的进展使满足这一标准的社会科学研究越来越有可能得到开展。其中一些进展反映了我们在应用和解释强大分析方法上的进步。例如，唐纳德·鲁宾和其他方法论学者努力地阐明了随机分配实验能够为教育政策问题提供无偏估计背后的假设。心理学家唐纳德·坎贝尔以及后来不同学科的方法论学者的贡献，改善了我们对断点回归设计能够支持因果推断的前提条件的理解。方法论学者还对工具变量估计的应用和特定类型工具的实际功效有了新见解。

其他显著进展是使用计算机和数据库进行数据管理和保存（administrative record-keeping）。举个例子，我们已经对学校注册人数、教师分配、学生考试分数、成年人劳动力市场产出等重要方面的广泛信息进行组织良好的数字化记录。反过来，这也大幅提高了对各种教育政策的因果影响进行研究的可行性，并降低了开展政策影响效应研究的成本。

还有一些重要的进展是统计软件的精细化，这让使用全新综合的分析方法分析海量数据变得容易。比如，在 20 世纪 70 年代，在基于学生集群与班级的数据进行回归分析时，如果研究者考虑到集群问题想要修正回归中的标准误，就不得不自己写电脑程序。然而在今天，研究者使用大多数软件包中自带的选项就可以轻松地获得正确的标准误。在传统正态分布理论假设不合适时，复杂的统计软件和飞速提高的电脑处理速度甚至可以使用非参数重复抽样程序（如 bootstrap）估计这些标准误。

　　研究方法论、数据管理与保存、统计分析软件等方面的进展提高了研究者分析教育政策干预因果影响的能力。但是，只有当研究者牢记本书介绍的经验和教训时，所有这些新的潜力才有可能实现。获得更大的数据集、使用更好的方法和更加先进的软件还不够，你还必须审慎地利用这些数据和工具。在本章中，我们将进一步回顾并评论本书提到的一些经验，并使用大量设计精良且实施完好的定量研究案例再一次对其进行阐释——这些例子中许多已经在前面的章节中进行了介绍。我们不会在本书中讨论每一个策略细节和分析细节，本章将选择一些作为重要"习得经验（lessons learned）"部分的细节进行介绍。

一、理论在量化研究中的重要作用

　　正如第二章解释的那样，将研究建立在合理且相关的社会科学理论之上，对于因果推断的研究设计和研究结论的解读至关重要。社会科学理论的作用在于：决定了研究的主题或要回答的问题、感兴趣的总体、干预的性质、特定政策干预的预期产出或影响、这些预期影响发生的时点以及这些影响发生的机制。也就是说，如果没有合理的理论，研究只不过是一场没有方向的摸索行为（an unguided fishing expedition），不能被认为是科学。本部分将再次以"班级规模缩减会如何导致更高学生学业成绩"的研究为例，阐述理论在社会科学研究中发挥的重要作用。在最基本的层面上，关于更小班额为何会导致更高学生学业成绩的一个简单理论看起来很直接：班级越小，教师拥有越多时间用在学生身上（无论是个人还是小组）。然而，稍加思索就会意识到，如果研究者利用该理论去解决班级规模缩减政策设计过程中出现的许多微妙问题，或者要评估班级规模缩减政策实施效果对政策设计的敏感程度，上述简单的理论就必须重新界定。举个例子，将所有学生放到一个相同规模的小班或者将具有某种特征的学生分配到特定的小班是否会起作用，以及将教师分配到不同规模班级的方式是否会带来不同？对于这两个重要问题，理论能告诉我们什么？利用更加精确的理论来回答上述这些问题，有助于阐明班级规模缩减政策的设计初衷以及解释该政策的实施效果。

比如，经济学家爱德华·拉齐尔（Edward Lazear）在 2001 年发表了一个将班级规模和学生学业成绩联系起来的理论，解决了上述问题中的一个。拉齐尔的理论认为，学生通过不良行为破坏班级学习环境的倾向存在差异。在他的理论中，小班额提升学生学业成绩的机制在于它减少了因学生破坏而浪费的教学时间。从拉齐尔的"捣蛋学生"理论衍生出来的一个假设是：相比于将学生随机分到小班，如果教育行政者有意将捣蛋学生放入小班，班级规模缩减对学生学业成绩的总体影响将更大。其原因在于，在现在没有不守规矩学生破坏的大班中，学生将取得更高水平的学业成绩。检验这一微妙假设时，识别捣蛋学生并获得学生的同意将其安置在小规模班级是很重要的。

对于班级规模影响学生学业成绩的主题，有别于拉齐尔理论的另一个理论是重点关注教师劳动力市场和工作条件。根据这一理论，小班可以为教师提供更合意的工作环境。因此，提供小班的学校在吸引优秀的教职申请者上比提供大班的学校更加有效（Murnane，1981）。在设计研究检验该"工作条件"假说时，采用一个足够长的时间框以使缩减班额的学校招聘这些优秀的教职申请者并观察他们对学生未来学业成绩的影响是很重要的。

对于解释田纳西州学生/教师成就比（STAR）实验的结果而言，它与班级规模影响学生学业成绩的机制的上述两个理论是相关的。回忆一下第三章中的介绍，在该实验中，教师和学生被随机分配到小班（13～17 名学生）和常规班（21～25 名学生）。评估结果显示，实验第一年结束时，小班学生的标准化认知技能测试分数平均上要比常规班学生高出 4 个百分点（Krueger，1999）。尽管班级规模缩减政策的倡导者对于该干预的积极影响表示赞赏，但批评方认为，考虑到实施缩减班级规模政策的资金成本很高，干预的影响程度并不高（Hanushek，1998）。

在对 STAR 实验结果的争论中，人们没有意识到实验设计排除了班级规模缩减影响学生学业成绩的两个机制。STAR 实验的分配程序意味着，平均而言，潜在的捣蛋学生在班级间随机分配，而不是集中分配到小班中。布赖

335

305

恩·格雷厄姆(Bryan Graham，2008)巧妙地使用 STAR 实验中的数据开展研究，为拉齐尔的"捣蛋学生"假说提供了支持。但同一学校内将教师随机分配到不同规模的班级也意味着，STAR 实验没有提供检验"工作条件"假说的机会。

这个例子的意义在于阐述了理论在设计政策干预影响力评估和解释其研究结果中的重要性。STAR 实验是一项了不起的成就，因为它为班级规模缩减可能带来的效果提供了重要的新信息。尽管如此，考虑班级规模影响学生学业成绩的理论机制后会意识到，实验并非为了检验小规模班额可能带来的两类潜在好处的重要假设而设计的，即有效处置捣蛋学生和吸引高技能教师。为了评估相关机制的存在性和重要程度，需要后续研究通过不同的研究设计来进行估计。

二、文化、规则和制度在量化研究中的重要作用

336　　深入理解研究所处环境的文化对于成功开展研究是至关重要的。第五章描述了阿卜杜勒·拉蒂夫·贾米勒贫困行为实验室(J-PAL)的研究者在对印度城市的 Balsakhi 项目以及印度乡村的创新教师激励项目开展随机分配实验评估时所做出的努力，充分说明了这一经验。同样重要的是，理解影响参加教育干预的个体和组织行为的制度和规则。布赖恩·雅各布和拉斯·勒夫格伦(Jacob & Lefgren，2004)对芝加哥公立学校(CPS)与 1996 年引入的强制暑期学校和学生留级政策进行的评估说明了这一点。

我们在第八章和第十一章已经解释过，根据 CPS 政策，学年末阅读或数学成绩低于预先规定水平的三年级学生必须强制参加暑期学校，以及那些在完成暑期学校后阅读或数学成绩水平仍然低于升级最低水平要求的学生需要留级。事实上，这项政策也适用于六年级学生。在三年级学生和六年级学生做出第一次升学决策两年以后，通过比较干预组和控制组的学生成绩，雅各布和勒夫格伦评价了 CPS 政策的结果。他们发现留级对六年级学生的阅读成绩具有不利影响，但对三年级学生的阅读成绩没有不利影响。

　　通过与教师和地区管理者就考试政策进行谈话，雅各布和勒夫格伦对在不同的年级得出不同的结果做出如下解释：在六年级学生做出留级或升学决策的两年以后，成功升学的学生在八年级，他们面临着一场为了升上九年级必须通过的关键考试，为通过该关键考试，这些学生会尽全力在考试中取得好成绩。与之不同，六年级时留级的学生现在（两年后）大多数仅上完七年级，他们没有面临任何关键考试，这些学生没有动力去认真对待他们学年末的阅读考试。这使得，两年后那些恰好满足升学标准并升学的学生和恰好没有达标而留级的学生之间在平均阅读分数上的差异，可能来自在追踪调查时两类学生是否面临关键考试而造成的学习动力上的差异。

　　相对而言，对于基期时的三年级样本，在两年后的追踪调查时，他们并不存在考试动力的差异。事实上，四年级考试分数或五年级考试分数都不具有决定升学的关键作用。为此，雅各布和勒夫格伦总结道，不管对于基期时的三年级样本，还是对于基期时的六年级样本，他们的研究结果是一致的，留级对这两组学生的阅读成绩均没有长期影响。因此，在做出升学决策两年后，基于追踪数据得到留级对这两组样本影响效应不同，其原因可以解释为：两组学生在两年后面临考试的重要性程度不同。

　　这个例子说明了全面理解教育政策干预所处环境中的制度和规则是十分重要的。在雅各布和勒夫格伦研究的例子中，解释当初令人困惑的关于留级影响效应的研究结果时，了解有关芝加哥考试政策的细节（包括在不同年级实施考试对于学生开学的重要性程度）非常重要。

三、正确理解反事实的作用

　　因果研究的目标是要去了解一项特定的干预将如何影响一个定义良好的总体的产出。这种研究背后的反事实模型是，将接受干预总体的产出取值分布与该总体在没有接受政策干预时最有理可依（the best educated guess）的产出分布进行对比。本书的部分章节介绍了对干预条件和反事实条件下产出变量分布进行估计的各种方法。在第五章中，我们用职业生涯学院评估来说明

337

清楚界定干预的重要性。这里我们使用另一个例子来说明清楚界定反事实的重要性。

2004 年，数学政策研究公司发布了基于随机分配方法就为美国而教(Teach for America，TFA)项目对学生数学和阅读成绩提升效应的评估结果报告(Decker，Mayer，& Glazerman，2004)。这一报告引起媒体广泛关注的原因在于，TFA 招聘了一批毕业于竞争激烈高校并在学习上极具天赋的学生到公立学校任教，如果没有这个项目，他们中的大多数人不会选择经历漫长的传统教师资格认证项目而从事教师职业。该项目富有争议的原因在于：①TFA 参与者最初的正式培训仅限于为期五周集中进行的暑期项目；②大多数 TFA 参与者在履行完两年的承诺后离开了给他们分配的班级；③TFA 参与者在为全国最贫困儿童服务的学校任教。

338　　　数学政策研究公司研究发现，平均而言，TFA 参与者所教小学生的数学成绩要比相同学校中其他教师所教的成绩高，从全国而言，TFA 教师和非 TFA 教师教学生的平均阅读成绩不存在显著的差异。然而，理解与 TFA 教师进行对比的反事实群组的性质对于解释研究结果非常重要。

对数学政策研究公司的评估进行仔细审查发现，在参与研究的样本学校中，大部分非 TFA 教师(亦即对照组中的教师)完全没有为教育学生做好准备。研究样本中只有不足 4% 的非 TFA 教师毕业于"竞争激烈"的高校。与之不同，在全国的整体教学队伍和 TFA 教师中，毕业于"竞争激烈"高校的比例分别为 22% 和 70%。此外，样本学校中几乎 30% 的非 TFA 教师根本没有任何教学经验。

这项评估显示，由于州和地方政府政策以及集体谈判合同(collectively bargained contracts)，可能造成全国许多最贫困儿童由一些准备最不充分的教师进行教授，那么，TFA 教师有助于减轻上述问题。这是一项值得称赞的成就。然而，对反事实的理解让我们意识到，数学政策研究公司的评估只能得出 TFA 教师相对于准备糟糕教师(而非准备充分的老教师)更加有效的结论。这突出了制定公共政策吸引准备充分的、经验丰富的教师到贫困儿童高度集中的学校任教的重要性。

四、消除选择性偏误是量化研究的关键

关于儿童教育经历的丰富纵向数据集在近几十年得以建立，这明显增加了研究者在基于观察数据开展因果研究中尝试控制选择性偏误时可以使用的变量。倾向得分匹配法的发展给这类研究带来了新的工具。尽管如此，我们还是想要强调，非混淆假设（进入不同干预状态的选择完全是可观测变量的函数）通常很难得到保证。我们通过再次回到职业生涯学院研究的历史来说明这一点。

在人力示范研究公司（MDRC）对职业生涯学院进行随机分配研究之前，大量非实验研究发现，相对于就读于其他高中但在可观察特征上（observationally）类似的学生，职业生涯学院学生通常拥有更高的高中毕业率、更好的等级成绩和毕业考试分数（Stern，Raby，& Dayton，1992）。当然，对这些准实验研究结论进行解释背后隐含着非混淆假设，也就是说，在控制了可观测的协变量之后，对照组学生与就读职业生涯学院的干预组学生没有差异。MDRC 对职业生涯学院的随机分配研究发现，该假设并不能得到一致的证据支持。一方面，MDRC 研究发现抽中职业生涯学院入学资格的学生与那些没有抽中入学资格的学生在这些学业产出变量平均值上不存在差异。另一方面，MDRC 评估显示，随机分配研究中的控制组（参与抽签但没有抽中入学资格）要比在可观察特征上类似但没有参与职业生涯学院抽签的学生有更高的高中毕业率和成绩等级。对上述两方面结论的解释是，申请参加职业生涯学院抽签的学生具有非常高的（atypically high）动机水平。因此，由于学生被分配到职业生涯学院中缺乏合适的外生变异，估计得到的职业生涯学院对学生产出因果影响的结论是有偏的。

MDRC 随机分配研究与之前的准实验研究和观察研究之间结论存在差异并非不常见。事实上，大量研究者已经证明，对缺乏外生干预变动来源的数据，即使应用最先进的统计技术也无法可靠地复制随机分配实验获得的结果（Agodini & Dynarski，2004；Glazerman，Levy，& Myers，2003；La-

339

Londe，1986）。然而，这并不意味着随机分配评估是获得教育干预因果影响无偏估计的唯一办法。自然实验也可以在实验条件分配上提供可论证的外生变动，有时可利用这些实验条件创造出干预开始前满足期望相等条件的干预组和控制组。事实上，最近有两组研究者使用断点回归法再次分析了随机分配实验数据，得出的结论也非常相似（Buddelmeyer & Skoufias，2004；Cook & Wong，forthcoming）。

我们在第十二章中讨论过，研究者通常被要求在干预条件分配上没有可靠外生变异的条件下去评价一项教育干预的影响。在这些情况下，研究者获得干预因果效应无偏估计的能力通常会严重受损（severely compromised）。托马斯·库克及其同事（Cook et al.，2008）指出，当研究者必须借助已经收集的具有全国代表性的观察数据，基于个人和家庭的人口统计特征将参与人员进行匹配以寻找"对照"组时，上述论点尤其正确。但是，库克及其同事也认为，在没有真实的干预外生变异时，如果研究者可以从干预实施相同地点的参与者中构成一个匹配的"对照组"，消除干预因果效应估计偏误的潜力也将得到提升。如果我们能将在基线测量中与产出变量强相关的变量作为协变量包含在匹配过程中，这一点也尤其正确。

五、量化研究需要多重产出测量

即使政策制定者只关注某项教育干预是否影响某一特定的产出，在设计评估时包含若干产出变量的多重测量指标也是有价值的，这有两个原因：一方面，一些教育干预措施激励教育从业人员关注能够提升学生特定考试分数所需的教学技能。丹尼尔·科雷茨（Daniel Koretz，2008）解释道，这种"为考试而教"的教学模式会提高学生在关键考试中的成绩，但无法改善学生在同一领域其他技能评价中的表现。在这种情况下，这些干预不可能让参与者长期获益。另一方面，一些主要旨在改善某一特定领域产出的干预措施同样对其他领域的产出存在影响。对不同学科的潜在行为理论进行考察，通常可以为需要测量的产出类型提供启示。在这一部分，我们通过介绍一些最新评估研究，来说明上述两个原因。

塞西莉亚·罗丝和艾伦·克鲁格（Cecilia Rouse & Alan Krueger，2004）评估了一个被称为"快速前进家庭项目［Fast ForWard（FFW）Family of Programs］"的软件程序在提高美国一个城市学区四所学校中低成绩小学生阅读技能上的效果。该项目将低成绩学生随机分配到干预组和控制组，要求干预组学生每天花 90 分钟使用 FFW 软件进行学习，控制组学生不会接触到该软件。研究者使用四项阅读技能标准化测试的成绩作为产出变量，其中一项测试由FFW 软件开发者提供。罗丝和克鲁格发现，平均而言，干预组在软件供应商提供的阅读测试上的分数要高于控制组的分数。然而，这一差异并没有转化为干预组和控制组在其他阅读测试成绩上的差异。特别地，在与国家阅读标准相一致的标准参照（criterion-referenced）测试上，能够接触 FFW 软件的干预组学生的平均成绩并没有比控制组学生的平均成绩更高。这一结果让罗丝和克鲁格得出结论，使用 FFW 计算机辅助教学（CAI）程序并没有提高城市中低成绩学生的阅读技能。当然，如果他们只检验了软件开发者所提供测试的成绩，结论将会大不相同。

对"搬迁机会"（Moving to Opportunity，MTO）项目开展的随机分配评估，为阐明第二点原因提供了非常好的案例。MTO 是一项由美国住房和城市发展部赞助的为期十年的实验，它提供了一个让低收入家庭有机会从极端贫困城市社区搬到贫困程度稍低社区的大型随机样本。许多社会科学家认为，MTO 项目的主要效果是改善干预组家庭中成年人在劳动力市场中的产出。其逻辑在于，居住地迁移使家庭工作地点的距离更近。然而，时至今日，评估结果仍然没有发现该项目对干预组家庭中成年人在劳动力市场产出上的任何改进。如果评估仅仅关注于对劳动力市场产出这一单一的产生变量，有关MTO 实验效果的证据一致得令人泄气。

幸好，在设计评估研究阶段，研究团队考虑了搬迁到更好社区可能改变家庭生活的多种机制。众多假设中的一个是，搬出犯罪率极高的社区会降低父母的压力水平并改善他们的心理健康。这个假设让研究团队收集了关于参与者心理健康的大量测量数据。迄今为止，对 MTO 评估得到最有意义的发

341

现之一是，母亲心理健康会得到显著改善（Kling，Liebman，& Katz，2007）。这一发现也让研究团队在计划下一轮的数据收集和分析中，研究 MTO 项目是否通过改善母亲心理健康的机制起到促进儿童认知情感发展的作用。对这一假设的评估结果将于 2012 年公布。[①]

六、量化研究需要平衡教育干预的短期效应与长期效应

342　　大多数对教育干预的影响力评价考察的是相对短期的效应。比如，数学政策研究公司在评价 TFA 项目的效果时，考察了教师对所教授特定学生群体在学年末测试成绩的影响。这是有意义的，因为学生随后会由其他教师所教，因此特定教师对学生技能的影响可能会逐年减弱。尽管如此，政策制定者也特别关注特定干预措施是否具有持续性影响。事实上，得到政策持续影响存在与否的证据，对于做出是否继续干预、是否扩大干预规模以覆盖更多参与者的决策特别重要。出于这个原因，在资金可行时，有必要设计研究以评估干预是否具有长期影响效应。

　　回忆一下，MDRC 评估团队发现：平均而言，被提供职业生涯学院入学资格的干预组学生与控制组学生在高中成绩等级、考试分数、毕业率或大学入学率等方面没有差异（Kemple，2008）。因此，即使每名参与者对多项产出指标中的每一个都贡献了数据，但是直到参与者高中毕业的时候，研究者得到的结论依然是：提供职业生涯学院入学资格并没有为干预组样本带来更好的学业产出。但是，在更长时期（高中毕业后八年）的产出变量上的发现却不同。例如，平均而言，最初提供的职业生涯学院入学资格，最终使得干预组样本的劳动力市场工资比控制组样本高 11%。因此，将长期评估和多重产出测量结合起来，会得到一组关于职业生涯学院产出重要且令人惊讶的结果。

---

① 尽管如此，在 2012 年发表的题为"'搬迁机会'对青年人产出的长期影响"（The Long-Term Effects of Moving to Opportunity on Youth Outcomes）的研究中，研究者指出，居住地搬迁并不会对青年人长期的学习状况、身体和心理健康状况产生明显的改善。资料来源：Gennetian LA，Sciandra M，Sanbonmatsu L，Ludwig J，Katz LF，Duncan GJ，Kling JR，Kessler RC. The Long-Term Effects of Moving to Opportunity on Youth Outcomes. Cityscape [Internet]. 2012；14（2）：137－168. ——译者注

七、量化研究必须重视异质性问题

某项政策或干预的影响效应通常具有异质性，这意味着：干预对某项产出的影响效应可能在参与者的不同子群中存在差异。举个例子，MTO 干预组家庭的女生从搬迁到更好社区中获得对教育和健康的积极影响，但该积极影响在男生群体中没能得到验证（Kling，Liebman，＆ Katz，2007）。在关于特定干预的政策讨论中，上述有关子群间异质性的信息通常很重要。鉴于此，以一种促进异质性效应探索的方式来设计研究是有意义的。然而，这通常没有看起来那么简单。我们使用纽约奖学金项目（NYSP）评估的案例，对其中一些挑战进行说明。

回忆一下第四章中豪威尔等人（Howell et al.，2002）在研究中发现：提供奖学金以帮助支付私立小学学费的干预提高了非洲裔美国儿童的平均学业成绩。该研究者还发现，奖学金提供并没有改善西班牙裔儿童的平均成绩。尽管研究者进行多种尝试以解释这些子群间的差异，但这些问题还是令人困惑。解决该问题的一大挑战在于对子群进行清晰定义。在为开展子群分析准备数据时，数学政策研究公司的研究团队是基于母亲（或女性监护人）在回答种族/民族的调查问题上提供的答案将样本进行分组。该调查问题要求母亲们从以下选项中做出单项选择：①黑人/非洲裔美国人（非西班牙裔）；②白人（非西班牙裔）；③波多黎各人、多米尼加人和其他西班牙裔。随后，以威廉·豪威尔和保罗·彼得森领衔的评估团队将母亲选择"黑人/非洲裔美国人"这一选项的儿童样本定义为"黑人/非洲裔美国人"子样本。

在后来对 NYSP 数据进行的二次分析中，普林斯顿大学艾伦·克鲁格教授和朱培（Pei Zhu）博士认为，可以通过其他同样合理的办法来定义学生的种族/民族并构建子群体（Krueger ＆ Zhu，2004）。举个例子，你可以将父亲或母亲为自己选择"黑人/非洲裔美国人"类别的儿童定义为"黑人/非洲裔美国人"。克鲁格和朱培的报告指出，当采用这一更为宽泛的定义时，被归类为"黑人/非洲裔美国人"的学生数量增加了大约 10%。更重要的是，他们还指

343

出，获得教育券对这一更大规模子群组学生学业成绩的影响要小于豪威尔和彼得森估计的效应，并且与之前的研究发现所不同，克鲁格和朱培得到的影响效应在统计检验中并不显著。这里我们想指出的是，子群分析可能是不可信的，即使在精心设计的随机分配实验中同样如此，因为子群身份界定或分类本身可能就是个人在多个可行的替代方案中进行选择的结果，这使得评估结果可能取决于个体做出的选择。在界定这些子群的身份时，你需要谨慎。

研究者很自然地想检验某项教育干预对一些参与者子群产生变量的影响是否比另一些重要的参与者子群更大或更小。尤其当研究者没有在整体研究样本中发现干预对产出具有统计显著的影响效应时，采取上述做法的动力尤其强烈。然而，尽管在子样本中开展影响效应的研究是有价值的，但这会带来两个相互关联的危险。第一个危险涉及子样本界定本身。正如 NYSP 中的情况，定义子群时存在其他看似可行的替代方法，于是进一步探究替代方法的影响并且选择能够提供最有利结果的界定子群方法就是自然的趋势。第二个危险，随着实施检验的次数越来越多，第 I 类错误将会累积，在检验过程中错误地拒绝一个或多个零假设的风险将随之增加。尽管通过调整检验过程中的标准可以减少第 I 类错误的累积，但许多研究者仍然拒绝使用，因为它们完全可能降低了在任何一个子群体中得到影响效应统计显著的可能性。

恰当地划分子群研究影响效应的关键在于，将其作为最初研究设计的一个组成部分。这包含三个步骤。第一，列出应该提示干预效应的所有子群，并在研究设计中仔细定义每一个子群。第二，在事先确定的第 I 类错误水平上，开展合适的统计功效分析以确保每一类子群的样本容量达到一定规模、足以识别子样本中的影响效应。第三，采用合理的策略，只对真正重要的子群进行检验和比较，限制检验和比较的次数。

八、量化研究必须重视对结果的解释

全书始终强调明确解释因果研究的结果很重要。在这里，我们从两方面回顾这一问题。第一，断点回归分析和工具变量分析得到的结果都是"局部平均干预效应"估计值。它们只适用于研究样本中某一个特定的参与者子群，因此界定相应的子群很重要。第二，实验通常提供的是对政策干预总体效应的估计，而不是保持其他投入水平恒定时的干预效应。使用安格里斯特及其同事（Angrist et al.，2002，2006）评价 PACES 项目对哥伦比亚首都波哥大低收入家庭学生受教育水平所产生影响的案例，我们对上述两点进行阐述。

回忆第十一章，研究团队发现，相对于符合资格的、已经申请 PACES 奖学金却在抽签中出局的低收入家庭学生，获得 PACES 奖学金的学生在八年级时按时毕业的比例更高（高出 11 个百分点）。当然，这是一个意向干预因果效应的无偏估计。安格里斯特及其同事随后使用工具变量估计来回答他们的第二个问题：利用奖学金来支付私立中学费用是否提高了低收入家庭学生的受教育水平？这个问题的答案与第一个问题的答案存在差异的一个原因是，有 8% 被抽中的低收入家庭学生没有使用 PACES 项目提供的奖学金。第二个原因是，有接近 1/4 在抽签中失利的学生最终成功获得了奖学金并支付了私立中学费用。因此，获得奖学金这一"干预"的分配是内生的，部分原因是不可观测的家庭动机和个体技能。

使用 PACES 奖学金的随机化分配作为一个工具变量，研究团队估计得到：使用奖学金将低收入家庭学生准时完成八年级的可能性提高了 16 个百分点。回忆我们之前对工具变量估计的讨论，它（工具变量估计）是对局部平均干预效应的估计（即 LATE），它只适用于一部分学生。这些学生在做出是否利用奖学金来支付中学费用的决策时非常敏感地受到是否获得 PACES 奖学金这一分配结果的影响。它是对服从者（compliers）的干预效应，而不是对总体中无论其最初分配状况如何，却总是使用奖学金的那部分学生（总是参与者，always-takers）或从不使用奖学金的那部分学生（从不参与者，never-takers）的干预效应。当然，我们不会知道总体中的哪些学生落入了这些组中的哪一个，因为它们是个体不可观测的特征。如果奖学金使用的影响在所有总体成员间是同质的，那么安格里斯特及其同事获得的 LATE 估计值就广泛地适用于总体中的所有学生。但是当只能获得一个工具变量时，不可能清楚和全面地探索是不是这种情况。

同样重要的是，我们需要知道，LATE 估计并不能得到在保持其他家庭行为决策不变的情况下，奖学金使用对学生未来教育产生影响的因果估计。相反，它估计的是经济资助对学生未来受教育水平的总影响。这一区别可能很重要，因为抽签结果可能并不仅仅影响父母是否利用提供的奖学金来支付孩子中学费用这一项决策行为。例如，父母还可能会做出对获得并使用奖学金的孩子减少购买书本和其他学习材料方面支出的决策，以便腾出资金给家里没有获得奖学金的孩子。因此研究团队关于资金资助对未来受教育水平影响的估计是一个总效应估计，包括了父母对使用奖学金的孩子做出的关于经济资源和时间的任何再分配的影响效应。①

九、量化研究必须慎重处理异常结果

为了能够在最好的同行评审期刊上发表论文，研究者通常不会报告某项干预对产出变量没有统计显著的影响效应，或与理论假设相悖的影响效应。相反，他们的论文会专注于描述那些能够最强有力地支持其理论假设的结果。不幸的是，这一行为阻碍了知识的积累。那么，试图综合分析已经发表的研究以得到某项特定干预效果的证据，只能总结出干预有正向影响的证据，即使在绝大多数评价发现干预没有影响的情况下（因为后一类评价结果要么没有发表，要么在发表时刻意淡化了相反的结论）。这个问题通常被称为"发表偏误"（publication bias）。该问题没有简单易行的解决办法，最佳的防范措施可能依赖于编辑更加负责任的行为，这需要编辑更加关注因果研究中使用方法的质量而非结论的一致性。针对该问题，我们需要认识到，一些出乎意料的结果时常会出现在设计精良的研究之中。我们使用安格里斯特和拉维关于迈蒙尼德规则论文中的证据来说明这一点。

回忆第九章，安格里斯特和拉维（Angrist & Lavy, 1999）巧妙地利用了迈蒙尼德规则的外生性所创造的一项自然实验来估计预期（intended）班级规模上

_____

① 关于这一点的更多讨论，参见：Todd and Wolpin(2003)；Duflo, Glennerster, and Kremer(2008)。

的差异对学生学业成绩的因果影响。大多数读者记得这篇经典论文的结论是：班级规模对 1991 年五年级学生的阅读和数学成绩具有重要影响，尤其在经济劣势学生高度集中的学校该影响效应更大。在考虑该研究（以及所有对政策干预因果影响的评估）的实质性启示时，我们认为，关注到所有的结果（包括那些看起来稍微有点令人困惑的结论）是很重要的。

在他们的论文中，安格里斯特和拉维报告了班级规模对 1991 年四年级学生和 1992 年三年级学生的阅读和数学成绩的影响结果。四年级学生的结果要比五年级学生小得多——对阅读成绩影响效应的取值不到五年级学生的一半，而对数学成绩的影响更小，甚至在统计上不显著。安格里斯特和拉维认为这种差异可能是班级规模的累积效应所造成的：五年级小班中的学生在之前的年级可能也在小班，并且，每一学年都因为在小班学习而受益。尽管这似乎可以解释为什么预期班级规模对学生学业成绩的影响效应在四年级学生中要比在五年级学生中更小，但它却不能解释为什么对四年级学生的影响效应不到五年级学生影响效应的一半。

三年级学生的结果更加令人困惑。安格里斯特和拉维发现，在 1992 年（提供学生学业成绩测试结果的第二年，也是最后一年），预期的班级规模差异对三年级学生的阅读和数学成绩没有影响。他们猜测，这一现象来自教师对 1991 年发布的测试结果的反应。知晓测试结果以后，教师可能会投入更多时间以准备 1992 年的考试，从而削弱了学生考试分数和他们真实技能水平之间的关系。安格里斯特和拉维对三年级学生评价结果的推测性解释引发了对基于考试的问责系统所提供的学生技能信息的质疑，这是当今许多国家在努力解决的问题。[1] 然而，我们想强调的一点是：注意设计精良的研究的所有结果（而非最能支持研究假设的结果）是非常重要的。我们认为，这是研究能够对有关特定教育改革效果的公共政策争论产生有益影响的必要条件。安格里斯特和拉维对他们调查样本中三年级学生和四年级学生出现的令人困惑的研究结果进行描述，我们对此做法表示赞赏。

---

[1]　要想了解更多在基于考试的问责系统下解释学生考试结果的困难，参见 Koretz（2008）。

十、提出新问题是高质量量化研究的基础

好的研究成本非常高，尤其是对参与者进行长期追踪的随机分配评估。举个例子，MDRC 对职业生涯学院的随机分配评估花费 1 200 万美元。出于这个原因，政策制定者通常期望某项特定的评估可以为某一教育政策或项目的影响效果提供确凿的证据。然而，事实上，即使是精心设计的研究通常也会引发新问题，甚至和他们需要回答的问题的数量一样多。因此，设计一系列研究来解决重要的教育政策问题很重要，要知道每一个设计精良的研究在回答一些问题的同时也会引出新的问题，这会启发后续研究的设计。我们使用 STAR 班级规模实验的证据来说明这一点。

STAR 项目是负有盛名的教育干预评估之一。因为它的知名度以及它在随机实验设计上的透明度，你可能认为专家对其结果的解释是清晰且无懈可击的。但是，两名在国际上深受尊敬的研究者对有关结果的解释存在分歧。统计学先驱、哈佛大学资深教师弗雷德里克·莫斯特勒在 1995 年写道："四年后，很明显地，小班确实对早期的学习和认知研究产生了很大的改善，这一点是很清楚的……"(Mosteller，1995，p. 113)相反，作为全球具有创造性和高产的教育经济学家，埃里克·哈努谢克在 1998 年写道："STAR 项目及其长期收益研究(the Lasting Benefits Study)能得到的最广泛的结论是，在幼儿园小班或小学一年级转入小班能够带来预期的、积极的成绩效应。但没有一项STAR 数据支持学校在各年级全面缩减班级规模是有效的。"(Hanushek，1998，p. 30)

对莫斯特勒和哈努谢克关于 STAR 项目的论文进行仔细阅读发现，两名专家在关键结论上意见一致。两人都认为，在一年级结束时，小班学生比普通规模班学生的平均成绩高。他们也同意，小班学生和普通规模班学生在三年级结束时平均成绩的差异并不比在一年级结束时大。但是，他们有分歧的地方在于，他们对下面这个问题的假设：对于一年级时的小班学生，如果他们在二年级和三年级时被放入普通规模班，他们的成绩将会怎样？莫斯特勒

认为，干预组学生的成绩将会下降到控制组学生的水平。这让他得出结论：349
对于干预组而言，要想保持较高的成绩，在二年级和三年级时必须继续在小
规模班级中学习。哈努谢克却认为，如果干预组学生在二年级和三年级时进
入普通规模班，他们原本更高的成绩将会保持。因此他得出结论，由于干预
组学生和控制组学生在三年级期末成绩中的差异并不比一年级期末的成绩差
异更大，为干预组学生在二年级和三年级时提供小班不会使他们的学业成绩
进一步获益。遗憾的是，因为 STAR 项目的最初设计中，对于在幼儿园或小
学一年级时随机分配到小班的学生，他们不会在二年级或三年级时进入普通
规模班级，这使得难以获得必要的证据来确定莫斯特勒和哈努谢克谁的观察
更加准确。未来需要在班级规模缩减的新一轮随机分配研究中进行。

十一、拓展阅读材料

许多书籍针对因果研究设计的关键问题提供了富有思想的讨论，其中两
本是沙迪什、坎贝尔和库克于 2002 年出版的《实验和准实验设计》，以及拉
里·奥尔于 1999 年出版的《社会实验》。

第十四章

可靠的经验与新的挑战

350   在 2000 年 9 月于纽约联合国总部举行的一次会议上，189 位世界领导人承诺他们的国家将致力于实现八项千年发展目标（Millennium Development Goals，MDGs）。其中一项目标是：到 2015 年，"世界各地的儿童，无论男女，都将能够完成小学的全部课程"。另一项目标是："最好在 2005 年之前消除中小学教育中的性别歧视，最晚不迟于 2015 年彻底消除各级教育中的性别歧视。"各国领导人在上述发展承诺中高度重视教育，体现出为所有儿童提供高质量的教育是促进经济增长、促进机会均等和减少贫困的重要策略。

实现千年发展目标中的教育目标并实现教育投资的社会效益，需要在下述两个方面取得进展：增加全日制上学的年轻人人数，同时，提高他们接受教育的质量。当然，不同国家面临的政策挑战存在差异。例如：一些国家（如利比里亚）仍在努力普及初等教育；中等收入国家（如哥伦比亚）正在努力提高中学毕业率；许多高收入国家（如美国）试图增加高等教育的招生数和毕业生人数，尤其是来自少数裔群体的学生。

351   尽管存在这些差异，但世界各国面临教育挑战的共通之处在于增加入学人数和提高教育质量之间的相互依存。仅追求入学人数增加但不注重教育质量提高的做法通常不会取得成功，因为父母不会把孩子送到质量低下的学校里，同时，青少年发现学校质量不高，也不会按时上学。在过去 20 年中，越来越多的实证研究有效地利用本书所介绍的、先进的方法来评价特定政策对入学人数或学生教育产出的影响。本章将通过总结这些高质量研究的经验教训来结束本书。此外，我们还指出了近期研究中出现的一些新问题，这些问题在今后的研究中需要引起关注。在本书的最后一章中，我们所选择的研究案例的设计都能够很好地支持因果推理，并且，这些案例都是重点关注提供更多或更好的学校投入、改进对教师或学生的激励或增加学生的学校选择性等政策所产生的效果。[①]

当然，在实现增加入学人数和提高教育质量这两项互补性目标的过程中，并没有万全之策。这一点并不令人感到惊讶。若阅读过本书以前的章节，你就会知道干预的细节至关重要。例如，两项不同的、旨在改善在职教师教学方法的举措可能具有相同的名称（通常称为专业发展），但会为参与教师带来截然不同的结果。此外，一项特定的教育干预措施可能会在不同的文化中引起相当不同的反应。迈克尔·克雷默及其同事（Kremer et al.，2009）在对肯尼亚两个地区分别评价女童奖学金项目时，得到了完全不同的结论。稍后，我们会提供更多有关此激励项目的信息。

考虑到刚才提出的警告，我们提出了四条政策评价的指导原则，这些原则来自不断增长的高质量评估——它们审查了教育干预的因果影响。第一，入学决策对成本非常敏感，尤其对于低收入家庭而言。第二，提高学校质量和学生学业成绩的一个必要条件是必须改变学生的日常体验。第三，为教师和学生提供明确的激励措施是提高学生教育产出的重要途径。第四，增加贫困家庭儿童受教育选择机会的政策具有相当好的前景。我们依次讨论这些指导原则，并且在每种情况下，我们都指出了现有证据中的困惑以及最近研究中需要在未来研究中进行检验的问题。

352

一、第一条政策指导原则：降低入学成本

关于如何提高入学率的实证证据一致和明确地指出，降低入学成本很关键，特别是对低收入家庭而言。在教育实践中至少有三种方法可以降低入学成本：减少学生往返于家庭和学校之间的时间，减少家庭送孩子上学必须承担的自付费用，以及减轻家庭因孩子上学损失一个劳动力后增加的负担。接

[①]　需要说明的是，我们所介绍的主题并没有完全涵盖旨在提高学生成绩的干预措施，而研究人员使用高质量的因果研究方法对我们没有介绍的干预措施进行了评估。例如，有许多研究对新课程和特定的计算机软件程序的有效性进行了研究。

下来，我们将总结近期针对上述三种降低入学成本的方法对入学率和长期结果影响开展实证研究所得到的证据。

（一）减少通勤时间

1973—1979 年，世界第四人口大国印度尼西亚开展了一项大规模的学校建设计划，旨在提高过去低入学率地区的小学入学率。在此期间，政府资助建造了 61 000 多所小学，为这些学校招聘教师并支付工资。埃斯特·迪弗洛（Duflo，2001）研究了这一不寻常的自然实验的结果，发现它对入学率和学生未来受教育水平都有显著的影响。据估计，对于居住在受该计划影响地区的儿童，学校建设计划将他们完成小学教育的可能性提高了 6 个百分点（第 804页）。

达纳·伯德（Dana Burde）和利·林登于 2009 年发表了一篇文章，评估了旨在减少阿富汗西北部农村地区儿童家校通勤距离这一干预措施的影响效应，并得出了与迪弗洛一致的结论。具体干预措施是从以前没有小学的村庄随机抽取村庄并开办小学和配备相应的教学人员，在这些被抽中的村庄中生活的儿童成为干预组，他们可以在本村上学，在没有被抽中的村庄中生活的儿童则成为控制组，他们将继续跨村庄上学。研究人员发现，家校通勤时间对入学率有显著影响：通勤距离每增加一英里，入学率就下降 16 个百分点。对女孩来说，通勤距离对入学率则会有更大的影响。事实上，村庄学校的开办几乎完全消除了入学率的性别差距（但在控制组样本中，入学率的性别差距为 21个百分点）。

我们在第十章介绍过珍妮特·柯里和恩里科·莫雷蒂在 2003 年开展的研究，它与迪弗洛在印尼的研究有许多相似之处。这两位作者基于第二次世界大战后数十年美国两年制和四年制大学数量快速增长所创造的自然实验开展了研究。他们发现，每建设一所新的四年制大学（每 1 000 名 18～22 岁的居民中），居住在该县的 18～22 岁女性获得四年制大学学位的概率就会增加 19 个百分点。

这三项高质量的研究是在截然不同的背景下进行的，研究结果一致表明，在靠近学生家庭的地方提供新的教育机构是提高入学率的一种有效方法。

(二)减少教育自付成本

对于那些想提高孩子受教育水平的父母而言，他们面临的潜在障碍之一是需要为孩子上学而自掏腰包支付学费。在某些情况下，这些自付费用用于支付学校的学费；在其他情况下，则用于购买书籍或校服等。最近一些高质量的研究表明，降低这种自付成本会带来入学人数的显著增加。

自 2003 年以来，肯尼亚的公立小学不要求家长支付学费。但是，他们仍需要购买校服。为了解校服费用是否阻碍了肯尼亚的学生入学，埃斯特·迪弗洛及其同事(Duflo et al.，2006)进行了一项随机分配实验——为干预组学校的六年级学生提供免费校服。他们发现，提供免费校服可将学生辍学率降低 2个百分点以上，这相当于辍学率的 15%(第 20 页)。

正如你在第八章中看到的，苏珊·戴纳斯基(Dynarski，2003)在美国进行了一项自然实验，研究大学费用对大学入学率和受教育水平的影响。这项自然实验发生在 1982 年，当时联邦政府取消了之前向已故社会保障受益人子女提供的大学费用补贴。戴纳斯基发现，提供 1 000 美元的奖学金将使上大学的概率提高近 4 个百分点。许多其他高质量的实证研究也证实，降低自付成本会带来大学入学率的提高。

354

(三)降低机会成本

家庭为送子女上学而承担的第三类成本是失去子女的劳动。经济学家们用"机会成本(opportunity cost)"这个词来指放弃的时间的价值。当孩子们长大到可以工作时，与他们失去时间相关的机会成本随之上升。在许多国家，女孩上学的机会成本更大，因为她们常常被要求照顾家里的弟弟妹妹。

1997 年，墨西哥政府推出了一项名为 PROGRESA 的有条件现金转移支付(conditional cash-transfer，CCT)计划，旨在减少贫困，并鼓励低收入家长投资子女的人力资本。只要适龄儿童仍在学校上学并达到出勤目标，并且父母遵守对家庭成员进行卫生保健检查的要求，就有资格获得每月的补助。这些补贴大概相当于一个家庭总收入的五分之一，它取决于家庭中孩子的数量、年龄和性别组合。PROGRESA 会有意地为有子女的家庭提供更多的现金，目的是提高这一群体的出勤率，因为这一群体的出勤率一直以来都特别低。实际上，PROGRESA 为低收入家庭提供了送子女上学的强烈激励（Fiszbein，Schady，& Ferreira，2009）。

PROGRESA 最初是在低收入农村社区随机抽中样中实施，这一设计使得进行高质量的影响力评估成为可能。评估结果显示，PROGRESA 将六年级学生的入学率提高了近 9 个百分点（基线参与率为 45%）。这一证据对该计划（现被称为 Oportunidades 计划）的实施提供了很重要的支持，到 2008 年，超过 20% 的墨西哥人口可以获得该计划补助。PROGRESA 干预所产生因果影响的经验证据非常可信，这也促使包括孟加拉国、柬埔寨、厄瓜多尔和土耳其在内的超过 25 个国家推出类似的 CCT 计划。

关于提高低收入家庭儿童入学率和出勤率改革所产生因果效应的研究中，主要的困惑是，这些改革对儿童的学业成绩和生活质量的影响并不完全一致。
355 一些举措会给孩子们带来更好的长期效果，比如印度尼西亚的学校建设项目。然而，包括 PROGRESA 计划在内的其他一些举措尽管提高了入学率，但至少从标准化考试成绩来看，学生学业成绩并没有提高（Fiszbein，Schady，& Ferreira，2009）。需要在新研究中解决的一个重要问题便是这些差异出现的原因。

二、第二条政策指导原则：改变儿童的日常在校体验

直到最近，提高学校质量的主要策略仍是购买更多或更好的资源。例如，提供更多书籍，或雇用更多的教师以减小班级规模，或提高教师工资以吸引技能更加卓越的教师。这些策略的吸引力在于，教师、学生和家长都喜欢在课堂上拥有额外的资源，所以这个策略在政治上很受欢迎。然而，基于投入的改进策略不可能持续地提高学生的成绩，其原因不难理解。许多学校的根本问题是学生不能始终如一地接受适合其需求的良好教学，这使得孩子们在上学期间没有积极性来参与学习。提高学生成绩的必要条件是提高学生的参与度，这就意味着改变学校儿童的日常学习体验。简单地向学校或课堂提供额外资源，而不改变这些资源的使用方式，并不能达到预期的效果。

当然，资源水平不影响学生成绩的结论可能太绝对。在某些情况下，额外提供资源的确会对学生的成绩产生影响，因为新资源确实会改变儿童的日常在校体验。事实上，我们认为，关注某一特定的学校改进策略是否会导致孩子们日常体验的改变，这有助于预测干预能否成功地提高学生成绩。我们接下来会用一些高质量研究的证据来说明这一点，这些研究考察了基于投入的教育干预的影响。

(一)更多书籍?

保罗·格鲁威(Paul Glewwe)及其同事对肯尼亚农村的一个项目进行了随机实验评估，该项目为小学提供了额外的用英语(官方教学语言)编写的教科书(Glewwe, Kremer, & Moulin, 2009)。这种干预似乎很有希望获得成功，因为这些学校几乎没有教科书。然而，评估结果显示，相比控制组学校的学生，仅仅提供额外的教科书并不能使干预组学校的学生获得更高的平均学业成绩。研究人员的解释是，英语是大多数学生的第三语言，他们无法阅读用英文编写的课本。在这种情况下，提供这些书籍不会改变学生在学校的日常体验，也就不会提高他们的学业成绩，这是不足为奇的。当然，这一发现提出了一个问题:提供更适合学生需要的书籍是否改变学生的日常体验从而提高他们的阅读技能?这是一个值得研究的问题，特别是在那些教师受过培训来使用书籍激发学生阅读兴趣的学校。

(二)更小班额?

在前面的章节中，我们描述了两项关于班级规模对学生成绩影响的著名研究。田纳西州 STAR 项目实验提供的有力证据表明，第一年在小班学习可以提高学生的成绩，特别是低收入家庭的学生(Krueger, 1999)。可能的解释是，当学生刚进入学校时，他们需要学习有组织的课堂环境中的行为规范。在一个相对规模较小的班级(13~17 名学生)中，由于教师能够更好地帮助学生养成良好的学习规范和适当的行为，学生的初始体验会与他们在大班中很不相同。

班级规模对学生成绩影响的其他相关证据来自安格里斯特和拉维(Angrist

& Lavy，1999)对以色列数据的分析，以及米格尔·乌尔基奥拉(Urquiola，2006)关于班级规模对玻利维亚农村学校三年级学生成绩的影响的类似研究。这两项研究都发现，在一些中小学中，小班学生的平均阅读成绩和平均数学成绩都高于大班学生。得出这些结论的原因在于，他们使用了一种高质量的识别策略。这两项研究都利用自然实验进行了断点回归估计，而这些自然实验都是基于最大班级规模规定来实现的。这一识别策略是通过在学生数差异很大的班级中进行成绩比较来获得净效应的。例如，在安格里斯特和拉维的研究中，在根据迈蒙尼德规则指定的班级规模临界点两侧分别是有 21 名和 39 名学生的班级规模。一种合理的解释是，在规模不同的班级，学生的日常学校体验可能会大不相同。上述发现与卡罗琳·霍克斯比(Hoxby，2000)对于康涅狄格州公立小学班级规模对学生成绩影响的研究结果并不一致①。霍克斯比发现，班级规模的差异对学生的语言和数学平均成绩没有影响。然而，与安格里斯特、拉维以及乌尔基奥拉研究中班级规模的差异相比，霍克斯比研究中班级规模的差异要小得多。② 相对于在规模为 25 人的班级中学习，学生在班级规模为 20 人的班级中学习，其日常学习体验可能没有太大的差别，这似乎也是合理的。

正如第十三章所解释的，安格里斯特和拉维(Angrist & Lavy，1999)在以色列的研究中，班级规模对学生成绩的影响因年级的不同而不同，小班对四年级的影响远小于对五年级的影响。此外，在其他国家，精心设计的、有关班级规模对学生成绩影响的研究结论也有很大差异。未来研究需要解决的一个重要问题是：为什么在某些年级中班级规模会对学生的成绩产生显著的影响，而在其他年级却没有，以及在一些情况下有影响而其他情况下没有影响？我们建议，针对这个问题在研究设计中应该注意特定环境下班级规模对学生

① 前文提到，前两项研究得到"小班学生的平均阅读成绩和平均数学成绩都高于大班学生"的结论，后文提到，霍克斯比发现"班级规模的差异对学生语言和数学平均成绩没有影响"。联系前文，这里应该是"不一致"，原书误写为"研究结果一致"。——译者注

② 在霍克斯比(Hoxby，2000)的研究中，班级规模的标准差随年级而变(第 1283 页附表)，从 5.5 人到 6.4 人不等。在安格里斯特和拉维(Angrist & Lavy，1999)的研究中，不连续样本的班级规模标准差在 7.2 人和 7.4 人之间(第 539 页表 1)。而在乌尔基奥拉(Urquiola，2006)的研究中，班级规模的标准差为 9.9 人(第 172 页表 1)。

课堂日常体验的影响程度。我们的假设是，如果班级规模不影响学生的日常在校体验，它便不能影响学生的学业产出。

(三)更好的教学?

许多国家进行的研究表明，学生在一些班级中的平均成绩高于其他班级，其原因可能在于教学质量的差异(Rivkin，Hanushek，& Kain，2005)。这个并不令人惊讶的现象说明，将资源投入聘用更有效率的教师或提高现有教师队伍的技能上具有重要的潜在价值。许多教育系统试图做到这两点。例如，提高教师必须满足的教育标准是提高教师素质的常用策略。一些学校系统提高了教师的工资，以吸引更多有才华的人申请教职。几乎所有的学校系统都要求现任教师参加在职培训项目。遗憾的是，这些基于投入的方法在提高教学质量有效性上面临着三个障碍。

第一个障碍是，正规学历证书并不能很好地预测教学效果(Rivkin，Hanushek，& Kain，2005)。这说明，提高申请教师职位所需的学历证书通常不是提高教学质量的有效方法。此外，薪资激励也并非始终有效，因为学校董事难以从申请人中识别出更好的教师。如此一来，增加的工资往往会同时流向效率低下的教师以及那些在帮助学生学习方面更成功的教师。

基于投入的方法在改进教学中面临的第二个障碍是，容易实施的专业发展课程类型(如，让教师参加会议或工作坊，以听取"专家"的建议)对教师课堂上的教学有效性几乎没有影响(Borko，2004；Garet，Porter，& Desimone，2001；Hill & Cohen，2001)。第三个障碍是，即使找到了有潜力的教师，并将其分配到为有特别大的学习需求的儿童服务的学校中，教师也会在获得足够的资历后立即转入工作条件较好的学校。在发展中国家，这通常意味着教师从农村学校流向靠近城市的学校(Ezpeleta & Weiss，1996；Reimers，2006)。在包括美国在内的许多发达国家，这意味着教师会选择从城市中心的学校流向郊区的学校(Clotfelter，Ladd，& Vigdor，2005)。这两种情况的最终结果都是，最需要好教师的学生反而最不可能得到好教师。

对于旨在提高儿童日常接受教学质量的各种策略，基于因果推断的实证研究所提供的证据和这些策略的预期效果并不一致，这引发了许多问题。其

358

中在职教师的专业发展（在职培训）是与政策相关性较强的问题之一。几乎每个公立学校系统都投入资源来提高教师的技能。事实上，这是许多学校系统的主要投资领域。然而，就我们所知，并没有令人信服的证据表明某项特定的专业发展策略会提升教师的教学水平。

三、第三条政策指导原则：改进激励措施

359　　我们必须注意到，有证据表明，基于投入的策略（如减少班级人数和投资于教师专业发展）并不能一致地改善学生的教育状况。这种现象导致人们对利用各种激励措施来改变教师或学生的行为从而改善学生的教育产出越来越感兴趣。

（一）改进对教师的激励措施

我们从第五章中介绍的对印度农村教师激励计划进行评估的案例中可以发现，激励措施具有潜在的力量。回想一下，根据农村教师的出勤率来核算薪酬，教师缺勤率将降低一半，即从 42％ 下降到 21％。由于教师出勤率的提高，直接导致学生接受教学的时间增加了三分之一，并进一步导致学生的语言和数学成绩提高了近五分之一个标准差。此外，来自美国的证据表明，经济激励措施有助于吸引有才能的教师进入成绩不佳的学校（Steele，Murnane，& Willett，2010），并促使教师继续在服务于贫困儿童集中的学校教学（Clotfelter et al.，2008）。总之，几乎所有这些研究都支持如下假设：经济激励可以在改变教师自身可控制的行为方面（如按时上班，并在有特别需要的学校任教）发挥重要作用。

但更困难的问题是如何激励教师以提高学生在标准化测试中的成绩。有证据表明，基于绩效的薪酬计划（或称绩效工资）确实会在某些情况下提高学生的学习成绩。然而，也有证据表明，提高学生考试成绩的教师激励措施也可能导致一些不良后果。

积极的一面可以从卡迪可·穆拉里达兰和万可太实·桑德拉拉曼（Karthik Muralidharan & Venkatesh Sundararaman，2009）对印度农村随机

干预实验的评估结果中看到。研究人员发现，根据学生语言和数学技能测试平均分数的提升状况向小学教师支付奖金，可以提高授课班级学生在这些科目中的成绩。此外，在这个精心设计的随机干预实验中，研究团队还发现，在干预组学校中，学生在科学测验中的平均分数也高于控制组学校。这一点很重要，因为它表明教师没有直接将教学时间更多地分配给他们获得奖金所依赖的特定科目(语言和数学)。

360

消极的一面是，一些证据表明，教师对提高学生标准化测试分数的激励措施的反应未必使学生获益。例如，芝加哥公立学校的负责人在 1996 年采取了一项新的问责政策。根据这项政策，那些在阅读技能标准化测试中达标的学生比例不足 15％的小学，将会被列入学业考察期(academic probation)。在考察期内，学校如果没有在提高学生的阅读分数方面取得足够的进展，他们的教员就将被解雇或重新分配。布赖恩・雅各布和史蒂文・莱维特(Brain Jocob & Steven Levitt，2003)指出，至少有 5％的芝加哥小学存在教师或管理人员通过修改学生标准化阅读测试的答案来应对这项政策的做法。

尽管修改学生答案是一个非常不好的、可能罕见的对问责政策的反应，但许多研究记录了其他类似的反应，这些反应同样不能改善为学生提供的教育的质量。例如，戴维・费利奥和劳伦斯・盖茨勒(David Figlio & Lawrence Getzler，2002)指出，在针对一项旨在对佛罗里达州公立学校教育工作者问责以提高学生技能的激励制度时，学校采取的对策是，将成绩不佳的学生错误地归为残疾学生，这类学生的分数就不会被计入全州的学校绩效评估中。

我们回顾了近期对教师激励政策评估的证据，并提出了两个经验、两个问题和一个假设。第一个经验是，激励措施可以在激励教师改变他们自身可控行为(如选择在贫困地区学校工作)方面发挥重要作用。第二个经验是，至少在某些情况下，激励教师提高学生成绩有助于改善学生的在校表现。然而，面临的挑战在于如何设计激励措施以最大限度地使教师对激励的回应有助于为学生提供更好的教育。

第一个问题涉及对特定教师激励计划的反应在多大程度上取决于教学环境的特点以及教学队伍的技能和规范。例如，穆拉里达兰和桑德拉拉曼(Muralidharan & Sundararaman，2009)对印度农村教师的绩效激励是否会在教师出勤不存在问题的环境下产生类似的结果？第二个问题涉及教师对旨在提高学生考试成绩的激励措施的长期反应。随着他们更多地了解同伴群体和特定教学策略在影响学生考试成绩中的作用，教师的反应是否会随时间的推移而改变？如果是这样，教师对绩效激励的长期反应会比短期反应使学生受益更多或更少？要回答这些问题，重要的是要进行评估，以检查特定激励计划的长期反应和短期反应，并且要在许多不同类型的环境中开展研究。

我们认为值得检验的一个假设是，如果教师对旨在提高学生考试成绩的激励措施的反应，能够与为教师提供实现这一目标的知识和工具的投资相结合，就更有可能为儿童带来更好的教育。换句话说，这一假设是，激励和能力建设是互补的，而不是替代的。

(二)改进对学生的激励

在大多数社会中，学生对于努力学习以在学校取得优异的成绩，并提高他们的技能水平和受教育水平，有着很强的、长期的动机。通过学校学习认知技能和获得文凭，通常有助于优秀的学生在成人劳动力市场上获得丰厚的回报（Hanushek & Woessmann，2008；Murnane，Willett，& Levy，1995)。然而，许多学生并没有始终如一地努力学业。解释后一现象的一个假设是，许多学生的行为是取决于眼前的、直接的问题，他们不太关注长期的结果。第二个假设是，很多学生不明白需要做什么才能提高学习成绩。这些假设提出了一个问题：为学生努力学习以获得关键技能提供更直接的激励，是否会对学生的努力水平和学习成绩产生积极影响？一个相关的问题是：奖励以标准化测试成绩衡量的技能，还是奖励可能有助于发展这些技能的行为(如阅读书籍)，哪种奖励措施更有效？与这些问题的答案有关的证据既耐人寻味，又令人费解。

1. 不同环境下的不同反应

迈克尔·克雷默、爱德华·米格尔和丽贝卡·桑顿对肯尼亚开展的一项实验进行了研究(Kremer，Miguel，& Thornton，2009)，该实验将两个地区
的小学样本随机分配到干预组和控制组中。布西亚(Busia)和特索(Teso)两个地区在主要语言和文化传统等方面有所不同，而且相对于布西亚地区，特索

地区居民的平均受教育水平更低，对外来者所持的怀疑态度更高。实验干预是向在全区学习测试中五门科目上取得优异成绩的女生提供学习奖学金。实验关注女生，因为她们的小学辍学率比男生高。奖学金用于支付下一学年的学费，并提供小额现金补助。在这两个地区，干预组学校的女生均有资格竞争奖学金。但在控制组学校上学的女生则没有资格获得以成绩为基础的奖学金。

克雷默等人发现，这项实验在布西亚地区引起了非常积极的反应。在该地区，有资格参与奖学金竞争的干预组样本的平均成绩高于没有资格参与奖学金竞争的控制组样本。此外，即使在那些前期考试分数较低，不太可能获得奖学金的女生中，以及没有资格获得奖学金的男生中，干预组学校中的平均分数甚至也高于控制组学校。研究小组还发现，在布西亚地区，干预组学校的教师出勤率高于对照组学校，这可以归因于家长监督力度的增大。克雷默等人认为，优秀奖学金对布西亚地区样本的积极影响主要来自积极的同伴效应和更高水平的教师努力程度。

然而，在特索地区，人们对基于成绩的奖学金计划的反应截然不同。家长对实验项目的支持程度远低于布西亚地区，甚至一些学校在该项目启动后不久就退出了实验。事实上，研究小组在布西亚地区研究得出的积极结果没有一个在特索地区得到验证。这种现象说明激励计划的细节很重要，而且，设计激励计划很大程度上取决于具体的情境。在一个环境中有助于提高学生成绩的激励计划在另一个环境中却未必如此，具体的原因并不明确。

2. 相同环境中的不同反应

设计激励措施的另一个复杂之处在于，即使在相同的环境中，它们也可能会对不同群体引发截然不同的反应。例如，安格里斯特和拉维（Angrist & Lavy，1999）发现，在以色列的一个实验项目中，为薄弱学校中通过毕业"Bagrut"考试的中学生提供经济奖励，这对女生的平均成绩产生了很大的积极影响。与之不同的是，该激励项目对男孩的成绩没有任何影响。此后，安格里斯特、兰和奥里奥波罗斯（Angrist，Lang，& Oreopoulos，2009）评价加拿大的一项实验时得到了类似的结论。在这项实验中，大一学生被随机分配到三个干预组中的一个或者一个对照组中：第一个干预组的学生能获得额外的学习支持服务，包括由高年级学生提供辅导和获得辅助教学指导；第二个干预组的学生可以获得相当于一年学费的现金奖励，如果他们能达到平均成绩点数（Grode Point Average，GPA）的目标（每个学生的 GPA 目标取决于该学生的高中 GPA）；第三个干预组的学生能获得额外的学习支持服务和激励措施。在控制组，学生仅有资格获得标准的大学学习支持服务。研究发现，激励和支持的结合对提高女生的学业成绩尤其有效，相比之下，任何干预措施都不会改变男生的学业成绩。以色列和加拿大的这些实验证据提出了一个有趣的问题：为什么女生会积极响应经济激励以取得良好的学业成绩，但男生却没有？

3. 学生的反应取决于奖励的内容

罗兰·弗赖尔（Roland Fryer，2010）完成了一组随机实验，旨在揭示在美国城市公立学校就读的贫困少数族裔儿童对针对学业成绩的经济激励和有助于提高成绩的活动的反应。弗赖尔发现，奖励有利于学习的行为（如读书、定期来学校、在学校表现良好），可以提高标准化测试的分数。这些结果与改变学生日常体验是提高他们学习成绩的必要条件这一主题是一致的。与这些鼓舞人心的说法相反，弗赖尔还发现，奖励那些在阅读和数学测试中达到基准的学生并不能提高其分数。他对这种现象的解释是，当面对在阅读和数学标准化测试中取得好成绩即可获得奖励的激励措施时，城市中的这类学生并不知道应该采取什么行动来提高他们的成绩。

4. 学生激励的证据总结

根据最近一些精心设计的为学生提供经济奖励的实验项目评估，我们可以总结出两点经验以及许多新问题。一是这种类型的项目很有前景，肯尼亚布西亚的学生奖励计划的积极效果就证明了这一点。二是许多教育机构为有困难的学生提供额外支持服务，激励措施可能是增加学生使用这些额外的支持服务。安格里斯特、兰和奥里奥波罗斯（Angrist，Lang，& Oreopoulos，2009）在加拿大女大学生对学业成绩的额外支持与经济奖励相结合的反应中发现了这种现象。的确，花钱让学生开展有助于技能发展的行为可能比奖励他们在标准化考试中的表现更有效。这些新的影响力评价研究引出的值得关注的问题是：为什么相同的一组激励在不同的环境中会引发不同的反应？为什么在某些情况下，女孩对改善学业成绩的短期激励更为敏感？

364

四、第四条政策指导原则：为贫困儿童创造更多的学校教育选择

近年来，越来越多的国家实施了旨在增加低收入家庭儿童受教育选择的项目。一些项目通过向家庭提供教育券或奖学金以支付孩子在私立学校上学的部分或全部学费的方式，达到增加儿童的学校选择的目的。一些项目则向私立学校提供公共资金，以换取为低收入家庭学生提供的服务。还有一些法案，如美国的特许学校立法，使得企业家有可能开办新的公立学校，这些学校可以免除许多妨碍传统公立学校有效利用资源的限制。上述各类改革的一个理论基础是，它们将刺激学校间的竞争，进而提高学校的表现。一种补充的理论认为，向家长提供公立学校和私立学校间的选择，有助于他们找到符合其子女需要的学校（Chubb & Moe，1990）。

为贫困儿童提供新的教育选择的项目设计存在巨大差异。一些项目（如本书第四章描述的纽约奖学金项目和第十一章描述的哥伦比亚中学教育券项目）仅限于来自低收入家庭的儿童，而一些项目（如美国的特许学校）则仅向特定地区的儿童开放，还有一些项目在实施过程中会为学生或学校额外提供明确的绩效激励。例如，哥伦比亚中学教育券项目规定，教育券的领取者必须在每个学年取得令人满意的进步，才能在来年继续领取教育券（Angrist et al.，2002）。在巴基斯坦的一个项目中，每个学生向低成本私立学校支付的费用取决于学生在学业技能定期测试中的表现（Barrera-Osorio & Raju，2009）。不仅如此，该项目还会为那些所教授学生测试成绩特别突出学校的授课教师提供大量现金奖励。相对于巴基斯坦的项目和美国特许学校禁止学校参与收费，其他的一些项目（如 NYSP 和哥伦比亚项目）允许私立学校收取超过教育券价值的费用。接下来，我们将介绍有关为贫困儿童提供新的私立学校选择所产生效果的最新证据。然后，我们转向美国特许学校这类试图创造新的公立学校选择所产生效果的证据。

（一）新的私立学校选择

正如我们在第十一章中所描述的那样，安格里斯特及其同事（2006）发现，

365

哥伦比亚的中学教育券项目提高了低收入家庭学生的高中毕业率。在一项断点回归设计的研究中，弗利佩·巴雷拉-奥索里奥和杜尚杨特·拉朱（Felipe Barrera-Osorio & Dhushyanth Raju，2009）发现，巴基斯坦的私立学校补贴项目显著增加了来自低收入家庭的学生的入学人数。这些项目的一个共同点是，基于学生成绩的提高进行持续资助。

美国特定城市针对低收入家庭学生的私立学校选择的项目也显示出一些积极的效果，尽管结果并不完全一致。例如，在一项随机分配设计评估中，塞西莉亚·罗丝（Rouse，1998）发现，密尔沃基（Milwaukee）的私立学校教育券项目提高了低收入家庭学生的数学成绩，但对他们的阅读成绩没有影响。

(二)新的公立学校选择

近期对美国城市特许学校进行的几项高质量评估的结果也鼓舞人心。这包括：多比和弗赖尔（Dobbie & Fryer，2009）对哈莱姆儿童区（Harlem Children's Zone）的特许学校效能的研究，阿布杜克阿迪让格鲁及其同事（Abdulkadiroglu et al.，2009）对波士顿特许学校的评估，以及霍克斯比和穆拉尔卡（Hoxby & Murarka，2009）对纽约市特许学校的评估。所有这些评估都发现，相对于在特许学校学位抽签中没有被抽中仍然在传统公立学校就读的学生，被抽中而在特许学校就读的学生在一年或未来的考试中成绩更高。在解释这一证据时，重要的是要记住，这些基于抽签分配机制的评估只能考察存在严重超额报名（heavily oversubscribed）、不得不通过抽签来决定学位提供的特许学校的有效性。事实上，全美各地的许多特许学校都没有超额报名，而且全国范围内对特许学校影响学生考试成绩的评估（它们使用的评估手段必然不那么严格）结果也参差不齐。①

虽然最近对特许学校进行的许多评价的结果令人振奋，但仍然存在许多重要的问题。第一个问题是：那些在提高学生技能中更加有效的特许学校是否会蓬勃发展，而其他特许学校是否会关闭？由于决定哪些学校获准续签特许地位的政策非常复杂，上面问题的答案并不明确。第二个问题是，一些特

---

① 其中的一个例子可参见：教育成果研究中心（Center for Research on Education Outcomes，CREDO）（2009）。

许学校要求家长签署承诺，声明他们将负责确保他们的孩子遵守着装要求以及有关行为和出勤的规则。这种要求在多大程度上意味着"高承诺"特许学校只会为少量的低收入家庭儿童提供服务，目前还不清楚。第三个问题是，一些特许学校对教师提出了特殊要求，例如，长时间工作，在晚上和周末回复学生电话。目前不清楚，上述做法是否会限制愿意在这些条件下长期工作的有经验教师的供给，进而制约特许学校在教育贫困学生中的作用。第四个问题是，迄今为止，几乎所有关于特许学校有效性的证据都来自对标准化考试分数的分析。当然，更重要的结果是在高等教育、劳动力市场和成人生活中取得成功。截至目前，很少有资料说明特许学校比公立学校更有效地帮助贫困家庭的儿童取得这些成果。[①]

五、总结

近几十年来，各国政府出台了大量教育举措，旨在增加按时上学的年轻 367
人数量，提高他们所接受的教育的质量。越来越多的确凿证据为实现这些目标的相关策略提供了启示。从对这些举措进行的高质量的评估中，我们看到了政策的四条指导原则。

第一条指导原则是，教育入学率，尤其是低收入家庭儿童的入学选择对成本极为敏感。因此，降低上学成本的政策（减少学生的通勤时间、降低家庭的自付费用或降低儿童上学的机会成本）有效地增加了低收入家庭儿童的入学人数和上学人数。

第二条指导原则是，如果政策倡议旨在提高学生的技能，那么它必须改变学生的日常在校体验。尽管这看起来很明显，但许多举措（如提供不适合学生技能水平的书籍）未能做到这一点。那些缺乏后续行动的"一次性"教师培训计划同样如此。

第三条指导原则是，为教育工作者和学生提供激励，可以在提高学生成

---

① 本段介绍的特许学校问题有许多来自：Curto, Fryer, and Howard(2010)。

绩方面发挥建设性作用。然而，在设计这种激励措施时需要非常小心，因为它们作为很强的措施，可能导致意想不到的不好的反应。

第四条指导原则是，增加贫困儿童入学选择的举措具有相当好的前景。然而，在新的学校选择改善学生长期产出的可扩展性和程度等方面，还存在一些重要问题。

我们希望这些原则能够通过指导旨在提高教育质量的政策来发挥有益的作用。然而，它们更多的是指导原则（guidelines）而非秘方（recipes）。诸如"教育券""班级规模缩减"或"教师绩效薪酬"等常见名称的项目，其重要细节也因地而异。对这些项目实施的回应也有所不同，这不仅是因为项目设计的细节不同，还因为制度和文化在不同地方有不同的重要性和差异性。出于这些原因，为特定类型的教育项目实施效果提供因果证据的工作不是进行一项甚至是几项高质量研究即可完成的。相反，这个问题牵涉进行一系列的高质量研究来揭示结果如何取决于经验设计的具体细节，干预是嵌入制度和文化的，可以影响教师、管理者、家长、儿童和雇主的行为决策以及优先级。

六、结语

此时此刻，我们想分享温斯顿·丘吉尔（Winston Churchill）在第二次世界大战转折点北非阿拉曼第二次战役中报告隆美尔装甲师的失败时所表达的情绪。他说："这不是结束。这甚至不是结束的开始。但这可能是开始的结束。"（Knowles，1999，p.215）同样，尽管这是本书的结尾，但我们希望这是你努力理解因果研究，使用它并做到这一点的开始。你需要继续学习，因为新的研究正在不断改进教育和社会科学研究中的因果推论。一些新的技术进步改进了旧的研究设计和旧的分析方法；一些人创造了新的设计和方法；其他重要工作提高了数据质量。我们预计未来这三个领域将取得快速进展。我们希望本书能够为你提供理解未来发展的坚实基础，并激励你继续学习和应用这些方法。最重要的是，我们希望通过本书提供的研究将使我们所有人更好地了解教育全世界儿童的有效的策略。

参考文献

Aaron，H. J. (1978). *Politics and the professors：The great society in perspective*. Studies in   *369*
social economics. Washington，DC：Brookings Institution.

Abadie，A. (January 2005). Semiparametric difference-in-differences estimators. *Review of Economic Studies*，72 (1)，1-19.

Abadie，A.，Imbens，G. W. (November 2008). On the failure of the bootstrap for matching estimators. *Econometrica*，76 (6)，1537-1557.

Abdulkadiroglu，A.，Angrist，A.，Dynarski，S.，Kane，T. J.，Pathak，P. (2009). *Accountability and flexibility in public schools：Evidence from Boston's charters and pilots*. Research Working Paper No. 15549. Cambridge，MA：National Bureau of Economic Research.

Agodini，R.，Dynarski，M. (February 2004). Are experiments the only option? A look at dropout-prevention programs. *Review of Economics and Statistics*，86 (1)，180-194.

Almond，D.，Edlund，L.，Palme，M. (2007). *Chernobyl's subclinical legacy：Prenatal exposure to radioactive fallout and school outcomes in Sweden*. Research Working Paper No. 13347. Cambridge，MA：National Bureau of Economic Research.

Altonji，J. G.，Elder，T. E.，Taber，C. R. (February 2005 a). Selection on observed and unobserved variables：Assessing the effectiveness of Catholic schools. *Journal of Political Economy*，113 (1)，151-184.

Altonji，J. G.，Elder，T. E.，Taber，C. R. (2005 b). An evaluation of instrumental variable strategies for estimating the effects of Catholic schooling. *Journal of Human Resources*，40 (4)，791-821.

Angrist，J.，Bettinger，E.，Bloom，E.，King，E.，Kremer，M. (December 2002). Vouchers for private schooling in Colombia：Evidence from a randomized natural experiment. *American Economic Review*，92 (5)，1535-1558.

Angrist，J.，Bettinger，E.，Kremer，M. (June 2006). Long-term educational consequences of secondary-school vouchers：Evidence from administrative records in Colombia. *American Economic Review*，96 (3)，847-862.

Angrist，J. D.，Dynarski，S. M.，Kane，T. J.，Pathak，P. A.，Walters，C. R. (2010). *Who benefits from Kipp?* Research Working Paper No. 15740. Cambridge，MA：National Bureau of Economic Research.

Angrist，J.，Lang，D.，Oreopoulos，P. (January 2009). Incentives and services for college a-   *370*
chievement：Evidence from a randomized trial. *American Economic Journal：Applied*

Economics，1(1)，136-163.

Angrist，J.，Lavy，V. (September 2009). The effects of high stakes high-school achievement awards: Evidence from a randomized trial. *American Economic Review*，99（4），1384-1414.

Angrist，J. D. (June 1990). Lifetime earnings and the Vietnam-era draft lottery: Evidence from Social Security administrative records. *American Economic Review*，80（3），313-336.

Angrist，J. D.，Imbens，G. W.，Rubin，D. B. (June 1996). Identification of causal effects using instrumental variables. *Journal of the American Statistical Association*，91（434），444-455.

Angrist，J. D.，Krueger，A. B. (Fall 2001). Instrumental variables and the search for identification: From supply and demand to natural experiments. *Journal of Economic Perspectives*，15（4），69-85.

Angrist，J. D.，Krueger，A. B. (November 1991). Does compulsory school attendance affect schooling and earnings? *Quarterly Journal of Economics*，106(4)，979-1014.

Angrist，J. D.，Lavy，V. (May 1999). Using Maimonides' rule to estimate the effect of class size on scholastic achievement. *Quarterly Journal of Economics*，114(2)，533-575.

Angrist，J. D.，Pischke，J. S. (2009). *Mostly harmless econometrics: An empiricist's companion*. Princeton，NJ: Princeton University Press.

Banerjee，A. V.，Cole，S.，Duflo，E.，Linden，L. (August 2007). Remedying education: Evidence from two randomized experiments in India. *Quarterly Journal of Economics*，122（3），1235-1264.

Barrera-Osorio，F.，Raju，D. (2009). *Evaluating a test-based public subsidy program for low-cost private schools: Regression-discontinuity evidence from Pakistan*. Paper presented at the National Bureau of Economic Research Program on Education Meeting，April 30，2009，Cambridge，MA.

Becker，G. S. (1964). *Human capital: A theoretical and empirical analysis, with special reference to education* (vol. 80). New York: National Bureau of Economic Research，distributed by Columbia University Press.

Becker，S. O.，Ichino，A. (2002). Estimation of average treatment effects based on propensity scores. *Stata Journal*，2（4），358-377.

Black，S. (May 1999). Do better schools matter? Parental valuation of elementary education. *Quarterly Journal of Economics*，114（2），577-599.

Bloom，H. S. (Forthcoming). Modern regression-discontinuity analysis. In *Field experimentation: Methods for evaluating what works, for whom, under what circumstances, how, and why*. M. W. Lipsey，D. S. Cordray (Eds.). Newbury Park，CA: Sage.

Bloom，H. S.，ed. (2005). *Learning more from social experiments: Evolving analytic approaches*. New York: Sage.

Bloom, H. S., Thompson, S. L., Unterman, R. (2010). *Transforming the High School Experience: How New York City's New Small Schools are Boosting Student Achievement and Graduation Rates*. New York: MDRC.

Boozer, M., Rouse, C. (July 2001). Intra-school variation in class size: Patterns and implications. *Journal of Urban Economics*, 50 (1), 163-189.

Borko, H. (2004). Professional development and teacher learning: Mapping the terrain. *Educational Researcher*, 33 (8), 3-15.

Borman, G. D. (2007). Final reading outcomes of the national randomized field trial of Success For All. *American Educational Research Journal*, 44 (3), 701-731.

Borman, G. D., Slavin, R. E., Cheung, A. C. K. (Winter 2005b). The national randomized field trial of Success For All: Second-year outcomes. *American Educational Research Journal*, 42 (4), 673-696.

Borman, G. D., Slavin, R. E., Cheung, A., Chamberlain, A. M., Madden, N. A., Chambers, B. (Spring 2005a). Success for all: First-year results from the national randomized field trial. *Educational Evaluation & Policy Analysis*, 27 (1), 1-22.

Bound, J., Jaeger, D. A. (2000). Do compulsory school-attendance laws alone explain the association between quarter of birth and earnings? In Solomon W. Polachek (Ed.), *Worker well-being. Research in labor economics* (vol. 19, pp. 83-108). New York: Elsevier Science, JAI.

Bound, J., Jaeger, D. A., Baker, R. M. (June 1995). Problems with instrumental variables estimation when the correlation between the instruments and the endogenous explanatory variable is weak. *Journal of the American Statistical Association*, 90 (430), 443-450.

Browning, M., Heinesen, E. (2003). *Class size, teacher hours and educational attainment* (p. 15). Copenhagen, Denmark: Centre for Applied Microeconometrics, Institute of Economics, University of Copenhagen.

Buckles, K., Hungerman, D. M. (2008). *Season of birth and later outcomes: Old questions, new answers*. Research Working Paper, No. 14573. Cambridge, MA: National Bureau of Economic Research.

Buddelmeyer, H., Skoufias, E. (2004). *An evaluation of the performance of regression discontinuity design on PROGRESA*. Policy Research Working Paper Series. Washington, DC: World Bank.

Burde, D., Linden, L. L. (2009). *The effect of proximity on school enrollment: Evidence from a randomized controlled trial in Afghanistan*. Working Paper. New York: Columbia University.

Callahan, R. E. (1962). *Education and the cult of efficiency: A study of the social forces that have shaped the administration of the public schools*. Chicago: University of Chicago Press.

Campbell, D. T. (1957). Factors relevant to the validity of experiments in social settings. *Psychological Bulletin*, 54 (4), 297-312.

Case, A., Deaton, A. (August 1999). School inputs and educational outcomes in South Africa. *Quarterly Journal of Economics*, 114 (3), 1047-1084.

Chubb, J. E., Moe, T. M. (1990). *Politics, markets & America's schools*. Washington, DC: Brookings Institution.

Clotfelter, C. T., Glennie, E., Ladd, H. F., Vigdor, J. L. (2008). Would higher salaries keep teachers in high-poverty schools? Evidence from a policy intervention in North Carolina. *Journal of Public Economics*, (92), 1352-1370.

Clotfelter, C. T., Ladd, H. F., Vigdor, J. (August 2005). Who teaches whom? Race and the distribution of novice teachers. *Economics of Education Review*, 24 (4), 377-392.

Cochran, W., Rubin, D. B. (1973). Controlling bias in observational studies: A review. *Sankyha*, 35, 417-466.

Cohen, D. K., Raudenbush, S. W., Loewenberg-Ball, D. (Summer 2003). Resources, instruction, and research. *Educational Evaluation & Policy Analysis*, 25 (2), 119-142.

Cohen, J. (1988). *Statistical power analysis for the behavioral sciences*, 2nd ed. Hillsdale, NJ: Lawrence. Erlbaum Associates.

Coleman, J. S., Campbell, E. Q., Hobson, C. J., McPartland, J., Mood, A. M., Weinfeld, F. D., York, R. L. (1966). *Equality of educational opportunity*. Washington, DC: U. S. Department of Health, Education, and Welfare, Office of Education.

Coleman, J. S., Hoffer, T., Kilgore, S. (1982). *High-school achievement: Public, Catholic, and private schools compared*. New York: Basic Books.

Cook, T. D. (February 2008). "Waiting for life to arrive": A history of the regression-discontinuity design in psychology, statistics and economics. *Journal of Econometrics*, 142 (2), 636-654.

Cook, T. D., Shadish, W. R., Wong, V. C. (Autumn 2008). Three conditions under which experiments and observational studies produce comparable causal estimates: New findings from within-study comparisons. *Journal of Policy Analysis and Management*, 27 (4), 724-750.

Cook, T. D., Wong, V. C. (forthcoming). Empirical tests of the validity of the regression-discontinuity design. *Annales d'Economie et de Statistique*.

Center for Research on Educational Outcomes (CREDO) (2009). *Multiple choice: Charter performance in 16 states*. Palo Alto, CA: Stanford University.

Currie, J., Moretti, E. (2003). Mother's education and the intergenerational transmission of human capital: Evidence from college openings. *Quarterly Journal of Economics*, 118 (4), 495-532.

Davidoff, I., Leigh, A. (June 2008). How much do public schools really cost? Estimating the relationship between house prices and school quality. *Economic Record*, 84 (265), 193-206.

372

Decker, P. T., Mayer, D. P., Glazerman, S. (2004). *The effects of Teach For America on students: Findings from a national evaluation.* Princeton, NJ: Mathematica Policy Research.

Dee, T. S. (August 2004). Are there civic returns to education? *Journal of Public Economics*, 88 (9-10), 1697-1720.

Dehejia, R. (March-April 2005). Practical propensity-score matching: A reply to Smith and Todd. *Journal of Econometrics*, 125 (1-2), 355-364.

Dehejia, R. H., Wahba, S. (February 2002). Propensity-score-matching methods for nonexperimental causal studies. *Review of Economics and Statistics*, 84 (1), 151-161.

Dehejia, R. H., Wahba, S. (December 1999). Causal effects in nonexperimental studies: Reevaluating the evaluation of training programs. *Journal of the American Statistical Association*, 94 (448), 1053-1062.

Deming, D. (2009). *Better schools, less crime?* Cambridge, MA: Harvard University. Unpublished Working Paper.

Deming, D., Hasting, J. S., Kane, T. J., Staiger, D. O. (2009). *School choice and college attendance: Evidence from randomized lotteries.* Cambridge, MA: Harvard University. Unpublished Working Paper.

Dewey, J. (1929). *The sources of a science of education.* New York: H. Liveright.

Diaz, J. J., Handa, S. (2006). An assessment of propensity score matching as a nonexperimental impact estimator: Evidence from Mexico's PROGRESA program. *Journal of Human Resources*, 41 (2), 319-345.

Dobbelsteen, S., Levin, J., Oosterbeek, H. (February 2002). The causal effect of class size on scholastic achievement: Distinguishing the pure class-size effect from the effect of changes in class composition. *Oxford Bulletin of Economics and Statistics*, 64 (1), 17-38.

Dobbie, W., Fryer, R. G., Jr. (2009). *Are high quality schools enough to close the achievement gap? Evidence from a social experiment in Harlem.* Research Working Paper, No. 15473. Cambridge, MA: National Bureau of Economic Research.

Duflo, E. (September 2001). Schooling-and labor-market consequences of school construction in Indonesia: Evidence from an unusual policy experiment. *American Economic Review*, 91 (4), 795-813.

Duflo, E., Dupas, P., Kremer, M., Sinei, S. (2006). *Education and HIV/AIDS prevention: Evidence from a randomized evaluation in western Kenya.* Policy Research Working Paper Series WPS4024. Washington, DC: World Bank.

Duflo, E., Glennerster, R., Kremer, M. (2008). Using randomization in development-economics research: A toolkit. In T. Paul Schultz, John Strauss (Eds.), *Handbook of development economics* (pp. 3895-3962). Amsterdam: Elsevier.

Duflo, E., Hanna, R., Ryan, S. (2008). *Monitoring works: Getting teachers to come to*

373

school. CEPR Discussion Papers.

Duncombe，W.，Yinger，J.（1999）. Performance standards and educational-costindices：You can't have one without the other. In Helen F. Ladd，R. A. Chalk and Janet S. Hansen （Eds.），*Equity and adequacy in education finance：Issues and perspectives*. Washington，DC：National Academy Press.

Dynarski，S. M.（March 2003）. Does aid matter? Measuring the effect of student aid on college attendance and completion. *American Economic Review*，93（1），279-288.

Efron，B.，Tibshirani，R.（1998）. *An introduction to the bootstrap*. Monographs on statistics and applied probability（vol. 57）New York，NY/Boca Raton，FL：Chapman & Hall/ CRC Press.

Epple，D.，Romano，R. E.（1998）. Competition between private and public schools：Vouchers，and peer-group effects. *American Economic Review*，88（1），33-62.

Erdfelder，E.，Faul，F.，Buchner，A.（1996）. GPOWER：A general power analysis program. *Behavior Research Methods*，*Instruments*，& *Computers*，28，1-11.

Evans，W. N.，Schwab，R. M.（November 1995）. Finishing high school and starting college：Do Catholic schools make a difference? *Quarterly Journal of Economics*，110（4），941-974.

Ezpeleta，J.，Weiss，E.（1996）. Las escuelas rurales en zonas de pobreza y sus maestros：Tramas preexistentes y políticas innovadoras. *Revista Mexicana De Investigación Educativa*，1（1），53-69.

Fernandez，R.，Rogerson，R.（2003）. School vouchers as a redistributive device：An analysis of three alternative systems. In Caroline M. Hoxby（Ed.），*The economics of school choice*（pp. 195-226）. Chicago：University of Chicago Press.

Figlio，D. N.，Getzler，L. S.（2002）. *Accountability*，*ability*，*and disability：Gaming the system*. Research Working Paper No. 9307. Cambridge，MA：National Bureau of Economic Research.

Fiske，E. B.，Ladd，H. F.（2000）. *When schools compete：A cautionary tail*. Washington，DC：Brookings Institution.

Fiszbein，A.，Schady，N. R.，Ferreira，F. H. G.（2009）. *Conditional cash transfers：Reducing present and future poverty*. A World-Bank policy-research report. Washington，DC：World Bank.

Folger，J.（Fall 1989）. Project STAR and class-size policy. *Peabody Journal of Education*，67（1），1-16.

Freeman，R. B.（1976）. *The overeducated American*. New York：Academic Press.

Friedman，M.（1962）. *Capitalism and freedom*. Chicago：University of Chicago Press.

Gamse，B. C.，Jacob，R. T.，Horst，M.，Boulay，B.，Unlu，F.（2008）. *Reading First impact study：Final report*. NCEE 2009-4038. Washington，DC：National Center for Education Evaluation and Regional Assistance，Institute of Education Sciences，U. S. Department of Education.

Garet, M. S. , Porter, A. C. , Desimone, L. (Winter 2001). What makes professional development effective? Results from a national sample of teachers. *American Educational Research Journal*, 38 (4), 915-945.

Gennetian, L. A. , Morris, P. A. , Bos, J. M. , Bloom, H. S. (2005). Constructing instrumental variables from experimental data to explore how treatments produce effects. In Howard S. Bloom (Ed.), *Learning more from social experiments: Evolving analytic approaches* (pp. 75-114). New York: Sage.

Glazerman, S. , Levy, D. M. , Myers, D. (2003). Nonexperimental versus experimental estimates of earnings' impacts. *Annals of the American Academy*, 589, 63-93.

Glewwe, P. , Kremer, M. , Moulin, S. (January 2009). Many children left behind? Textbooks and test scores in Kenya. *American Economic Journal: Applied Economics*, 1 (1), 112-135.

Goldberger, A. S. , Cain, G. G. (1982). The causal analysis of cognitive outcomes in the Coleman, Hoffer and Kilgore report. *Sociology of Education*, 55(2), 103-122.

Goldin, C. D. , Katz, L. F. (2008). *The race between education and technology.* Cambridge, MA: Belknap Press of Harvard University Press.

Graham, B. S. (May 2008). Identifying social interactions through conditional variance restrictions. *Econometrica*, 76 (3), 643-660.

Greene, W. H. (1993). *Econometric analysis*, 2nd ed. New York: Macmillan.

Hanus, P. H. (1920). *School administration and school reports.* Boston: Houghton Mifflin.

Hanushek, E. (May 1971). Teacher characteristics and gains in student achievement: Estimation using micro data. *American Economic Review*, 61 (2), 280-288.

Hanushek, E. A. (1998). *The evidence on class size.* Occasional Paper No. 98-1. Rochester, NY: W. Allen Wallis Institute of Political Economy, University of Rochester.

Hanushek, E. A. , Woessmann, L. (September 2008). The role of cognitive skills in economic development. *Journal of Economic Literature*, 46 (3), 607-668.

Hausman, J. A. (November 1978). Specification tests in econometrics. *Econometrica*, 46 (6), 1251-1271.

Hedges, L. V. , et al. (April 1994). Does money matter? A meta-analysis of studies of the effects of differential school inputs on student outcomes. Part 1: An exchange. *Educational Researcher*, 23 (3), 5-14.

Herbers, J. (1966). Negro education is found inferior. *New York Times*, July 1, 1966.

Hill, H. C. , Cohen, D. K. (2001). *Learning policy: When state education reform works.* New Haven, CT: Yale University Press.

Holland, P. W. (December 1986). Statistics and causal inference. *Journal of the American Statistical Association*, 81 (396), 945-960.

Howell, W. G. , Peterson, P. E. (2006). *The education gap: Vouchers and urban schools,*

Rev. ed. Washington, DC: Brookings Institution.

375 Howell, W. G. , Wolf, P. J. , Campbell, D. E. , Peterson, P. E. (2002). School vouchers and academic performance: Results from three randomized field trials. *Journal of Policy Analysis and Management*, 21 (2), 191-217.

Hoxby, C. (2000). *Peer effects in the classroom: Learning from gender and race variation*. Research Working Paper, No. 7867. Cambridge, MA: National Bureau of Economic Research.

Hoxby, C. M. (2003). Introduction. In Caroline M. Hoxby (Ed.), *The economics of school choice* (pp. 1-22). Chicago: University of Chicago Press.

Hoxby, C. M. (2001). *Ideal vouchers*. Cambridge MA: Harvard University. Unpublished manuscript.

Hoxby, C. M. (November 2000). The effects of class size on student achievement: New evidence from population variation. *Quarterly Journal of Economics*, 115 (4), 1239-1285.

Hoxby, C. , Murarka, S. (2009). *Charter schools in New York City: Who enrolls and how they affect their students' achievement*. Research Working Paper, No. 14852. Cambridge, MA: National Bureau of Economic Research.

Hsieh, C. -T. , Urquiola, M. (September 2006). The effects of generalized school choice on achievement and stratification: Evidence from Chile's voucher program. *Journal of Public Economics*, 90 (8-9), 1477-1503.

Huang, G. , Reiser, M. , Parker, A. , Muniec, J. , Salvucci, S. (2003). *Institute of education sciences: Findings from interviews with education policymakers*. Washington, DC: U. S. Department of Education.

Imbens, G. W. , Lemieux, T. (February 2008). Regression-discontinuity designs: A guide to practice. *Journal of Econometrics*, 142 (2), 615-635.

Imbens, G. W. , Wooldridge, J. M. (2009). Recent developments of the econometrics of program evaluation. *Journal of Economic Literature*, 47 (1), 5-86.

Jacob, B. A. , Lefgren, L. (February 2004). Remedial education and student achievement: A regression-discontinuity analysis. *Review of Economics and Statistics*, 86 (1), 226-244.

Jacob, B. A. , Levitt, S. D. (August 2003). Rotten apples: An investigation of the prevalence and predictors of teacher cheating. *Quarterly Journal of Economics*, 118 (3), 843-877.

Jamison, D. T. , Lau, L. J. (1982). *Farmer education and farm efficiency*. A World Bank research publication. Baltimore: Johns Hopkins University Press.

Kemple, J. J. (June 2008a). *Career academies: Long-term impacts on labor-market outcomes, educational attainment, and transitions to adulthood*. New York: MDRC.

Kemple, J. J. , Willner, C. J. (2008b). *Technical resources for career academies: Longterm impacts on labor-market outcomes, educational attainment, and transitions to adulthood*. New York: MDRC.

Kennedy, P. (1992). *A guide to econometrics*, 3rd ed. Cambridge, MA: MIT Press.

Kling, J. R. , Liebman, J. B. , Katz, L. F. (January 2007). Experimental analysis of neighborhood effects. *Econometrica*, 75 (1), 83-119.

Knowles, E. (1999). *The Oxford dictionary of quotations*, 5th ed. New York: Oxford University Press.

Koretz, D. M. (2008). *Measuring up: What educational testing really tells us*. Cambridge, MA: Harvard University Press.

Kremer, M. , Miguel, E. , Thornton, R. (2009). Incentives to learn. *Review of Economics and Statistics*, 91 (3), 437-456.

Krueger, A. , Whitmore, D. (2001). The effect of attending a small class in the early grades on college-test taking and middle-school test results: Evidence from project STAR. *Economic Journal*, 111, 1-28.

Krueger, A. , Zhu, P. (2004). Another look at the New York City school-voucher experiment. *American Behavioral Scientist*, 47 , 658-698.

Krueger, A. B. (May 1999). Experimental estimates of education production functions. *Quarterly Journal of Economics*, 114 (2), 497-532.

LaLonde, R. J. (September 1986). Evaluating the econometric evaluations of training programs with experimental data. *American Economic Review*, 76 (4), 604-620.

Lane, J. F. (2000). *Pierre Bourdieu: A critical introduction*. Modern European thinkers. Sterling, VA: Pluto Press.

Lavy, V. (2009). Performance pay and teachers' effort, productivity and grading ethics. *American Economic Review*, 99 (5), 1979-2011.

Lazear, E. P. (August 2001). Educational production. *Quarterly Journal of Economics*, 116 (3), 777-803.

Leuven, E. , Oosterbeek, H. , Ronning, M. (2008). *Quasi-experimental estimates of the effect of class size on achievement in Norway*. Discussion paper. Bonn, Germany: IZA.

Light, R. J. , Singer, J. D. , Willett, J. B. (1990). *By design: Planning research on higher education*. Cambridge, MA: Harvard University Press.

List, J. A. , Wagner, M. (2010). *So you want to run an experiment, now what? Some simple rules of thumb for optimal experimental design*. Research Working Paper, No. 15701. Cambridge, MA: National Bureau of Economic Research.

Liu, X. F. , Spybrook, J. , Congdon, R. , Raudenbush, S. (2005). *Optimal design for multi-level and longitudinal research*, Version 0. 35. Ann Arbor, MI: Survey Research Center, Institute for Social Research, University of Michigan.

Ludwig, J. , Miller, D. L. (February 2007). Does Head Start improve children's life chances? Evidence from a regression-discontinuity design. *Quarterly Journal of Economics*, 122 (1), 159-208.

Ludwig, J. , Miller, D. L. (2005). *Does head start improve children's life chances? Evidence from a regression-discontinuity design*. Research Working Paper, No. 11702.

376

Cambridge，MA：National Bureau of Economic Research.

Mann, H. (1891). Report for 1846. In M. T. Peabody Mann, G. C. Mann, F. Pécantds. (Eds.), *Life and works of Horace Mann*, 5 vols. Boston/New York：Lee and Shepard/ C. T. Dillingham.

McEwan, P. J. , Urquiola, M. , Vegas, E. (Spring 2008). School choice, stratification, and information on school performance：Lessons from Chile. *Economia：Journal of the Latin American and Caribbean Economic Association*, 8 (2), 1, 27, 38-42.

McLaughlin, M. W. (1975). *Evaluation and reform：The elementary and Secondary Education Act of 1965, Title I*. A Rand educational policy study. Cambridge，MA：Ballinger.

Miller, R. G. (1974). The jackknife：A review. *Biometrika*, 61 (1), 1-15.

Morgan, S. L. , Winship, C. (2007). *Counterfactuals and causal inference：Methods and principles for social research*. New York：Cambridge University Press.

Mosteller, F. (1995). The Tennessee study of class size in the early school grades. *The Future of Children*, 5 (2), 113-127.

Mosteller, F. , Moynihan, D. P. (Eds.). (1972). *On equality of educational opportunity*. New York：Random House.

Muralidharan, K. , Sundararaman, V. (2009). *Teacher performance pay：Experimental evidence from India*. Research Working Paper, No. 15323. Cambridge, MA：National Bureau of Economic Research.

Murnane, R. J. (1981). Interpreting the evidence on school effectiveness. *Teachers College Record*, 83 (1), 19-35.

Murnane, R. J. , Levy, F. (1996). *Teaching the new basic skills*. New York：Free Press.

Murnane, R. J. , Willett, J. B. , Levy, F. (1995). The growing importance of cognitive skills in wage determination. *Review of Economics and Statistics*, 77 (2), 251-266.

Murray, M. P. (Fall 2006). Avoiding invalid instruments and coping with weak instruments. *Journal of Economic Perspectives*, 20 (4), 111-132.

National Board for Education Sciences. (2008). *National board for education sciences 5-year report*, 2003 *through* 2008. NBES 2009-6011. Washington, DC：National Bureau of Education Science.

Neal, D. (1997). The effects of Catholic secondary schooling on educational achievement. *Journal of Labor Economics*, 15 (1), 98-123.

Nechyba, T. J. (June 2003). What can be (and what has been) learned from general-equilibrium simulation models of school finance? *National Tax Journal*, 56 (2), 387-414.

Nelson, R. R. , Phelps, E. S. (1966). Investment in humans, technological diffusion, and economic growth. *American Economic Review*, 56 (2), 67-75.

Orr, L. L. (1999). *Social experiments：Evaluating public programs with experimental methods*. Thousand Oaks, CA：Sage.

Oxford English Dictionary (1989). Weiner, E. S. C. , Simpson, J. A. (Eds.). New York：

377

Oxford University Press.

Papay, J. P. , Murnane, R. J. , Willett, J. B. (March 2010). The consequences of high-school exit examinations for low-income urban students: Evidence from Massachusetts. *Educational Evaluation and Policy Analysis*, 32 (1), 5-23.

Psacharopoulos, G. (Fall 2006). The value of investment in education: Theory, evidence, and policy. *Journal of Education Finance*, 32 (2), 113-136.

Rasbash, J. , Steele, F. , Browne, W. J. , Goldstein, H. (2009). *A user's guide to MLwiN*, 2. 10. Bristol, UK: Centre for Multilevel Modelling, University of Bristol.

Raudenbush, S. W. , Bryk, A. S. (2002). *Hierarchical linear models: Applications and data-analysis methods* , 2nd ed. Thousand Oaks, CA. : Sage.

Raudenbush, S. W. , Martinez, A. , Spybrook, J. (March 2007). Strategies for improving precision in group-randomized experiments. *Educational Evaluation & Policy Analysis*, 29 (1), 5-29.

Reimers, F. (2006). Principally women. In L. Randall (Ed.), *Changing structure of Mexico: Political, social, and economic prospects*, 2nd ed. (pp. 278-294). Armonk, NY: M. E. Sharpe.

Rivkin, S. G. , Hanushek, E. A. , Kain, J. F. (March 2005). Teachers, schools, and academic achievement. *Econometrica*, 73 (2), 417-458.

Rockoff, J. (2009). Field experiments in class size from the early twentieth century. *Journal of Economic Perspectives*, 23 (4), 211-230.

Rosenbaum, P. R. , Rubin, D. B. (1984). Reducing bias in observational studies using subclassification on the propensity score. *Journal of the American Statistical Association*, 79 (387), 516-524.

Rosenzweig, M. R. , Wolpin, K. I. (December 2000). Natural "natural experiments" in economics. *Journal of Economic Literature*, 38 (4), 827-874.

Rouse, C. E. (1998). Private-school vouchers and student achievement: An evaluation of the Milwaukee parental choice program. *Quarterly Journal of Economics*, 113 (2), 553-602.

Rouse, C. E. , Krueger, A. B. (August 2004). Putting computerized instruction to the test: A randomized evaluation of a "scientifically based" reading program. Special Issue. *Economics of Education Review*, 23 (4), 323-338.

Rubin, D. B. (1990). Formal modes of statistical inference for causal effects. *Journal of Statistical Planning and Inference*, 25 , 279-292.

Rubin, D. B. (1974). Estimating causal effects of treatments in randomized and nonrandomized studies. *Journal of Educational Psychology*, 66 (5), 688-701.

Rutter, M. (1979). *Fifteen thousand hours: Secondary schools and their effects on children*. Cambridge, MA: Harvard University Press.

Sacerdote, B. (2008). *When the saints come marching in: Effects of Hurricanes Katrina and Rita on student evacuees*. Research Working Paper, No. 14385. Cambridge, MA:

378

National Bureau of Economic Research.

Schiefelbein, E. , Farrell, J. P. (1982). *Eight years of their lives: Through schooling to the labour market in Chile.* IDRC, 191e. Ottawa, Ontario, Canada: International Development Research Centre.

Shadish, W. R. , Campbell, D. T. , Cook, T. D. (2002). *Experimental and quasi-experimental designs for generalized causal inference.* Boston: Houghton Mifflin.

Shavelson, R. J. , Towne, L. (Eds.). (2002). *Scientific research in education.* Washington, DC: National Academy Press.

Smith, J. A. , Todd, P. E. (March April 2005a). Does matching overcome LaLonde's critique of non-experimental estimators? *Journal of Econometrics*, 125 (1-2), 305-353.

Smith, J. , Todd, P. (March April 2005b). Does matching overcome LaLonde's critique of non-experimental estimators? rejoinder. *Journal of Econometrics*, 125 (1-2), 365-375.

Spence, A. M. (1974). *Market signaling: Informational transfer in hiring and related screening processes.* Harvard economic studies, vol. 143. Cambridge, MA: Harvard University Press.

Sproull, L. , Wolf, D. , Weiner, S. (1978). *Organizing an anarchy: Belief, bureaucracy, and politics in the national institute of education.* Chicago: University of Chicago Press.

Steele, J. L. , Murnane, R. J. , Willett, J. B. (2010). Do financial incentives help low-performing schools attract and keep academically talented teachers? Evidence from California. *Journal of Policy Analysis and Management*, 29 (3).

Stern, D. , Raby, M. , Dayton, C. (1992). *Career academies: Partnerships for reconstructing American high schools.* San Francisco: Jossey-Bass.

Stock, J. H. , Wright, J. H. , Yogo, M. (October 2002). A survey of weak instruments and weak identification in generalized method of moments. *Journal of Business and Economic Statistics*, 20 (4), 518-529.

Taylor, F. W. (1911). *The principles of scientific management.* New York: Harper and Brothers.

Todd, P. E. , Wolpin, K. I. (February 2003). On the specification and estimation of the production function for cognitive achievement. *Economic Journal*, 113 (485), F3-33.

Tukey, J. W. (1977). *Exploratory data analysis.* Reading, MA: Addison-Wesley.

Tyler, J. H. , Murnane, R. J. , Willett, J. B. (May 2000). Estimating the labor-market signaling value of the GED. *Quarterly Journal of Economics*, 115 (2), 431-468.

Urquiola, M. (February 2006). Identifying class size effects in developing countries: Evidence from rural Bolivia. *Review of Economics and Statistics*, 88 (1), 171-177.

Urquiola, M. , Verhoogen, E. (March 2009). Class-size caps, sorting, and the regression-discontinuity design. *American Economic Review*, 99 (1), 179-215.

Weiss, A. (Fall 1995). Human capital vs. signalling explanations of wages. *Journal of Eco-

nomic Perspectives, 9 (4), 133-154.

Whitehurst, G. J. (2008a). *National board for education sciences: 5-year report*, 2003 *through* 2008. NBES 2009-6011. Washington, DC: National Board for Education Sciences.

Whitehurst, G. J. (2008b). *Rigor and relevance redux: Director's biennial report to congress*. IES 2009-6010. Washington, DC: Institute of Education Sciences, U. S. Department of Education.

Wooldridge, J. M. (2002). *Econometric analysis of cross-section and panel data*. Cambridge, MA: MIT Press.

索　　引①

A

Abdul Latif Jameel Poverty Action Lab (J-PAL), 75, 336 阿卜杜勒·拉蒂夫·贾米勒贫困行为实验室

Academic achievement. See also: Class-average achievement; Student achievement, 学业成绩

Academic probation, 360 学业考察期

Academy of Applied Electrical Science, 63 应用电子科学学院

Adult civic participation 成年人的公民参与行为

Afghanistan, commutes in, 352 阿富汗, 阿富汗的通勤情况

Age of regression, 33 回归的时代

Agriculture 农业

α-level, 85-95　α水平

Always-takers, 277-280, 345 总是参与者

American K-12 education, federal government involvement in, 7-8 美国 K-12 阶段教育, 美国联邦政府对 K-12 阶段教育经费投入

Analytic window, choosing width of, 150-152 分析窗口, 分析窗口的带宽选择

Anomalous results, paying attention to, 346-347 异常结果, 注意异常结果

Attrition, 磨损

Average treatment effect (ATE), 34 平均干预效应

B

Bagrut examination, 363　　"Bagrut"考试

Balance-checking, 316-317 平衡性检验

Balsakhi program, 75-77　Balsakhi 项目

Bandwidth, choosing appropriate, 150-152, 181-185, 183 t, 184 t, 带宽, 选择合适的带宽

Between-school variance, 115, 117-118 学校间方差

Biased estimate, 53-54(57) 偏误估计

Blocks 区

Bogotá 波哥大

Bonferroni-adjusted a-level, 317n30 事后校正 a 水平

Books, providing more, 355-356 书籍, 提供更多书籍

Bootstrap, 55n14 自助法

Busia, scholarships in, 362 布西亚, 布西亚地区的奖学金

C

Campbell, Donald, 332 唐纳德·坎贝尔

Capitalism and Freedom, 40(24)《资本主义与自由》

Career academies, 62-70 职业生涯学院

Catholic school 教会学校

Causal effect, 34 因果效应

Causal inference 因果推断

Causal research 因果研究

Cause and effect 因果

CCT. See Conditional cash-transfer 有条件现金转移支付

Center-based childcare, 33 基于保育中心的儿童保育模式

Center for Research on Education Outcomes (CREDO), 366n4 教育成果研究中心

Charter schools, urban, 365-366 特许学校, 城市特许学校

Chicago public schools, 147-148, 336 芝加哥公立学校

---

① 本索引每个条目后所附页码为英文页码, 即中文版边码。具体页码中, f(figure)、t(table)、n(note)分别代表图、表、注释, n后的数字代表英文版注释编号。英文版索引中部分为主题性索引, 即所注页码涉及该主题, 但可能并未出现该索引条目, 中文版尊重原书, 未进行修正。英文版索引部分页码有误, 在翻译时对其进行了修正, 在保留原书页码的同时, 括注正确页码。——译者注

译后记

提升教育研究质量是教育学人的共同追求，但同时也是争议较大的问题之一。究其原因，是人们对于什么才是高质量的教育研究存在不同认识。下文尝试从量化研究的角度提出笔者的一些看法。为了更好地提供分析的基础，笔者先从学科分类出发，在厘清教育学科特点的基础上，重点谈关于提升教育量化研究质量的思考。

一、学科分类与教育学科的性质

分类是学术研究的一个基础性方法，一个好的分类必须建立清晰的分类标准，并严格执行这一标准。建立清晰分类标准的基础是对不同类别事物共同特性的抽象与归纳，抽象出共同特性就可以归入同一类别。在实践中，分类的难点除了共同特性的抽象与归纳外，每个事物都存在着多种性质，从不同的角度往往会做出不同的分类。学科分类就存在着这样的问题。以教育学为例，二级学科的划分有从学科性质角度划分的，如教育哲学、教育心理学、教育经济学等，有从教育层级划分的，如学前教育、高等教育等，有从教育类别划分的，如特殊教育、职业教育等，有从教育内容划分的，如德育原理、课程与教学论等。由于划分标准不统一，学科之间有交叉重合就是必然的。

为了避免陷入冗长的理论辨析，笔者从哈佛大学学院的设置得到启发，认为应该首先把学科分为文理基础学科与综合实践学科两大类。哈佛大学几乎所有的本科生都在其文理学院，学术型的硕士生与博士生也主要在文理学院。我们熟悉的商学院、法学院、肯尼迪政府学院、教育学院、医学院等都以专业学位的研究生教育为主，实际上是专业性的学院。哈佛大学这样的学院设置与人才培养的安排，背后实际上是对学科分类的一种理解。文理学院的学科设置，以文、史、哲、数、理、化等基础学科为主。这些学科以对自然与人类社会规律认识及知识体系的建构为主。专业性学院则是以社会实践中的一个行业或一类职业为基础建立的，其对应的学科具有综合性与实践性的特点。"显然，哈佛大学对学科的划分最主要的分类是基础学科与综合实践学科。基础学科是对自然界、人类社会以及人类自身规律的探究；综合实践学科则是基于社会的实践领域需求而设计，实践的需求决定了学科的内容与体系，学科知识体系比较综合。以管理学为例，既需要从哲学视角研究，也需要从心理学视角分析，更可以从数学角度进行规划，是一个多范式的综合学科，可以说管理过程中需要什么，管理学就研究什么。同时，管理学也是一个与实践密切相关的学科，管理学的案例教学典型地反映了贴近实践的导向。"①这种综合性使管理学在知识形态及研究范式上都具有不同的特点。实践性体现在这类学科的知识是与实践密切相关的，或者说这类学科包含着很多实践性的知识。这类知识也许逻辑上并不完美，但有时能很好地指导实践。很多专业性学院聘请一些实践经验丰富的师资，就反映了这类学科的实践性。

从研究对象及研究方法角度考察，文理基础学科可以进一步分为人文基础学科、科学基础学科、社会科学基础学科。人文基础学科包括文史哲等学科，科学基础学科包括数理化生等学科，社会科学基础学科包括经济学等学科。

综合实践性学科可以进一步分为社会综合实践学科与科学综合实践学科。社会综合实践学科包括管理学、法学、教育学等学科，科学综合实践学科包括工学、医学、农学等学科。

文理基础学科的共同特点之一就是逻辑性强。从这一角度看，最完美的学科就是数学，数学的最重要特性就是严密性，庞大的数学体系几乎没有任何矛盾。而保证其严密性的基础就是数学的逻辑性。数学的知识体系中没有其他学科那么多的争论，只有对错。而同样强调逻辑的哲学等人文基础学科为什么充满争议呢？很重要的原因就是数学总是从最简单的共识出发，在最简单共识基础上通过复杂而严密的逻辑编织出数学知识体系。而哲学等人文学科往往从一个有争议的复杂的概念开始，尽管过程也尽可能严密，但由于

---

① 杜育红、袁玉芝：《高等学校资源配置的逻辑与内涵发展》，载《教育与经济》，2017(3)。

基础的复杂与争议，往往形成具有争议甚至是相互矛盾的知识体系。

其实，从逻辑角度看，人类还没有真正解决求真的问题。因为归纳推理在从特殊到一般的过程中，永远不能保证下一个出现的不是黑天鹅，而演绎推理在一般到特殊的推理过程中，则依赖前提条件的正确。科学得到人们认可的原因是科学实现了重复与控制，获得了人们的认可。也许其在逻辑上还有瑕疵，但科学可以制造出新材料，可以把火箭送上天，使人们相信其为真。人文学科不具有科学能够重复与控制的优势，但其给人们的生活提供了意义与理解，同样获得了人们的认可。正像《人类简史》所描述的，如果没有文化，人类社会不可能形成这么大规模的群体行动。社会科学基础学科则是运用科学的方法研究社会与人类自身的问题，其既有别于人文基础学科，也有别于科学基础学科。

与文理基础学科相比，综合实践学科知识形态可能更为多样。综合实践学科的知识体系往往与社会实践活动的需求密切相关，往往是实践需要什么，这类学科就要回应实践的需要。综合实践学科可以进一步分为科学综合实践学科与社会综合实践学科。科学综合实践学科运用科学基础学科的知识，解决人类改造物质世界实践中的问题，为人类服务。以工学为例，工学的各个专业往往都要学数理化等科学基础学科，并将这些科学基础学科的知识用于解决实践中的问题，并形成自身的知识体系。也是基于此，人们往往说基础理学是认识世界，而工学是改造世界。从这个角度看，科学与技术是不同的。科学指的是通过观察、实验、仿真和分析去研究大自然中各种事物和现象并探求其规律的学科，目的是认知世界。技术是解决各种问题的手段、形式、方法及过程的集成，它在现有事物基础上产生新事物，或者改变现有事物的性质和功用，目的是为人类服务。从经济角度看，科学与技术也是不同的，科学更像是一个公共品，有了科学发现后，往往要公开发表，与全社会分享，而技术更像是一个私人产品，发明一项技术后，往往要申请专利，要有知识产权保护。

社会综合实践学科是综合运用人文基础学科、科学基础学科、社会科学基础学科的知识，解决人类社会实践中的问题。社会综合实践学科除了其知识基础更为广泛外，一个重要的特征就是实践经验成为这类学科知识的重要组成部分。企业家的经营理念与经验、校长的办学理念与经验，都是这类学科知识的重要组成部分。这些理念与经验也许逻辑不够严密，体系也不一定完整，但往往在实践中有效。

依据上述学科分类，笔者认为，教育学应该属于社会综合实践学科，其知识既来源于人文基础学科、社会科学基础学科，也来源于科学基础学科。同时教育实践是教育学科知识构建的原动力，从某种意义上可以说教育实践有哪些问题需要回答，教育学科的知识就可能延伸到哪里。教育学科的综合性说明教育学科既具有人文性，又具有科学性，还具有社会科学性。教育学的二级学科既有人文属性的教育哲学、教育史、教学论等学科，也有科学属性的教育技术学、脑科学与学习等学科，还有教育经济学、教育心理学等社会科学属性的学科。同时，作为一门实践性的学科，教育学在认识教育规律的基础上，必须对教育实践的问题做出回应，提出解决教育实践问题的对策与方案。教育学科的这种特性造成了在提升教育学研究质量的追求中难以达成共识。

基于这样的原因，笔者认为教育学科的知识既有来源于基础学科的理论，也有来源于实践的经验。教育学研究的内容既有教育科学规律的认识，也有教育价值与意义的阐释，既有对基础理论的探寻，也有实践方案的构建。对于高质量教育研究的评价应该区分基础研究与应用研究。基础研究的评价应该是过程导向，以逻辑的严密性作为优先的标准。应用研究应该是结果导向，以有效性作为优先的标准。从这两个标准看当前的教育研究，确实存在着许多问题。我们有些研究应该更类似于个人感想的随笔，有一些灵光闪现，但缺乏严格的逻辑，也缺乏解决问题的可操作的方案。从教育知识的积累角度看，我们需要教育研究建立在更为严密的逻辑基础上，能经得住推敲，具备知识积累的价值。只有我们积累越来越多的可信的教育知识，教育知识才能在应用研究中发挥越来越大的作用。

作为社会综合实践学科的教育学科，由于知识的实践性及其形态的多样性，提升教育研究质量的评价标准就会是多元的。但多元不意味着模糊，每一类教育研究都应该依据自身知识形态的特点，明确自己研究质量的标准。由于笔者主要从事教育经济学的研究，后文更多地关注教育量化研究质量提升问题。

二、教育量化研究存在的问题及对经济学的借鉴

近年来，教育量化研究越来越受到教育学界的重视。尽管总体上教育量化研究在教育研究中所占比例还比较低，但在一些与科学基础学科、社会科学基础学科结合的教育二级学科中，量化研究一直占主导地位，如教育经济学、教育心理学、教育测量学、教育与脑科学等学科。受这些学科的影响，也基于自身研究的需要，其他教育学科越来越多地采用量化研究方法。量化研究具有能够将抽象的概念具象化、操作化，以及设计比较严谨的优势，对教育理论的发展与研究问题的深化起到了重要的推动作用。在教育学专业的人才培养方面，教育量化研究方法也成为重要的课程内容之一。

随着教育量化研究方法的广泛应用，提高教育量化研究质量的迫切性也越来越强。现在发问卷、采数据、做模型成为许多研究采取的标准程序。应该说从程序上看，这样做是对的，问题是如何保证质量。通过问卷收集的数据可靠吗？数据具有代表性吗？模型设定中自变量、因变量的关系有相应的理论支撑吗？统计推断的逻辑是什么？误差的范围是多大？这些基本问题似乎经常被忽略。忽略这些基本问题的结果是量化研究的最大优势不见了。量化研究受基础学科的科学研究与社会科学研究影响，其最大的优势就是严谨与求真。当我们数据的可靠性无法保证，当我们的变量设定缺乏理论支撑，当我们的统计推断没有严密的逻辑，形式上的程序再漂亮，也都已经偏离了量化研究的最重要的基础与优势。

实际上，20世纪80年代，经济学者就指出经济学的实证研究结果难以取信于人。其实，教育学的量化研究面临着与经济学当时类似的问题，经济学解决这些问题的策略对于改进教育量化研究也许会很有启发。有学者将经济学改进实证研究质量的策略分为三类，即基于设计的实验主义方法、基于模型的结构主义方法、基于稳健性的经济计量方法。

基于设计的实验主义方法认为，只有通过对随机分配的干预组与对照组实验前后的比较，才能获得变量间是否为因果关系的结论。过去量化研究进行回归分析时，由于一些关键假设没有满足，使回归分析的结论存在偏误。比较典型的研究是使用现实中的管理数据分析班级规模对学生学业成绩的影响。由于家长、教师与学校对学生分配到哪些学校、哪个班级可以发挥影响，使用这样的数据进行分析，会产生严重的内生性偏误。传统的通过增加控制变量的方法，可以从一定程度上降低估计的误差，但无法解决估计的偏误问题。而随机实验通过随机分配干预组与对照组的方式，解决了回归分析估计偏误问题。随机实验方法现在已成为经济学最为重要的实证方法。不过在实际的研究中，由于随机实验要求的条件比较高，很多情况下人们通过在管理数据中寻找随机变化的方式开展准实验研究，从中得到因果关系的结论。计量经济学的最新发展几乎都是围绕准实验计量方法展开的。

基于模型的结构主义方法认为，实验方法尽管可以回答变量间的因果关系，但其主要还是基于对可以测量的结果的判断，很难对产生结果的机制做出解释。从经济学家的角度看，实验主义不仅仅根植于经济理论，更多的是对观察的归纳。为了更好地揭示因果关系产生的机制，必须从经济理论的推理中来获得对原因与机制的实证。基于模型的结构主义方法主要通过经济理论的数学模型推导来获得严密的机制理论，再通过实证加以验证。在这里，数学对于经济理论的严密性发挥了重要作用。对于这类经济理论的验证除了传统的回归模型外，越来越多地采取模拟计算的方法。模拟计算的方法可以更好地按理论模型的需要进行验证，一定程度上解决了实验数据缺乏的困难。

基于稳健性的经济计量方法也像基于设计的实验主义方法一样，是为了解决传统回归模型估计上存在的问题。通过有限的样本推断总体情况的统计方法，最为关键的是对变异与偏差的控制。最好的估计是偏差小、变异也小的估计。抽样的分布是我们通过样本推断总体的桥梁，有了抽样分布，我们才能在一定的置信度与误差范围内对总体做出推断。提高经济计量方法的可靠性，必须严谨地把握统计推断的逻辑。对计量模型的稳健性检验、检验再检验，是提高经济计量方法可靠性的重要保障。对于统计方法的合理使用，美国统计学会在回应对 p 值的错误理解时强调："好的统计实践，作为好的科学实践的基本成分，强调好的研究设计和实施原则，数据的多种数值和图形概括、理解所研究的现象、结构的全面和完整的报告，以及正确逻辑和定量地理解数据概括意味什么。没有任何单一的指标可以取代科学推理。"[①]可见，更好地把握统计方法的逻辑、科学合理地使用统计方法、提高统计方法的稳健性，是提高量化研究质量的重要方面。

三、提高教育量化研究质量的策略

经济学及美国统计学会对于提高定量研究与统计方法质量的策略，对于教育学科提升量化研究的质量具有重要的借鉴意义。但从量化研究的角度看，教育学科与经济学科有较大的差异。一是教育研究对象更复杂，教育研究的测量技术更复杂；而经济研究测量相对简单，对测量技术的关注较少。二是教育理论研究并没有像经济理论一样走上数学化的道路。这也决定了教育量化研究质量的提升可能无法像经济学的结构主义方法一样，通过数学推理来保障其理论的严谨性。但这并不意味着教育量化研究质量的提升不需要理论的支撑，恰恰相反，正像美国统计学会的声明一样，全面报告和科学推理是保证量化研究质量的根本，教育量化研究离不开教育理论的支撑。

基于上述分析，笔者认为提升教育量化研究的质量必须关注以下几个方面。

第一，提高教育测量的信度与效度。测量是量化研究的重要环节之一，科学的进步往往是与测量工具的进步密切相关的，测量工具从某种意义上决定着科学的认识水平。曾经有人以一片叶子为例，用不同的测量尺度进行观察，呈现出令人惊奇的视觉体验。从 10 的 0 次方开始（也就是 1 米），然后每次按照 10 的乘方增加。从 10 米、100 米、1 000 米，以此类推，到 10^9 也就是 100 万千米，看到的是浩瀚宇宙中的一个蓝色地球，到 10^{23} 看到的是浩瀚

---

① ［美］Ronald L. Wasserstein：《ASA 关于统计意义和 p－值的声明》，方积乾译，载《中国卫生统计》，2016(3)。

宇宙中点缀的星系。朝一个相反的方向，以 10 的乘方减少，到 10^{-4} 也就是 100 微米，看到了细胞内部的结构。到 10^{-16} 也就是十分之一飞米，看到了微观世界的极限夸克。从某种角度看，测量工具的进步决定了人类对宏观世界与微观世界的认识。从一定意义上讲，测量能力决定了科学的边界或极限。

教育研究由于对象的复杂性，在测量方法与技术上与自然科学存在较大的差异。自然科学的测量主要依赖各类测量仪器，教育研究的测量主要通过量表与问卷。最典型的量表是心理学测量智商、人格等的量表。这些量表依据系统的理论，经过长时间试验，形成了标准化的测试程序与方法，具有较高的信度和效度。最典型的问卷是人口与就业调查。美国 20 世纪 30 年代因为急于寻找走出经济危机的对策，开始使用抽样的方式调查经济与就业情况，使抽样调查开始越来越广泛地被采用。一个好的问卷设计一定是基于对于所研究问题的深刻理解，经过反复的校正才能逐步形成。不过，问卷调查测量的质量严重依赖于应答者的配合，这在一定程度上影响了问卷的信度与效度。

教育测量中得到比较广泛认可的测试是各类标准化测验，像以托福、雅思为代表的各类语言测试已经做到了不同时间的测试可以等值比较。以国际学生评估项目(PISA)为代表的各类学生能力测试也是获得广泛认可的、信度与效度都比较高的教育测量。这些测量依据项目反应理论等教育测量理论，将教育测量看作一种随机现象，运用数理统计的方法，对所测量的对象做出最"真实"的估计。正像统计学的先驱皮尔逊在论述统计如何变革了科学时指出的："这些观测到的现象只是一种随机的映像，是不真实的，所谓的真实是概率分布。"[1]

目前，国内教育量化研究对测量技术的使用还不十分广泛，教育量化研究数据质量差、信度与效度低的问题十分突出。解决这一问题可以从以下几个方面着手：一是凝练问题，长期持续。一个好的测量工具的开发需要长时间反复试验与积累，这就需要研究问题相对稳定，而不是今天想研究，明天就编出问卷这样的操作方式。二是慎重选择，合理使用测量工具与方法。问

---

[1] ［美］萨尔斯伯格：《女士品茶：20 世纪统计怎样变革了科学》，邱东等译，16 页，北京，中国统计出版社，2004。

卷调查方法由于受应答者的影响特别大，可能更适合一些简单明了的问题，对一些复杂以及与应答者自身利益相关的问题可能很难得到客观的数据。一些深入细致的问题可能更适合实验研究的方法。三是加强测量技术的推广，推出更多信度与效度高的教育测量结果。

第二，提高抽样的科学性与统计推断的逻辑性。教育量化研究本质上是将教育测量的结果看作随机的、通过有限的样本推断总体的情况。皮尔逊曾指出："人们从一个实验中真正得到的是散乱的数据，其中没有一个单个数据是确切的，但所有这些数据可以用来对确切值进行近似的估计。""单个实验的结果是随机的，在这个意义上看它们是不可预测的，然而，分布的统计模型却使我们能够描述这种随机的数学性质。"①

对于教育量化研究，抽样是特别重要的一个环节。只有样本具有代表性，才能对总体做出较好的估计。但是由于抽样的随机性，每次抽样获得的样本一定是不同的。为了对总体做出逻辑严密的推断，必须借助抽样的分布。设想我们可以按照同样的抽样方法，重复进行无数次抽样，每次抽样样本的均值分布一定服从正态分布。借助样本均值的抽样分布，构造联系样本统计量与总体参数的关系的估计方法与原则，就可以对总体的均值做出推断。

简单随机抽样是最基础，也是最理想化的抽样方法，它要求总体中每个个体被抽中的概率相等。随机性对于统计推断是极其重要的前提，不满足随机性的要求，许多统计推断与模型就会出现严重的偏误。但在现实的抽样调查中，由于很难实现随机控制，往往依据便利原则进行抽样，调查过程中还会有大量的不应答等问题，这些问题都大大增大了抽样调查的难度。有些研究对于这类调查数据没有做适当的处理而直接用来对总体进行估计，会导致严重的估计偏误。

为了解决教育量化研究中统计推断无法满足随机性的问题，近些年来国际上特别强调通过随机实验或准实验的方法保证统计推断的科学性，进而获得教育干预与教育结果之间真正因果关系的证据。标准的随机实验一般需要

---

① ［美］萨尔斯伯格：《女士品茶：20世纪统计怎样变革了科学》，邱东等译，14页，北京，中国统计出版社，2004。

满足三个条件：一是比较干预组和控制组在实验后的差别，二是实验对象随机地分配到干预组和控制组，三是研究者对干预组和控制组给予不同的实验处理。满足这三个条件，干预组与控制组实验后的差别就是实验干预与实验结果之间的因果关系。

准实验研究则是在自然条件下，通过寻找数据中外生随机的变异，来满足或近似地满足随机性的要求，进而获得因果关系的证据。常用的方法包括多重差分、断点回归、倾向得分、工具变量等方法。准实验方法存在的问题是研究问题受到很大局限，只能被动地在现有数据中寻找外生随机的变异。

判断一个量化研究质量最重要的是看两个方面，即研究的外部效度与内部效度。抽样的科学性是研究外部效度的基础。评价一项化研究首先要看其数据来源，如果是抽样调查，则必须关注抽样的总体是否界定清楚，有没有清晰的抽样框架与方法，样本容量有多大，估计误差的情况如何。只有把握这些方面，才能说清楚从样本推断的结论可以在什么样的范围内有效，也就是研究的外部效度。统计推断的逻辑性则与研究的内部效度关系更为密切。因变量、自变量与误差项的逻辑关系，以及差异变动的随机性是保证量化研究内部效度的必要条件。

第三，增强理论分析对量化研究的支撑能力。正像美国统计学会对 p 值错误理解的声明所强调的，好的统计实践不仅需要统计方法的逻辑严密，还需要完整的设计及全面的科学推理。全面的科学推理的另一种表达其实就是理论的逻辑。具有理论的支撑，模型设定的变量之间关系及相互的作用机制会更清晰，研究结果将建立在统计与理论双重逻辑的支撑之上，可信度会大幅度提高。对于这一点，理查德·默南指出："理论在社会科学和教育的经验研究中发挥着重要作用，它对研究问题的提出、关键概念的测量和概念之间关系的假设等方面提供指导。例如，人力资本理论的一个核心观点在于，在做出是否继续接受教育的决策时，个人需要比较收益和成本。这一框架引导研究者关注额外接受教育包含哪些收益和成本、如何测量不同个体或不同时间上这些收益和成本的差异和变化。此外，理论也对关系方向的假设做出了提示。例如，该理论指出，如果大学毕业生和高中毕业生之间的相对工资收入下降，那么高中毕业生决定就读大学的比例也会随之降低。"①

经济学提升量化研究质量的结构主义策略实际上也是强调理论的作用，试图通过理论的分析提升经济学量化研究结果的可信性。只不过经济学走的是类似于物理学的思路，通过经济理论的数学化表达，提升经济理论的严密性。教育量化研究可能与经济理论的取向有所不同。"正是由于不同行动者对教育同时产生影响，且他们的相互作用非常复杂，使得构建一个简洁、有力的理论来说明特定教育政策的影响效应非常困难。与之形成鲜明对比的是物理学，这是一个具有很强理论性的领域，该学科用数学语言来表示一般的规律，同时，这些规律背后的假设能够被清晰定义和验证。然而，在思考社会科学和教育领域中的理论时，记住物理学不过是特例而非准则，这一点很重要。事实上，在大多数科学领域中，理论普遍以文字而不是数学的形式表达，而且一般规律也不如物理学那样清晰地定义。提到这一点是要鼓励研究者广泛地定义理论，那么，理论则可以更加全面地描述有待评价的政策干预、政策干预可能产生的影响效应以及干预产生的影响机制。这样的描述很少用数学语言来表达，实际上也不需要。重要的是清晰的思考，它的形成需要深入了解相关领域的已有研究。"②

这里需要特别强调的一点是，有些量化研究过于注重方法的漂亮及形式的优美，但忽略了研究问题的重要性，有点舍本逐末的感觉，为方法而方法，忘记了研究的问题才是最重要的。如果研究的问题没有意义，再复杂的方法都会失去存在的意义。好的研究，无论是实证研究还是思辨研究，新思想、新观点都是研究的灵魂。在这一点上，姚洋的观点值得我们借鉴："村上春树的语言很平实，但他的每部小说都给读者构建了一个奇幻的世界，并把读者一步步引入其中，让人流连忘返。好的经济学论文也引人入胜，不同的是，小说以故事取胜，而经济学以思想取胜。思想改变世界，经济学家应该以产生思想为满足。"③教育量化研究在重视方法与技术的同时，必须有新思想与新

---

① Richard J. Murnane & John B. Willett, *Methods Matter*, Oxford, Oxford University Press, 2010, p. 20.
② Richard J. Murnane & John B. Willett, *Methods Matter*, Oxford, Oxford University Press, 2010, p. 20.
③ 姚洋：《经济学的科学主义谬误》，载《读书》，2006(12)。

观点，否则就会陷入为方法而方法的陷阱。

四、信息技术对教育量化研究的影响

以人工智能、物联网、三维打印等为代表的新技术正在推动第四次产业革命，人工智能、大数据、云计算等信息技术正在改变人类生活的各个方面。有研究预测，模拟人脑进行推理、决策与知识学习的，具备认知智能的机器人替代人的比值可能达到 60%。如果在大数据的支持下，通过雷达、红外、力觉和触觉传感器、移动互联网、深度学习等模拟人类分类与理解、感官通路等能力，感知智能将在某些行业替代人类。从这样的角度看，信息技术将对教育的需求产生重大的影响。当然，在教育过程中，信息技术也将改变学习、教学、教育与学校。不过，我们更关注的是信息技术对教育量化研究的影响，笔者认为最重要的影响可能主要体现在两个方面：一是数据的收集，二是研究的设计。

制约教育量化研究发展的一个很重要原因就是研究数据的缺乏。随着信息技术在社会生活中的广泛应用，互联网记录了大量的人类行为数据，对于整个社会的运行都产生了难以估计的影响。人们基于互联网及移动互联网的学习活动越来越多，学校的信息化程度越来越高。互联网积累了大量的学生学习及学校管理的数据，这些数据的有效利用将会为教育量化研究提供更为丰富的数据。同时，有些互联网实时记录的数据比传统的问卷等方式收集的数据可能更真实，这为教育量化研究提供了更为坚实的基础。

互联网在丰富教育研究数据的同时，也会影响教育量化研究的设计。目前的教育量化研究主要是通过基于随机分组的实验，获得对相关变量因果关系的推断。通过样本统计量推断总体参数是目前量化研究的主要取向。但互联网提供的大数据可能具有不同的特点，它未必一定具有代表性，不适合以随机性为前提的统计推断。互联网大数据可能更适合于以下两类研究：一是对某一类教育活动的规模及其变动趋势的分析，二是对个体学习活动的分析。

互联网大数据比较适合对某一类教育活动的规模及其变动进行估计。比如，有研究使用移动互联网的数据，根据在某一城市一定时间内连续使用移动互联网的数据，估计这一城市实际的常住人口数据，得到了比以往各类登记数据更为准确的常住人口数据。同样的思路应用于教育，也能对一些教育活动的规模及其变动做出准确的估计。

互联网大数据比较适合对个体学习活动进行分析。互联网大数据的一个重要特点是可以实现对某一个个体的长时间跟踪与记录。我们经常会发现，我们的手机或电脑会给我们推送一些我们喜欢的信息。为什么手机与电脑会推送我们喜欢的信息呢？因为我们上网时的信息被网络平台后台的大数据所分析，并对我们的偏好有了预测。网上学习实际上有异曲同工之妙。网络平台记录了学习者学习过程与学习结果的信息，能够更好地分析、判断学习者学习的情况与学习效果，从而设计出更适合学习者的学习内容。

不过，如果我们希望获得客观的结论，仍然必须遵循量化研究质量提升的逻辑，从测量的信度与效度，到抽样的科学与统计推断逻辑的严密，以及理论分析对整个研究设计的支撑，都是必不可少的。从这一角度看，信息技术改变得更多的是量化研究的基础设施条件，对量化研究本身的逻辑没有根本性的影响。

总之，教育作为综合实践性的学科，研究范式的多元及知识形态的多样是其固有的特点。但多元不意味着模糊或没有标准，不同类型的研究都要明确高质量的标准。教育量化研究作为教育研究的重要范式之一，不断明确高质量量化研究的标准，对于教育量化研究质量的提升将大有裨益。

五、关于本书

以上是在华东师范大学召开的"信息技术时代的教育学理论重建"会议发言基础上整理成文的。感谢李政涛教授的邀请及提出的问题，使我们有机会把一些思考整理出来，不是特别成熟，仅供各位同人参考。

其实上面的一些想法也是我和梁文艳阅读《量化研究的设计与方法：教

育和社会科学研究中的因果推断》的共同感受。我们商定共同翻译这本书，主要是基于以下几方面的考虑。

第一，这是一本用通俗易懂的语言讲述深奥道理的好书。数学语言的一大优势就是其严密性，离开了数学语言，数学家也会变得不够严谨。但数学语言也是难懂的，很多时候其实可能并不只是数学学不懂，而是连数学语言的理解都会有问题。所以一个好的数学老师有时扮演着翻译的角色，将抽象的数学语言翻译成通俗易懂的语言，让学生理解数学语言所要表达的真实意义。默南和威利特的这本书就是一本用通俗易懂的语言讲述复杂数学方法的好书。他们用通俗易懂的语言把统计方法的内在逻辑讲述得非常清楚，特别适合文科学生学好、用好统计方法。

第二，这是一本将统计分析方法与实验设计有机结合的好书。一般的统计方法教材是就方法讲方法，学生学完之后，与研究的实际操作还有相当大的距离。这本书从如何获得对因果关系的推断入手，通过实验设计讲述不同统计方法如何解决实验设计中面临的问题，将实验设计与统计方法有机结合在一起，特别有助于学习者进行研究设计，并运用统计方法解决研究设计中的问题。

第三，这是一本特别有弹性的好书。书中每讲一个问题，几乎都是从一个研究实例开始，用一个案例的方法将每一个研究设计、每一种统计方法讲述得特别清晰。说这是一本有弹性的书，是因为它适合不同群体的需要。如果你是一个初学者，它的简单明了与案例展示会让你很容易入门。如果你是一个对统计方法比较熟悉的学习者，你会从它细致深入的方法细节的描述中获益。如果你是一个高水平的统计方法使用者，你会从每一章的拓展阅读材料中发现可以深入挖掘的材料。不同水平的读者都可以从本书中找到满足自己需要的内容。

因果推断的实验设计与统计方法在国内教育与社会科学的实证研究中还处于发展的初期，对这类方法的认识与熟练掌握还需要一个过程，我们希望这本译作能对相关研究的发展有所推动。

在本书翻译过程中，我们要感谢北京师范大学教育经济研究所的李涛、孙冉、何茜、李佳哲、叶晓梅、赵晨旭以及刘书冰等青年学者的支持。我们还要特别感谢北京师范大学出版社的周益群老师，周老师在本书选题立项、版权联系、译稿编辑等环节起到了十分重要的作用。同时，我们还要感谢北京师范大学出版社其他支持工作的老师。可以说，没有他们的鼎力相助，本书很难完成出版。

当然，对于译文中存在的错误和缺点，当由译者自身承担，并恳请广大读者予以指正。

杜育红　梁文艳

2022 年 5 月 22 日于北京

图书在版编目(CIP)数据

量化研究的设计与方法：教育和社会科学研究中的因果推断/
(美)理查德·J. 默南，(美)约翰·B. 威利特著；杜育红，梁文
艳译. —北京：北京师范大学出版社，2023.5
（社会科学研究方法丛书）
ISBN 978-7-303-27962-3

Ⅰ.①量… Ⅱ.①理… ②约… ③杜… ④梁… Ⅲ.①因果性
—推理 Ⅳ.①B812.23

中国版本图书馆 CIP 数据核字(2022)第 146866 号

图 书 意 见 反 馈 gaozhifk@bnupg.com 010-58805079
营 销 中 心 电 话 010-58807651
北师大出版社高等教育分社微信公众号 新外大街拾玖号

LIANGHUA YANJIU DE SHEJI YU FANGFA
出版发行：北京师范大学出版社 www.bnupg.com
　　　　　北京市西城区新街口外大街 12-3 号
　　　　　邮政编码：100088
印　　刷：北京盛通印刷股份有限公司
经　　销：全国新华书店
开　　本：710 mm×1000 mm　1/16
印　　张：24.25
字　　数：355 千字
版　　次：2023 年 5 月第 1 版
印　　次：2023 年 5 月第 1 次印刷
定　　价：128.00 元

策划编辑：周益群　　　　　　责任编辑：安　健
美术编辑：李向昕　　　　　　装帧设计：李向昕
责任校对：陈　民　　　　　　责任印制：马　洁

北京市版权局著作权合同登记号:图字 01-2018-7063